跟着建筑师看世界

[希腊]瓦西利斯·斯古塔斯　著

杨　芸　译

王晓京　校

中国建筑工业出版社

谨以本书献给我的孩子科斯塔斯（Kostas）和迪米特里斯（Dimitris）。

历经了漫长的岁月和诸多变故，尤里西斯（Ulysses）终于回到了他的故乡。回到奥德赛（Odyssey），他深感这趟旅程实在是耗费了他太久的时间。然而，希腊诗人卡瓦菲（Cavafy）的感受却恰恰相反，他在诗歌《伊萨卡》（Ithaca）中这样写道："当你出发去伊萨卡的时候，我希望你的旅程是漫长的"，在他看来，旅程本身才是最重要的。

　　我的感受亦是如此。多年以来，我一直都"在路上"，与世界各地的建筑师们携手合作。能够亲身体验世界各地建筑的变化万千，并感受来自世界各地建筑师同仁们的温暖，这就是我在这条建筑的旅途上所享受到的赐福。不会再有什么事情，会比与我的同仁们、朋友们继续畅游更令人满意的了。

中文版序

国际建筑师协会章程及细则第一章开宗明义，其宗旨是联合全世界的建筑师，不论他们的国籍、种族、宗教或政治信仰、职业和建筑学说如何，建立起相互了解、彼此尊重的关系，交换学术思想和观点，吸取经验，扩大知识，取长补短。在国际社会代表建筑行业，促进建筑和城市规划不断发展。确定建筑师的职能，在各个领域促进建筑教育的发展，建立职业范围，积极支持各国的建筑师组织维护建筑师的权利和地位，促进建筑师及有关人员之间的国际交流活动。

希腊建筑师瓦西利斯·斯古塔斯是国际建协章程的忠实践行者，是倍受广大建筑师崇敬的"国际主义建筑师"。他先后担任国际建协秘书长、主席、荣誉主席。在本书的各章节中，读者可以清晰地看到他奔走于世界各地的线路图，沿着他的足迹了解各国建筑师的作品以及建筑界发生的大事件，领会他关于建筑的思考，回溯国际建协的近代史，使读者由衷地产生共鸣，如临其境，身入其中。

瓦西利斯是中国建筑界的老朋友、好朋友！在他任国际建协秘书长期间（1996～1999年），正值中国筹备"第20届世界建筑师大会"，他对大会筹备工作提出了许多建设性的意见，对大会的圆满成功起到巨大的作用；"第20届世界建筑师大会"和"国际建协会员代表大会"于1999年6月在北京召开，在本届大会上瓦西利斯先生当选国际建协主席。会上通过了由吴良镛先生牵头组织国内八大院校起草的《北京宪章》，此宪章是中国建筑学会在新世纪到来之际，针对全球化的潮流对世界建筑界提出的发展方向。在他的支持下于 2000 年成立了"国际建协《北京之路》工作组",旨在宣传并扩大《北京宪章》在国际建筑界的影响。工作组于 2001 年组织了"新世纪的城市与建筑——国际大学生建筑创作竞赛",并在第 21 届（2002 年，柏林）和第 22 届（2005 年，伊斯坦布尔）世界建筑师大会上组办了"《北京之路》学术研讨会"。瓦西利斯先生代表国际建协出席活动并发表重要讲话。

瓦西利斯先生多次来华出席国际建协理事会、执行局会议；应邀担任梁思成建筑奖国际评委；在中国建筑学会于国内外组办的学术会议和建筑展览上都会经常看到他熟悉的身影。瓦西利斯先生与中国几代建筑学人建立起的深厚友谊频传佳话。在 2002 年，中国建筑学会授予瓦西利斯先生"中国建筑学会名誉会员"。他也是获此殊荣的境外建筑师第一人。

为褒扬瓦西利斯先生为国际建筑界所做出的巨大贡献，国际建协于 2007 年设立了以他的名字命名的"国际建协瓦西利斯·斯古塔斯奖"，特别奖励那些为改善贫困地区生活条件做出卓越贡献的建筑师。中国建筑设计研究院中旭理想空间工作室曲雷、何勍建筑师团队的天津中新生态城建设者之家项目获得 2011 年"国际建协瓦西利斯·斯古塔斯奖"提名奖。

瓦西利斯先生为国际建筑界和中国建筑师在开展国际学术交流和友好交往中所做出的卓越贡献，将载入国际建协和中国建筑学会的史册。

修龙
中国建筑学会理事长

目　录

前　言

如今，关于建筑的讨论存在着两种极端化的分歧。第一种观点认为，建筑是一种对个人行为的颂扬——其形式通常会表现出本质上的以自我为中心和任性。而第二种观点则认为建筑是一系列的对话，这些对话在本质上是属于理论性的，人们可以通过这些对话建构起一些基本的认知，再凭借这些基本的认知去了解周遭的世界。很大程度上，这样的讨论大多都局限于学术环境中，只有少数专业学者参与其中，而这些内容对于普通大众来说却是非常晦涩难懂的。我们的建筑专业领域中之所以会存在如此明显的分歧，在很大程度上可能是因为从业者们没有对实践和他们的生活经历进行足够严谨的反思。因此，在这个行业中存在的问题，是我们应该如何对建筑理论进行重新定位，使它们成为周遭世界现实的反映以及一座沟通的桥梁，使之弥合存在于学术领域、从业设计师以及更广泛的社会大众之间的鸿沟。

这本书——《跟着建筑师看世界》——的作者瓦西利斯·斯古塔斯（Vassilis Sgoutas），对于搭建这样一座桥梁的可行性抱持着乐观的态度。通过这些文章，我们看到了这样的一位建筑师，他的研究与关注点同时涉及很多相关的领域。他的作品丰富，包罗万象，涵盖了各种不同的规模与复杂程度。他曾经参与过很多公共设施、医疗院所和住宅的设计，为非常广泛的业主和客户群提供过专业的服务。所以在这里我们所听到的声音，完全根源于建筑实践与文化当中，并深深地专注于此。另外，我们也可以明显地看出，作者斯古塔斯的兴趣相当广泛，从教育和行业体制结构，到建筑实践以及当代的热点问题，直至广义来说建筑师对于人类栖息地的作用等。他的文章和对本书中所涉及的一系列问题的反思，实际上就是一位执业建筑师、制度创建者和传播者的声音，是对他自己生活经历的追寻。正是通过这样的声音，我们才有可能在学术界、实践者和公众之间搭建起沟通的桥梁。

我与瓦西利斯·斯古塔斯的初次相识是在1999年国际建筑师协会（UIA）北京大会上。在那次会议上，他当选为国际建筑师协会主席。他对于国际建筑师协会体制结构的贡献给我留下了深刻的印象。作为一名年轻的从业者，直到那一刻起我才开始真正认真对待自己的职业。为了体验这一规模盛大的聚会，我记得来自世界各地的参与者超过了8000人，大家在一起相互交流思想，这真是一种令人兴奋的经历。而对我来说，这无异乎是一个改变人生的重要时刻。因为，它为我开启了一个全新的设计世界，而在此之前，无论是在印度的专业教育还是后来的实践中，我都从未接触过这样的世界。对如此多元化建筑文化的揭示，真的具有非凡的启发性。在那次会议期间，斯古塔斯出色的领导能力深深吸引了我——但更重要的，是他对于他人的同理心，以及对于文化多样性价值的真正理解，这些都使我受到了强烈的震撼。我开始相信，在如今这个充满分歧的世界里，这就是成为一名优秀建筑师的基础。

我之所以会特别提到这段经历，是因为国际建筑师协会在全球范围内的专业人士中还没有得到充分的认识。如今，整个国际社会都在发生着巨变，而我们也身不由己正处于这样一个转折点当中，在这样的局势下，国家、民主以及各行各业之间的联系都在经历着质疑与重新构想。无论哪一个体系，都无法彻底"清楚地阐明存在于专业领域的危机"。印度学者普拉塔普·巴努·梅塔（Pratap Bhanu Mehta）对这种状况进行了简洁的描述，并指出在建筑行业，这种危机甚至表现得更为尖锐，这是因为在建筑实践当中，资本主义和专业之间通常都会存在着一种矛盾的联系。而这种状态反过来又导致了专业人士之间日益严重的不均衡发展，进而引发出一种基本的忧虑——这个职业到底算不算是一种职业？

此外，在学术上对建筑实践价值的阐述，以及建筑实践对于从业者或从中受益者具有怎样的意义问题上，也存在着越来越多的分歧。正因为如此，在我们全球化的世界中，像国际建筑师协会这种体系的存在是至关重要的，因为它已经变成了一个论坛。在这里，不仅那些我们所感知到的不平等状态能够得到平衡，而且还在世界范围内为全行业奠定了基础。国际建筑师协会由来自世界各地的建筑师组成，代表层面相当广泛。在这个体系当中，确实能够为建筑师们提供全球范围的职业脉动。相比之下，同国际建筑师协会的多样性与文化多元主义不同，在享誉盛名的威尼斯双年展上，每两年举办一次的建筑师聚会则可能更像是一种"绅士俱乐部"。

因此，根据以往这些重要的背景经历，瓦西利斯·斯古塔斯对他所观察到的结果进行了筛选，并将其纳入了本书当中。他精心编写的文章，讲述了各种各样的主题，并以日志的形式汇编了自己一些随机出现的构想，抓住生活中点点滴滴的生活体验，提供给读者去思考。这些文章促使我们去探讨，我们的专业领域知识是由什么构成的，并鼓励我们将这些构成要素相互联系起来。专业化并不是要给我们戴上桎梏的枷锁，而是要使多元的知识共存并共同繁荣发展。我认为从广义上来讲，正是这种反思性以及和实践的接触，再加上对周遭社会完全的认识，才能使以往的工作经历成为未来实践的典范。事实上，这个行业与社会之间关系的未来，应该取决于这种宽宏大度的姿态以及相互的联系，而非自行其是和任性。这就是瓦西利斯·斯古塔斯的贡献和本书的特别之处，同时也是所有建筑师创作灵感的源泉。它通过实例告诉我们，这个行业如何被塑造成为一种我们与周遭世界平稳而又广泛互动的方式。

拉胡尔·迈赫罗特拉（Rahul Mehrotra），
建筑师，哈佛大学设计研究院城市设计与规划专业教授

关于本书

建筑学所涉及的内容是相当广泛的，不仅是因为建筑师在他们的职业生涯中会设计大量的建筑作品，还因为建筑师在开始绘制图纸之前，必须要参考大量的参数。这些参数代表了一种标准，而我们的工作就是依据这样的标准进行评判的，一栋富有意义的建筑永远都不可能凭空产生。本书通过演讲、论文以及访谈等形式，伴随着我自己在建筑学中前行的脚步，提炼了一些比较重要的内容。

本书的第一部分涵盖了我从自己以及他人的论文中摘录的一些具有代表性的作品，时间跨度约为二十年。虽然这些演讲或论文并非专门针对某一特定的课题，但其内容却都与一些基本的主题相关，在每一个基本主题的框架之下，其中的论文都是按照发表时间顺序排列的。在类似的主题框架之下，收集的文章不可避免会出现一些雷同与重复的内容，针对这些内容，我已经进行了删减。出于同样的原因，收录在本书中的论文都进行了一定的节选。

本书的第二部分，日志，从某种意义上讲与第一部分是不同的。因为日志的重点并不在于我说了什么或是写了什么，而在于我个人的经验与想法，这些经验与想法全都来源于与建筑师以及建筑作品相关的事件。一个人的设计、写作，或是言论，怎么可能与他的生活以及经历毫无关联呢？日志是按照时间的顺序，以"随笔"的形式呈现的。随着时间的推移，很多描述于日志中的事件在记忆中会混杂在一起，形成一些独立的小品文。

记忆是我们宝贵的财富。这些年来，通过记录这些文字和事件，使我重新发现了一些非常重要的问题。我认识到，我们所关注的重点发生了怎样的改变。在全球范围内存在着怎样的差异。通过历年来的写作与论述，为我开启了一扇通向挑战的小小窗口。阅读这些文字，读者可以通过以往所获得的知识来进行衡量，而这些都是我们的所作所为，或是无所作为所产生的结果。建筑师，既是个体存在的人，同时也是一种职业，对社会进步与发展起到了积极的影响，但或许却没能将这些积极的影响持续进行下去。所以，我所记录的并不仅仅是历史，对我来说，这些都是促人觉醒的召唤。

虽然本书是由我编写的，但它同时也是映射出我众多同仁们前行的一面镜子。在这本书中，我们可以看到国际建筑师协会近期发展的历史，这是一个独特的专业组织，汇集了来自世界各地的建筑师，一起追求共同的理想与目标。通过阅读，读者朋友们可以从中汲取到每一位优秀建筑师的精髓。我相信，我们一定能揭示出一些重要的东西，而这些东西都是与我们的建筑作品息息相关的。若能如此，那么本书就达到了我写作的目的。

圣保罗（São Paolo）的米格尔·佩雷拉（Miguel Pereira），很遗憾已经离开了我们，正是他激发了我编写这本书的想法。在写作过程中，路易丝·诺艾尔（Louise Noelle）为我提供了很多宝贵的意见。非常感谢她的支持，同时还要感谢埃尔加·卡瓦迪亚斯（Elga Kavadias），他为本书的校对和排版付出了心力。

这些年来，在我前行的道路上遇到了很多优秀的建筑师和朋友们，如果这本书没有将这些宝贵的记忆记录下来，那么它也不能称为完整。如果没有他们，那么这本书也就失去了意义。我深爱既往的经历，也会永远铭记他们。

第一部分

演讲与论文

建筑与美学

01

大理石运用——从古希腊建筑到现代建筑

第一届国际建筑、石材与工艺大会[1]
萨尔瓦多（Salvador），1994 年 4 月 14 日

从远古时代起，大理石就一直被希腊以及地中海地区的国家所珍视。在这些国家的历史文化中，大理石是不可分割的一部分，甚至在其文学作品和象征意义上都占有着重要的地位。同样，我也开始意识到，在我的内心深处，也存在着一种叫作"大理石文化"的东西，这就是今天我想要与大家分享的。

从语义的角度来揭示和比较，"大理石"和与之相关的"大理石文化"，对很多种语言都具有惊人的影响。对比英语和希腊语，我们发现由"大理石"（marble）这个词所衍生出来的单词数量差异是非常大的。在一本希腊词典里，我发现由"marble"而衍生出来的单词不少于 44 个，而在一本类似大小的英文字典中，这类单词我只找到了八个，它们分别是"marble（大理石），marblecake（云石蛋糕），marbled（有大理石般色彩纹理的），marblehead（马布尔黑德，地名，位于美国马萨诸塞州东北部），marbleize（做成大理石状），marble-wood（大理石木），marbling（大理石花纹），以及 marbly（冷酷的，大理石般的）"。

希腊语词汇中，"marble"衍生词的意义非常广泛，既有单纯的技术性以及与结构相关意义的词语，也有与大理石技术完全不相干的描述性词汇。在某些情况下，同一个单词会具有双重含义，比如说"marmaropelekitos"这个单词，意思是"用凿过的大理石制成的"，但是当它用作比喻，形容一个女人的手臂和脖子的时候，它的意思就变成了"光滑和美丽"。我认为，"marble"这个单词在用于对比的时候，比如说对比意大利和瑞典，我们也可以得到一个类似的结论，相较于瑞典人，意大利人更加"marble-wise"（冷酷）。

当然，在希腊，人均大理石消耗量在世界范围内是位居榜首的——多达150 公斤，意大利和其他地中海国家紧随其后，而这种状况并非巧合。我一

直认为，人均消费的统计数据应该仅限于肉类和奶酪等商品。但是，对人均大理石消耗状况，以及对消耗量同生产以及进口之间关系的研究，是非常有趣的课题。

一直以来，大理石都同我们的生活与传统密切相连。从我们呱呱坠地睁开眼睛看到光明的第一天起，直到我们离开这个世界走进坟墓，大理石都一直伴随着我们的生活。在我的国家，"marble" 这个词经常会出现在诗词、文学作品和流行歌曲当中。它为我们带来了"永恒、奢华和力量"等内涵。在这里，我想为大家举几个例子，以验证我对大理石文化的看法。

第一个例子，节选自诺贝尔奖得主乔治·塞菲里斯（George Seferis）诗集中的一个片段，他描写了在希腊的乡村，大理石是无处不在的。

"再进一步
我们会看到杏花儿
大理石在阳光下闪耀着光芒
大海，波浪翻涌"

第二个例子节选自《Marble Statues Being Alive》（活生生的大理石雕像）。

"但是，这些雕像都在博物馆里
不，他们跟着你，他们缠着你，你没看到吗
我的意思是，他们的四肢断了
你永远都不知道他们的脸
但你却对他们如此的了解"

希腊神话中有一个最著名的传说是关于国王的，他的王后是一个女巫，女巫爱上了另外一个人，后来国王变成了大理石。这个故事有一个皆大欢喜的结局。出现了一位善良的渔夫，他拯救了国王，于是国王 "demarbled"（摆脱了大理石），或者你更喜欢用 "unmarbled" 这个词，从此他们就过上了幸福的日子。这里有两点注释：首先，像 "demarbled" 或 "unmarbled" 这一类的复合词，只能用在与大理石文化相关的语境当中；其次，在其他文化中可能也会存在类似的传说，但是它会以一种不同的方式来表达。比如说，在圣经当中，有很多东西会暂时变成"盐柱"，而不是大理石。

在希腊民歌中，也有丰富的大理石元素。

"国王在大理石桌上吃喝

大理石、白银和黄金"

请注意，几种材料中，大理石是排在第一位的。

在希腊传说中，"marble-chested"（大理石胸膛）意味着强壮与不可战胜。

"谁拥有大理石的胸膛和钢铁的臂膀，

敢于与我较量？"

希腊文学与地中海文学，并不是唯一会提到大理石的文学作品。在其他语言中，"Marble"也同样是力量与富裕的代名词。这些观念已经从希腊语和拉丁语中得到了传承。

在佩罗（Perrault）的童话故事《睡美人》（Sleeping Beauty）[2]中，他这样写道："王子走进一个铺满大理石的巨大庭院。"

在艾茵·兰德（Ayn Rand）1947年的经典之作《源泉》（The Fountainhead）[3]中，神奇的建筑师霍华德·罗克（Howard Roark）开始战胜了权威多米尼克·弗朗孔（Dominique Francon）。以下是著名的有关大理石壁炉的场景。由于霍华德·罗克在美学上坚持正直的态度，不肯遵循传统说教，于是他失去了建筑师的工作，转而来到采石场做苦力。弗朗孔住在采石场上方的豪宅中，发现了霍华德·罗克，并邀请他到这栋豪宅中来，表面上是为了维修损坏了的大理石壁炉。可实际上，大理石壁炉上只有一道划痕，而这道划痕是她故意为之的。

"就是这个。"她说，一根手指指向大理石石板。

霍华德·罗克什么也没说。他跪了下来，从包里掏出一个薄薄的金属楔子，将它的尖端顶在大理石板的划痕上，拿起一把锤子，重重地捶下去。大理石裂开了一道又长又深的口子。

他说："现在，它是真的坏掉了，弗朗孔小姐。"

顺便说一下，霍华德·罗克的性格大致是以弗兰克·劳埃德·赖特

（Frank Lloyd Wright）为原型而塑造的。

最后一个引述的例子，来自莎士比亚的《罗密欧与朱丽叶》[4]。当朱丽叶听到罗密欧的死讯时，她说："把我的罗密欧还给我，并且，当他死的时候，让他化成小星星。他将使天堂看上去那么美丽亲切，全世界都会因此爱上夜晚，而不再膜拜这灼热的白天！"

我之所以会提到这些诗句，只是为了回到语义学的概念上——在希腊语中，"化成小星星"（cutting up in little stars）也可以用"marmarigi"这个词来表示，它也是由"marble"衍生而来的，意思是"行星的闪烁"。

一种材料，如果仅限于对其自身的解释，是无法获得全面理解的。它应该是更大范围中的一部分，必然要包含物质的、文化的，以及形而上学的概念。在大理石这个例子当中，"marble"这个单词既代表一种材料，同时也意味着一种精神。大理石是一种活生生的材料，并与其周围的环境共存。每一次，它都会为我们带来不同的含义。大理石拥有一种"内在的"生命。我们之所以会谈论到大理石的纹理绝非巧合，我们是在以这样的方式认识到，在这种材料当中存在着某些充满着脉动的东西。

对于光线、阴影和景观，大理石这种材料也有其独特的回应方式。它内部的结构贯通表面表现出来，同时，又以千变万化的序列反映着外部的世界。对很多天然石材来说，年代久远通常都是一种价值的表现。光亮、通透和洁净，这些都是大理石的特征，除此之外，还有力量。长久以来，大理石一直都是永恒的象征。

近年来，大理石材料在世界各地都越来越受欢迎，特别是在欧洲、北美以及中东地区。这并没有什么可奇怪的。对设计所持态度的改变，以及对于建筑装饰的重新接受，大理石的运用为那些渴望创造出高品质作品的建筑师们开辟了新的道路。野兽派艺术的终结，也对大理石装饰的运用起到了决定性的促进作用。在建筑界，所谓野兽派指的是 20 世纪 60 年代，以及丹下健三（Kenzo Tange），路易斯·康（Louis Kahn）和其他一些建筑师的风格。他们的作品拥有巨大的影响力。裸露的混凝土表面就是主要的趋势。在他们的作品中，装饰仅限于在混凝土表面上加工出各式各样的纹理，仅此而已。但是，那个时代已经成为过去式了。

然而，无论是使用创新的方式还是沿用传统的方式，大理石和其他天然石材都可以被运用在建筑外立面上。从前，建筑设计是由内向外进行的，这种设计方法往往会将建筑的室外部分降格到"次要"的等级。其实，这样的区分是没有必要的。室外部分可以有助于增强室内空间感的延续性，并通过这样的方式，将建筑的室内与室外融合在一起。无论是在室内空间还是建筑外立面，大理石的运用都有利于室内、外设计的完整性。

相较于过去而言，如今我们迫切地需要寻找出一种途径来与城市展开对话，我们要让城市能够"开口说话"。一座城市，不该是没有生命力的混凝土丛林。它需要拥有生命、质感和色彩。它需要不断地讲述生活在其中的人们的故事。如果没有这样的对话，那么这座城市就失去了生命。城市通过人行道在呼吸。铺路的石板和街头家具就是我们私人生活与公共生活的交叉点。这些地方都需要敏感的设计。大理石，可以为这座城市带来如此的敏感性和生命。通过工艺技术，大理石得以更容易融入我们的生活当中，并不断拓宽其使用的范围。

但是，就整体而言，建筑师和建筑承包商对于大理石的运用，还是存在着很多的不足之处。缺乏充足的技术信息。若想要自由地运用这种材料，你就需要了解它的属性，并掌握其安装技术。对这种材料的运用，应该要使建筑师感到满意。而我们建筑师到底对大理石了解多少呢？抗压强度、抗裂系数、弹性系数、吸声系数、耐磨性等，这些都影响着我们的选择。对建筑师而言，由于缺乏专业知识，书本上的技术特征通常只是一些比较而言的标准，例如，哪一种大理石的硬度比另一种高。而我们真正需要的是绝对限制的例子，性能与表现的例子。还有一件事也同样重要，那就是要向所有建筑师提供标准的结构细部——从机械锚固和大理石幕墙系统，一直到大理石高架地板，甚至包括镶嵌在墙体当中的大理石门扇这样极端的例子。我们需要任何能够佐证这种材料众多功能性的资料。一些大规模的瓷砖制造厂商会定期在他们的期刊上发布一些构造细部详图。我发现，这些细部详图是非常实用的。

在现代建筑中，大理石和天然石材正日益成为重要的组成部分。将大理石的应用局限在传统建筑以及传统建筑修缮的时代已经一去不复返了。在希腊，大理石被广泛运用于住宅建筑中。在办公大楼和酒店建筑中，大理石的应用更是无处不在，至少在门厅、公共空间和楼电梯间，我们一定可以看到大理石的踪迹。在希腊，大理石楼梯是一种标准的做法，无论是在著名的建筑还是简单的住宅。它们看起来很好，外观漂亮，在火灾中也能有很好的表现。为什么不在其他国家更广泛地推广使用大理石楼梯呢？各式各样的楼梯踏面与踢面的组合，可以为任何一栋建筑增色。

我们需要探索新的施工方法，以适应不断增加的客户需求和新的技术可能性。更轻薄的板材，再加上我们目前尚无法预见的创新技术，将会创造出更加轻盈与经济的材料。夹层结构就是这个方向的一个指针。以诺曼·福斯特所设计的香港和上海汇丰银行为例，柜台的面板采用了具有专利技术的比利时黑色大理石，它的厚度只有 7 毫米，与下部的发泡材料以及层压钢板相连。很显然，无论是设计还是施工，标准化都是至关重要的一环。

谈到世界范围内对环境问题的关注，就不能不提大理石。当今世界越来越凸显出全球化的本质，存在的问题也日益复杂，这就迫使我们必须要采取一致性的行动计划。我们一定要找到解决环境问题的方法，同时也要开发科研能力，使我们能够在不同的技术选择之间做出取舍。建筑师，会同大理石产业，共同组成了一个反思与对话的论坛，来分析科学技术进步对环境和伦理问题所造成的影响，这一点是非常重要的。我们所需要的，是对环境问题的一个可信的概要性论述。

当然，采石场，这是一个特别值得关注的领域。我想要强调的是，所有的采石场，无论规模大小，都会对环境产生重要的影响。我意识到，在很多情况下，大型采石场的负责人都会对环境保护起到带头的作用。但是，那些小型的采石场，聚光灯以外的地方，情况又是怎样的呢？它们也同样会给环境留下不可磨灭的伤痕。对环境的破坏只是其中的一个问题。还有另一个问题同样重要，那就是具有商业利益的大理石最终被消耗殆尽之后，我们的环境又该如何修复呢？植树，以及必要的修复性土方工程都是非常重要的。理所当然，为了实现这样的目标，我们必须要拥有充足的预算拨款。在年度投资总预算中，拿出十分之一的比例用于环境建设，这应该并不为过。我的观点是，大理石产业不需要总是处于被动的状态。最终的美学效果会为人们带来深刻的印象。卡拉拉大理石采石场（Carrara）就是一个很好的例子。这些采石场都拥有雕塑一般的外观，并凭借这一特征成为著名的旅游景点。在其他地方，也有类似的采石场。

环境保护问题必须从常识的角度来看待，而不需要诉诸民粹主义和陈词滥调。正如希腊的新闻工作者哈茹阿·塔纳瓦拉（Hara Tzanavara）所说，国家，以及相关的非政府组织和民众，都必须要回答这样一个问题："我能消耗多少大自然的资源？"如果现在这种模糊的、往往是矛盾的状况延续下去，总有一天我们会发现，哪怕只是为了建造一座神庙而开采的大理石，也会被认为是对环境的破坏。

一般性的教育，特别是建筑学专业教育，都是关系到环境保护课题的重要因素。我指的是所有的教学机构，例如大学等等。与大理石相关的是，建筑学教育需要让建筑师们，甚至更重要的是让建筑学专业的学生们，认识到这种材料所具有的潜力。世界各地的建筑学院校可以拓展与更新他们的教学大纲，使大理石和其他天然石材受到应有的重视，它们既是美学表现的要素，同时也关系到建筑技术与细部处理的实际操作。

行业有能力，同时也应该为教育计划提供帮助。行业也可以为教育机构对大理石和其他石材的运用提供资助。我知道，在某种程度上，行业对于教育的资助已经实现了。但是，兴建一座世界性的博物馆怎么样，例如"大理石应用博物馆"？

对于切割机以及其他类似的机械，我知之甚少。但是我知道，我们需要给大理石一种新的文化定义，它为什么不能是一个标志，甚至是一句口号呢？一个产业，只能通过一种易于识别的标志而获得最大的收益，比如说国际羊毛的标志。而且，在不同的情况下，轮椅的标志是不是使残疾人获得了被照顾的权益呢？难道大力水手的形象没有对菠菜的销售起到促进作用吗？

我想重新回到教育领域，并提出一个问题。如果我们邀请一位朋友去听一场音乐会，贝多芬的《第五交响曲》，可是他却回答说："不，谢谢，我已经听过这首乐曲了。"我们一定会觉得这样的回答很奇怪。但是，当我们在谈论建筑的时候，比如说一座音乐厅的大理石外立面，有人给予了类似的回答，为什么我们就不会觉得奇怪了呢？

我们绝不会听到两次完全一样的交响乐，同样道理，我们也不可能看到两次同样的大理石外饰面的建筑。光线本身就会使建筑呈现出不同的面貌，再加上其他的因素也会改变，例如人们，音乐厅里的观众也会发生变化。因此，如果有人问："我们去看看这样一座建筑的大理石外观好不好？"答案很可能是："好的，我非常乐意。我之前只有在阴天的时候去观赏过，却还从未见过它在阳光下或是雷雨中的样子。"毕竟，再回到贝多芬的第五交响曲，我们会说"我曾经听过匈牙利国家交响乐团演奏这首乐曲，但是还没有听过柏林爱乐乐团的演奏。"

我想，这一切都可以归结为，要让公众熟悉美学的问题。向公众展示如何对建筑作品进行批判性的欣赏，这是我们建筑师应该负起的职责，而通过这种方式，也有助于开发对建筑材料创造性的使用。有人说，只要存在着辩论与评判，伟大的作品就会成为经典。我对一个作品给予赞赏，这就意味着我站在奇迹的旁边，我站在一个能够对我产生激励作用的对象面前。赞赏，绝不是毫无争议的认同。

在未来的建筑中，大理石会有怎样的运用，这是我们无法预见的。但有一点是可以肯定的，它一定会拥有未来。可是未来会是什么样的呢？我们必须为之做准备，否则，大理石就有可能会被其他新兴的建筑材料排挤到边缘的处境。

我们有可能会朝着提高建筑坚固性与耐久性的方向发展，而这样的发展趋势似乎更有利于大理石优势特性的发挥，但我们也有可能会朝着另一个极端的趋势去发展，即迈向一次性建筑。这种趋势可能会造成建筑垂直外立面上大理石用量的锐减，除非我们能够像我之前所提到的那样，提前做准备，开发可拆卸以及可重复使用的系统。这听起来可能会有些不切实际，但是当一个人在谈论未来的时候，又有什么可以算是现实的呢？

关于建筑和城市规划未来应该如何发展，存在着两种完全不同的观点，非常有趣。这两种观点都来自上周在巴黎蓬皮杜艺术文化中心举办的名为"城市——1870～1993 年间欧洲的艺术与建筑"的展览。奥里奥尔·博希加斯（Oriol Bohigas），著名的巴塞罗那城市规划大师说，不仅在城市中心应该有纪念碑，城市周边外围地区也应该设有纪念性建筑。另一方面，荷兰建筑师雷姆·库哈斯（Rem Koolhaas）谈到了轻型结构与轻型建筑。事实上，他一直坚持"light"（轻型）这个词应该变更为"lite"（简化的），就像是可口可乐，这样才能精准地传达出其内含的真谛。这并不仅仅是出于对语言与语义的考虑。

涉及大理石，其中蕴含的寓意到底是什么呢？我认为大理石在上述两种倾向中都可以拥有自己的舞台，只要建筑师和大理石产业能够保持足够的灵活性，这样才能预见在哪些地方存在着可能，或是需要做出怎样的调整。

在谈到大理石的未来时，阅读一些文学作品和一般性的读物不会有什么坏处。你会问："未来学家或儒勒·凡尔纳夫妇今天有谈到大理石吗？"他们没有，而这就是问题所在。大理石文化应该尽可能地渗透到口语和书刊等方方面面。设想一下漫画的作者们。在连环漫画中，城市是什么样的？大多数漫画中，城市和建筑都只是作为背景出现的，就像是一种背景的装饰。当然也有例外，比如，温索尔·麦克凯（Winsor McCay）的《小尼摩游梦土》（Little Nemo）[5]，乔治·赫里曼（George Herriman）的《疯狂猫》（Krazy Kat）[6]，甚至是《蜘蛛侠》（Spider-Man）[7]。在这些漫画中，纽约变成了人口稠密的特大型城市，那些有着巨大悬挑屋檐的建筑和闪闪发亮的墙体——都是用大理石制成的，为什么不是这样呢？——它们都参与到主人公的活动中来。通过漫画可以很好地描绘那些城市中的景象，成为英雄们的梦想场景。在这些漫画中，大理石和其他天然石材都会在哪些地方出现？这一切又会产生什么样的影响？没有人能回答这些问题。

利用大理石进行设计可能会令人生畏。这种材料是如此灵活，设计师唯一能面对的就是自己的想象力。没有任何理由。在我的项目中，我非常享受这种非凡的自由。尺寸、色彩、纹理，这些都成了设计师手中的工具。

大理石拥有永恒的特性。它的优雅与品质，没有其他任何一种材料能够与之匹敌，从Pentelikon白色系大理石（这种材料也成为希腊的象征），一直到彩色的、拥有美丽纹理的大理石。关于这一点，我想给你出一道谜题。请问下面的这些建筑有什么共同之处？——希腊的雅典卫城、印度新德里的礼拜寺、海法的皇家法院，以及日本的富士山寺庙。答案就是它们都使用了Pentelikon白色系大理石，如果你能允许我有一些盲目的爱国心的话，这种石材不仅用于很多雕塑，同时也被用于世界上众多宏伟的公共建筑之中。

大理石，拥有千变万化的外观，在设计中为我们开启了新的视野，同时也为市政当局、企业家、公司高管和业主们制定了一种新的标准。对我们建筑师来说，这简直就是一种挑战。而且，我们在突出这种材料的潜力方面起到了决定性的作用。可能有人会问，我们为什么要这么做？难道就没有其他品质相当的材料吗？也不尽然。如果我们信任这种材料，我们就应该使用它，而且还要突显它的用途，这样不仅对我们设计师自身有利，同时也有利于最终建筑产品的完善。

大理石需要接触到新的"观众"。一个人不应该局限于只是从远处来观赏大理石，比如说高层建筑的外立面，或是更糟糕的情况，出于很多现实的目的，许多豪华建筑都是禁止入内的，人们根本就看不到大理石的踪迹。那么，我们的目的又该如何实现呢？我想，针对这个问题，我在前面已经提示过了。通过创新的使用，即使在比较低层的建筑中，甚至在越来越多的室外场所中，我们都可以运用到这种材料，如广场、露天市场、人行步道，从而使之成为每天城市风景中不可或缺的一部分。蕴含在这种神奇材料内部的脉动，将会以这种方式更加接近于整个社区的生活轨迹，换言之，就是接近所有的人。

参考文献

1. Also published in the *Marmaro* magazine annual edition. Athens.

2. Perrault，Charles: *Sleeping Beauty*. Original tales Histoires ou contes.

3. Rand，Ayn: *The Fountainhead*. Indianapolis 1943.

4. Shakespeare，William: *Romeo and Juliet*. First modern version. London 1709.

5. McCay，Windsor: *Little Nemo* comic. New York 1905.

6. Herriman，George: *Crazy Cat* comic. New York 1913 & 1946.

7. Lee，Stan &Ditko，Steve: *Spider-Man* comic & book（Amazing Fantasy）. New York 1962.

02

建筑与孩子

由希腊美学协会（Greek Association of Aesthetics）组织的"儿童和美学教育"研讨会
雅典，1996 年 4 月 25 ~ 27 日
原文：希腊文

在这次研讨会上，我听到了很多有趣的观点，其中有一个主题谈到了孩子的审美教育，我想要提出一些我自己关于建筑的想法，以及它与整个教育过程有怎样的关系，引导孩子们逐渐提高自身的审美价值，进而学会欣赏建筑本身。我们可以看到，通过可视化的"工具"和一些三维的手段，教育会变得更加富有意义。通过幻灯片可以充分调动孩子们的天赋才能，带领他们去体验建筑。

那么，我们怎样才能引导孩子们，让他们更容易接受健康的审美价值呢？我们该从哪里做起？有很多理论认为，我们几乎没什么可做的，因为所有的一切都是由遗传决定的。有一位母亲曾经问奥地利著名心理学家阿尔弗雷德·阿德勒（Alfred Adler），应该如何教育她只有 5 天大的宝宝。阿德勒驳斥她说："很遗憾，夫人，您问这个问题已经太迟了。您的孩子已经养成了习惯。"还有另一种类似的方法——形而上学。英国诗人威廉·华兹华斯（William Wordsworth）在他的《不朽颂》（Ode to Immortality）中坚信，从孩子出生的那一天开始，随着孩子年龄的增长，就会逐渐失去永恒的光芒，随之而拥有的，是灵感的天赋。

这两种方法都是消极的。我更愿意铭记于心的是美国建筑师巴克敏斯特·富勒（Buckminster Fuller）的观点，在他过世之前，我曾与他有过短暂的接触。他对于孩子们所拥有的想象力与创新的才能有着无比的信心。他曾给我们看了一幅学龄前儿童的绘画。在这幅画上，同时画着太阳和月亮。巴克敏斯特·富勒告诉我们，这幅绘画的小作者受到了老师的斥责，因为老师说图画上只能出现太阳或是月亮其中的一种。但是，富勒总结道："孩子们对于他们所生活的空间的看法永远都是正确的。太阳和月亮本来就都是在天空中的啊。"

我认为美学可以帮助我们更好地了解孩子们的世界，让我们更清楚地看到孩子们与美学，以及孩子们与建筑之间的关系。请不要忘记，当你以孩子们的角度看事情的时候，身体、动作和空间都会呈现出完全不同的意义，而在孩子们的眼中，情况更是如此。

　　透过狄米特里斯·萨拉蒂斯（Dimitris Saratsis）的著作，我们了解到，大脑可以将我们的感觉器官所接收到的资讯转变为有意识的知识。亚里士多德曾经观察到，我们通过自身的感觉从物质事物中所获得的印象会一直存在，即使在其起因消失了之后，这些印象也不会消失。此后，又有其他很多人都对这个问题进行过类似的表述。有一点是确定的，即一种形式被记忆下来的方式，每个人都各不相同，而上述的这些观察都证明了每个人都具有独特的审美标准，而审美的观念，特别是儿童的审美观念，决不能被束缚在桎梏当中。

　　我们生活的环境是为成年人所准备的环境。在这样的环境中，能有什么空间可以让孩子们成长、玩耍，以及最重要的，去梦想呢？我们生活在拒绝为孩子们设想的城市里。一个拒绝为孩子们设想的城市就是一个拒绝思考未来的城市。重要的是不仅要考虑一个城市如何照顾孩子，还要重视孩子们如何看待这座城市。我们真的了解一个孩子是如何看待这座城市的吗？我们是否了解，在孩子们所看到的他们周围的事物中，有哪些被"记录"在了他们的内心当中？

　　对于孩子们来说，城市同时也是一个发现和教育的地方。

　　在米兰，一群建筑师发起了一项计划，让建筑师们和各个年龄层的孩子们一起在城市里散步，帮助他们去探索这座城市。在日内瓦，米歇尔·菲利普（Michel Philippon）以其"城市的游戏"而著称。孩子们通过玩耍，进而逐渐熟悉一座城市。利用方块、标语牌和临时建筑，他们搭建起自己的世界，创造出属于他们自己的建筑。总有一天，这些孩子们会创造出明天的城市，而这些城市一定会对孩子们更加友善。

　　要让孩子们在没有偏见、没有约束的环境下去梦想明天的世界，这一点是非常有必要的。孩子们需要被鼓励去尝试和学习用新的方式去感知建筑环境。他们应该自己去熟悉空间、形式和运动的概念，不要先入为主的思想，一切都从零开始。我们所谓的城市环境中，并没有哪一部分会被孩子们认为坚如磐石一般不容丝毫改变。举个例子，为什么一个孩子应该认为一栋房子的墙必须是垂直的，或者电线杆都应该是笔直的呢？我们有没有可能确切地知道，在未来的岁月里，科学和技术将会如何发展呢？

一场建筑之旅，通过照片、视频，或是其他任何媒介，突出那些与他们日常所见不一样的作品，将会为孩子开启新的审美视野。我们会想到德国建筑师弗雷·奥托（Frei Otto）、日本建筑师隈研吾（KengoKuma）、解构主义建筑的代表蓝天组（Coop Himmelblau）[1]、西班牙建筑师卡拉特拉瓦（Santiago Calatrava）的设计作品，以及意大利设计师菲利普·斯塔克（Philippe Starck）的室内设计作品。为什么不能让传统的历史课变得生动起来呢？我们可以看看 20 世纪早期未来主义者安东尼奥·桑特利亚（Antonio Sant'Elia）绘制的草图，或是通过迭戈·里维拉（Diego Rivera）的作品，向孩子们解释艺术在城市中的重要性，这样做不是更好吗？

教育并不仅仅是对儿童的教育，也包含对成人的教育，因为是成人在对城市的审美负责。一般情况下，占统治地位的政治经济阶层是一座城市的塑造者，但是他们却总是没有适当的美学背景和学识来开展项目，或立法来改善城市的面貌。因此，将权力等同于审美，这是对民众的蔑视，无论他是成年人还是孩子。

在大多数学校的艺术类课程中，都只有绘画和音乐。难道就没有其他类型的艺术吗？就不能开设建筑课程吗？

而在校园以外，人们发现了一些令人鼓舞的迹象。

- 将重点放在城市中心边缘贫困地区的文化项目。
- 在街道上，由社区发起的文化活动。
- 由希腊文化部赞助的一个网络艺术研习班，已经先后在 13 个城市成功举办。

遗憾的是，我们很少看到博物馆能够同时成为儿童教育中心，或是为孩子们举办研讨会的艺术画廊，以及为教师和家长开设特殊的课程。

很明显，学校只能成为一个对孩子们进行有意义的审美教育的起点。各个年龄段的孩子，都一定能从比现在的视觉艺术更广阔的领域中获得收益。我们也应该鼓励孩子们去亲身接触世界，并去塑造属于他们自己的创意世界。通过埃尔加·卡瓦迪亚斯创新的理念，在遍布希腊的三十间图书馆中，成功设立了儿童 / 青少年中心，实践了这一理念。

自然、色彩、声音，以及我们日常生活中很多组成部分，都与美学和建筑有着直接的联系。借由研究诸如昆虫、树木和岩层等自然元素，孩子们可以获得关于结构和材料强度的知识。仿生学告诉我们，技术是如何发展进化的。蜗牛和各种各样的甲壳类动物，就是关于形状和体积的活生生的例子。动物的脊椎，同英国著名现代派建筑师尼古拉斯·格雷姆肖（Nicholas Grimshaw）设计的滑铁卢火车站（Water-loo Station）中，仿照脊椎造型设计的铰接构件之间的相似之处，实在是太明显了。

音乐和建筑遵循着平行的发展之路。音乐所表现的是韵律与时间，而建筑所表现的则是韵律与空间。音乐告诉我们，不会有两个乐曲是完全一样的。同样的准则也适用于我们所钟爱的建筑，比如说雅典的帕提农神庙、悉尼歌剧院，或是纽约的古根海姆博物馆。它们从来就不会是一样的。对孩子们来说，重新再看一遍总是值得的。

对城市美学的欣赏，可以成为城市凝聚力的一项参数。一座城市的形式与造型，只有被人们看到之后才会拥有真正的意义，这就像有水的水管才有存在的意义一样。水和水管之间是相互依存的关系。人与城市建筑之间也是同样的关系。

美学并不仅仅是形式与造型，还有色彩。色彩是一位伟大的老师。对孩子们来说，颜色是尤其重要的。有一项专门针对小学生的斯堪的纳维亚（Scandinavian）教育项目，名为"从各地收集颜色"。孩子们被要求在城市中漫步，然后回到教室里，把他们所看到的颜色记录在纸上。不仅如此，他们还被要求讨论与描述他们所看到的颜色——通过彩绘、水彩画，以及文字等形式。之后再进行讨论。

城市需要色彩，雅典更是如此。雅典这座城市似乎已经忘记了颜色的存在，它难道不像一部黑白电影吗？孩子们，经过对色彩的培养，当他们长大了之后，一定会有潜力使我们单调的黑白城市变得鲜明生动起来。为了实现这个目的，是不是能在生命的初期，就让他们认识色彩组合的魔力呢？日本画家和田三造（Sanzo Wada）的作品《Haishoku Soukan》[2]就是一个很好的开端。

还有一种更好的方法，可以了解孩子们是如何看待这个城市的，那就是研究孩子们的绘画。我们需要鼓励孩子们与生俱来的创造力。通过幻灯片，我们可以明显地看到孩子们拥有无限的想象力和创造力。我们看到了来自世界上很多国家孩子们绘画的幻灯片，其中也包括来自希腊孩子们的画作。我们看到了孩子们，我们自己的孩子们，如何同环境和建筑建立起健康的内在联系。

　　我并不认为我们需要对未来太过担心，只要我们能够为孩子们打开意识的大门。随着年龄的增长，他们完全有希望拥有足够的才学，开始理解建筑到底是什么。例如，理解诸如此类的原理："一个房间的实现在于由屋顶和墙壁所围合而成的空间，而非屋顶和墙壁本身。"[3] 我们可以教导孩子，屋顶和墙壁都是建筑师创造空间的工具。就同他们自己用乐高盖房子是一样的道理。

　　很显然，孩子们从很小的时候，就与建筑产生了密切的接触。我们如何将这些经历转化为优势，这是教育与政策的问题。一个孩子绝不会是在真空的环境中长大的，他一定是在社会环境中成长的。为了能使他以一种健康的方式成长，他就需要与其他的孩子、其他的人为伴。在非洲，当地人有一句谚语："要让孩子成长，就需要一个村庄。"保障儿童教育与儿童权益，是每个人应尽的责任。建筑师也在其中扮演着一个角色。我们必须要引领孩子们更接近于对建筑环境的审美鉴赏。

参考文献

1.　Coop Himmelblau—Prix，Wolf et al.

2.　Wada，Sanzo: *Haishoku Soukan*（The complete collection of colour combi-nations）.
　　1933–34.

3.　Okakura，Kakuzo: The Book of Tea. Tokyo 1956.

03

人性、品质与能力

国际建筑师协会国际政策委员会住宅研讨会
英国牛津，2000 年 10 月 7 ～ 9 日
摘录

　　建筑师很少有机会能够坐下来，置身于周遭的环境与事物当中，用一种超然的眼光来看待他们的工作和职业，而这样做是有利于批判性思考的。来自世界各地的建筑师们可以从这里进行的讨论中获得很多的期待，特别是关于真正价值的讨论，这些对话将会对建筑师和建筑作品起到重要的引导作用。

　　当前的研讨会优先将未来建筑发展问题同人性、品质和能力联系在一起，这样的讨论非常合乎当前的需要。我们所有人都可以对各种选项进行评估，选择出我们最喜欢的未来，之后尽自己最大的努力去帮助梦想实现。我们真正需要的是实践，而不是天马行空的胡思乱想。

　　在这次研讨会的简报中，我尝试将一些重要的观念单独提列出来，而这些观念将成为我对于建筑与人性、品质和能力课题所树立的指导方针。这些观念是尊重地球的资源，在现代世界的创造过程中建筑师所扮演的角色，先天与后天之间的差异，美在社会中的作用，以及最后一点（但并不是不重要），将所有这些神奇的时刻封存起来，统统装进建筑当中，还有我们的日常生活当中。

　　有一些事件使我们职业的定义逐渐清晰。而正是由于这些事件的发生，让我们感觉到，我们已经来到了一个重要的转折点。1993 年芝加哥代表大会就是这样一个重要的事件。而去年 6 月在悉尼召开的澳大利亚皇家建筑师协会（RAIA）2000 年度大会亦是如此。我们应该将本次研讨会也视为一个转折点，这是因为它使我们感受到了来自三个观念的综合影响，而以往，我们充其量也只是对这些观念进行单独的处理而已。

　　困扰的问题总是会冒出来，让我们不得安宁。一个人能从过去中学习到经验吗？还是必须要再亲身经历一次完整的过程？你能从别人犯过的错误中吸取教训吗？人们可能会理所当然地问，建筑主要是与形式有关的，那么我

们为什么还要大张旗鼓地谈论思想、精神状态、哲学和情感呢？难道你不清楚吗？形式的创造，从来都不会孤立于一个人的思想、精神、哲学，特别是感觉，而独立存在。

有的建筑已经达到了"人性、品质和能力"的目标，而有的建筑还未达到这个目标，其二者之间的差别通常非常微小。但也恰恰因为这一差距可能很小，所以只要我们认真努力去缩小差距，就很有可能会达成和实现目标。

建筑师们通常会认为，我们所需要的是一种整体的建筑方法，就像艺术当中的"整体艺术"（gesamtkunstwerk）[1]一样。我们能想象这样一种缺乏人性、品质和能力的整体方法吗？

为人性、品质和能力而努力，突破传统设计的界限，将为我们提供很多种设计的可能。这样的设计可以被称为"替代法"（the alternative approach）。在建筑设计中，我们不仅要体现出所拥有的专业知识，还应该体现出有关建筑的一些深奥内涵，这就意味着我们的价值观，比如说人性。如果我们强调建筑中的文化多样性，那么我们城市的人文水平也将会得到极大的提升。

人的本质是一个具有包容性的普遍概念，其中包含了大量其他的概念与思想。例如，以绝对自由的方式去探索知识，不受任何约束。或是在一个基督教的社会中与其他信仰的人和平共处。而且，教育是一种将人的思想提升到特定理想的方法，比如人性、品质和能力，而不是将自己的想法强加于人。知识和信念将人们聚集在一起，从而带来和谐——在建筑环境中也同样是和谐融洽的。

人们总是希望别人的行为能够发生改变，却从不愿意去调整自己的生活方式。

建筑在于设计的纯粹乐趣。在建筑学领域，我们需要反复不断地进行尝试。为了达到目的，我们首先要做到的就是承认自己的无知。我们要始终认识到一点，那就是依靠技术的变革是无法解决所有问题的。

除了美学与功能性之外，我们在建筑中还需要考虑其他的三个因素——政治、金融和社会。但是还有另外一个因素——这个因素同样重要，但却常常被人们所忽略——哲学。这就是我们今天来到这个研讨会的原因。

让我们来看一看我们的职业，这种职业是与"梦想"有关的。我们绝不应该说，我们必须要"超越建筑"。所谓的"超越建筑"根本就不存在。我们知道，建筑师这个职业是全方位的，它的范围包罗万象，这就不可避免会去思考，未来是什么样的。而这也是我们来到这个研讨会的原因。

我们都是人，所以，我们城市周围的环境越是混乱，我们就越会渴望在建筑物中去寻求庇护。[2] 因此，在城市规划中，我们也同样需要人性。

在今年的威尼斯双年展上，马克西米利安·福克萨斯（Maximilian Fuksas）提出了"少一点美学，多一点伦理"（less aesthetics, more ethics）的倡导，这句口号在双年会上成功地引起了大家的关注，被人们津津乐道。这句话讲得很聪明，合辙押韵，但是却也让人深感不安。

空间是处于政治环境中的。因为，不管我们喜不喜欢，假如没有考虑到政治因素，或者换一种说法，没有考虑到建筑与城市规划的政治因素，那么对空间的规划就不可能获得成功。这种情况是令人遗憾的，但是如果忽视了这个因素，只会让情况变得更糟。

事实上，由于既有的城市状况，空间的划分方式破坏了城市中若干组成部分之间的联系。此外，这样的空间划分还摧毁了城市的灵魂。城市被划分为特权区和"被遗忘的"区域——这样的做法，是对公平与正义彻彻底底的藐视。

难道我们的城市，不应该为所有的公民提供公平、平等的机会吗？难道我们的建筑师不能发挥自身的作用，去尽量消除很多物质上，以及社会上的壁垒所造成的影响吗？这些壁垒已经给我们众多同胞的日常生活带来了太多的伤害。

我们决不能像之前常常所做的那样，成为沉默的空间使用者。相反，我们要对我们所使用的空间产生一种具体的理解，空间就是建筑师用来填充到他们作品当中的东西。[3]

我们的任务就是不要让自己"毫无准备"地去面对未来。没有人可以不去为未来做准备。建筑，又被称为凝固的音乐。它是一种真正能将记忆传承给子孙后代的力量。[4]

谈论人性很容易。但是，我们能不能事不关己高高挂起，说我们所在的这一部分世界是更加幸运的？我们能否满足于将自己限制于人性、民主、人权这些信条当中，将自己限制于自己的国家范围内，或者最多是欧盟的范围内呢？

政治上的排他主义变成了社会上的排他主义。社会上的排他主义又演变成了地理上的排他主义。所有类型的排他主义，无论是直接的还是间接的，最终都会体现在建筑师和他们的建筑作品当中。

身为建筑师，我们必须要作出自己的贡献，创造出必要的环境条件来提升人民的生活品质，去理解每一个人内心深处的美好。城市，可以将自然的美转化为宇宙和谐的整体之美。[5]

在我们所营造出来的建筑环境表面背后，是一种完全不同的生活，它更加真实，在那里，价值观会呈现出不同的意义，在那里，我们所生活的土地，拥有甚至比黄金更高的价值。

我们生活在一个知识的年代。如果有人认为知识不是国际性的，知识不是属于全人类的，那么这种想法简直就是不可思议。

我们关于建筑价值的哲学，不能以一种消极的方法为基础。我们不能从"一无所有"（out of nothing comes nothing）[6]开始。所以，我们必须要有一个具体的起始点。这个起始点不是别的什么东西，就是人。通过这种方式，人性就成为我们的起点。另一个起点，是对传统材料和本土材料的使用，这样可以提高建筑最终产品的人性化程度。

当我们谈到建筑的时候，也一定会谈到建筑师。如果没有对建筑师进行检验，我们就无法对建筑产品进行检验。因此，我们一定要在建筑师的伦理构成中去寻找人性、品质和能力。一旦做到了这一点，其结果无疑也会体现在他们所创造的建筑产品当中。

物理学家菲杰弗·卡普拉（Fritjof Capra）曾经说过，生物体具有"自组织"（self-organisation）的能力，即自动调节，以及同所处环境的相互适应。简而言之，就是在它们自身的系统中进行调整。我们建筑师所需要的正是这种自动调整的能力，在我们自己的系统中进行的调整，如此才能达到"人性—品质—能力"的目标。

建筑是关键，是我们的自然与建筑环境的支点。我们不应该容忍建筑中等级制度的观念，认为建筑可以凌驾于环境之上。和谐，才是我们应该追寻的目标。我们对于建筑同周围环境之间和谐共存的追求，并不会限制设计的可能性，恰恰相反，这只会增加设计的可能性。我们必须要重新定义建筑与其周围环境之间的关系。建筑，是人类最重要的一件事，它是人类最重要的东西，"因为它意味着塑造与改变人类对地球本身的需求。"[7]

人性、品质和能力的价值，代表着生活的质量，毕竟，这就是建筑存在的主要目的。正如法国人所说的，逃离我们高尚的志向，甚至比犯罪更糟糕，这是一种错误。

建筑界是否拥有足够高度的人格伦理水平，引领这一领域走向我们所需要的人文主义的方向？我们必须要开展一项建筑启蒙运动，这将会为人性化的全球发展作出贡献。

建筑既是生命价值的体现，同时也是赋予生命价值的工具。[8] 正如英国著名设计师威廉·莫里斯（William Morris）所说，建筑必须要能够体现出约翰·拉斯金（John Ruskin）的观点，它是一种极度快乐的源泉，不仅对使用者来说是如此，对创造它的人来说亦是如此，二者是同样重要的。

建筑决不能嘲弄命运。莫斯科兴建于 1967 年的奥斯坦金诺（Ostankino）电视塔，最近在一场大火中被烧毁，这就像所有狂妄的建筑范例一样，成为傲慢的象征。

建筑师还必须怀有梦想。南太平洋地区有一句谚语："假如你没有梦想，你又如何能实现梦想呢？"这对我们建筑师来说也同样是适用的。

最后，我用上周四《泰晤士报》社论 [9] 的结论作为结尾。这篇社论提到了国家诗歌日。我把其中的"诗人"换成了"建筑师"。

在一个科学技术飞速发展进步的世界里，开疆辟壤的速度之快，有时是令人生畏的。建筑师可以加入其他思想家的行列，成为先遣部队的一份子，放下道德与伦理的标签，朝着未来的方向前进，朝着危险的地带前进。他们的艺术，会不断地受到检验、质疑与挑战。

参考文献

1. Art produced by a synthesis of various art forms.

2. Kollhoff, Hans.

3. Lester, Jeremy.

4. Quatremère de Quincy, Antoine Chrysostome *Encyclopédie Methodique*. Paris 1778/1825.

5. Agostino, Sergio.

6. Ex nihilo nihil fit.

7. Morris, William: *The prospects of Architecture in Civilisation*. London 1880.

8. Lester, Jeremy.

9. *The Times*. London. 5 October 2010.

04

艺术与建筑

第三届丰沙尔（FUNCHAL）艺术专题座谈会[1]
丰沙尔·马德拉（Funchal Madeira），2001 年 2 月 8 ~ 10 日

　　开启关于艺术和建筑的对话，是本次马德拉研讨会设定的一个雄心勃勃的任务，因为一般来说，我们很难将建筑与艺术这两件事物分开。它们是如此的接近。这就像是西斯廷教堂（Capella Sistina）中，由米开朗琪罗（Michelangelo）所创作的绘画作品《创造亚当》中，上帝的手指与亚当的手指之间的距离那么小。建筑与艺术之间紧密的联系，以及这种紧密联系对我们建筑环境的重要性，就是本次研讨会特别在此举办的原因。

　　为了能充分理解在新的艺术与建筑领域中共栖生存的巨大潜力，进入公元后第三个千年的黎明，我们需要仔细检视整个建筑环境发展的来龙去脉。

　　目前，我们正在见证着建筑的解放，摆脱功能主义的束缚，走向纯粹的审美享受。[2]我们已经迈入了一个新的时代，在这个时代，很多不同建筑学派的思想，诸如 20 世纪早期盛极一时的国际风格或是后现代主义，都在建筑多样性与表现自由的盛宴中被没有国界之分的个人风格所取代。建筑作为一种艺术，正是其繁荣发展的理想基础。

　　要想理解什么是艺术，什么是建筑，正如安尼克·海克曼（Anneke Hekman）所说的，我们必须首先要"抓住什么是艺术以及什么是建筑的本质，二者之间的差异性在哪里，交集又在哪里。要建立起它们各自的角色，还需要了解它们各自的目的——我们将什么定义为艺术，又将什么定义为建筑，艺术家要达到的目的是什么，建筑师需要达到的目的又是什么。"

　　乍看之下，艺术与建筑之间存在着很多根本的区别。艺术不需要对任何人负责，既不用履行职责也并非必不可少，它不必要给人们带来美学上的愉悦，尽管实际上或许是这样的。[3]而建筑通常是被要求具有功能性的，并且一般还会被期待能够给人带来愉悦。然而，上述的两种信条都存在着争议性。我们知道，在很多优秀的建筑项目中，功能要素并不是其主要的参数，甚至

在有些杰出的作品中，功能根本就是无关紧要的。很明显，建筑在美学上可以拥有自己的个性，并不一定都要符合大多数人的审美感觉。高迪（Gaudí）在西班牙巴塞罗那的作品，以及李伯斯金（Libeskind）最近在柏林建成的博物馆，都是很具有代表性的范例。

艺术和建筑都是富有创造性的工作，在最终的产品中，想象力与无形的东西，超越了其他所有的因素。有一点很重要，那就是尽管艺术和建筑具有几项明显的区别，但是它们二者也拥有共同的东西——创造力，而这才是其中的精华所在。

虽然一般民众通常并不会将建筑视为一种艺术，但是专业媒体的论述却通常都是如此，至少，他们会将最终的建筑产品放在介于艺术与设计之间的某个位置上。在很多报纸专栏中，关于"建筑"的文章都会定期出现在"艺术"的版面当中。《纽约时报》上，一份关于巴特勒码头空中别墅的广告非常有趣，它是这样写的："介于艺术与设计之间"，这里的艺术与设计指的是两座博物馆——泰特现代美术馆和设计博物馆。

建筑是所有其他艺术的公分母。其他的艺术总是会以某种形式在一栋建筑物内进行展示，例如博物馆、音乐厅，或是其他公共建筑等。当我们参观画展，或是欣赏音乐会的时候，实际上我们在体验的就是艺术与建筑的结合，建筑是一种"包裹的"媒介。因此，可以这样说，建筑设计对于一名观众或是听众"记录"的整体效果，具有非常显著的影响。事实上，任何形式的艺术都无法脱离建筑的影响。即使是露天展览，也一定是在某一个建筑规划的环境中进行的。

例外的情况应该非常少。举个例子，一位牧羊人，坐在山顶的岩石上吹奏长笛。即便如此，我们也可以这样认为，山顶的岩石是神学或物理现象中创造出来的一部分产物。因此，就算是这种特殊类型的音乐，也还是会处在一个"被创造出来"的环境当中。

说到艺术总是要处于一个建筑的环境中——或者更常见的情况，是在一栋建筑的外壳之内——被看到和被听到，那么就会有人提出这样一个问题：容器，即建筑，其光芒掩盖了其中包含的内容，即艺术，这种情况是可以被接受的吗？弗兰克·盖里（Frank Gehry）设计的毕尔巴鄂博物馆（Bilbao Museum）就是这样一个引人注目的例子。在这座博物馆里，壁画大小的画作被变成了邮票，而超大尺度的雕塑被做成了小装饰品。这栋建筑非常壮观，里面收纳了非常多的艺术品。然而，尽管它有着激进的特质，以及明显的无序与杂乱，但这座建筑却表现得异常雄伟壮丽，成为一个很好的艺术展示平台。[4]

所谓"美的体验与情感"，会使我们的感官变得活跃起来。我们在建筑当中寻找美与快乐，就像我们在所有类型的艺术中追求美与快乐一样。但是，建筑中的美，就像大海中涟漪的美，就像音乐中的快乐，从来都是不一样的。我们对建筑物的感知会随着光影的变换而改变，会随着季节与气候的更替而改变，会随着日夜轮替而改变。此外，还会随着你观赏建筑的距离不同而改变。走进建筑的内部，那么你的感知又会出现极大的不同。以马里奥·博塔（Mario Botta）设计的教堂室内空间为例。经历了夏季正午耀眼的阳光，与秋季傍晚夕阳中柔和的色调，会使人们想起拜占庭教堂的神秘之光。这就是建筑之美。

建筑是无处不在的。就连在绘画作品中，也常常出现对建筑的描绘，就像卡纳莱托（Canaletto）的《威尼斯》（Venice）。它不仅是一种描绘了建筑的艺术，同时也是一种包含了艺术的建筑——比如说绘画和雕塑。很显然，这是一个需要给予更多关注的领域。有一些国家，他们会从公共建筑预算当中拨出一定的比例，投资到艺术领域当中，这种做法很值得其他国家效仿，并确立相关的法律支持。

建筑对于人类的意识具有深远的影响。我们知道，我们周遭的环境，以及由此产生的建筑，都会对我们的身体和精神造成影响，虽然每个人的喜好千差万别，但是我们都一样会对美产生反应。

建筑当中总是会存在着人为的因素。在那些通过设计而与环境相互和谐的建筑作品中，人为因素呈现出一种新的维度，建筑也可以被视为一种疗愈的艺术。通过提升内心的感受，建筑可以为人们带来满足与平静，甚至可以减轻压力。

而在另一个极端，建筑也有可能会成为一种危险的工具，甚至可以用来对人们进行控制。德国的纳粹就是这样的一个例子。纳粹分子对所有进步的艺术运动都进行迫害，从包豪斯（Bauhaus）到诸如乔治·格罗什（George Grosz）和柯勒惠支（Käthe Kollwitz）等艺术家。与此同时，他们也将建筑，即符合他们要求的建筑，作为一种宣传的工具，那些戏剧性的建筑就是他们扭曲心态的见证。英国著名哲学家伯特兰·罗素（Bertrand

Russell）曾说过，"建筑，从一开始就有两种目的——一方面，是纯粹的实用主义，为人们提供温暖与庇护；另一方面，是政治上的目的，即在人们的心中留下一条深刻的烙印。"

危地马拉（Guatemalan）画家卡洛斯·梅里达（Carlos Merida）用不同的方式表达了这一观点。他提出了一项政治上的宣导："艺术要为大众服务，公共艺术要为所有人服务，要为整个世界的情感享受服务。"[5]

勒·柯布西耶（Le Corbusier）是国际建筑风格的主要支持者之一，这是大家都知道的。但是，勒·柯布西耶还有不太为人所知的一面——他还是一位画家与雕塑家。安珀·考恩（Amber Cowan）对他的这部分工作进行了透彻的分析，指出他是在20世纪30年代开始涉猎雕塑艺术的。接下来，他是这样分析的："一次偶然的机会，勒·柯布西耶遇到了艺术家约瑟夫·萨维娜（Joseph Savina），当时后者正在布雷顿海岸（Breton coast）的特雷圭尔（Treguier）举办一个研讨会。在1940年到1964年间，这两位艺术家进行了大量的合作。他们合作的作品中，其中一个最为出色的就是创作于1964年的雕塑'Ubu-Panurge'，这个作品展现了勒·柯布西耶对于纹理的迷恋，并且在一个整体框架中包含相互独立的流动元素。"

通过这座雕塑，以及勒·柯布西耶的其他雕塑作品，让我们看到了他的建筑设计是如何发生了深刻变化的。第一次世界大战之后，他在巴黎设计的作品，之前干净的白色墙面转变成了更加强健、充满雕塑感的结构，例如著名的朗香（Ronchamp）教堂如波浪般翻滚的屋顶，粮仓一样的塔楼，以及哈佛大学视觉艺术中心大提琴造型的工作室，这是他晚期重要的代表作品。

事实上，建筑师也可以同时是艺术家，这有助于突现出艺术与建筑之间的相互交融。

空间和运动一直都是很多艺术运动的核心。这些运动与建筑的发展趋势是相通的。下面我要讲述其中的一些艺术运动。

"动态艺术"（Kinetic Art）最早出现在1954年，并在1960年获得了大众全面的接受，并出版了一本同名的文献。这场运动起源于包豪斯、俄罗斯构成主义者、风格派运动（de Stijl）以及最近的亚历山大·考尔德（Alexander Calder）的作品。在1966～1967年间举办的《动态雕塑的方向》（伯克利），《Kunst licht Kunst》（埃因霍温）和《卢米特雷特运动》（Lumière et Mouvement）巴黎现代艺术博物馆）几次展览上，三维运动都成为最重要的主题。艺术家、建筑师和工程师结合成了一个整体，就像我们在欧普艺术中，在手机里，在瑞士艺术怪才让·丁格利（Jean Tinguely）设有引擎的作品中所看到的。

涂鸦，也被称为"东村涂鸦"（Graffiti East Village），最初也是一种视觉上的"离经叛道"，其目的就是要在不够人性的城市景观中留下自己的印记，让城市中迷宫一般的街道和建筑变得更加亲善与熟悉。

"零组"（Group Zero）在1957年成立于德国的杜塞尔多夫（Dusseldorf）。它代表了对审美自由的渴望，一切从零开始。通过这种方式，空间和创造力会变得拥有无限的可能。例如，海因茨·马克（Heinz Mack），他的作品利用了撒哈拉沙漠广袤的区域。

大地艺术和地景艺术是一项非常重要的运动，始于20世纪60年代后期。它鼓励人们回归到自然的神秘主义之中，进而重新建立起人类与自然景观之间的联系。内华达州（Nevada）和加利福尼亚州（California）的沙漠，成为诸如史密森（R. Smithson）的"螺旋堤"，以及南希·霍尔特（Nancy Holt）的"太阳隧道"等作品的选址地点。这引领了公共空间艺术创造的新方法。罗伯特·莫里斯（Robert Morris）提出了对再生土地进行强制性投资的提议，这样的提议在当时是具有革命性的。大地艺术的生命通常都是短暂的，是一种"速朽的艺术"。有的时候，艺术家的作品会出现在建筑物上，例如克里斯托（Christo）的"包装材料"。人们很容易将"速朽"艺术和"速朽"建筑联系在一起，例如展览场馆这样的临时性建筑。

"天空艺术"这个概念起源于1969年的麻省理工学院，并随着1986年天空艺术大会上著名的宣言而深入人心。天空艺术是将各种空间和通信技术汇集在一起的综合表现——光学和声音、动态雕塑、计算机技术、激光光束，以及全息摄影等等。艺术的极限就是天空。例如，维拉·西蒙斯（Vera Simons）的飞行雕塑，以及道格拉斯·戴维斯（Douglas Davis）的视频/激光作品。

在所有艺术运动中，最著名的可能就是新艺术运动和包豪斯了。"艺术运动"这种说法，对于新艺术运动和包豪斯来讲显然太过狭隘了。有一点是值得肯定的，通过它们，建筑和艺术找到了一种共同的语言，以及共同的特性。

包豪斯包含了所有艺术类别的通用使命，从而将建筑、绘画、雕塑以及所有的应用艺术通通结合在一起。格罗皮乌斯（Gropius）一直坚信艺术是不能被传授的，能够被传授的只有应用艺术。早期，比利时建筑师兼艺术家亨利·凡·德·威尔德（Henry van de Velde）在德国的魏玛（Weimar）开设了艺术与工艺学院，他有两名著名的学生，分别是年轻的建筑师沃尔特·格罗皮乌斯（Walter Gropius）和密斯·凡·德·罗（Mies van der Rohe）。

关于将艺术融入建筑的文章和评论已经很多了，但在我们所生活的城市里，却看不到什么真实的例子。这是很令人遗憾的，因为公共艺术可能是让对艺术知之甚少的民众接触到这一领域最有效的途径。但是，有很多建筑师，已经将艺术融入了他们的作品当中。其中就包括墨西哥建筑师马里奥·帕尼（Mario Pani），他"在工作中融入了不同的艺术，而这样的做法需要经济的合理性。充足的投资使他可以拥有足够的资金去邀请何塞·克莱门特·奥罗斯科（José Clemente Orozco）合作，为建筑绘制壁画。"[6]

如果没有提到伟大的先驱威廉·莫里斯（William Morris）以及著名的工艺美术运动，就无法完整地表述艺术的多面性。工艺美术运动，是在工业革命期间于牛津大学开始的。威廉·莫里斯的思想在整个欧洲都产生了巨大的影响。艺术无处不在，从此，伟大的艺术家们开始从事工业设计。

伟大的人文主义主题"坚固—实用—美观"，是由维特鲁威（Vitruvius）发起，并由阿尔伯蒂（Alberti）提出的。这是建筑的三要素，具有永恒的意义。"坚固"，即建筑结构，应该随着技术的进步而改变。"实用"，指的是机能主义以及使用的友善性，会一直依照我们的要求和方式发展。在这三个要素——坚固、实用、美观当中，"美观"是无形的。但它是对我们的认知、我们的感受以及灵魂的表达。建筑作为艺术的一种，它与"美观"密不可分。当一座建筑，成功地打开了我们认知的大门，那么它就成为艺术，为我们带来了愉悦。

建筑也是一门艺术。有一点非常有趣，在英文中，"艺术"这个词是由三个字母(art)组成的，而这三个字母恰恰是下面三个单词中的一部分："earth"（地球），"hearth"（壁炉）和 "heart"（心）。"地球"是我们的建造活动所处的环境，"壁炉"代表了一栋建筑物的中心，而"心"则将我们带回到维特鲁威所谓的"美观"，这就是建筑与艺术共同的精髓。

现在是时候重新思考建筑的使命了，它与其他的学科和其他的艺术都有关联。那些复杂的、多面性的、对审美要求很高的建筑作品（这些形容是对当代很多建筑作品特性的描述），毫无疑问，一定是融合了所有的学科以及艺术门类协同作用的结果——其中建筑师和建筑站在了先锋的位置。不可否认，建筑在整个建成环境中，它的角色是一种"包覆性"的媒介。此外，在建筑学当中，"对美学成果的修饰是最引人注目的"。[7]

建筑师通过他们所设计的建筑，来表达社会文化和美学价值的根源。当你想到某一个国家的时候，你脑海中浮现出来的是什么？自然景观，没错，但是，除了自然，还有建筑。

纵观古今，研习建筑的历史及其发展和演变，但还是无法告诉我们，未来的建筑将会是什么样子。按照如今"建筑"这个词的含义来解释，未来的建筑甚至可能根本就不是建筑。然而，回顾过去，人们会将一些在他们的概念中真正具有创造性的建筑案例单独提列出来，并且开创出建筑学新的发展趋势。另一方面，如今人们可以在世界上挑选出一栋刚刚完工的建筑，并且肯定地说，它为建筑表现开辟了一条新的道路，那么这就意味着这栋建筑就是未来建筑的先驱吗？我想，要找到这样的一栋建筑应该是很难的。这个世界变化太快，变数也太多。

1999 年度杜邦科技创新奖，其中一项获奖作品就是由德冈正松（Masakatsu Tokuoka）设计的、位于大阪（Osaka）的 VO 建筑。这项作品以一种戏剧化的方式，将艺术融入了建筑当中。建筑师利用夹层玻璃制成屏幕，将建筑的外立面变成了一幅大型的广告或信息墙，在秋季，它可以变成红色和橙色，而在夏季则是绿色和蓝色，也可以用日本的传统颜色来庆祝节日或是重大的事件。这种随着季节改变外观的做法在大城市中是非常重要的，因为在大城市中，拥挤的环境只能给树木留下很小的空间，人们几乎无法通过树叶的改变来体会到季节的更替。"2000 模式照明"系统就是这种设计的关键所在，它使建筑的景象可以根据需要进行改变。这只是一个简单的想法，毫无疑问，一定会有人走得更远。

未来的建筑和外观，静态的成分将会变得越来越少，我们不难预见，这些设计可能会对业主的审美造成影响，进而改变他们的审美习惯。就像在传统的日本，不同种类的和服可以代表不同的事件，或是表达不同的心情。

媒体建筑和多媒体建筑，将会很快成为城市景观中的一部分——例如，由伊东丰雄（Toyo Ito）设计的仙台传媒中心（Sendai Media Centre），或是由赫尔佐克＆德梅隆建筑师事务所（Herzog & de Meuron）设计的埃伯斯瓦尔德大学图书馆（Eberswalde Library）[8]，从上到下都覆盖着图片。"建筑的皮肤"，无论是外观还是室内，都会逐渐被视为一种交流的媒介，而真实的景象与虚拟的景象，也将会交融在一起而构成一个整体。

法国当代著名建筑师让·努韦尔（Jean Nouvel）说得很简单，他说："所谓的媒体公园，其实就是一种与观看计算机屏幕连接起来的审美体验具体化的方法。"他创建了自己的理论，认为多建设一些这样的项目，就会显著提升一座城市的诗情画意。而且，如果在单独一条街道上聚集了很多这类建筑，那么有可能会产生一些不良的影响，但是假如整座城市都是如此的话，那么这座城市自身的特性就会发生变化。此外，从长远的角度来看，还会影响我们对于一座城市的印象。

可视信息技术应用的范围越来越广，这将会使我们的城市发生彻底的改变。用迈克尔·戴维斯（Michael Davies）的话讲，或许有一天，在建筑物的正立面上可以使用电子挂毯或是微量化学变色材质。建筑很可能会变成一种媒体机器。一步一步地，但是却很快，我们的建筑环境就会发生改变。我们需要做好迎接新挑战的准备。建筑总是会身处在十字路口，会受到各种各样影响的冲击，但是它同时也会对各个领域起到影响作用。这种相互交叉的影响在建筑上的体现，将会比其他各类艺术都更为明显。虽然建筑可以被称为一种"应用艺术"，但它却是所以艺术的核心。

在公元第三个千年里，终极的审美目标或许还无法实，我们只能将所有的艺术尽量融合在一起，也就是说，将所有的艺术整合在一个统一的概念体系当中。[9]

就像古罗马帝国时代希腊著名的哲学家普鲁塔克（Plutarch）所编写的《传记集》（Parallel Lives），艺术与建筑的发展之路是两条平行的道路。对我们的建筑环境来说，重要的是认识到它是建筑与艺术共生的载体，建筑要与所有的艺术结合在一起。在这种所有艺术的共生关系中，就其本质来说，建筑处于领头羊的位置。

参考文献

1. III Coloquio das Artes do Funchal.

2. Edelmann, Frédéric: *Le Figaro*.

3. Hekman, Anneke.

4. Kaufman, Jason Edward.

5. Noelle, Louise: article in *Modernity and the architecture of Mexico*. Austin 1997.

6. Noelle, Louise: op.cit.

7. Jameson, Fredric: as quoted in *Rethinking Architecture* by Leach, Neil. London 1997.

8. Herzog & de Meuron with photographer Thomas Ruff.

9. *Gesamtkunstwerk*.

05

包容的教育类建筑

墨西哥、拉丁美洲和加勒比地区教育空间区域研讨会
韦拉克鲁斯（Veracruz），2001 年 10 月 23 ~ 27 日
节选

多年来，国际建筑师协会（Union International des Architects，简称 UIA）已经发展成为一个重要的世界性组织。有谁能想象得到在 UIA 大会上，竟然需要调动警察来维持秩序，阻止太多的建筑师们涌入已经满员了的会场？而这正是 1996 年在巴塞罗那大会上确确实实发生的状况。两年前，在北京，我们看到在青年建筑奖颁奖典礼上，建筑师们跳过礼堂的座椅，去和他们所崇拜的明星发言人（特别是安藤忠雄）交谈几句，甚至只是去握一下手。这同样也是令人难以置信的景象。但对这个行业来说，这是件好事。置身于聚光灯下，高调地凸显我们的活动，这将会有助于一般民众更加接近建筑。事实上，本次韦拉克鲁斯（Veracruz）研讨会是由国际建筑师协会和联合国教科文组织（UNESCO）共同举办的，因为这样才能将会议上提出的想法与吸取的教训更广泛地传播出去。

最近在美国发生的悲剧事件表明，我们生活在一个脆弱的建筑环境中。我们的任务现在已经扩展出了一个新的领域。安全经费的支出，不可避免会导致用于教育、环境和贫困救助资金的减少，而我们必须要找到办法，去弥补经费不足的缺陷。

教育是我们影响最为深远的长期项目。其目标不仅是教育现在的建筑师，还包括未来的建筑师。孩子们应该在早期教育中就开始了解建筑——就像艺术和音乐一样。如果这项倡议能够被广泛接受，那么我们可以设想一下，这将会对未来公众对建筑的认知产生多么大的影响。还有另外一种方法可以加深公众对于建筑的印象，那就是通过优秀的建成案例，提高建筑师作品的可见性。这种方法对于学校建筑也同样是适用的。

任何形式的教育，以及世界上不同社会的各个组成部分，都是建立文明的基石。但是，如果在教育当中缺少了文化的成分，那么教育还有什么意义

呢？文化是将国家凝聚在一起的一条统一的纽带。文化比其他任何东西都更能代表一个国家的历史和文明。文化就是我们的记忆。而且，在一个国家各种文化当中，首先会被人们所记住的，就是建筑。所以，我们的建筑师，必须要相信这一点，同时也要让其他人相信这一点。我们必须要不断提醒自己，文化所代表的并不仅仅是过去的事情。文化是一个永无止境的过程。每天，它都会出现在我们的生活当中。因此，难道教育类建筑就不能通过它们的设计而形成文化吗？

今年早些时候，我接受了我们国家文化部的委任，负责法兰克福书展上希腊馆的设计。这座建筑的目的就在于其教育性，因此就广义而言，就是要具有教育意义。这个简要的概括表述得很明确——里面的陈列品是对希腊文化发展至今的一个概述，而展览馆建筑本身就是为了凸显希腊在 21 世纪初的建筑水平与技术潜力而建造的。

我用这个案例来强调建筑和建筑学在教育过程中的重要性。再没有什么比教育类建筑更重要的了。提起教育类建筑，人们通常会想到的是包含在这类建筑当中的"内容"，但是我们知道，内容的载体，也就是建筑本身，也是同样重要的。中小学和大学中的教学空间，由于其形式和功能，本身就是具有教育意义的。

柏林建筑师汉斯·科尔霍夫（Hans Kollhoff）用了这样的表述来说明建筑的重要性——"越是矛盾，越是混乱，我们周遭的环境设计越是没有花费心思，我们在建筑空间中寻求支持、安全与舒适的需求就越是强烈。"我还要再增加一条："在建筑空间中寻找灵感。"

建筑师所面临的一个主要的挑战，就是要通过高品质的设计来证明，符合成本效益的教育类建筑和可持续发展，二者是可以兼顾的。带着我们的理念，我们可以引导官方与民众的观念，使他们认识到，只有可持续发展的、对环境友善的教育类建筑，才能提供持久可行的解决之道。

就提高学校建筑的标准而言，我们必须要记住，所谓"标准"，就其广义来说，指的并不仅仅是数据和章程。它还包含了很多无形的成分，比如说欢乐与轻松的感觉——从学校的男孩子与女孩子们跨入校门的那一刻起。学校的建筑必须从各种意义上来说都是"开放"的。建筑就要体现出这种开放性。它们也会以这种方式，体现出社会的开放性。

学校建筑，以及一般性的教育类建筑，一定要在 20 世纪的建筑文化遗产中占有自己的一席之地。我呼吁在会场的所有人，所有以各种方式参与过教育类建筑项目的建筑师们，从现在开始整理筛选自己所知道的，或是曾听说过的教育类建筑，并提出具体的建议。这可能就是本次研讨会的决定之一。

让我们花一点时间来说一说知识产权和著作权的问题。这个问题非常重要，因为它涉及保护建筑师的权利，它会增大对现有建筑修改与拆除的难度。很明显，这个问题也同样适用于 20 世纪的学校建筑，这将会有助于更好地欣赏建筑师们的作品，无论这些作品有没有被提列到 20 世纪建筑文化遗产当中。国际建筑师协会希望可以将其在知识产权和著作权方面的工作，同 20 世纪建筑文化遗产数据库项目联系起来。

全世界对于与教育相关的建筑的需求都在与日俱增，这是无法通过传统的教育系统来实现的。我们必须开发出新的方案与新的施工方法，希望能够由此创造出更简单、更经济，但却更加有利于环保的建筑。我们还必须要证明，发达国家的技术进步，实际上是会对这一目标的实现起到促进作用的。技术本身并不是目的，它只是一种工具。在某些情况下，使用本土的材料，使用传统的技术，往往会使最终的建筑产品表现出更多的人性化。这则原理也同教育类建筑有关，特别适用于小学的建筑。

毫无疑问，我们所有的建筑师都在为提高我们设计项目的品质而努力奋斗。这是我们每天与自己的斗争，同时也是与所有阻碍我们创造力发挥的因素的斗争，这种斗争是持续不断的。我们之所以要斗争，是为了使我们最终的设计成果成为一栋高品质的建筑，每一位建筑师都是如此，绝无例外。我们的职业正面临着一个问题，那就是我们要同时解决太多的问题，面对太多的挑战。真的是太多了。我们需要集中精力。在这些问题中，与地球与环境相关的问题是重中之重。毫无疑问，我们的建筑产业发展应该以一种有利于环境保护的方式来进行。但是，通过建筑表现出文化的同一性，这一点也是非常重要的。最后一点，但绝非不重要，我们应该尽可能地去参与那些会对很多人产生影响的项目，而不是只服务于少数人的项目。这一类建筑，我们一般可以统称它们为"社会性建筑"。教育类建筑，就像住宅一样，也必须在经济上安排预算，这样才能兴建更多的建筑，并通过这种方式，来缩小此类建筑在供需之间的差距。

在我们的城市中，安全已经成为一个主要的问题。由于我们的职业直接依赖于我们这个时代的社会现状，所以对安全方面的考量反过来又会直接影响到我们最终的建筑产品。在今天的一次采访中，我被问到，在经历了"9·11"恐怖袭击事件之后，我能想到的在建筑设计中会发生怎样的变化。我的回答是，如果未来的建筑将会变得"安全到疯狂的程度"，那么我们应该没有能力为它买单。那些不够富裕的人们当然没有能力去支付过于昂贵的建筑成本了。而这将会导致在我们的社会中出现更严重的分化，这样的社会也将会迅速走向"自我毁灭"（suicieties）。这个词是从摇滚乐中借用过来的，它被用在这里是多么合适啊，恰恰描述了世界上很多国家普遍存在的社会结构问题。

我们很容易忘记，在这件事的根源上存在着一个对偶的问题。虽然对我们大多数民众来说，安全措施就代表着更安全的生活，但是对某些人来说，这些安全措施却代表着他们想要去突破的壁垒，以及不愿再生活在贫困线以下的渴望。所以，社会也应该承担起责任。但是，若想要使我们的社会变得更加公平公正，唯一的长久之计就是进行教育革命。要向让公众能够"感受到"教育革命，它就需要借助一些有形的东西来"展示"出来。还有什么能够比一所敏感的学校建筑，更能散发出新的精神呢？任何一所学校，如果不能在其功能和建筑上反映出社会的层面，那么它就不能被视为达到了一种"艺术的状态"。

对学校建筑而言，它们作为教学活动的重要载体，应该被定位于有利于发挥其使命的地区。总的来说，社会的责任，特别是规划者的责任，就在于尽最大的努力，为学校周围的环境营造出一种城市"常态性"的氛围。联合国教科文组织，制订了提升城市中心空间与文化水平的计划，为我们树立了很好的榜样。

过去由于受技术水平限制，使我们很多美学上的愿景都没有办法实现。而现在，这种情况正在以飞快的速度发生着改变。技术是属于我们的。建筑将会演变出更实用、更灵活、更多变的各种形式。曲面造型也会更容易实现。多形态建筑，在这样的建筑中，各种不同的用途可以相互转换，而不再像之前只能限于乌托邦的空想。我们来想象一下，这种灵活性将会对教育类建筑的设计产生什么样的影响呢。很显然，新的施工方法也会对所有类型的建筑造成影响。例如，未来的摩天大楼将不再是千篇一律同一个模样。现在已经出现了关于夹在混凝土中间的"安全"地板的讨论，以及专门设计的外部逃生路线。在不久之前，有谁又会想到这些呢？

说到材料，一定会进行彻底的改变。利用焚烧灰渣制成的生态水泥、透明混凝土、液体玻璃纤维结构的外饰面，可以满足变量设计的具有记忆功能的织物、可以在电视屏幕与窗户两种功能之间切换的材料，等等。这些新型材料是数不胜数的。我们可能会看到更多"百叶窗"立面，对抗录影和其他监控手段。这种"百叶窗建筑"也能适用于学校吗？我希望不是这样。

有一个问题一直围绕着我们，那就是：技术上复杂的未来是否会成为所有人的未来？或者说，现在的双速世界所导致的失衡问题还会延续下去吗？还是说未来的情况会变得更糟？建筑师可以发挥出自己的作用，以确保社会上巨大的"鸿沟"可以变得不再那么明显。如果在我们的心目中能够保持对"不平等"与"排斥"这些概念的重视，那么我们就取得了第一步的进展。本次研讨会将为全面包容性的建筑开启一条新的思路——学校应该是开放的、对人有吸引力的。有些学校是通过自筹资金与社会捐助兴建的，也有的学校则是利用的既有的校舍，以及比较便宜的材料兴建的。无论在什么情况下，校园里的建筑都应该能够反映出我们社会的文化多元性以及多民族的结构。

06

为发展中国家创造机会

《智能玻璃解决方案》——2004 年第 2 期
英国智能出版有限公司出版

在接受一家希腊主流报纸采访的时候，我曾被问到，我希望哪栋建筑是由我设计的。我回答说水晶宫，或是任何一栋建筑，只要它在建筑表现上发生了改变。在水晶宫这个项目中，其建筑表现上的改变是通过对一种比较新型的材料创新性的使用而实现的——这种材料就是玻璃。

对我来说，玻璃这种材料凝聚了太多的建筑魔力。它的多功能性表现在其内在能力上，它可以跨越内部和外部之间的界限，在光与影之间、现代与传统之间搭建起联系的桥梁，或是根据具体的情况而突显出最精彩的部分。但是，只有在其背后精神与灵魂的支撑下，玻璃才会拥有其造型与意义。否则，它就仅仅是一种材料而已，而不是建筑。因此，当玻璃的各种应用与建筑师创造性的天赋结合在一起的时候，它就会获取完全不同的天地，这一点是显而易见的。

我相信，通过这样的出版物来凸显高品质的建筑，反过来可以激励广大建筑师展示更多的创新，并提醒业界注意，建筑师真正的需求到底是什么。在实现这一目标的过程中，智能玻璃的解决方案具有双重目的。

新的技术、新的突破，以及更高的性能水平，在不断提升着市场上现有产品的质量与多样性。玻璃，尤其是对玻璃的研究，正在为我们的节能、环保和社会良性建筑等目标作出重要的贡献。可问题是，尖端技术对于新兴经济会产生什么样的作用？我认为这有一点像一级方程式赛车，哪怕是最不起眼的汽车，也终将从技术创新中受益。

我们都知道，我们生活在一个不平等的世界里。为了纠正一些不平衡的现状，技术转让是非常重要的。毕竟，知识是属于所有国家的，是属于全人类的。在发展中国家，建筑也需要专门的知识。我们要记住，在整个世界的大背景之下，我们能够看到，既存在着拥有技术文化的建筑精英，同时也存在着那些在有限的知识中苦苦挣扎的底层建筑产业工作者。这份刊物能够，也应该被交到他们的手中。

不可思议的是，虽然拥有最简单的形式，但玻璃还是属于一种奢侈品，就像如今世界上很多临时的定居点，它们的窗口往往都是用一些临时的材料遮蔽的。我们越是了解那些比较贫穷国家的实际需求，建筑师和制造商们就越会有意愿满足他们终端用户的需求，并在潜在的巨大市场中寻求发展的机会。新兴经济体的特殊性可以成为新理念的催化剂，而在这些理念当中，有关成本、气候和可持续发展方面的考虑是最重要的。

国际组织在提醒我们所有人要关注贫困人口的需求。但是，要将这些信息转化为一个产业，诸如玻璃制造业中一项具体的目标实在是一项非常困难的任务，根本没有焦点。国际建筑师协会可以会同行业代表，针对建筑师和学生，组织关于在发展中国家使用玻璃的国际创意竞赛，进而帮助人们提高对于这种材料的认识。那就让我们拭目以待吧。

建筑玻璃的未来会是什么样子呢？虽然丹麦物理学家尼尔斯·玻尔（Niels Bohr）曾说："这是很难预测的，特别是关于未来的预测"，但我认为玻璃作为一种建筑材料，其发展是没有限制的。从现在开始我们向前回顾，应该不用到很久之前。表面涂层玻璃、夹层玻璃、多层玻璃、玻璃纤维半透明混凝土、再生玻璃、皮肤系统、运用玻璃机电技术制成的可变传播立面，在现实世界与虚拟世界之间搭建起桥梁的信息显示器，所有这一切都展现出了玻璃未来发展的雏形。毫无疑问，2004年的玻璃材料展览会，一定会成为对这种材料潜力进行反思的中心。人们热切期待着这一切。

玻璃，比任何一种其他的材料都更能表达出技术创新与卓越的施工标准。特别是在发展中国家，表现得就更加明显。它的使用，在方式上日趋复杂与精致化，象征了人们对于更高品质生活环境的向往，以及我们所生活的地球上财富与资源更理性的分配。简而言之，象征着"我们也做到了"。

07

色彩与建筑

雅典考古学会
雅典 / 2005 年 1 月 24 日
摘录 / 原文：希腊文

今天我们所在的大厅展览的是阿纳斯塔西亚·奥兰多斯（Anastasios Orlandos）的作品。我认为，我们从他的作品开始观察是再合适不过的了。奥兰多斯曾经说过："在古代，色彩在建筑中扮演着非常重要的角色，它可以突出建筑物的造型与比例。正是由于这个原因，这种手法被广泛运用。色彩可以对建筑进行清晰的表达，使之在环境中脱颖而出。"

我主要通过图片来向大家展示。但是，请允许我先做一个简短的介绍。

大自然并没有为我们呈现出什么单一色彩的东西。[1] 在我们的周围充满着各种各样的色彩，无论是在自然环境中还是建筑环境中。我们往往将色彩视为理所当然，而忽略了它在人类与环境之间充当着媒介这一关键的作用。在很多情况下，我们会认为物体或衣服的颜色比材质还要重要。

我们已经跨入了公元第三个千年，我认为是时候要从基本颜色和色彩和谐的有限理论中走出来了。无论是引述德国著名诗人歌德（Goethe）和哲学家叔本华（Schopenhauer）的论述，还是后来维特根斯坦（Wittgenstein）对于色彩的观察，这些都只是具有历史价值而已。我个人认为，我们已经比那个时候要更进一步了。

但是，我并不认为，我们在不受限制地运用色彩的组合而获得更大自由的时候，就是赋予了审美不负责任的权利。颜色的选择对每个人来说都不会是随心所欲的，因为我们每个人都有自己认为正确的观点，关于这一点，在任何情况下都不应受到挑战。色彩，并不仅仅是个人品位的问题。大家都熟知的那句话："在口味和颜色的问题上，没有什么可争论的"[2]，可是这种说法是有误导性的。另一方面，我可能也不会接受长期以来一直存在的和谐规则的概念。一代又一代，创新的方法改变了我们对于色彩概念的认识，但是，就像音乐一样，每个时期总会有优秀的色彩组合脱颖而出，并且随着时间的

52   第一部分　演讲与论文

推移仍旧保持着它们的审美价值。此外，它们还会成为一个时期与另一个时期之间的联系。通过这样的方式，就像我们所说的历史连续统一体一样，古往今来，色彩也存在着连续统一体。

在当今的建筑中，我们不能孤立地去理解色彩的重要性。我们需要对建筑本身进行深刻的理解，进而摆脱过去风格的框架对我们自由表现的桎梏。我们发现，色彩的使用也已经变得更加自由了。我们还发现，色彩可以成为快乐的源泉。一栋建筑给我们带来的快乐是看不见摸不着的。它是一种情感的体验，触动了我们的感觉，我们的情感，还有我们的灵魂，在这种情感的体验中，色彩也是其中的因素之一。

很多人都曾经尝试过，并还在继续尝试着去解释我们与色彩之间存在着怎样的内在关系。在美国建筑师学会的倡导下，最近成立的建筑神经生理学学会（Academy of Neurophysiology for Architecture），他们的研究目标之一，就是要分析我们对于颜色的反应。比如说，为什么我们会对一种颜色做出积极的反应，却会对另一种颜色就会做出消极的反应。

颜色，连同光、影，当然还有形态，代表着我们建筑师的精髓所在，同时这也正是建筑能为我们带来的快乐。它们是我们的"感知之门"。[3]

现在，我们将会在屏幕上看到颜色，以及建筑的颜色，从希腊、非洲、意大利、墨西哥和印度的传统建筑开始，再到许多国家的标志性建筑。我要特别提出一种颜色，它往往被视为没有颜色——这就是白色。白色总是让我着迷。毕竟，它是所有色调搭配的起点。我将向各位展示影片中的白色，白色的衣服，我自己的两栋白色的建筑，以及塞萨尔·波特拉的（César Portela）令人叹为观止的维戈公墓（Vigo Cemetery），白色与大海的深蓝色交相辉映。

研究希腊古典建筑中色彩的使用方式是令人着迷的。尽管对这个课题涉猎不深，但我还是要强调三点对我来说很重要的特征。

• 色彩的运用，总是与它所铺设的材料自身颜色相匹配。

• 相对于造型来说，颜色扮演的是次要的角色。这是至关重要的。

• 色彩属于一种装饰，因此，它的使用仅限于结构的非承重部分。例如，在寺庙建筑中，所有的颜色都运用在顶部，而不是在柱子上。古希腊人非常清楚，如果用色彩来强调承重构件，比如说立柱，那么就会在视觉效果上削弱它们支撑上方重叠荷载的"能力"，因此就会与结构强度的概念形成抵触。

这对我们所有建筑师来说都无疑是一个很有价值的经验。

为了能真正从审美的角度理解雅典卫城，它的神庙，以及神庙所在的天然岩石的表面，我们可能需要展开想象，想象围绕在雅典城周围的山脉苍白的颜色，天空的蓝色，以及远处塞隆尼克湾（Saronic Gulf）呈现出闪烁的蓝色或是"深酒红色"。

很多考古学家和建筑师都尝试着去修复帕提农神庙和雅典卫城，产生这种想法是很自然的，他们包括弗朗茨·库格勒（Franz Kugler）、斯宾格（Springer）、贝诺特·洛维奥（Benoit Loviot）、阿莱克西·帕卡德（Alexis Paccard）和冯·克伦泽（von Klenze）等。洛维奥特（Loviot）的修复受到了奥兰多斯（Orlandos）的批评，因为他所使用的色彩和装饰都太过了。泰奥菲尔·汉森（Theofil Hansen）在古希腊建筑中深入研究了多色彩装饰的运用。他将理论付诸实践的第一个作品就是于 1846 年完成的国家天文台，就坐落在雅典纽墨菲山（Nymphs）的山顶上。

我现在要为大家展示的图片涵盖了很多的建筑和国家。我想将重点放在墨西哥。我准备的图片将会着重介绍很多墨西哥建筑师的作品。大家会发现，这些墨西哥的建筑师都有一个共性——那就是在色彩的使用上毫无畏惧。值得注意的是，以大胆运用色彩而著称的路易斯·巴拉甘（Luis Barragán，20世纪最重要的墨西哥建筑师之一，1980 年第二届普利茨克奖得主），并不是在建筑设计的构思阶段就同时考虑了色彩。色彩的设计是在整个设计过程的后期，当体量关系已经确定了之后才开始构想的。或许这听起来会有点牵强，但是我敢说，他所使用的颜色有点像古希腊的神庙或建筑，在这些建筑当中，色彩绝对是一种应用性的元素，而不是一个整体的元素。

让我们稍作思考，我们的时代和未来之间存在着怎样的关系，以及未来会是什么样子。

在希腊的悲剧诗人欧里庇德斯（Euripides）的作品"特洛伊女人"（Trojan Women）[4] 中，赫鲁巴（Hecuba）实际上已经回答了这个问题：

"既然我们已经不存在了

那就看看诗人们是如何评价我们的。"

那么，未来的诗人和后代又会对今天的建筑做出什么样的评论呢？

我相信，我们今天正在创造出一些非常重要的，往往极富创造性的建筑。因此，让我们对自己的时代更宽厚一些吧。评价就留给后人来做吧。我们也永远都不要忘记，我们经常会将如今质量平平的建筑与过去大师们的作品相比较，而一些我们所珍爱的作品被列为世界建筑文化遗产，但是在当时的年代，这些作品也都是革命性的，也常常饱受争议。

建筑的未来很难预测。同样，我们也无法预测建筑中色彩运用的未来。关于未来，一项对于自古以来颜色进化发展的研究为我们提供了一些线索，但是却很少。只有一件事是我们确定无疑的。那就是，就像具有革命性的建筑作品会影响建筑的发展进程一样，未来具有革命性的色彩以及色彩组合的概念也一定会出现。

各种色彩都起源于光。如果没有光，那么就不存在色彩。光的变化也会导致颜色的改变。颜色改变了，它们与光共舞。光与体量、表面和颜色的相互作用，每时每刻都在进行，这是一种永恒的存在。

就像我们在建筑中寻找美与快乐一样，我们也会在色彩中追寻美与快乐。放眼望去，我们所看到的一切事物都充满着无穷的变化，这每每都令我们震惊。建筑和色彩从来都不会是相同的。于是，观看造型与观看色彩，这就变成了一种日复一日的、激动人心的体验。在最好的例子中，它就是纯粹而简单的快乐。

我还要对自然的颜料和工业化颜料进行一点评论。传统的自然颜料中混杂了粪便与动物性黏着剂，它的色彩会随着时间的推移而逐渐暗淡，但工业化颜料则不会有什么明显的改变。自然颜料是可以透气的，但工业化颜料基本上不行。出于对环境因素的考虑，我们越来越多地使用自然的颜料。我们的工作室刚刚完成了第一个项目，在这个项目中，所有的木窗都使用了自然颜料。这就意味着，这些颜料是用亚麻籽油、树脂、蜡、天然稀释剂和矿物颜料制成的。谈到颜料，可以看一看壁画，这些教堂中的壁画被绘制出来，是供人们在微弱的光线下观赏的，即烛光。如果将其暴露在强烈的阳光下，它们的颜色就会发生改变。红色和橙色会变得更加鲜艳，而蓝色则会变得暗淡。

很多国家都已经制定了相关的规定，强制要求使用某种颜色，或是禁止使用其他的颜色，特别是在一些国家的特定地区。例如，我们都记得，在19世纪的慕尼黑（Munich）和21世纪的马格德堡（Magdeburg），对于建筑外观的颜色有着相当严格的规定。

对美学方面的规定有可能变成一种建筑审查制度。在色彩运用上，我们应该给予建筑师充分的信任。毕竟，又有谁可以肯定地说，在诸如新谷大道（Syngrou Avenue）这样的主干道上，禁止兴建一座全红色的办公大楼，这是出于对保护雅典城长远审美趣味的考量？谁又有资格成为这样一项决定的仲裁者呢？

我们怎么会忘记了那段时期，希腊的建筑法规要求，建筑外立面的颜色都应该是白色。我们很多人都忽略了这条规则，而当局对这条规定也并未强制执行，这是件好事。你能想象一座城市里，所有的建筑都按照规定只有一种颜色吗？还有什么比这更单调乏味的吗？

我和你一起，徜徉在建筑色彩优秀案例的千变万化当中。你们每个人可能都会对这些案例产生不同的反应，很明显，我们最后的分析是，颜色是一个主观的问题，并且永远都是。我们选择和使用色彩的方式，以及我们内心中感受颜色的方式，成为我们审美个性的一部分，也是我们每一个人审美DNA的一部分。

毫无疑问，颜色是建筑中的一项决定性因素。但它却不是唯一的因素。最后，我将回到最初的话题作为结尾。我要再次强调两个因素，我认为这两个因素是所有颜色设计的基石。一个是光影，另一个就是造型。我最后的两张图片展示了造型的力量，当然包括颜色的力量。

参考文献

1. Gaudí, Antoni.

2. de gustibus et coloribus non est disputandum.

3. Huxley, Aldous: *The Doors of Perception*. London 1954.

4. Euripides: *Trojan Women*. Oxford University Press edition. Oxford 1986.

08

无可争议的色彩

ILI & KTIRIO 杂志
安杰洛斯·普西洛普洛斯（Angelos Psilopoulos）访谈录
Intracord 有限公司编辑 / 莱娜·科斯西杜（Lena Koskosidou）
雅典 /2005 年 4 月
摘录 / 原文：希腊文

I + K: 您如何定义色彩在建筑中所扮演的角色？

古往今来，关于色彩的著作与谈论已经很多了。但是在这些著作当中，有很多人的言论与他们实际的作品之间，并没有什么关系。就拿格罗皮乌斯来说，他说他最喜欢鲜艳的颜色。可我们在他的作品里又能看到多少鲜艳的颜色呢？再比如勒·柯布西耶，他曾经说过，只有白色的粉刷才是最纯粹的颜色。然而，在他自己的作品当中，人们却看到了很多令人惊叹的色彩运用。例如，在拉图雷特（La Tourette）修道院的地下室顶棚上，他那令人回味的蓝色，以及它是如何戏剧性地强化了椭圆形天窗的"出口"。还有，在他的救世军大楼（Cité de Refuge）中，当时每一位建筑师都屈从于国际风格的影响，认为建筑应该是白色的，但他却给我们上了关于色彩的一堂课，让我们回想起古代彩色的建筑。

因此我确信，颜色是无法被描述的。颜色只能在真实、有形的作品中被看到、被评判。就像建筑不应该受到时尚、风格和命令等约束一样，色彩的使用也应该是不受限制的。

I + K: 在建筑环境中对色彩的使用，是否也应该被赋予绝对的艺术自由？如果不应如此，那么要如何定义管理措施的限制呢？

诚然，在很多情况下，政府管理部门会制订出一些建筑色彩方面的规则，但我并不认为，限制性的措施就可以让我们避免发生美学上的失误，或是设计出不好的建筑作品。在颜色的运用上，建筑师应该得到充分的信任。

I + K: 建筑色彩是否应该被监管？

一直以来，都有人在表述这样的观点，他们认为每一座城市都应该为其建筑制订一套经过充分研究的色彩应用法规，可以提供各种各样的选择，但是最终还要经过一个特别设立的专家委员会批准。我完全不同意这种观点。

色彩使用法规对于设计师来说只能作为一种辅助性的指导方针，决不能成为严格的规定。在意大利，很多城市都有它们自己的"色彩地图"——当地人将其称为"piani del colore"。这只是一种辅助措施，而不是监管。

如果米克诺斯（Mykonos）岛的建筑都变成了像锡米岛（Symi）一样的黏土颜色，那么米克诺斯就失去了它的魅力；相反，如果锡米岛上的建筑，全都变成了像米克诺斯一样的白色，那么锡米岛也不会再像现在那么引人入胜。[1]

这也就是说，我的确认为应该制订出一些类型的指南，但是这些指南只适用于城市的历史中心，以及现存于一些岛屿上的传统定居点。这种规范存在目的只有一个，那就是为了保护我们的建筑文化遗产。即便如此，在这个问题上我们还是应该谨慎行事，因为严格的监管规定可能无法为创新留下必要的安全余地，比如那些特别成功的"联姻"——天然灰色清水混凝土，配以石灰粉刷的白色，这就是最近在希腊一些岛屿上兴建的一些建筑的特色。雅典的康斯坦丁尼迪斯（Aris Konstantinidis）和其他一些富有远见的建筑师，在这一方面为我们提供了很多非常杰出的范例。而在更严格的规定限制下，这种"新的"建筑可能永远也不会成为现实。

让我们再来看看我们的城市。虽然，很少有人敢声称自己是建筑结构或是建筑美学方面的权威，但是当说到这些建筑的色彩时，每个人都会有他自己的看法。建筑师的意见常常被其他人的观点所压制。我们能改善这样的状况吗？

相较于建筑，户外招牌和广告标志通常更能明确地定义颜色。如果有人要求将可口可乐的标志改成绿色，因为这样更适合于某一特定建筑物的颜色，这当然是不可思议的。我一直认为，由建筑物上的广告标志而引起的美学上的"掺杂"，是我们的职业所需要挑战的一个问题。我们有权利要求对我们的创造力提供法律上的保护。

I + K：在建筑设计的发展过程中，什么时候是引入色彩考量的关键时刻？

当然，这是一个值得讨论的话题。在建筑设计中，就像在绘画中一样，如何开始着手一项作品的设计？首先是形式，之后才是颜色？还是两个因素一起考虑？答案并不简单，当然了，要视具体的情况而定。我认为相较于绘画来说，在建筑设计中将色彩设计从整个创作过程中单独分离出来是相对容易的。但也有一点我们应该永远铭记于心，那就是色彩永远也无法弥补糟糕的建筑设计。

I + K: 古代遗迹在色彩运用上给我们带来了怎样的启示?

毫无疑问,古代遗迹在色彩运用上是非常有参考价值的。然而,它们并不只是能教会我们一些东西的古代纪念碑。从那些不是建筑师,甚至也不是艺术家的专业人士身上,我们能够学习到很多有关当代色彩使用的方法。我个人一直觉得,那些时装设计师们对色彩大胆而又充满勇气的运用,实在是令我感到非常刺激。当然,他们所使用的材料对于色彩的运用也是有帮助的。时装设计师们所使用的材料相较于我们的建筑材料来说,更容易处理,使用寿命也更短,这就意味着设计师们有足够的时间去尝试创新的想法。但是我们也必须承认他们敢于尝试。这对我们建筑师来说是一个教训。

I + K: 以上是有关时装的问题,那么现在,请告诉我们,您认为公众舆论的力量会在多大程度上影响建筑色彩的演变?

公众舆论的力量确实会对建筑色彩的演变产生影响。并且影响的程度还会很深。所以,公众舆论具有其公平的责任。但是,我们不可能指望一般民众能够像建筑师一样,对色彩主题拥有同样的敏感度和理解。

在我看来,唯一一个可行的长期目标就是教育。在艺术、建筑,以及所有与美学相关学科,对公众的教育是一条单行道,一定要着手进行。那些通过对色彩创造性地运用,从而为我们的城市美学带来的影响与变化,一定要被包含在这类教育当中。

I + K: 您认为您个人是如何投入到色彩设计的?

我可以列举两个完全不同的例子,但它们对我来说都具有非常重要的影响。

第一个是在丹麦首都哥本哈根城外的赫列夫(Herlev)医院。尽管很多年过去了,但我仍然记忆犹新,因为这个项目是在我生命中,第一次将色彩大规模运用于公共建筑当中的案例。这家赫列夫医院,与当时其他的医院是不同的。可能这听起来有点自相矛盾,但是在这所医院里,特别是在它的公共空间,人们会产生一种愉悦与振奋的感觉。这都要归功于色彩的运用。赫列夫医院项目对我来说,在建筑色彩的感知方面具有决定性的影响。

第二个影响并不特指某一栋具体的建筑。如果一定要我强调在色彩使用上的一个整体的体验,那么我一定会说是墨西哥。在墨西哥的建筑中,无论是传统的还是现代的,我们都可以感受到在色彩运用上的自由与创造性。墨西哥的建筑已经成为色彩的代名词。色彩无处不在。其至在那些名列国家建筑文化遗产目录的著名建筑中，例如玛雅金字塔和西班牙巴洛克式的建筑，也都包含对色彩的丰富运用。但是，在我们的时代，巴拉甘和恩里克·德尔·莫莱尔（Enrique del Moral）就是我们的榜样。他们拥有着不可思议的天赋，为当代建筑带来了迷人的色彩。在这条色彩之路上，他们有很多的追随者——里卡多·莱奥莱塔（Ricardo Legorreta），安德列·卡西拉斯（Andrés Casillas），安东尼奥·阿塔利尼（Antonio Attolini），迭戈·维拉尼亚（Diego Villaseñor），等等。

但是，还有一些其他的东西，可以帮助我们理解色彩可以为建筑带来哪些不同之处。当我对建于 19 世纪的伦敦水晶宫进行研究的时候，我总是满怀敬畏地站在这座建筑的面前。然而，令我感到震惊的是，在约瑟夫·帕克斯顿（Joseph Paxton）所创造的壮观而璀璨的钢结构与玻璃表面之下，竟然有着色彩的千变万化——红色、黄色、蓝色和白色——这是欧文·琼斯（Owen Jones）的作品。其外，通过当时的出版物我们可以清楚地了解到，公众之所以会接受这样一座建筑的一个关键性因素，就在于这种色彩的运用。

I + K: 之前您已经谈到了建筑中色彩发展的未来。那么您能不能预测，或许是通过一个具体的案例说明，这个未来会是什么样子呢？

我可以肯定，明天的建筑将会更加充满活力，我们将会看到更具开创性的新建筑，而这在前些年几乎是无法想象的——比如说，可以在视觉效果上发生变化的建筑立面。这样说确实有些牵强，一个人可以想象，建筑物的立面会随着一年间季节的更替，或是业主情绪的变化而相应地发生改变吗？就像是我们会根据不同的场合而选择不同的衣服，以及根据冬天还是夏天、悲伤还是快乐而变换着装一样。

建筑的立面会根据季节与时间的变化而改变，这不再是未来学家们的专属领域。在上一期杂志中，你们提到了两个这一类的建筑作品，由 UNStudio[2] 设计的位于韩国首尔的格乐利雅（Galleria）名品馆西馆，这栋建筑最突出的特色就是会随光线不同而展现出色彩斑斓效果的玻璃，以及到了晚上奥雅纳照明的动态灯光效果。再一个项目也是 UNStudio 设计的，位于荷兰阿尔梅勒（Almere）的拉德方斯（La Defense）办公楼，在这个项目的内庭立面上，多色的设计实现了其色彩上的变换效果。

同历史上任何时期相比，如今人们更乐于接受将色彩作为一种建筑的工具。在技术革新的帮助下，制造商可以不断扩展色彩使用的范围，从而为建筑师们提供了越来越多的渠道，使他们的想象力得以转变为现实。在材料与光，以及材料与运动的相互作用中，色彩已经成为其中重要的一环。计算机辅助技术在色彩的使用上又为我们开辟了一条新的途径。没有人能够预测得到，未来建筑师们将会有怎样的技术革新，来支持他们无休止地通过色彩来更新创造力的追求。技术在色彩运用上所能提供的帮助是没有极限的。如今，色彩已经成为一种建筑的工具，并达到了前所未有的水平。然而，尖端的技术并不是每一位建筑师都能使用的。在比较发达的国家，研究与制造行业经常会与建筑师进行对话，从建筑师那里获得资讯，同时也了解到市场上可用产品的功能性以及局限性。显然，这样的对话会为建筑师带来更为多样化的色彩素材。

在一些建筑案例中，例如著名的耶鲁大学图书馆，在其立面上用大理石代替了玻璃，这样在白天的阳光照射下，大理石的颜色与质感就会投射到室内空间当中。而到了夜晚，情况正好相反。大理石的颜色与纹理又被投射到被照亮了的建筑表面。瑞士的梅根（Meggen）教堂也有类似的效果，同样也是利用大理石作为外挂材料，无论是在白天还是晚上，都会呈现出令人印象深刻的色彩变换。

著名艺术家奥斯卡·普茨（Oskar Putz）的作品中，透明的立面效果则更胜一筹。在他的维也纳大剧院项目中，外立面的幕墙由五光十色的釉面玻璃构成。白天，彩色的光束会投射到中庭的内墙上。而到了夜晚，多彩的颜色为背打光式的建筑立面带来了丰富的变幻。

在建筑的室内空间中，也能看到新的思路。关于这一点，在一座假日酒店中进行了实验性的客房设计。设计师的目标是让客人自己选择他们想要的环境入住。而这种环境的变换主要是通过墙壁、窗帘等色调的调整来实现的。

我们对于色彩的概念和感觉一直在发生着改变，但是这种改变通常是不易觉察的。虚拟现实的颜色已经成为我们生活中不可缺少的一部分。荷兰著名建筑师雷姆·库哈斯甚至说，"现实世界中的颜色看起来显得越来越枯燥。"虚拟现实的色彩是明亮的，因此也是不容抗拒的。

但是，有没有人能够确定，在遥远的未来，或是不太遥远的未来，就一定不会有一种新的色彩极简主义再次兴起呢？就像是现代运动开始的时候，单色，甚至是无色的建筑将会再次成为主流？即便如此，情况也绝不会再像过去一样，因为技术将会发挥它的作用。

I + K: 建筑师会害怕使用颜色吗？

我想说的是，真正会害怕的是业主，他们害怕那些大胆使用色彩的建筑师。

I + K: 建筑师是否应该为公众对色彩的反应负责？无论是对建筑色彩的厌恶，还是对其的接受。

我想，这个话题我们之前已经讨论过了。我们很多民众都存在着色彩恐惧症，我们应该对这种状况负责。我们感到内疚的是，没有为这些民众提供足够的教育，从而使他们有能力区分出在建筑中运用色彩的优劣。事实上，我们没有为他们树立起足够的典范。

另一方面，民众习惯于在建筑物上，或是建筑物内部看到颜色，特别是那些在功能上对色彩有"要求"的建筑类型。比如说，商业和娱乐设施，学校建筑以及与孩子相关的建筑，例如托儿所等。此外，知名建筑或是属于公众人物的住宅，无论我们喜欢与否，都会成为颜色使用上的"榜样"。

这就是我们的责任。我们所能做的，就是不屈服于客户的意愿，这些意愿在品味上往往是存在问题的。相反，我们应该尝试着去提升他们的品位，带领他们进行"色彩的体验"。假如公众对于色彩是无知的，他们无法理解我们对颜色选择的细微差别，那么我们的努力就会变得毫无意义，而我们创造力的实现也会受到损害。

I + K: 您曾经造访过世界上的很多地方，并作为国际建筑师协会的主席，与很多不同背景的建筑师都有联系。您会认为在颜色使用上存在着一个国际共同的标准吗？在对颜色的感知和使用上，您是否能重点谈一谈国外建筑师与希腊建筑师的相似之处和不同之处？

在国际舞台上，我必须像我之前说过的那样，把墨西哥单独提列出来，因为墨西哥人所使用的颜色所体现的是一种爱的关系，从古至今一直如此。我们可以从流行的建筑中看到这种关系，也能从当前的作品中看到这种关系。我曾有机会与墨西哥国宝级的建筑师莱戈雷塔（Legorreta）一起讨论过有关色彩运用的课题。我看过他的一些作品。很明显，色彩源自于内心的需求，无疑也会受到传统的强烈影响。

为什么要特别讨论墨西哥呢？因为在这个国家，你常常会有一种感觉，那就是色彩就是自然存在的，它就是属于这里的。在斯堪的纳维亚，那里有很多杰出的色彩使用典范，通常都是顶级设计的结果。在印度，我们也能看到很多的颜色。但是，拉杰斯坦（Rajastan）怪异的红色与大地的颜色，似乎并不总是能轻松地延续到当代建筑中，当然，不可否认，例外是存在的。在荷兰，自阿尔多·凡·艾克（Aldo van Eyck）的时代起，我们都会陆续看到一些创新使用色彩的范例，而对色彩的运用有时会成为新建筑与众不同的特色。

我还应该提到安藤忠雄以及他"中性色"的建筑，这听起来可能有些奇怪，但他是深刻影响我对颜色看法的若干建筑师之一。他一般的建筑作品都是无色的，但却可以为强烈的色彩创造出衬托的背景。上个月，我们在东京，在他设计的一所住宅里，摆放着一个非常巨大的花瓶，立面插满了鲜艳的红色花卉，还有一幅令人印象深刻的油画，色彩斑斓，呈现出一种完全不同的意义，因为它们的背景是一片清水面的混凝土墙。这种做法让我想起了著名的金巴利苦酒的广告，在这个广告中，红色的饮料从黑白色调当中脱颖而出。顺便一提，有很多人都在效仿这种构思。所以，颜色的运用从来都不是独立的。它与所有其他的设计元素都是彼此相关联的。

希腊的实践也没有明显的不同，至少，我周遭同事们的能力是这样的。相反，在最近的一些作品当中，我们已经看到了很多在色彩运用方面非常优秀的范例。然而，我们距离公众的接受程度还是存在着一定的落差，或者说，我们的作品还未得到公众的广泛接受。我们必须要站起来，为维护我们的权利而战。就像人权一样，在建筑上也应该取得相应的权利，而运用色彩来适应整个建筑构思，就是我们要争取的权利之一。

I + K: 所以，色彩是建筑的一部分。您个人是怎么看待这句话的？

颜色通常是客观的。我们看着一个物体，并且意识到它的颜色是红色。但颜色也可能是主观的。我们可以想象一个物体是红色的。去年 12 月，在土耳其的马尔丁（Mardin），苏哈·厄兹坎（Suha Özkan）为我讲述了一个感人的故事：当他还是个小男孩的时候，他问他的母亲大海是什么样子的。他的母亲指着马尔丁从美索不达米亚（Mesopotamia）延伸到波斯湾（Persian Gulf）广阔的黄色平原，回答他说"这个黄色的平原，你把它想象成蓝色，这就是大海的样子。"

建筑当中的色彩也有可能是主观的，因为它会以不同的方式在每个人的内心深处留下烙印。在我自己的作品中，我试图去证明色彩是建筑中不可分割的一个组成部分。我认为所有的建筑师，尽管可能在程度上存在着差异，但都应该把色彩作为他们建筑语言的一部分。与前些年相比，我们无疑已经取得了进展。我们或多或少都曾讨论过关于颜色的话题——我们喜欢哪些颜色，而又有哪些颜色是我们不喜欢的。经过了色彩时尚与色彩禁忌，我们已经走过了漫长的道路。

然而，在我们与我们的客户之间还是存在着一些问题。虽然在建筑物的功能、结构、形式和外观等方面，他们可能会尊重建筑师的工作，但是一旦涉及色彩，他们就会认为自己不仅有权表达自己的观点，而且还常常会将自己的观点强加于人，就好像他们在选择衣服的颜色一样。在进行建筑室内设计和家具选择的时候，情况往往更是一团混乱。在这些时候，建筑师常常被彻底边缘化了。可悲的是，绝大多数建筑的色彩设计并不是建筑师的作品，这种说法一点也不夸张。

我们也不要忘了，当建筑建成之后还会有什么事情发生。各种各样的干预与介入，通常都是在没有任何控制的状况下进行的，甚至常常都不会去咨询建筑师的意见。换句话说，这是彻彻底底的审美免责。让我们面对现实吧，我们需要立法来保护自己的知识产权，以及保护我们的色彩。

I + K：由于您一直在强调所谓个人表现的因素，所以是不是说，我们所谈论的是艺术作品，而并不仅仅是建筑作品？

我不明白为什么要将建筑和艺术区别开。建筑作品同时也就是艺术作品。建筑作品有好有坏，同样艺术作品也有优劣之分。在最后的分析中，所有的一切都会归结为一点——如果一个建筑作品，它是建筑师创造力的表现，那么它就变成了一个艺术品。

I + K：是否可以这样说，一个人可以区分出"当代的"色彩？

在当今的建筑作品中，你可以找到很多创新使用色彩的案例。我们还看到了一些非常大胆的色彩运用，它们完全改变了那一区域的城市景观，例如，施奈德（Schneider）+ 舒马赫（Schumacher）事务所的红色信息箱，已经安置于柏林的中心广场很长一段时间了。

在过去的日子里，色彩常常是"规定的"。现在，色彩的运用变得更加灵活，但同时也变得更加复杂。在色彩进化的历史中，存在着很多具有决定性的时刻。我要列举其中的一些例子，不是因为这些案例是最重要的，而是因为它们影响了我自己同色彩的"共栖生活"。

- 颜色的变化，可以成为识别一条街道甚至整个区域的"定位指南"。
- 利用色彩来降低一些亚洲高层建筑的高度感。
- 蓬皮杜艺术中心，其多色彩的结构和机械元素从立面上突现出来，成为以不同的方式看待色彩的先驱。
- 最近一些建筑师，例如绍尔布鲁赫（Sauerbruch）和赫顿（Hutton），在他们的作品中，色彩成为建筑整体哲学中的一部分。

色彩的运用，不应被局限于建筑物的四个立面当中。还有平坦的屋顶，我也将其称为"第五个立面"，以及我们所有城市中都存在的空白界墙，这是更重要的。我们在界墙上看到了一些在色彩运用方面很出色的例子，不仅仅是着色一种形式，还有涂鸦和绘画艺术。在雅典，亚尼斯·加纳斯（Yannis Ganas）巧妙地在德卡（Deca）的 Periscope 酒店的界墙上绘制了仿佛邻近建筑物阴影的效果。

大家应该记住，在希腊，就像在很多其他的国家一样，色彩在建筑室内的运用常常更加大胆。然而，这是一种缓慢的变化，色彩也开始在一些建筑外观中体现出它们的存在感，特别是一些著名的建筑，从而摆脱了在我们城市中的一些地方普遍存在的单色调乏味的景象。

I + K："地域性"会不会影响色彩的使用？

当然会有影响。尽管建筑正在变得越来越全球化，建筑模式也越来越国际化，但它们却还是不可能不受每个国家的色彩传统、光照强度以及季节变换这些因素的影响。想想一些北方的国家，他们的天空长期以来都是灰色的，这样的景象对色彩会有怎样的影响。

对我来说，认为颜色仅仅是大脑的决定或是时尚的结果，这种认知是不可思议的。因此，对于一些所谓的"时尚"建筑，以及它们的"流行"颜色进入到我们的城市，我们一定要抱持谨慎的态度，尽管其结果并不一定是负面的。大家应该记得那些公寓的立面上贯穿全长的灰色线条吧？这些完全是外来的东西。它们是那些曾经学习过格拉茨（Graz）灰色思潮的建筑师们留给我们的遗产。这是专业实践的领域，值得我们进行更为深刻的研究，即在国外的学习会对建筑产生怎样的影响。在关于流行色这个主题上，最近在我们的建筑上"随心所欲"地出现的浅橘色如何？如果说流行色是存在的，那么这就是流行色。

我相信，我们正在朝着更具动态的色彩运用发现发展，色彩将成为一种整体的建筑方式中的一部分，与建筑的整体性概念密不可分。请允许我再补充一点，我自己位于珀利翁山（Pelion）的乡间别墅，其外立面就是水泥毛坯面，没有进行任何涂装处理，与灰色的石板瓦以及灰色的橄榄树交相呼应，从而将对环境（银灰色的橄榄树林几乎延伸入了大海当中）的人为介入降到了最小的程度。

I + K: 色彩是否具有某种象征意义？

你说的完全正确。色彩就象征着它的时代，我想说的是，它甚至可以反映出社会的价值观。外向的社会以及外向的运动总是会对颜色的偏好产生影响。革命往往也会导致色彩革命的出现，而在色彩革命的过程中，象征着革命的色彩终将会变成一种"确立的色彩"，从而成为一种象征。举个例子，红色。在相当长的一段时间里，红色一直代表着我们社会当中重要的部分，直至今日，它仍然是政治信条的颜色。

再谈一谈关于白色的一些想法。有的时候，对白色的强烈爱好无非是纯粹的清教主义。但是，它也有可能是一种反应的信号，正如我们在20世纪某些时期的建筑中所看到的那样。我们的业主会记得，一栋白色的，或者几乎是白色的建筑，并不意味着建筑师没有完成他们的设计工作。

如果我们回想起20世纪充满着迷幻色彩的70年代，我们会记得，色彩还拥有另一种内在的可能性——幽默感。这种说法可能会让你大吃一惊，但是请仔细思考一下吧。就像幽默可以存在于生活的方方面面一样，它也可以表现在建筑上，特别是建筑的颜色上。我们已经看到了这一类的例子。阿尔巴尼亚（Albania）霍查（Hoxha）时期的避难所，它的穹顶上各种颜色的相互作用，所表现出来的是什么样的性格，难道不是幽默感吗？

I + K: 我想要最后的一句结语。对您来说颜色代表着什么？

它是一种至关重要的需求，它为我们的日常生活带来了快乐。

参考文献

1. Tzanavara, Hara.

2. UNStudio, Ben van Berkel, Caroline Bos et al.

09

2008 年度南非建筑师协会科鲁布里克（Corobrik）奖

南非建筑师协会学报
2008 年 5 月

毋庸置疑，2008 年度南非建筑师协会（SAIA）奖凸显了各种具有特殊品质与价值的作品。这些建筑作品的品质当然也都是高标准的，值得获得广泛的赞誉。

事实上，每两年举办一次的南非建筑师协会奖并没有区分第一名、第二名与第三名，所有的获奖作品都是并列排名的，而我从中也得到了一条重要的信息——我更加坚定地相信，当代建筑对于建筑环境的影响是由普遍的建筑水准决定的，而绝非只是少数杰出的建筑。如果只有接触明星建筑师的文化，那么一个国家对于建筑意义的理解就很容易出现扭曲。

在很多参赛项目中，可持续发展以及对环境的敏感性这两项主题，显然已经成为最重要的设计参数。毕竟，这就是人们所期望的，因为这些因素反映了南非建筑师们的关注，要为人们现在与未来的生活争取一个更为健全和理智的环境。大家可能会希望，在未来的项目中，能够让可再生能源发挥越来越多的作用，这样我们就可以名正言顺地说，我们的建筑产品正在最大限度地使用不会造成污染的资源。

我们还演示了对既有建筑的修复与翻新，这是一种非常优雅的方式，在和谐共处的过程中，可以将过去与现在联系在一起。南非拥有非常多样化的建筑与文化遗产，如果能得到很好的照顾与管理，那么它们就没有理由会消亡。

事实上，在很多的项目当中都允许对建筑进行自由的定位，而且对于建筑体量的选择基本上不受限制，建筑师们凭借自己的才能，陈述他们的设计与环境背景之间的关系，这并不是炫耀与卖弄，只是让我们看到了一种谦卑的、非对抗性的方法，通过这种方法，建筑的最终结果将是在视觉上对周遭环境的融入与服从。如果南非独特的景观在没有思想、没有秩序的开发下还有机会继续存在，那么必须以这种不以自我为中心的方法作为开放空间设计的先决条件。

我发现对材料的使用是特别有趣的。从一个相对局外人的角度来看（我强调"相对"这个词，是因为我认为自己就是南非人，至少在一定程度上可以这么说），我们很容易就会发现，对材料的选择无疑是形成一个特殊地区建筑特色的重要成因。值得注意的是，对钢结构、金属帷幕、石材、木材与装饰板极具创造力的运用，以及平面的开放性，在很多建筑中都表现得相当明显。

随着时间的推移，人们可以看到这种类型的建筑将自己确确实实地塑造成了南非建筑的风格。这样的发展，与大部分非洲和发展中国家的情况形成了鲜明的对比，在那些地方，人们还是随处可见在功能上不合逻辑、更与美学毫不相干的建筑，很显然，这都是受到了外来文化和其他气候条件的影响。乌干达（Uganda）的一位部长穆特比·穆瓦尼拉（Mutebi Mulwanira）不是曾经说过吗，非洲正面临着变成"建筑复制品资料库"的危险。

在研究了所有的获奖项目之后，尽管它们都是一些高品质的作品，但我却产生了一种不安的感觉。大部分获奖作品都是针对住宅项目的。只有少数例外，但并没有扭转整体的情况。很显然，我们缺失的是社区建筑的案例，穷人们的住房，以及重要的政府与行政大楼。所以，我们不能说，这些获奖作品代表了南非所有的建设活动。

虽然我知道，今年获奖作品中住宅项目的比例非常高，但这并不是常态性的，但是很显然，在获得提名的参赛项目中，建筑类型的选择是缺乏平衡的。唯一可能的解释就是，那些参与其他类型建筑设计的建筑师，并没有参与本次评选。所以，建筑行业正面临着被边缘化的危险，这并不是这个行业自身的缺失，只是因为我们正在面临着一些重大的挑战。例如，在我看来，将大部分优秀奖项都颁发给大众住宅，这就是建筑师正在面临的一个巨大的挑战。

没有建筑师的建筑，肯定不会是我们选择的方式。那么到底问题出在哪里呢？

不难看出，采购系统一定是问题的核心所在，我们必须要对这个问题进行仔细的研究。按照大多数发达国家标准，主要政府机关和地区行政大楼，当然也包括住宅项目和公共空间的设计，在实际使用之前都一定要由建筑师进行调试，这是一个先决条件。任何低于这个标准的操作都是无法想象的。

要改变或改进采购系统显然不是件容易的事。国际建筑师协会可以协助提供一些案例，说明在其他的国家，这些系统是如何运作的。但是我们的出发点必须是通过案例分析，能够为建筑带来一些改变，因此，建筑是代表公共利益的。希望在未来的协会奖项中，能够将那些"缺失"了的建筑类型补充进来。

毋庸置疑，增加建筑竞赛的数量就是一个直接的目标，尽管在实践上可能具有一定的难度。在一些国家，对于某些特殊类型的建筑项目，是会强制性进行招标竞赛的。

作为一个学会，我们怎样才能最大限度地提高奖项的价值？在建筑杂志上公布评选的结果，之后还应该拿出专门的版块来对这些项目进行一一的介绍。下一步，就是编辑一个统一的小册子，或是其他类型的出版物，将历年来的获奖作品都集中在一起。这种获奖作品手册最好是能每年都重新编辑，之后用作每个城市和地区的建筑指南。我们都知道，在对建筑环境的改善过程中，接受过建筑教育的公众的意见是不可或缺的。通过这样的刊物，公众可以对我们建筑师认为的优秀作品进行进一步的欣赏。看看前些年的获奖作品，在审美上是如何逐渐"褪色"的，这也是蛮有意思的一件事。

获奖的建筑作品和建筑文化遗产之间的联系，这一部分的重要性也是不容低估的。这些获奖作品中的一部分，最终可能会被提列出来，成为建筑文化遗产中的一份子。作为一名职业建筑师，我们必须要努力接受这样一种观点，即文化遗产并不应该局限于在遥远的过去所建立的东西。毕竟，过去的文化遗产，对于那个年代来说也同样是现代的东西。联合国教科文组织（UNESCO）已经开始接受这一原则，并将 20 世纪建造的一批建筑项目列入了世界文化遗产目录。希望通过对获奖建筑作品的强调，也能激发起人们对于建筑师的工作更加尊重的心态。甚至还有可能会建立相关的法律规定，未来若要对这些建筑进行增减或是修改，都要获得特别的审批才能进行。

总而言之，可以说，南非建筑师协会奖反映了南非建筑师们的潜力。同样，南非的建筑师们也可以在国际的舞台上占有自己的一席之地。

在国际建筑师协会的活动中，大家可以看到来自协会和南非的建筑师数量不断增加。现在的时机已经成熟，来自协会和南非的建筑师可以更广泛地参与国际活动，甚至起到带头的作用。此外，正如众望所归，位于南非东北部的港口城市德班（Durban），将很快成为世界建筑关注的中心。2014 年的世界建筑师大会看起来似乎还很遥远，但重要的是，本次评奖活动就是通往大会的必经之路。我毫不怀疑,南非建筑师协会奖的评选活动将成为这条"通往德班之路"的一部分。国际建筑师协会很有意愿要去熟悉南非建筑中最精华的东西。可以毫不夸张地说,会影响世界大会参与人数的一个重要因素,就是能够在主办国看到当地的建筑。

我想祝贺南非建筑师协会以及所有参与 2008 年度奖评选的建筑师们,特别是各位获奖者。对于有机会参与这样一个富有意义的活动闭幕式,我非常感谢。

10

壁画艺术——转瞬即逝的地标

菲律宾建筑师协会第 38 届全国代表大会
"地标、领导和文化遗产"会议
马尼拉（Manila）/2012 年 4 月 20 ~ 22 日

"地标"一词，通常是与描述城市或乡村特色的、固定的三维实体联系在一起的。它们可以是房屋、纪念碑，或是像神庙、埃菲尔铁塔和悉尼歌剧院这样的建筑。也可以是一些自然的景观，比如日本的富士山（Mount Fuji）、开普敦的平顶山（Table Mountain），以及里约的面包山（Sugar Loaf）等。所有这些地标都有一个共同的特点——它们的重要性以及意义，通常都会随着时间的推移而增长。

但是，地标的生命也可以是短暂的。根据定义，转瞬即逝的地标意味着它们并不是永久性的，它们来了又去。可以是临时性的展览摊位、可拆卸的露天装置，也可以是壁画，以及绘制在空白的城市墙壁表面上的装饰与信息。

壁画艺术，有时也被称为街头艺术，并不追求永恒与不朽。它只是定义了一个精彩的时间点。它的消逝就像它的出现一样，悄无声息，不会引人注意。它拥有即时性的力量，因为通常情况下，壁画所描绘的都是最近发生的事件，反映的是社会的共鸣与当前的焦虑。一个接着一个，它们给人的视觉冲击是短暂的，但是它们所在的墙面等媒介却像是一面镜子，反射出不断变化着的生活。

让我们回忆一下阿尔塔米拉（Altamira）和拉斯科（Lascaux）的洞穴。在那里，我们看到，人类或许是第一次将日常的生活场景描绘在洞穴的墙壁上。从那以后，我们又走过了漫长的道路。我们花了很多时间去领悟壁画艺术带给人们的那种即时性的交流。但迟来总不来好。壁画艺术越来越多地出现在我们中间，这就证明了它们的必要性和有效性。

这应该不会让人感到意外。壁画艺术已经填补了一个空白。它表现了在我们的生活以及内在自我当中很多不同的方面。它抒发了很多我们在公共场合不容易看到的事情。

我们的愤怒，我们的幽默，我们的梦想，我们的政治与社会的信条，所有的一切都找到了一种热情而友好的媒介。而且，这样一种不那么墨守成规的绘画方法也正是我们需要的。壁画艺术是一种图像。"我们看到这些图像所描绘的其实是我们自己。"[1]

壁画艺术与其他大多数艺术不同，在墙里面是看不到的。这种艺术是公开的、免费的。米歇尔·拉根（Michel Ragon）曾经非常简洁扼要地对这种艺术形式进行了概括。"正如狮子不应该被关在动物园里，绘画和雕塑也不应该被囚禁在博物馆里。"就像丛林是野生动物栖息的自然环境一样，艺术作品生存的自然环境应该是街道、广场，简而言之，就是城市的公共空间。

壁画艺术是一种艺术形式。它是所有人都能看到的艺术——无论是富人还是穷人。它就在你周围的街道上。而且，与博物馆里的艺术品不同，你不花钱就可以观赏到它。

公共壁画，就像所有的公共艺术一样，与我们城市中的建筑存在着相互的影响。建筑常常是公共壁画和城市这两个极端关系之间联系的纽带。建筑是一门艺术，但它不像其他形式的艺术那样能够拥有同样的自由。建筑要受制于限制性的规定。雕塑，以及其他形式的户外艺术，则以一种明显不同于建筑的方式影响着城市的面貌。壁画艺术也是如此。壁画艺术不需要满足功能，也不必要赏心悦目。但是建筑却不同。但事实的情况总是这样的吗？是不是有很多伟大的建筑案例，却也没有什么重要的功能性呢？一些杰出的建筑作品还有另外一个特点，那就是它们并不符合传统的审美模式，常常具有挑衅的意味。壁画艺术也是如此。为了能给观赏者留下深刻的印象，它常常需要具有煽动性。

归根结底，创造力是所有艺术的共同之处，当然，其中也包含建筑。还有壁画艺术。

在公共场所的壁画艺术中，艺术家以一种直接的方式与观赏者进行交流。壁画不是专门画给"美学家"看的，它是面对广大民众的。一般的民众都明白，壁画代表着一种空间上的革命。在拉丁美洲，革命运动在民众心目中的形象不正是壁画吗？建筑，以及当代生活很多其他的表现形式，常常都会"脱离广大民众的期望"。[2]另一方面，越来越多的壁画艺术开始出现在城市景观当中，并成为城市整体艺术的主要代表。阿尔贝托·萨尔托里斯（Alberto Sartoris）曾经说过："在过去，艺术在城市设计中的融合主要是通过建造纪念碑来实现的。而现在，壁画艺术已经取代了纪念碑的功能。"

有了壁画艺术，城市景观变得更加友善了。用新的壁画取代原有的壁画，可以为城市带来自发性与惊奇的元素。有些东西正在发生着改变。城市永远都不会停止改变。

然而，对于壁画艺术，也有相当多的反对者。一些民众和组织反对公共壁画，隐藏在背后的是一种廉价的争论，他们反对的是那些"无脑"的人，这些人在墙壁上，甚至是纪念碑上胡乱涂鸦、题字，从而对这些公共设施造成了破坏。这种情况也增加了对壁画艺术的困惑。当然了，没有人会希望我们走向另一个极端，将在所有的墙壁上乱涂乱画视为常态。但是，这些持反对意见的人们也应该思考一下，他们为什么会如此反感壁画艺术，但却不会反对各种各样的广告呢？这些广告可以被允许张贴在任何能发现的地方，无孔不入。我们应该记住，在这种联系中，我们绝不该总是将广告妖魔化。像在银座或是第七大道这样的地方，广告对东京和纽约夜生活的塑造产生了显著的影响，为他们的市中心带来了生机。壁画艺术也是一样，特别是在城市中那些被遗忘了的地方。

壁画不是涂鸦。也没有特定的标题。壁画需要他们自己的设计方法。会对它产生影响的因素有很多。根据观赏者是步行经过，还是驾车快速经过，壁画的设计过程也是不同的。近距离观看和远距离观看也是不同的。观赏者从壁画跟前平行经过，与迎面观看也是不同的。夜间照明的充足与否也是一个需要考虑的重要因素。以上所有因素都会影响设计与文字的大小、形状与"疏密程度"。但是它们也给艺术家们带来了很大的灵活性。但是在本质上，所有的壁画艺术要做的都只有一件事。就是为了让信息传递，为了让壁画"接触到"观众。

根据定义，壁画应该是绘制并附着在特定地点上的。我们实在是无法想象，壁画竟然是可以被运输的。然而，2012 年在纽约现代艺术博物馆（MoMA）举办的墨西哥著名画家迭戈·里维拉（Diego Rivera）的画展，让我们回想起了这位艺术家在 1931 年创作的开创性的作品，那是一种"混合的"便携式壁画。它们是"用钢筋水泥制成的独立式嵌板，并用镀锌钢结构从背后支撑，这样的做法让里维拉有机会运用到了几个世纪前文艺复兴大师们所使用的壁画技术。"[3] 为了能够更清楚地了解这类壁画的运输，我们需要记住的是，我们正在谈论的不是绘制在画布上的油画，而是壁画，事实上，这些壁画的重量高达 500 公斤。

有一点是值得肯定的，那就是视觉信息技术正在很大程度上改变着我们城市的面貌，并且还将在未来的城市中发挥更大的作用。技术无疑也会影响到公共壁画的发展。

当我们在观赏露天雕塑、涂鸦或壁画的时候，我们并不是处于一个与世隔绝的真空环境中。事实上，我们正在体验的是艺术与建筑的结合，而城市就是将这一切"包容其中"的媒介。通过建筑设计所营造出来的环境，成为人们观赏其他形式艺术作品的背景。因此，任何形式的艺术都脱离不了同建筑之间的联系。

去年，迈克尔·卡奥扬尼斯（Michael Cacoyannis）基金会的文化中心成立了。由我们公司设计的位于雅典的建筑综合体，刚好位于两个社会住宅小区的对面。一开始，我并没有过多地关注绘制在空白侧墙上的两幅壁画。随着我们的项目越来越接近尾声，我也开始逐渐感受到它们的存在。现在这栋建筑已经正常运转使用了，我发现如果没有了这些令人印象深刻的壁画，我无法想象会是什么样子。我有一种感觉，这些壁画是伴随着我们的项目进程同步设计的，它们已经成为这栋建筑不可分割的一部分。非常重要的是，从餐厅和酒吧所在的三层，可以明显看到与它们的对话。这让我很好奇。这种情况不会常常发生吗？不同的建筑物之间不能彼此交流吗？在不同建筑之间，归根结底是在不同的居住者之间，墙面可以成为建立更加人性化关系的一面镜子。如果人们能够接受在建筑物的表面，以及邻近建筑物上设置可供自由创作的墙面，那么我们是不是就不用再为壁画艺术准备画布了？准备好向城市提出另一种审美观念，同时，也可以用另一种方式来对抗这种单调的生活方式。"一幅真正的壁画必然是建筑生活的一部分。"[4] 当然也是城市生活的一部分。

城市景观形象多变的概念不再只是来自天气条件的变化——晴朗、多云、下雨。它也可以是壁画变化的结果。在那些单调而乏味的社区和街道上，壁画艺术为我们增添了很多变化、活泼与快乐的色彩。还有一点是值得记住的，著名艺术家们在建筑物上进行形象化的创作，也为建筑的概念又拓展出了一个新的维度。通过这种方式，"在现代艺术领域，建筑变成了开放性的试验场。"[5]

空间和运动是我们感知街头艺术和公共壁画的框架。20 世纪 70 年代，一场名为"东村涂鸦"（Graffiti East Village）的运动始于纽约，现在已经遍及世界各地，无处不在。在很多市区，这种涂鸦文化改变了我们对于城市美学的看法。这些壁画有的时候是经过仔细研究的，也有的时候是完全随性创作的，难道它们不能让我们的城市环境变得更加友善，更加和谐吗？它们不能在振兴破败社区中发挥自己的作用吗？

当今时代大部分的建筑作品，都是兼具复杂性与审美要求的，整个城市是一个整体，而其中的建筑应该同所有其他形式的艺术结合在一起，而不应该被单独拿出来进行审视。在这个统一的概念中，壁画艺术将会发挥越来越重要的作用，将会为今天的城市提供有意义的、在美学上令人愉悦的"城市解决方案"。

还有一个问题，壁画和壁画艺术是否可以在城市中保留下任何类型的持久性的文化遗产，更特别的是，在城市中某些特定的地方，公共壁画能以常态性的形式存在，供人们观赏。我的答案显然是肯定的。或许不是单独的一幅壁画，但是很多的壁画日积月累，它们一定会为我们留下一笔宝贵的文化遗产。它们会凭借自身的表现成为一个地区的地标，虽然转瞬即逝，但却可以循环往复。

参考文献

1. Valais，George.

2. Torrent，Horacio.

3. Lipson，Karin: Editor for Newsday site.

4. Rivera，Diego.

5. Gomez，Hannia.

建筑学与遗产

11

旅游业与建筑文化遗产——功能、形式和未来

国际旅游业大会：建筑文化遗产与环境
开罗 /1992 年 2 月 18 日

　　一旦涉及旅游设施的选址，人们往往就会遇到一个问题，这个问题是城市规划中典型的难题之一 ——到底应该选择未经开垦的处女地，还是应该将现有的城市结构进行整合？后一种选项可能还会牵引出对既有建筑再利用的问题，而这必然会造就旅游业与建筑文化遗产之间良性发展的相互关系。将旅游业与建筑文化遗产结合在一起，不仅具有重要的物理意义，而且它所传达的信息也是相当重要的。

　　恰当地对现有建筑再次利用，这对于我们建筑师来说是一个具有紧迫性的挑战。之所以说它具有紧迫性，是因为如果现在无法提出必要的指导方针，那么我们的工作就可能会面临巨大的风险，最终会给自己遗留下来一些根本无法解决的问题。这些建筑可能是从来都没有使用的，或是没有被充分利用的，也有可能根本就没有任何问题，但我们本来希望保留下来的建筑却被拆除了。那些位列我们文化遗产中的建筑与城市实体被拆毁或破坏，这是我们不能允许发生的事情的。同样，我们也不能允许这些宝贵的文化遗产遵循着市场经济的规律，被剥夺了应有的经济权利而最终变成了破败的遗迹。

　　在很多案例中，赋予传统建筑新的用途，显然是一个解决问题的答案。旅游业就可以成为这方面的一个工具，它可以提供手段。当然，在很多情况下我们已经这样做了。它应该也可以成为一项官方的政策，从而使实施的范围进一步扩大。

　　对现有建筑的再利用，以满足日益增长的旅游需求，可以覆盖整个建筑的范围，从作为文化遗产保护的登记在册的建筑到简单的房屋，都是可以适用的。重要的是我们要认识到，对现有建筑敏感性的再利用就是对城市结构和城市肌理的保护，并以这种方式，保障了建筑发展的连续性。身为建筑师，我们可以证明，大力发展旅游业，与保护我们的建筑文化遗产之间，是不存

在冲突的。

有一个对旅游设施规划影响越来越大的因素就是生态学。很明显，全世界范围的旅游业发展中，都包含着很多生态学的内涵。我们一旦建成了一个对生态环境有破坏作用的旅游设施，然后再进行后期补救往往就太迟了，而且也不会收到什么明显的效果。这就像在医学领域一样，"预防"是一个非常有效的名词。通过对旅游设施明智的选址，减少室外硬质铺装的数量，以及对既有建筑的再利用而降低总容积等举措，就可以大大有助于对环境和生态系统的保护。

有一种说法，的确是有一些尖锐，他们认为对名列文化遗产名单上的建筑进行旅游开发与再利用，这是一种令人讨厌的做法，是把新注入的资金花费在旧建筑上。如果我们要评估的对象是室内装修、家具设备以及电器，那么这种评价无疑是正确的。奢侈品公司想要吹嘘理查德·斯蒂奇·蒂奇奥（Richard Sapper Tizio）的灯具，或是迈克尔·格雷夫斯（Michael Graves）的水壶，就从模仿开始。设计失去了它的真实性，变成了时尚体系中的一部分。这些建筑最终看起来可能就像是一份购物清单。然而，可以将我们从建筑大师们的专制统治中拯救出来的，就是我们自己在品味和形式上提升起来的新的信心。因此，我们拒绝在审美上遭到霸凌。

建筑和城市规划，只会对最终的美学结果产生部分的影响。城市的风貌与景观也是由其他的一些元素构成的，比如说标牌与广告、交通，以及与巴塞罗那奥运会有关的东西，船只变成了酒店。这最后一个例子，水上旅馆，可能会在港口和海滨度假胜地成为新生事物。就像是今天初现端倪的景象，大量船只可能终有一天会成为整个城市的一个组成部分。毕竟，城市，就是其所有构成形式的总和。

正如英国著名作家鲁伯特·谢德瑞克（Rupert Sheldrake）所说，形式是不受数学与热力学规则限制的。它们不能用物质或是能量的概念来解释。它们是无形的，难以捉摸。即使在"物质的"形态已经不复存在了之后，它们仍然可以存留于我们的记忆当中。"如果一束花被扔进火里，那么花就会变成灰烬。物质是不会消灭的，因为灰烬还在。而另一方面，形式，还仍然会保存在我们的记忆当中。"[1]花儿是如此，建筑亦是如此。建筑物的形态就保留在我们的记忆当中，而我们关于建筑的记忆就是对形式保留与复制的资料库。这些保存在头脑中的资料，可以成为我们手中的工具，这是一种灵感的档案系统。如果它被滥用，那么就会导致建筑的污染。

对我来说，园林绿化是一个特别值得关注的问题，尤其是那些与我们的建筑文化遗产和自然遗产交织在一起的地方。对于使用那些与传统相适应的本土植物，我们还坚持的不够。进口的植物和园林绿化常常会对地区特性的塑造形成不良的影响。同样，在干旱地区的度假胜地，一般都会设计比正常情况下更多一些的水景，这就一定会减少对本土生植物的选择，并且增加种植密度。

未来会怎么样呢？具体的领导必须由这个行业来掌握并实施。在这一方面，有一个很好的例子，那是一项行动计划，为防止旅游业对环境造成破坏的方法进行了探讨。1975 年西班牙的巴塞罗那，在由联合国环境规划署（United Nations Environment Programme）组织的一次会议上，16 个地中海地区国家的政府联合核准了一项关于保护地中海地区环境的行动计划。该计划呼吁制定条约，实施污染检测和研究，以及在健康的地中海环境中优先考虑社会经济学规划。在这里，所谓"健康的环境"，显然包含了对记忆的保存，即对遗产、建筑和自然环境的保护。整个行动计划由雅典负责协调，行动计划中心设立在马耳他（Malta）、法国的索菲亚·安提波利斯（Sophia Antipolis）、斯普利特（Split）以及突尼斯（Tunis）。去年，开罗主办了缔约方一年两次的工作会议。

在名为"现在与未来"的行动计划中，包含以下几个主题：

- 关于沿海地区综合规划和管理的指导方针，例如叙利亚(Syrian)海岸。
- 历史中心的恢复与重建。
- 旅游业的发展与环境保护齐头并进。
- 为评估旅游业对地中海沿岸地区的影响而进行的方法论体系研究，并在此项研究的基础上，针对每个特定地区的旅游业发展类型和最适宜条件得出结论。

大多数国家还是存在着偏见——（残疾人）难以到达的旅馆客房、无法进入的公共设施，以及难以接近的城市。无障碍环境对所有人来说都是必要的，特别是对残疾人而言。但是，要想让所谓的无障碍环境真正发挥其效益，就必须使它们成为综合体系中的一部分。一栋无障碍设计的酒店，却选址在一个不友善的环境中——不安全的街道、人行横道、有深深纹理的铺装材料——这些因素都并不能构成一个无障碍规划的综合系统。

我们现有的建筑，其中一部分已被列入了建筑文化遗产当中，为残疾人设计、可供他们方便使用的旅游设施代表着一个切实可行的挑战。我们所需要的只是敏感而新颖的设计。欧洲经济共同体（EEC）、斯堪的纳维亚（Scandinavian）和北美洲的国家正在制定最低标准，这些标准是值得其他国家借鉴的。在这些国家的相关法律框架当中，规定了酒店的客房中，要有10%的比例是可供残疾人使用的。有些国家制定的标准甚至更高。在西班牙，这一规定的比例为15%。还有一点特别重要，那就是要求所有的公共区域都要让残疾人可以自由出入。还有一项参数是无障碍设施的品质。例如，不要为了达到规定的限额，就在酒店配置品质不好的客房，或是在剧院安排位置不佳的座位。我们需要在每天的设计工作中证明，我们相信德国城市盖尔森基兴（Gelsenkirchen）的座右铭："欢迎残疾的朋友来到我们中间"。[2]

在《爱丽丝漫游奇境记》中，爱丽丝宣称，只要有"一个条件"，她就可以更好地看到花园，正如她所说的，"我可以爬到山顶上去"。对大多数国家的残疾人来说，登上山顶，享受生活、旅游和文化，简直像恶劣环境下的一场梦。其实我们所有人都是一样的。我相信，我们的建筑师，凭借着自己的意志和直觉的想象力，可以让今天那些遥不可及的梦想，在未来变成现实。

我们正处于一个旅游建筑新时代的开端，然而在这个时代可悲的是，对犯罪的恐惧将会对最终的建筑产品造成直接的影响。在我们的建筑领域，人们对于安全问题会越来越重视。我们可以想象一下这样恐怖的场景。堡垒一般的酒店，到处都是警卫和闭路电视监控摄像头，就像城堡里的哨兵一样。甚至在公共厕所里也安装了摄像头。所有这一切都将导致游客们全部拥挤在价格高昂，但却非常安全的酒店里，邻居之间没有交往，其特征就是设有门禁的全球化的建筑风格。游客们只能成群结队地离开他们的酒店，从而剥夺了他们与当地居民之间相互交流的机会。

如果那样的生活就代表着休闲，那么请随便给我一天，我宁愿选择在希腊海边的一座小房子里度过我的假期。因为，毕竟，旅游并不仅仅是酒店和行李的问题。它的意义远不止于此。旅游，一定与男人和女人有关，与生活和文化有关，以及与真正的人类建筑和城镇有关。

最后，在对比现状和未来发展趋势的时候，我们也不要忘记了那些无家可归的人们，以及那些蜗居在品质恶劣、无法接受的庇护所里的人们——因为你永远也不可能将那些临时的结构称作房子，那些穷人们就是依靠着这样

建筑学与遗产

的临时结构，躲避着恶劣天气的影响。这部分人口数占了全世界人口的将近一半。他们都是不公平社会的受害者。但是，然后呢？我们应该开始考虑为这些无家可归的人们提供旅游设施吗？当然，这听起来很不合时宜。而这种不合时宜却有助于我们思考。因为这就意味着，我们想当然的认为，对于世界上所有的穷人来说，休闲生活是无法想象的，而为比较富有的人们提供旅游建筑才是正常的。现在，是时候该重新审视一下我们的价值观了。

参考文献

1.   Sheldrake，Rupert.

2.   Wirnehmen die Behinderten in unsere Mitte.

12

建筑学和文化多元性

俄罗斯建筑师联盟（UAR）大会暨"世界建筑日"庆祝活动
莫斯科/2000 年 10 月 2 日
摘录

本次大会汇聚了建筑师、研究机构以及政府机构的代表，正如今日所见，具有特别的意义。最重要的是，这些事件并不是孤立存在的，它们都与一项更具普遍性的行动有关。比如说"世界建筑日"。在这个特殊的日子里，国际建协的很多成员都会共同庆祝。而"联合国世界人居日"也恰巧在同一天。

为今年的活动确立一个主题并不会很难。文化多元性就是一个很"热门"的话题。同时，这也是一个会令人感到困惑的话题，特别是对大部分民众而言。因此我们认为，在这个敏感而又重要的问题上突出我们的立场，这是非常必要的。"世界建筑日"就为我们提供了一个理想的机会。

我们目前所谈论的"文化多元性"，最初始于北京大会。北京大会出版了一套名为《20 世纪世界建筑精品集锦》的系列丛书。目前，这套丛书已由中国建筑工业出版社出版。它以一种超越了地域与文化的方式，对世界各地的建筑进行了详细的介绍。将同一时期分散在世界各地的建筑集中在一起进行对比，这样的做法本身就是一种教育。随着近几十年的发展，我们见证了地区传统影响力的逐渐衰弱，以及超越国家概念的建筑的影响力不断增强。作为对这种建筑趋同化的反应是地方文化特性的复兴。通过书中所介绍的一些案例，我们可以清楚地看出这种变化，同时它们也为我们带来了希望，在未来的建筑中，在不断发展的全球化建筑表现手法与建筑文化遗产不朽的价值之间，一定会出现一种更加平衡的共栖关系。

毫无疑问，文化多元性需要有各种各样的形式。这是文化多元性的积极因素之一。然而，我们不可能期望所有的传统建筑都能够被保留下来。世界将继续前行，很明显，我们今天所珍视的一些杰出的建筑作品，将会取代其他作品之前的地位。有些时候，这样的更替是主观武断的，并且常常会与主流的公众意见相反，但是这都不能改变这样的一个事实，那就是，建筑存量的持续更新是一种自然的、健康的过程。

有一点是值得肯定的，这一百年间很多最优秀的作品，无论是比较早期的还是相对晚期的，都会被认定为建筑文化遗产。有一些建筑已经被收录到世界遗产名录当中了。对我们的职业来说，保护最近在美学上具有开创性的作品就是我们的职责，并且还要在此基础上，为未来的开创性建筑铺平道路。如果没有所有社会成员广泛的共识，那么这个目标就永远都不可能实现，因为这种共识对社会的文化发展具有非常重要的影响。事实上，遗产和文化的概念在很大程度上是无形的，这就使得保护它们的领头角色变得更加重要。保护它们的任务，就掌握在建筑师的手中。

我们应该更专注于创新技术还是坚持传统？这通常是一个两难的选择。但事实上，这根本就不是一个两难的选择。在建筑学中，这二者一直都是共存的。因为在我们对于建筑美学的认知中，很多变化的特征都是技术创新——比如说拱门。而相较于以往来说，现在的不同之处在于，这些突破的速度要快得多。

全球性的发展已经导致了事实上普遍存在的"文化的混乱"[1]。为了驳斥这种观点，我们应该"设想一种多元文化共存的多极世界"[2]，而不是认为"所有的文化最终都会融合在一起"。最重要的是，我们必须真正相信，文化的多元性以及文化的多样性，是所有富有意义的城市规划中极其重要的组成部分。由于我们建筑环境的多样性与多元化是由过去几代人那里继承而来的，因此，我们必须要担负起这一遗产受托人与守护者的职责。有许多方法可以确保我们文化的多样性更加丰富，同时也将更加多元的文化传承给我们的下一代。在这个问题上，有两点是国际建筑评论家委员会主席路易丝·诺艾尔[3]特别强调的——旧建筑的循环再利用，以及通过将文化元素融入现代建筑作品当中，进而重新建立文化元素。

联合国教科文组织建筑教育宪章指出，"尊重自然和建筑环境，以及集体和个人的文化遗产是值得公众关注的问题"，认为文化的多样性是一个需要重点考虑的因素。职业实践委员会制定了推荐性的标准和行为准则，其目的就是要保护建筑中的地方特性。因此，我们是可以应对全球化挑战的，同时也要对形成国际化刻板印象的风险保持警惕。

1964年，关于保护与修复古迹、遗址和历史建筑的《威尼斯宪章》（Venice Charter），无疑是保护文化遗产历史上的一个重要的里程碑。但不太为人所知的是，早在 1931 年，在雅典的一次建筑师大会上，就已经确立了关于保护和修复历史建筑的基本原则。

20 世纪的建筑，无疑是我们建筑文化遗产中重要的组成部分。但即使是这些建筑，也还是没有获得普遍的了解与欣赏，特别是对普通民众来说。我们应该更加努力，使自己成为保护历史建筑的先锋，在全世界范围内，20 世纪的建筑就是我们文明的价值所在。

在国际层面上，要想使文化避免成为发展的障碍，就必须在每一个国家都给予文化自由表达的机会，同时也不要对其他的民族以及其他的文化心存疑虑。无论如何，一个国家建筑的灵魂，只要能够一直保持其特性的不变，那么就永远也不会被摧毁或是被收买。我们，国际建筑师群体，在这里支持俄罗斯建筑师们的不懈努力，以延续他们的创作精神，而这种创新的精神已经成就了他们的土地上很多不同的建筑。这是有价值的，我们要记住，那些拥有强大的建筑传统与文化传统的国家，会更有力量抵御外来风格的入侵。

一个国家的文化结构多样性，如果能够由建筑师来领导，那么最终将会成就杰出的建筑作品，成为全世界的典范。尽管保护我们的传统是必要的，但是我们也必须要认识到，当代的发展还有很多其他的影响因素。国际性机构和国家机构的责任是巨大的，因为不受任何约束随心所欲的发展所带来的影响，很可能会抹杀掉每个国家文化成就背后的精神，而这种精神应该通过我们所创造的建筑作品体现出来。国际建筑师协会将会为所有的想法与行动提供大力的支持，使建筑成为文化丰富的关键。显而易见，对于当代顶级建筑作品的大力宣扬，就是我们所迈出的第一步。

最后，我想再次重申一下关于文化多元性、文化多样性与发展之间的关系。在我们的周围，我们已经见证了太多由发展而带来的东西，比如说全球化，它侵蚀了世界建筑的文化多样性。这就是一个"基本的事实"，但是还有机会改变吗？我们必须要与这种侵蚀做斗争，透过我们的作品，无论是在理论上还是实践上，坚持斗争。对建筑师来说，我们所面临的最大挑战就是证明文化的多元性与发展是可以兼容并进的。我们将会尽最大的努力来促进与实现这一真理。

世界建筑日的文化多元性主题可以成为一个火花[4]，一个成就更好的城市环境的火花，以及一个成就更好的自然环境和更优秀建筑的火花。

参考文献

1. Baker，Paul I.: Article in *The cultural dimensions of global change*. UNESCO. Paris 1996.

2. Arizpe，Lourdes: Introduction to *The cultural dimensions of global change*. UNESCO. Paris 1996.

3. Noelle，Louise: article in *Latin American Architecture / Six Voices*. Austin 2000.

4. *Iskra*: Spark in Russian.

13

自然遗产——资产还是可消耗性资产?

"遗产活化"国际会议
贝鲁特（Beirut）/ 2011 年 1 月 21 日

当然，我们都认同，自然遗产和自然都属于资产。但是，它们是可消耗性的资产吗？我将从语义学的角度来解释二者之间的差别。根据字典，一种可供消耗的资产，就意味着一种"为了达成目的而被牺牲掉的资产"。这不正是我们每天都在做的事情吗？为了达成一个目的而牺牲掉我们的自然遗产。因此，很明显，我们可以遵循两条道路。一条路是随意破坏我们的自然遗产，而另一条路是理智之路。我们要自己来权衡各种选择，并根据具体的情况来做出决定。

最近，国际建筑师协会《坎昆宣言》（Cancun Declaration）的一个关键性的战略要点，就是"通过设计实现可持续发展，认识到所有的建筑规划项目都是一个复杂的互动系统中的一部分，与更大范围的自然环境相关联"。而我要讲的就是这些"更大范围的自然环境"。

我们所说的遗产，指的并不仅仅是建筑物、纪念碑和城市。我们的祖先遗留下来的土地，也是我们遗产当中的一部分。诸如此类，水也是遗产。我们呼吸的空气也是遗产。所有这些，都是我们的"自然资产"。为了实现开发的目的，为了抵消预算赤字，或是出于其他什么原因而出售公共土地，这样的做法无异于是在摧毁一座座保护名录上的杰出建筑。我们很容易陷入这样一种错误的认识，认为大自然拥有无限的自我再生能力。挪威著名表现主义画家爱德华·蒙克（Edvard Munch）的作品《呐喊》（Scream），让我们听到了这个星球的绝望之声。庆幸的是，今天人们听到了更清晰的呐喊之声。

一些与环境有关的虚伪做法值得我们思考。

世界环境日真正代表的是什么呢？它并不仅仅是这一天当中所发生的一系列事件，在这个特殊的日子里，我们甚至还见证了这样一个自相矛盾的状况：在这次盛会的参与者当中，一些跨国巨头本身就是主要的污染制造者，尽管如此，但他们还是把自己包装成所谓的"绿色产品和绿色服务"等形象。[1]

我们也决不能忘记，各国政府经常会利用生态发展来作为侵犯人权的幌子。[2]在很多情况下，他们以严格执行环境法为借口，将人民驱逐出他们世代生活的土地，使他们陷入更为贫困的处境。[3]

还有一些状况是关于生态保护的虚伪。一位佛蒙特州（Vermont）的企业家，倡导大家居住在他们公司生产的一种面积只有22平方米的房子里，并宣传这才是更利于生态效益的生活方式。但是当这位企业家被问及，为什么他自己却住在更大的房子里时，他回答说，一座更大的房子对他来说是必需的，这是他的职责使然。

对于一种具有真正意义的、有利于生态效益的生活方式来说，它应该具有压倒一切的优势——"我们如何交通，如何行动，如何建造，简言之，就是我们如何生活"。[4]

自然遗产并不仅仅是未经开发的荒野地区。这是一个需要被扩大的概念，应该包含我们认为需要保护的自然环境中所有的组成部分。在我看来，它还应该将人类对环境所做出的所有积极的干预也包含进来，这一点也不牵强。例如，植树造林项目，或是目前阿联酋(Emirates)在防止沙漠化问题上的努力，将植被与森林覆盖到之前干涸的土地上。在墨西哥，我们有哈利斯科（Jalisco）的龙舌兰种植区。在欧洲，我们见证了葡萄园的复兴，以及山坡上葡萄园的扩张。比如说希腊伊庇鲁斯（Epirus）地区的葡萄园[5]，就被联合国教科文组织列为自然遗产遗址，同样的还有意大利的五渔村（Cinque Terre），以及瑞士的拉沃山谷（Lavaux valley）等等。

对自然的干预也包含文化的层面。在对巴西著名景观设计师罗伯特·伯勒·马克思（Roberto Burle Marx）的作品进行评论的时候，奥拉西奥·托伦特（Horacio Torrent）曾经提到了这一点。被人类接触过的自然可能会成为文化的景观，也可能会成为酝酿中的遗产。

为了有机会成功地保护我们的自然遗产，我们需要将关注的重点放在以人为中心的努力上。[6]这就需要教育。从一出生就开始的教育。根据美国国家公园——如约塞米蒂国家公园（Yosemite National Park）等——的统计数据，全部游客当中，接受过高等教育、具有高等文化水平的人占有更高的比例，这没有什么可值得惊讶的。

让我们来做一些灵魂的探索吧。作为社会的一员，作为建筑师，我们是否愿意改变自己对于景观的审美观念呢？因为我们需要吸收一些新的元素，而这些新的元素对于减少我们的碳排放量是必不可少的。我指的是风力发电机，我绝对赞同这种做法。我已经习惯了它们的存在，事实上，我喜欢它们。毕竟，有谁会不接受风车吗？难道我们不会将很多散落在乡村的风车视为珍宝吗？其中的一些已经成为我们需要保护的遗产中的一部分。风力发电机和风车的区别并不仅仅体现在技术上的进步。这也是一种美学。然而，美学并不是一个静态的概念。它也会随着时间的推移而不断进化。在很多情况下，民众已经开始接受了这种新的美学观念，例如，在意大利的托科·德卡索里亚（Tocco de Casauria），细长的风力发电机与古老的橄榄树形成了共同的景观。

很明显，有很多种方法可以将建筑与自然结合起来。这里有一个很好的例子，那就是用石头砌成的房子，而建房所用的石材则是从他们所在的山丘上开采出来的。有谁会质疑这是一种"联姻"的美学？在这个案例中，这并不是一个新的审美观念的问题，而是古老观念的延续。毕竟，自古以来，人们就一直在用石头来建造房屋。

有一个问题是值得关切的，那就是在山地的等高线以上，在山顶上兴建建筑物。在很多国家，这种做法是被明令禁止的，这样的禁令是正确的。原因很明显——不要打破自然景观线的连续性。然而，人的本性即是如此，客户即是如此，建筑师就是有想要传递的东西，想要从规章制度中脱离出来并不是很难，而事实上，个人的原则是神圣而不可侵犯的。我们可以在世界上很多地方看到这种做法的结果。然而，也有很多建筑师公开表示，他们相信山脊一定要被完好地保留下来。建筑大师弗兰克·劳埃德·赖特就是其中之一。他强烈反对任何在山顶上崛起的建筑。

还有一个建议。如果出于某种原因，而在一个非常敏感的环境中添加进去了一栋建筑物，无论它是何种类型，那么，在任何可行的情况下，尝试拆除掉这个既有的建筑，来补偿对环境造成的破坏，这种做法都是绝对必要的。这是一种积极意义上的针锋相对，其目的就是为了不要破坏建筑与非建区之间的平衡。

生态系统没有办法为自己发声来保护自己。[7]我们必须要对它们进行评估，判断它们是否已经濒临灭绝，这是我们的责任。我们很容易就会忘记自然也存在着其自身的局限性。当我们在谈论靠近海边的建筑或是山顶上的建筑物时，我们会受到视觉上的限制，比如说地平线的限制。除此之外还有"土地储备"上的限制。这是一个我非常喜欢的术语。和它对应的还有一个众所周知的概念"水储量限制",前者指的是所有尚未建设开发的公共土地与私人土地,在世界范围内,这部分土地正在以惊人的速度迅速减少。什么时候,我们才会结束这种疯狂而愚蠢的行为呢?

人们常说,我们有保护自然的道德义务。乔治·帕布基斯(George Pabukis)[8]摒弃了这一信条,或者,更确切地说,是采用了另外一种方式来表述。在无边无际的宇宙当中,如果这个小小的星球上所有的生命都被毁灭掉了,那么除了我们自己,还有什么人会对此感兴趣吗?宇宙根本就不会在意我们做什么。所以这种道德义务的存在,只是对我们自己以及我们的孩子有意义罢了。

自古以来,毫无疑问,凡是重要的建筑物和纪念碑都会建造在未经开发的景观中,甚至会被建在受到保护的自然遗产遗址上。如果一个人想要拥有客观的认识,那么他就必须要承认,考虑到城市扩张的需求以及不断增加的城市人口的需求,这种对无可取代的自然资源的入侵往往是不可避免的。因此,我们所能做的就是为尽可能多的保护自然资源而战,特别要关注于干预措施,未经开垦的处女地的丧失,是无法用任何既得利益来弥补的。

然而,在某些情况下,干预措施已经变成了里程碑。人们永远也无法预知后人们会如何评论。子孙后代的事情总是高深莫测的。有一些案例经过了时间的考验而留存下来,比如中国的万里长城、里约热内卢(Rio de Janeiro)科科纳多(Corconado)的基督雕像,以及在拉什莫尔(Rushmore)山的岩石表面上雕刻的四位美国总统雕像。

上述所有这些都构成了对自然景观强烈的干预。然而,套用美国著名诗人埃兹拉·庞德(Ezra Pound)的说法,"此后的日子里,诸神一直在轻声谈论它们。"[9]因此,我更倾向于将上述的案例,以及所有类似的案例,看作是证明规则的例外。这只是对我们自然遗产的捍卫。

自然超越国界,同时也超越政治的界限。自然景观将不同的国家连接在一起。澳大利亚的土著居民们不会将领地想象成一块被边界包围着的土地,他们认为不同的领地之间都是环环相扣的。[10]然而,边界,常常都会成为交战的地区,因此,在国境之外建立保护区几乎是行不通的。战争中,自然景观不可避免会受到伤害。同样受到伤害的还有人权,如果人权真的存在的话。

在我们的地球上，有无数遭受了战争破坏的景观。也有无数的城市曾经饱受战火的蹂躏。我记得2004年城市竞赛的一个项目。它是由黎巴嫩（Lebanese）建筑师丹尼尔·哈达德（Daniel Haddad）设计的。他以非常富有表现力的手法，展现了一座被建造在一栋建筑空荡荡内部的花园，这是很有讽刺意味的。通过这种方式，它也变成了一项希望的宣言。还有一种说法，即一个和平的世界，对于我们"绿色"的志愿来说是至关重要的。

我们必须要正视这样一个事实，即所有环境问题的关键都是人类。我们的职业，也决定了必须要做出自己的选择，这是我们应当负起的责任。我们必须要独立地选择自己的道路，而不是依赖于他人。自然遗产是一笔值得珍惜的宝贵财富。它们并不是在一些自欺欺人的短期利益驱使下，就可以被随意消耗的资产。只有在从生态和社会角度对土地以及资源的使用保持尊重的前提下，我们才有希望实现迈克尔·索金（Michael Sorkin）所谓的"乌托邦"——来源于希腊语"eu"，意味着"好"和"平均"。

与其说我们有一个难以解决的困惑——大力发展还是保护自然资源——我更倾向于认为这两者是可以共生的。只要有明智的干预措施，只要有足够的规模经济，那么自然环境和建筑环境是可以和平共处的。所以，我们是有办法可以继续前行的。

参考文献

1. Bazou, Valia.

2. Louka, Elli: *Biodiversity and Human Rights.* Ardsley New York 2002.

3. Louka, Elli: op.cit.

4. Leite, Carlos.

5. On the initiative of Evangelos Averoff.

6. Nanda, Ratish.

7. Kinisi Politon—Greece.

8. Pabukis, George: Engineer, writer and philosopher.

9. Pound, Ezra: –Δ ώρια from *Selected Poems 1908-1959.* London 1975.

    "Let the gods speak softly of us.

    In days hereafter".

10. Chatwin, Bruce: *The Songlines.* Franklin 1987.

建筑与城市化

14

城市和人居 II

国际建筑师协会第二届人居大会预备会议
西方城市的问题
意大利那不勒斯（Napoli）/1996 年 3 月 21 日
摘录

我们不能以孤立的方式来看待西方的城市问题。发展中国家的城市正在发生的状况，也在越来越多地影响着我们。因此，伊斯坦布尔第二届人居大会的意义就在于，它是关于全世界人居与城市的会议，发达国家与发展中国家，南方国家与北方国家，富裕的国家与贫穷的国家。

让我们来看一看发展中国家。他们对于可持续发展做出了什么样的选择？他们可以重复发达国家所犯过的错误，也可以探索属于自己的创新体系，尽管不太可能实现。显然，最理想的解决方法就是从西方国家的城市中学习成功的经验，同时也吸收失败的教训，并以这种方式奠定更坚实的基础。而且通过这一过程，还会加强发达国家和发展中国家之间相互依存的关系。第二届人居大会为这一双向的交流提供了理想的平台。

最近，我们的巴塞罗那大会第六号宣传手册已经出版了。在这本手册中，我们看到了"我们自己的城市有限的现实——典型的西方大都市"，以及"将这些现实的情况同更大的全球背景联系起来"等说法。我认为，前进的道路是不容置疑的。

我们的环境问题与社会稳定密不可分。因此，"可持续性"的概念不再只是局限于对环境问题的关注，而是涵盖了更广泛的社会问题，这一点也不奇怪。没有基本的社会平衡与社会正义，就像那些赤贫的社会一样，就不能指望能解决我们热切盼望的可持续发展议题。

城市并不是艺术作品。最吸引人的城市并不一定总是最美丽的城市。这些城市的开发都是依照整体规划进行的，它们为创新的建筑方案提供了机会，同时也包含对建筑遗产选择性的保留。法国著名思想家雅克·阿塔利（Jacques Attali）曾说，城市是唯一一种具有自我更新能力的生物体。一座城市同时也包含生活在这座城市中的人。假如没有了人类的生活，那么再好的城市规划也会失去意义。我们应该去研究公共空间——人们是如何填充到公共空间中的，以及这些公共空间又是如何在失去居民之后再次变得空虚。到达何种程度，这些空间就可以被称为欢乐空间。所谓欢乐空间是这样的一种空间，它们可以为社会提供交流与积极互动的可能性。而使一座城市真正变得快乐的主要"工具"，就是建筑和城市规划。

一座城市的功能和服务应该以公平的方式服务于所有的公民。因此，在一座城市中不那么优越的部分，它们有权利要求获得更多的平等待遇，从而使失衡的状态得到纠正。"第二届人居大会"会让我们认识到，所谓"不那么优越的城市"，实际上指的是世界上的很多城市，那里的空气是不适于呼吸的，那里的水是不适于饮用的，那里的垃圾是难以处理的。当 13 世纪意大利著名诗人但丁（Dante）写下"地狱篇"[1]时，他可能无法预见，所有的比喻都是合理的，在几个世纪之后，现在的城市正是文章中所描述的样子，城市中的人们生来就没有希望。我们还能不能事不关己高高挂起，说我们所在的这一部分世界是更加幸运的？我们能否还满足于将自己限制于民主、人权这些信条当中，将自己限制于自己的国家范围内，或者最多是欧盟的范围内呢？

我们最重要的任务之一，就是尽我们所能，为"给所有人提供住房"这一普遍接受的目标作出贡献。我们知道，依靠传统的建筑方法，是永远也无法满足世界日益增长的住房需求的。我们也知道，除非那些需要住房的人们能够调动起自己的资源，解决他们自己的居住问题，否则住房问题就永远也没有办法真正成功的解决。然而，最重要的是要注入一种新的社会方式来进行建设，希望由此能让我们建造出"（面积）更小"、更符合生态利益的建筑。同时也要证明，发达国家新的建筑技术确实有助于这种更为环保的建造方法。

在这一重大问题上，人们仍然在争论，是否可以将住房问题也视为一种人权，同其他所有根深蒂固的人权问题相提并论呢？这并不是一场口水仗，而是一场政治的斗争，它深入社会的基本原理，以及世界各国政府政策背后的预算限制。有一些国家质疑，是否有人会真的走上法庭，通过强制的力量使自己获得居住的权利呢？还有其他一些国家坚持认为，他们不希望把"为国民提供住宅"当作自己的义务。所有这些争论，都常常会导致大量措辞激烈的原则声明，但是却缺乏富有意义的行动计划。

建筑与城市化

伊斯坦布尔峰会最后的会议文件将会显示出，是否有可能在这方面再向前迈进一步，或者它是否又会成为另一种一厢情愿的想法，它不会伤害任何人，但也不会触发任何的行动。

城市中那些空洞的、没有特色难以区别的部分，以及它们闲置的建筑废弃材料，是否有可能在不扩大其范围的情况下，用来弥补快节奏发展的城市中不断增长的建筑需求，以及其他一些需求呢？答案有可能是肯定的，因为我们也需要公共建筑，而且最重要的是，我们也需要开放的空间和绿色的空间。除此之外，还有为其他用途而开发空置基地的商业规则，那么我们的立场是什么呢？我们应该如何应对增加的拆迁户以及其他额外的需求呢？这些都是建筑师和城市规划者们面临的主要挑战，全世界的状况皆是如此。

在大会和研讨会上，我们经常会听到这一类的指导原则，例如"推动以社区为基础的城市复兴方案"，这听起来确实很美妙。但是在真正的实践中，城市规划要困难得多。例如，在英国，相关单位对新购房者数量进行了评估，结果发现在现有的城市区域中，只能容纳总需求量的二分之一。

我们再分析一下，谁才是真正的城市规划者？在发展中国家，穷人常常被描绘成真正的城市规划者和建造者。我们可以得到一个简单的结论，在城市中存在着大量的贫民窟、违章建造区，以及很多未经批准的建筑物，它们的存在就是对上面那句话的验证。然而，穷人们聚集在一起寻求住所，经过这一过程之后必然会形成一个结果，那就是定居点位置的确定。事实上，在这一过程中，穷人们所发挥的作用甚至比规划者更多。

我们先暂停一下，将高层建筑和低层建筑做一个对比，这两种建筑形式都是解决世界住房短缺的模式。印度伟大的建筑师查尔斯·科雷亚（Charles Correa）非常支持低层、高密度的住宅。他有两个主要的理由，首先，这种结构形式允许自助式兴建，而这通常是为穷人们提供住房的唯一方式。其次，高层建筑的开发只能"局限在"极少数的开发商，只有他们才拥有足够的财力来处理这样的项目，而且也只有少数建筑公司才拥有足够的技术水平来完成这类建筑的施工。这些想法，与本届人居大会的会议议程有着直接的关联，将有助于我们将自己城市的问题也列入考量。

我一直有一些疑问，特别是近年来，这些问题更是困扰着我，即明星制度对城市的进步到底会产生多大的益处呢？毫无疑问，那些大胆的方法，通常都是由富有天赋与才华的建筑师和规划师构思出来的，他们通过对城市，或城市中部分区域彻底的重新思考，最终为我们带来了令人印象深刻的结果。但同时，这一类"外科手术"般的规划中很大一部分，都并没有很好地解决与人相关的问题，这一点也同样是不容置疑的。他们在发挥创意进行规划的过程中忘记了，城市是由人组成的，没有人就没有所谓的城市。

在我们的城市中，安全已经成为一个主要的问题。由于我们的职业直接依赖于我们这个时代的社会现状，所以对安全方面的考量反过来又会直接影响到我们最终的建筑产品。由于对安全问题的忧虑，人们已经越来越不愿意去光顾公共场所，原因很简单，在这些地方，他们会感到不自在，特别是在晚上。"城市广场"的概念正在慢慢消失。

人们很容易忘记，在根本的基础上存在着一个对偶的问题——暴力和犯罪既是城市不安全的根源，同时也是一种征兆。而且，尽管对大多数人来说，不安全感就代表着对犯罪的恐惧，但是对某些人来说，获得安全感并不是最重要的，最重要的是生存，以及不要再在贫困线以下苦苦挣扎。

巴里·威斯伯格（Barry Weisberg）曾经说过，认为发展、城市化、暴力或犯罪的传统思想可以应对 21 世纪特大城市的挑战只是一种幻想。如果人们能够意识到，假如一座城市的"棕色议程"——让城市变得更安全、更干净——没有得到解决的话，那么这座城市的"绿色议程"也必将失败，这是非常重要的。希望在即将召开的第二届人居大会上，可以引领我们的城市朝着更安全的方向发展，安全议题，应该也是本次大会一个重要的议题。

显然，要使我们的城市提高到这样一个层级，即建筑上的激励以及社会的公平，还需要进行很多的努力。此外，在发展中国家的城市与发达国家的城市之间，仍然存在着巨大的鸿沟，这一点也是显而易见的。那么，我们该如何在二者之间架起联系的纽带呢？

我们最紧迫的任务，就是清理我们自己的后院。我们可以以身作则。在建筑和城市规划方面，欧洲拥有很多"优秀的实践"，可以为我们树立榜样。很多来自世界这一部分的新鲜想法，同样也能适用于其他国家地区的发展。下面我将举几个德国的例子：

- 框架式住宅，这是源自德国汉堡（Hamburg）的一项构思。这是一项实验，交付给使用者的建筑产品只是半成品，余下的部分可以让使用者自行完成，但需要遵循相关的法规和立面要求。

- 强制性住宅——在由开发商兴建的一栋建筑物，或是一组建筑物中，必须要强制性地纳入不少于 20% 的比例用作住宅。这则法令是在柏林部分地区实施的，其目的就是要改善一些城市地区的社会平衡问题，并预计将会减少犯罪数量。

- "寮屋"区——在柏林的 103 号街区，这里曾经是一个废弃的街区，后来被一些流离失所的人占用了。当地政府赋予他们在这里永久居住的权利，但条件是他们要通过自己的努力来改造这里的建筑。后来，他们这一群人成为很受欢迎的手工艺者，这是一个额外的收获。

- 曼海姆（Mannheim）项目——这是一个标准化的住宅项目，位于季风区域。该项目是一次设计竞赛的参赛作品，它将社会住宅和私人住宅结合在了一起。

"城市安置"这个概念最早是由世界银行提出的。城市内大规模的建设项目，不可避免会导致当地土地的征用和居民的迁移，而这些人后来就变成了"移民"，虽然与我们平时所说的"移民"是不同的类型。提出这个概念的目的，就是要强制性地促使这类项目，无论是在技术上还是经济上，都要对这些流离失所的人们给予公平的安置。

从一开始，国际建筑师协会就将第二届人居大会视为一个持续性的过程，伊斯坦布尔会议是其目前的焦点所在。这些议题都是利益攸关的，非常重要。我们尽力在预备会议阶段尽可能多的邀请建筑师们参与。我们也希望来自世界各地的建筑师们能够意识到，在会议结束之后将理念付诸实践的重要性。这也就是所谓的"伊斯坦布尔之路"，就像是之前的"里约之路"一样。

为所有人提供充足的住房，这从来就不会是个简单的任务。相反，这是一个非常庞大的任务。在这一过程中，规模经济是其中重要的一环。要想获得成功，就需要所有相关人员的心态发生彻底的改变，而首当其冲的就是富有影响力的一些人群——比如说建筑师。我们可以成为潮流的引领者。满足于比较小的住房，这就可以成为一种同过去相比的区别，将会开创一个新的方向。

最重要的是，我们必须要以谦逊的态度来对待住房的问题。在西方世界，我们代表了全世界 23 个最富有国家中的 17 个。而在天平的另一端，有很多国家的人民流离失所无家可归，这种现象并不是罕有的例外，而是大量存在的。我们不能满足于自己只是作为一名旁观者，也不能将我们的行动局限在参与人居大会上。就像我之前所说的，我们必须要以身作则。"第二届人居大会"为我们建筑师提供了一次独一无二的机会，让我们在全球的范围内开放性地思考与行动。

参考文献

1. Dante（Durante delgi Alighieri）: *Hell from Divina Commedia*. Florence 1304–1321.

15

雅典宪章

新雅典宪章国际会议
雅典 / 1998 年 5 月 29 日
摘录 / 原文：希腊文

"雅典宪章"，或许是关于建筑与城市规划的一份最具争议的文件。它受到了一部分人热烈的支持，但同时也遭到了另一部分人强烈的批评。但可以肯定的是，它已经成为点燃无数讨论与辩论的火花。多年以来，它并不仅仅是一份参考文件。它引发了城市规划与区划法规的修订，同时也是对这些新修订法规进行评判的标准。

本次大会很有可能标志着"雅典宪章"新生命的开始。我们可以再向前迈进一步，使"雅典宪章"不再仅仅是城市规划历史中的一部分。尽管可能会有例外，但一个非常普遍的规律是，会议最终的文件和结论要么就是被收录在档案馆里，要么就是被时不时地拿出来进行回顾与批评（这已经是最好的情况了），但却没有明确的目标。

对"雅典宪章"的复兴，还会带来其他的收获。它将会强调"雅典宪章"对我们建筑师的重要性。

在 1933 年，没有人能想象得到，雅典将会主办第四届现代建筑国际会议（CIAM），同时也是最重要的一次会议。这次大会的主题是"功能城市"。毫无疑问，大家都知道，本届大会原计划在莫斯科举行。但是，当苏联一座著名大厦国际设计竞赛的第一名被授予"新学术派"建筑师鲍里斯·约凡（Boris Iofan）后，人们对这一决定迅速做出了反应。大会的举办国改变了，于是帕特里斯二世（Patris II），会同很多在当时很重要并极具影响力的建筑师一起从法国的马赛（Marseille）起航，来到希腊的雅典。众所周知，在 1943 年之前，大会的文件一直都没有公开发表，直至勒·柯布西耶单独行动，将这些文件公开出版并命名为《雅典宪章》，提议将城市划分为四个区域——居住、工作、交通和休闲娱乐区。

在城市规划方面具有重要影响的现代建筑国际会议第一次会议是 1928

年在拉萨拉兹（La Sarraz）举办的。在那次大会上，与勒·柯布西耶和西格弗里德·吉迪恩（Sigfried Giedion）提交的报告形成鲜明对比的，是在其他一些建筑师中流行的观点，他们其中包括很多瑞士人和荷兰人。于是，由此就开始了要将城市规划的原则纳入建筑学考量的努力。这就种下了5年后产生"雅典宪章"的种子。从某种意义上来说，这也是我们今天来到这里的第一颗种子。

第二次世界大战之后，"雅典宪章"对城市规划产生了巨大的影响，尽管事实证明，除了污染严重的重工业区划分之外，分区政策无论在哪里实施，都是弊多于利的。"雅典宪章"在理论论述上，对城市发展也产生了深远的影响。它为利马（Lima）和库斯科（Cuzco）的讨论奠定了基础，导致了《马丘比丘宪章》（the Charter of Machu Picchu）的制定，而该宪章提出了公共辩论的必要性，由公众对各国政府在改善人类居住区品质方面的政策与行动进行讨论。

还有很多纪念性的事件和其他的作用，都是与"雅典宪章"有关的。国际建筑师协会自从1948年成立以来，就一直与现代建筑国际会议保持着密切的联系，直到1959年，在荷兰的奥特洛（Otterlo）举办了第11届，也是最后一届现代建筑国际会议。值得我们特别记住的，是1976年在拉图雷特（La Tourette）修道院举办的研讨会，那次会议是非常重要的。

1983年，希腊建筑协会（the Greek Architectural Association，简称SADAS），国际建筑师协会的希腊成员，以及希腊技术委员会，在现代建筑国际会议五十周年纪念之际，组织了一次为期三天的国际会议。当时，尼科斯·德西拉斯（Nikos Dessylas）任希腊技术委员会的主席。苏珊娜·安东·戈吉亚（Suzanna Anton-akaki）、雅尼斯·伯利兹（Yannis Polyzos）和阿波斯托利斯·格罗尼克斯（Apostolis Geronikos），也在很多方面为这次大会的顺利举办作出了贡献。我又看了看这次会议上产生的文件。它涵盖了广泛的主题，并且都以文本的形式很好地保留了下来。重要的一点是，它为这次大会记录下了一些实质性的内容，这样，人们就会很容易记得这次大会。从某种意义上说，这并不奇怪，因为在参与者中有科尼利斯·范伊斯特伦（Cornelis van Eesteren）、维姆·范博德格雷夫（Wim van Bodegraven）、亚尼斯·德斯波普洛斯（Yannis Despotopoulos）和阿尔弗雷德·罗斯（Alfred Roth），他们都曾是1933年第四届现代建筑国际会议上的领军人物。阿尔弗雷德·罗斯现在还活着，我们都希望下周在洛桑（Lausanne）为庆祝我们的组织成立五十周年而举办的庆祝活动能够邀请他来参加。

出席 1983 年国际会议的还有彼得·史密森（Peter Smithson）、乔治·坎迪斯（George Kandylis）和阿尔多·凡·埃克（Aldo van Eyck），他们都是所谓"十人小组"当中的成员，这些建筑师们曾经寻求另一种城市规划的模式。我将永远铭记那些富有意义的、有时甚至是相当激烈的讨论，尽管更确切地说，这些讨论是由建筑师们之间存在的代沟而造成的，比如说阿尔弗雷德·罗斯、阿尔多·凡·埃克和奥里奥·博希加（Oriol Bohigas）等等，年轻一代的建筑师所追求的是更新、更激进的建筑设计与城市规划模式。然而，对很多人来说，他们心中仍然存着一个疑问——难道"雅典宪章"为我们带来的不是弊多于利吗？

我们愿意协助大家找到一种最适宜的方法，来接受新"雅典宪章"的概念，使其在成为一份参考文件的同时，还能成为一份工作手册，这才是更重要的。

下周四的晚上，瑞士建筑师大会（CSA）将会在洛桑（Lausanne）附近的拉萨拉兹（La Sarraz）召开会议，这里也是现代建筑国际会议最初的发源地。这次会议也是国际建筑师协会成立五十周年庆祝活动的一部分。在会上，我将亲自向与会者们传达本次大会的要点和结论。这次在拉萨拉兹召开的大会对我们来说是一个很好的交流机会，届时会有很多杰出的国外以及希腊建筑师和城市规划师前来出席。

16

中型城市和世界城市化

中型城市 / 城市化和可持续性 [1]
列伊达（Lleida）/1998 年 3 月 30 日~ 4 月 3 日
由 Carme Bellet & Josep M. Llop—Lleida 编辑，2000 年 3 月
摘录

在讨论中型城市的时候，我们不能以一种孤立的方式来看待我们西方中型城市存在的问题。发展中国家的中型城市中正在发生着的事情，也在对我们造成越来越大的影响。伊斯坦布尔第二届人居会议是关于全世界人居与城市问题的会议。它强调，过去的"水密舱"已经不复存在了，因此，它的结论对我们所有的城市环境都是至关重要的。

有人曾幻想西方城市发展可以走上一条独立的道路，但是外来移民的涌入却终结了这种幻想。因此，我们对世界上其他地区城市中所发生的事情的关注，不再仅仅是出于道义，它也有务实的意义，因为它可以为我们指引未来可能的发展方向。到目前为止，我们都一直认为我们在欧洲和西方世界的结构和体系会慢慢地影响和塑造发展中国家的城市。这也的确是正在发生的事情。但是在过去的二十年间，那些之前只有发生在南方城市中的问题——城市贫困的集中，城市的空间隔离，不断增加的不安全感，城市暴力和青少年犯罪——也出现在了发达国家的城市当中。北方主要城市的贫困化，就是我们必须要面对的挑战之一。

难道说印度孟买的"人行道之战"——被称为 150 万 ~ 200 万人的战争，这些人靠临时搭建的窝棚栖息在人行道上——与我们自己的问题是如此遥远吗？我们只要看看流浪在纽约街头无家可归的人或是巴黎的流浪汉，就会知道答案了。因此，我们应该吸取教训。学习是一个双向的过程。我们可以向发展中国家学习，他们也可以向我们学习。

国际建筑师协会在这一信息交流的过程中发挥着关键性的作用，这些信息是关于城市发展的信息，以及在世界不同地区城市的发展之间是如何相互联系的。有一点我觉得很有趣，那就是根据定义，所谓"中型城市"的人口数存在着非常大的浮动。所以，这就很清楚地证明了关键的因素并不是人口

数，而是这些城市在其所属国家背景下的具体作用。

在我们的议程安排中，最重要的两个问题分别是无家可归和可持续发展。当前的三年时间里，我们都在凝聚着一个信念，那就是建筑可以成为减少无家可归人口的一个因素，同样，也可以成为减少贫困人口的一个因素。作为建筑师，我们也在面临着挑战，我们要证明不断增长的发展，自然而然就会对可持续性因素进行评估，实际上就可以造就一个更好的平衡世界，换句话说，发展与可持续性并不是互不相容的。

全球化与城市化的发展趋势是不容逆转的，而我们国际建筑师协会有责任为民众提供道义上的引领——还有愿景。在我们的芝加哥大会上，对这种积极的方法进行了强调，"我们不应该只是消极的防止未来变得不可持续，我们应该积极地为可持续发展的未来做出实质性的努力"。

在中型城市的规划中，很明显，我们不能不去考虑环境、社会，甚至移民等因素。忽略了这些因素，我们将会自食其果。但同时，我们也必须认识到，我们生活在相对发达的国家。因此，我们具有双重的职责——为我们所有的公民提供公平的生活条件，同时也要以这种方式，为全世界制定出城市规划的标准。

对于任何类型的城市规划来说，社会因素都是至关重要的。城市的政策与社会的政策密不可分。促进公民的社会融合，同满足他们的住房需求是同等重要的，没有人会质疑这一点。同样，也没有人会质疑，城市中的社会公正是指引所有计划顺利进行的灯塔。但是，这种社会因素的世界背景又是怎样的呢？我们现在都知道，可持续性是一个全球性的问题，世界上其他地区的情况，也会对我们的西方城市造成影响。随着社会因素的改变，这种影响也随之变得越发明显。我们周边地区以外的城市的社会状况已经对我们造成了影响。大量移民的涌入不能仅靠国家规定来控制。饥饿的力量实在是太强大了。

所以，现在我们看到，联合国峰会直接将几个重要的议题联系在了一起——里约的环境问题峰会，哥本哈根的社会问题峰会，而伊斯坦布尔峰会则汇聚了环境问题和社会问题。事实上，伊斯坦布尔峰会有两个并列的专题——"可持续的定居点"，这是针对北部地区的专题，以及"为所有人提供庇护所"，这是针对南部地区的专题。当然，为所有人提供庇护所，这也是全世界面临的最大的建筑任务。我们有必要暂时停下脚步，问一问自己，对于这项共同的事业——为世界上数百万无家可归的人们提供居所——我们每一个人都负担着怎样的承诺？在发展中国家，大多数无家可归者的居住问题，都不能被视为职业拓展的潜在市场。

我们也决不能忘记，环境问题对社会条件的依赖程度。下面是 1976 年联合国教科文组织文件中的一段话，它很有趣："只有当社会与经济条件可以保证大多数人最基本的物质生活标准之后，而不是在此之前，政府才能够将他们的注意力转移到环境改善的问题上。"在谈到棚户区的时候，这份意见书甚至更近一步，说在这样的条件之下，"提出环境品质问题是一种无礼"。

尽管如此，我们还是一定要记住，"可持续性"最初只是一个单纯的环境术语，后来随着时间的推移，逐渐演变成了一个对社会觉悟的挑战。相较于这个术语，对生态环境友善的建筑和城市所代表的含义则更为丰富。它们也代表了民众对环境问题敏感的见解。

我们的城市空间最需要的是一种新的推动力量，在所有的发展工作中，人类的精神将会占据中心的舞台，所有的努力都会以人的价值为基础，因为价值观的贫瘠是最糟糕的一种贫穷形式。住宅规划方案必须要对城市居民具有共同的意义，它们必须要经得起时间的检验，也必须要能够创造文化。

通过 1933 年现代建筑国际会议上所表述的当代城市规划问题，拒绝接受传统的城镇，从而为著名的建筑师和城市规划者们铺设了一条红毯，进而间接地鼓励了城市的扩张。

今天的情况并没有太大的不同。法国著名建筑评论家弗朗索瓦·查林（François Chaslin）说，尽管 20 世纪 50 年代、60 年代和 70 年代的建筑，都有它们各自特定的兴趣和目标，但今天的建筑却是由明星制度所主导的。即使是像环境与建筑文化遗产这样重要的主题，也没有引起这些建筑大师们足够的重视，他们的作品可能的确是出色的，但却与当今世界和广大建筑师们所面临的主要问题没有太大的关联。在这种状况下，我们始终要记住，建筑学所涉及的领域绝不仅限于建筑。国际建筑师协会的目标之一，我引用它的章程，就是"在建筑设计和城市规划领域发展进步的思想，并引导它们对于社会福祉起到实际的作用"。有人说，这座城市的发展已经逃离了建筑师的掌控。可悲的是，这种说法在很多时候都是正确的。然而，建筑的概念是随城市开始的。

这是我们为中型城市、宜居城市、与环境更为和谐的城市而奋斗的机会，这些城市与当前的大都会区是不同的。事实上，我们来到这里就证明了我们相信这一点，我们不准备再去回顾与模仿过去。这个"城市研究周"是前瞻性的，是面向未来的。同时，也是充满希望的一周。要不然呢？难道我们只是举起双手，等着那些特大型的城市继续扩展，最终连成一片，变成道萨迪亚斯（Doxiadis）所谓的"世界大都市"，即普世之城。

在城市规划与建筑设计的过程中，建筑师的参与是有必要的，其中还有另外的一个原因。它将会使建筑师更接近决策中心，通过这种方式，建筑师们的专业知识和技能将会对建筑环境的改善产生更具决定性的影响。这不能被解释为狭隘的专业需求。专业的事情远比乍看上去要复杂得多。

一座城市的住房和其他需求，必然会导致土地可用性的问题，这是众所周知的。因此，巴塞罗那大会拟定了一个在我看来非常有趣的标题——城市的"模糊地段"（terrain vague）——从而十分恰当地解决了这个问题。所谓的"模糊地段"，不仅意味着空地，同时也意味着城市中那些没有特色、难以形容的区域，目前，这些区域的肌理和品质都没有得到提升。这一类区域，应该也包含那些需要被拆除或转变新用途的建筑用地。

所以问题是，我们应该如何对待这些模糊的地段，这些被荒废了的土地？国际建筑师协会第三区的一份提出对现有的城市分区进行修正，在不扩张城市范围的前提下，最大限度地满足住房需求。

大家可能都在关注英国目前正在进行的激烈的政治辩论，他们涉及的议题包括"棕色地带"或是"模糊地带"，以及"绿地"，或是"农村地区"。理查德·卡伯恩（Richard Carbone），政府环境部门的一位部长，他提出要将一半以上的新建住宅——我们认为仅在英国就需要 440 万新建住宅——都建在棕色地带（指城中旧房被清除后可盖新房的区域），这项提议是不现实的。这是英国副首相所制定的目标，即将 60% 的新建住宅建造在棕色土地上。新闻界已经针对这一讨论进行了广泛的报道。其中一家媒体是这样引述的："在每一块棕色地块都被开发利用之前，不允许哪怕一英寸的土地被约翰普雷斯科特的推土机铲平。"

关于城市闲置土地使用的争论，特别是关于在大城市附近保护农田和农村土地必要性的辩论，对我们来说是非常有趣的，因为它使民众们看到了停止城市扩张的必要性。一旦这个前提被大众所接受，那么下一个合乎逻辑的步骤就是使中型城市的情况更加公开。

显然，作为一种职业，我们必须要尊重我们的过去，但同时，我们也必须要关注于现在，关注于未来。我们一定要展望未来。未来将会是什么样子的？可以肯定的一点是，世界城市化的进程是不可逆转的。同样可以确定的是，我们建筑师有责任对这一进程进行引导，避免其朝着最近出现的不适于居住的巨大型城市方向发展。我们所需要的是一个愿景，而不是妥协与沮丧的容忍。

最后，一切都归结为：我们有没有做好准备迎接 21 世纪的到来？做好身为建筑师的准备，做好技术上的准备，也做好伦理上与道德上的准备，这是同等重要的。临近 2000 年，我们已经做好准备迎接新的开始了吗？还是说我们已经筋疲力尽了——无论是在心智上还是社会上？布鲁斯·汉迪（Bruce Handy）说："同我们过去几百年间的情况相比，新的时代似乎比世界末日或乌托邦更加符合常态（normality）。"这并不是一件坏事。

在 El Mundo 刊物上，安东尼奥·加西亚 - 特雷维扬诺（Antonio Garcia-Trevijano）在一篇名为 "Saludo a Itaca" 的文章中，将 "常态"（normality）这个词解释为"通过再生而发展"。在这篇文章中，他写道："伊萨卡岛（Ithaca）并不是一个理想中美好的岛。神话中的佩内洛普（Penelope，古希腊神话中战神尤里西斯的妻子，她为了等候丈夫的凯旋，坚守贞节 20 年——译者注），以一次又一次编织又拆毁寿衣的方式等待丈夫的再生，这个故事令人着迷。它带给我们一种持续更新的想法，它源自对进步真实的渴望。"[2] 使我们的世界上各种文化不断更新，这是我们的使命。通过文化的传承，我们所能继承的是自然环境和建筑环境，我们需要不断地对这些环境进行重塑，这样才能适应今天和明天的现实。

最后，我想要表达的愿望是，我们开展这个城市研究周的目的是要开启一场对话，通过这场对话，建筑师和城市规划者们可以通过自己的工作，强调中型城市在平衡城市与区域发展方面的重要性。大家可以放心，我一定会恪守承诺，投身到这个事业当中。

参考文献

1. Ciudades Intermedias / Urbanizacion Y Sostenibilidad，VII Semana de Estu-dios Urbanos. Leida 1998.

2. Itaca no es isla de utopia. Pero el mito de Penelope, destruyendo y recon-struyendo un sudario al modo como se renueva la vida，es fascinante.Expresa la idea de regeneracionincesante que late en la autenticavoluntad de progreso.

17

旧区更新、文化以及空间伦理

联合国教科文组织圆桌会议，题为"历史城市的社会与空间凝聚力
——城市中心区的伦理与可持续的旧区更新"
威尼斯 /2002 年 12 月 2 日
原文：法语

  在 2002 年联合国教科文组织建筑奖颁奖典礼上，当我第一次听到这个圆桌会议的主题时，它就立刻引起了我的兴趣，因为它不仅将"空间凝聚力"和"社会凝聚力"这两个概念联结在一起，还对城市中心区的更新，以及可持续性和伦理等因素进行了讨论。

  可持续性规划的概念现在已经或多或少被大家所理解了，但是伦理在城市规划中代表什么意义呢？它仅仅是一个听起来不错的词，还是具有真正的城市规划意义呢？如果一个人愤世嫉俗，那么他可能会说，所谓道德就是其他人必须要遵守的东西，或者换句话说，别人不会踩到你的脚趾，但反过来就不一样了。

  伦理有关于社会的价值与人类的价值。失去了社会与人类的价值，那么建筑和城市规划就会变得毫无意义。单单凭借建筑物、公园和道路，是没有办法形成一个欢乐的整体环境的。我们确信这一点。这就是为什么社会学与人类学，会被纳入建筑教育评估委员会的大纲当中，这绝不是巧合。

  因此，伦理同城市以及城市中相互接触的人有关，人是城市中最小的社会单位，正如德国著名诗人贝托尔特·布莱希特（Bertolt Brecht）所说，不是一个人，而是两个人。社会交往是一座城市存在的基础，同时也是道德的基础。由此可见，城市的社会进化必须同建筑、城市规划和科技发展同步进行。可是如今，它常常被落在了后面。意大利当代作家伊塔洛·卡尔维诺（Italo Calvino），在他的著作《看不见的城市》[1] 中，用另一种不同的方式说明这个道理："城市，是关于几何学逻辑与人类马赛克之间互动作用的，是关于几何学与生活的。"

  因此，伦理因素与社会大环境直接相关。我们知道，脱离了社会的大环境，在真空中进行建筑和城市规划实践是无法想象的。我们也知道，建筑可

以成为一种社会工具，一种促进社会融合的工具，可以帮助那些生活在社会边缘的人们重新融入社会大环境之中。如何发挥这种作用？这只是一种理论上的陈述，还是真的可以成为现实？

对我来说，这一直都是一个很难回答的问题，直到有一天，我在联合国教科文组织的一篇文章中读到了"空间的社会隔离"（the social segregation of space）这个说法。自从我读了那本书之后，这个术语就一直困扰着我。但同时，它也为我指引了一条出路。这条路会通向一个具有意义的、同时也是可行的目标——空间的反社会隔离（the social desegregation of space）。下面我会用两个实例来解释这个概念。

第一个案例来自我自己的国家，希腊。人们正在激烈地讨论，新现代艺术博物馆应该在哪里选址。这个项目的捐助者，以及大部分的民众，都希望将其建造在里扎里公园（Rizari Park），这是位于雅典市中心的一块开放绿地。如果新的博物馆被建造在这里，那么将会为这一区域（已经拥有很多建筑了）再增添一座更加重要的文化设施，这里会被称为"博物馆大道"，这一点也不奇怪。但是也有很多人，包括我在内，认为博物馆应该建在这座城市中一个不那么优越的地方，在那里，它才能成为这个区域文化复兴的踏板。文化的复兴也会导致社会的复兴，由此，穷人和富人之间的鸿沟也会逐渐减少。在这方面，巴黎已经为我们做出了榜样，重要的文化设施以及其他主要的建筑，都被规划到了不太富裕的北部和东部地区。

另一个案例来自柏林，说得更具体一点，来自去年 7 月与我们的柏林会议同时举办的一场设计竞赛，我们今天的庆祝活动也是为这次大赛的获奖者准备的。这次竞赛中包含了很多的想法，都同城市规划中的社会因素有关：

- 使用荒置土地；
- 融入城市生活区，而这部分区域在之前鲜少参与活动；
- 向使用者介绍项目情况；
- 证明当代建筑可以帮助那些城市中被忽略的区域，塑造出一种富有远见的特性，进而使这些地区成为整个城市环境中的一部分。

在上面的两个案例中，都提到了空间在反社会隔离当中建筑与城市规划所扮演的角色。在我看来，空间的反社会隔离，已经成为"空间伦理"概念的实际体现。

城市规划并不是美学上的实践。它也不是文化遗产保护领域的实践。它关系到生命的延续。通过以当代建筑作为媒介，它关系到我们对于文化遗产的重新解读。它关系到创造今天的建筑，也就是明天的建筑文化遗产。

我不禁想要引用联合国教科文组织的第二篇文章，因为在这份文件中，我第一次接触到了"未来的记忆"[2]这一概念。所谓未来的记忆，它是对过去的记忆的补充，这就意味着我们在回顾过去的同时，我们的所作所为，我们的建筑和规划，还要考虑到我们的子孙后代会如何看待我们——无论是肯定的还是否定的。

格拉纳达公约（Granada Convention）以非常简洁的语言表述了其内涵："将所有关于文化的资料都传承给子孙后代"。国际建筑师协会，会同法国文化部以及法国科学研究中心（CNRS），都在实施这一雄心壮志的计划，强调20世纪建筑学领域中最重要的建筑作品，而这样的做法也会影响我们对建筑遗产的理解。在这种大环境之下，我们要记住，在所有的职业当中，建筑师这个职业最适合担任起"领头羊"的角色，以确保文化传承的连续性。

建筑，首先也是最重要的一点，就是通过人类富有开创性的努力，有能力去触及人类的心灵，并长久地存在于人类的记忆当中。建筑和城市规划具有使城市再生与振兴的能力。为了这一目标的实现，我们就一定要不断地重新审视与更新建筑环境的特性。除非能够在所有社会成员中都达成了共识，否则我们就很可能会将保护过去当作更优先的事情来处理，而不是去创造我们的现在，筹备我们的将来。另外，我们还需要达成一个共识——城市的概念，无论是市中心区，还是现有城市的新区，抑或是全新的城市，都需要随着社会因素的改变而同步发展。

城市的旧区更新政策是一项极具挑战性的任务，特别是在城市的历史中心更是如此。显然，我们不能将所有过去的印记统统都保留下来。我们也都清楚，特性并不会是一成不变的东西，今天被我们视为文化遗产的作品，在当时的年代也常常被视为是具有革命性的。我们还必须要面对这样一个事实，即当前的技术进步比过去要快得多，因此我们也会面临着一系列的困境与选择，永无间断。

制定法规，最大限度地维持现状，依靠严格的规章执行，这样的做法是相对简单的。但是，这不能成为答案，因为这样的做法会扼杀掉富有创造力的表现与创新。那么我们应该如何做呢？我们如何定义过去的界限，同时又能打开通往未来的大门？我们唯一的出路必然是——同时定义过去的界限与打开未来的大门。这就需要一种难度非常大的平衡做法，无论在什么地方做出决策，来自其他相关专业的建筑师，也包括社会科学和人文科学的专业人士，他们都应该被赋予具有决定性的规划职能——而不是由政治家专断地做出决策，尽管事实的状况常常都是如此的。只有这样，我们才有希望在我们的城市中取得空间凝聚力和社会凝聚力，这必须是我们的终极目标。要做到这一点，我们还需要公众舆论在文化意义上的认同，我们需要公民参与，也需要整个社会的道德参与，以实现空间上的社会公正。

城市历史中心的更新是一个"热门"话题。对大多数民众来说，这可能也是个令人感到困惑的话题。而这就是本次圆桌会议的重要性之所在。

任何一个旧区更新项目的出发点都必须是关怀，关怀我们市民同胞的实际需求，以及他们的物质和文化需求。在任何一座城市中，空间的社会划分有些时候是深思熟虑的决策结果，而更多时候则是自由放任政策的结果，这些都同样是危险的。在城市政策的构想过程中，建筑师应该扮演起一种至关重要的角色，因为他们在社会问题上有着异常的敏感。

最后，我将借用弗雷德里克·詹姆士（Frederic Jameson）[3]的著作中，尼尔·林奇（Neil Leach）的一句话作为总结。他将自己的想法延伸到城市生活的空间，人们可能会说："城市是创造建筑的空间，而建筑反过来又为生活创造了空间。"要想使那句谚语"城市是生活的空间"富有真正的意义，那么我们就必须要在空间上废除社会种族隔离。这是一项艰巨的任务，只有通过所有人的承诺与努力才能实现这一终极目标。

参考文献

1. Calvino, Italo: *Invisible Cities (la Cita Invisili)*. Torino 1972.

2. Mayor, Federico Zaragoza UNESCO Director General.

3. Leach, Neil: *Rethinking Architecture*. London 1997.

18

关于城市的几点想法

第十五届城市与建筑大会
布尔萨（Bursa）/2003 年 9 月 18 ～ 20 日
摘录

保罗·维里利奥（Paul Virilio），这位法国著名的建筑师与学者曾经说："城市是我们这个时代的失败。我们不要再让失败的历史重演了。"我认为他的观点完全错了。我们建筑师热爱城市，同时，我们也相信城市。因此，杰米·勒纳（Jaime Lerner）推出的这句口号"欢庆城市"是多么恰如其分啊。区区两个词，就概括出了我们对于城市的信心。

我们每个人都需要以一种更加积极的方式来看待我们的城市。城市，或许并不是造成我们所有不幸的罪魁祸首。而且，明天的城市代表着一种挑战，特别是对我们建筑师而言。我们必须要坚定地相信，我们的努力一定能够带来成果，一定能够带来更美好的城市和更公平的建筑环境。

必须要把"改善城市生活品质"树立为我们长期的奋斗目标。同时，我们的工作还包括在建筑环境中最大限度地构建起社会的公平。简而言之，我们必须要反复重申我们对于城市的信心。

现在，我想向大家介绍一些关于未来城市的想法，这些想法都可以被称为是"成功的"。"成功"这个词，是我从两年前在柏林举办的一场人类聚居学世界大会的标题中引用而来的。

成功 1——减少空间的社会分化

使每一位公民都可以融入社会当中，这同满足他们的住房需求是同等重要的，没有人会质疑这一点。同样，也没有人会质疑，城市中的社会公正是指引所有规划顺利进行的灯塔。

我们的城市中充满了各种各样的障碍，无形的障碍和有形的障碍——例如，富裕地区和贫困地区之间，实际上就是一种隔离。隔离，无论是身体上的隔离还是社会上的隔离，抑或二者兼有，都不可避免会导致弱势族群的困境进一步雪上加霜。在大多数城市，这种状况都是防不胜防的。即使是在发达国家的城市，它们也不可能再像过去的"水密舱"一般与外界隔离。移民的涌入改变了这些城市。这些不发达地区存在的问题已经到了我们的家门口。我们都知道，在那些不发达地区，城市中很多地方的现实生活无异于地狱。

那么，建筑师能做些什么呢？我相信，在空间设计中，在我们日常的专业实践中，都可以将"反排斥"纳入考量。但我们具体应该如何做呢？我们要通过自己的努力，在城市中不太富裕的区域兴建重要的新建筑，从而在物质层面和社会层面上都创造出一种振奋人心的势头，而建筑就是其中的先锋。同时，我们还要保护与恢复城市的历史文化遗产。位列世界文化遗产的建筑大多都位于不发达的地区。照顾这些历史建筑的过程，以及在其周围营造空间的过程，势必会为当地的居民带来一种自豪感，从而减少被排斥的状况发生。

成功 2——为贫困的人们做一些事情

为无家可归的人们提供庇护、城市棚户区、犹太社区和自助建屋等，都是我们的议程中重要的内容。住房政策之所以会不适用于穷人的需求，其中一个重要的原因就是，这些政策都受到了对贫民窟居住者们强烈的偏见影响。对于这些弱势族群实际的需求，决策者们往往是不熟悉的。大多数决策者根本就不认识那些住在贫民窟里的穷人们。凭借着一种家长式的"我更了解什么对你来说最好"的态度，是永远也不会带来真正答案的。这些政策都没有解决穷人们所面临的实际问题。

从规划的角度看，我们有必要对我们的方法进行不断地调整，以使其适应实际的情况。印度建筑大师拉兹·里华儿（Raj Rewal）说："以缓慢的自然发展为基础的传统生活模式已经不再适用于当今的社会，因为需要被安置的人口密度实在是太高了。"而这就是需要我们的职业发挥创造性理念的领域。

在谈到贫困问题的时候，让我们再仔细回想一下巴西建筑大师奥斯卡·尼迈耶（Oscar Niemeyer）曾经说过的话吧，他很清楚，伟大的建筑往往都是富人们的储备。"穷人们不会被允许进入这些建筑。当我设计一座公共建筑的时候，虽然我很清楚穷人们很少能够从中受益，但我还是希望这栋建筑能够看起来更好一些。不管怎么样，穷人们还是可以欣赏它。因此，对他们来说，它也必然是一种快乐的元素。"尼迈耶的建筑，无疑为富人和穷人都带来了这种快乐。他担心的是普通人，担心他们会被排斥在属于富人的建筑之外。

成功 3——努力确保住房被视为一项人权

当然，这项提议在政治上是难以站住脚的，特别是在那些国家，他们法律存在的意义就是要被实施与执行，但实施的成本是一个实际的问题，而不是一个理论上的问题。但是，现在有越来越多的人通过社会住宅、自助建屋，或是其他方式获得了可以容身的庇护所，这也几乎实现了住房权的结果。

使用期保障的重要性，即所有权的重要性，是再怎么强调也不为过的。它有一个好处，即公民们会更关心他们的城市，从而引发更多的民众参与。对居住权保障的需求引发了一场争论，即谁拥有土地，以及谁应该拥有土地。土地的所有权问题导致的城市不公平，这种状态还会持续多久？

成功 4——鼓励中型城市的发展

中型城市，实际上是城市中"沉默的大多数"，可以成为更理性发展的关键所在。发展中型城市，会有助于缓解大都会区灾难性的"巨人症"。有一点认知是已经得到确认的，即中型城市应该由其功能来定义，而不是依据其规模来定义。

成功 5——为空间的人性化而努力

我们对文化的全球化明确地说了一个"不"字。我们的城市需要多种文化的存在。否则，我们的城市就会变得越来越缺乏特性与人性。大家都很清楚，这种城市特性与人性的缺失会意味着什么。它意味着我们的生活品质会进一步下降。

西班牙经济学家爱德华多·梅里戈（Eduardo Merigo）曾经说过："人类当初兴建城市，基本上是为了营造出一个聚会的场所，但是最终却创造出了一个使人们很难碰面的怪物，这是大家都没有预料到的。"城市居民们不仅不再感觉自己属于一个群体，而且他们甚至会将其他城市的居民视为一种可能的侵犯来源，从简单的交通事故到彻头彻尾的违法行为。

宜居社区和社区认同必须成为最优先考虑的任务。城市中的自由空间必须是对公众开放的，必须是人性化的与友善的。城市可以是快乐的所在。这很难做到吗？今年 12 月，里昂（Lyon）将会主办第 29 次城市研讨会。其主题就是"思考快乐的城市"。

成功 6——明智而审慎地使用城市中的中间区

无论人们将城市中的中间区称为"棕色地带"还是"荒废地"，答案都只有一个。明智而审慎地将这种空间利用起来，将会使整座城市都变得富有生气，将会照亮整座城市的景观。这样的做法还可以拯救绿地，从而有助于保持建筑与自然环境之间的分界线。这是相当重要的。

成功7——改善难以接近的城市

大家都知道，我们的城市是难以接近的。为了所有人的利益，为了残疾人和身体健全的人们，让我们做点什么吧。独立生活就意味着所有人都可以到达，意味着所有人都可以在公共空间无障碍的行进——广场，人行道，等等。

成功8——保护文化遗产

文化遗产是一个不断发展的概念。我们需要在保护文化遗产和满足新城市需求之间，不断地寻找平衡点。我们必须要找到一条出路，既能通向未来，又不必以破坏过去为代价。

成功9——建筑师的一个新角色

建筑学，从广义上讲，并不仅仅包含建筑物，还包含所有类型的空间发展，例如城市的空间，无论大小。但是，在世界上所有的建筑当中，大约只有不到两成是由建筑师设计的。这并不是说我们不需要建筑师。我认为，从现在开始，我们必须要将更多的关注投入到社会住宅和社会性建筑，这些才是解决穷人们实际需求的答案。此外，还要更多关注那些城市中聚光灯照不到的阴暗角落。我们可以证明，高品质和社会性建筑是可以兼容的。

成功10——在协作中起到带头作用，促进城市的提升

建筑是一门协作的艺术。在涉及城市发展与提升的规划项目中，建筑师应该在跨学科合作团队中担任领导的职责，而不应该满足于坐在后排的座位上。

成功11——建筑师成为决策过程中的一部分

为了能够成功实现我们所有的目标与愿景，提升空间的品质与建筑的品质，我们还需要一个更进一步的目标——与政府和地方管理部门共同合作，这样才能使决策转变为实际的行动力，而不是单纯的纸上谈兵。没有政治家与建筑师的通力合作，我们很难实现宜居城市的理想。无论是政治家、建筑师还是规划师，都没有办法单独解决社会的问题。

成功12——展示设计资料

持续地将"最佳实践项目"展示出来，这是十分必要的。从创意的角度来看，这些最佳实践项目都是很好的范例，而从财务的角度来看，这些项目

也同样都能起到榜样的作用。建筑师可以向世人证明，优秀的设计也可以同时具有经济上的意义。

引人注目的建筑以及城市更新项目，都是提升城市建筑价值中重要的组成部分，因为这些项目会成为民众的参考点，从而培养出对我们的职业所能达成的目标的兴趣。

成功13——让公众接受"建筑服务于社会"的理念

公众舆论是最终建筑产品的一个决定性因素，在我们周围，这样的例子不胜枚举。在城市中，从长远来看，只有与建筑学专业更加接近的公众舆论，才能确保建筑环境的品质得到提升。我们必须不断的重申，建筑为社会和公众服务，建筑的品质以及建筑服务的质量，会为城市带来实实在在的利益，同时也会为民众带来实实在在的利益。在消费者保护的辩论与规章制度之下，这一点会变得越来越重要。

成功14——赋予城市一个新的意义

有一点是可以肯定的，那就是全世界的城市化进程是无法逆转的。而身为建筑师，我们有责任对这一过程进行引导，使之摆脱最近出现的、城市不再适于居住的困境。我们需要的是一个愿景，而不是妥协和容忍。未来的城市可以是充满生气的，充满着富有创造力和高品质的建筑。但是，这个未来的城市到底会是什么样子呢？我们的建筑所在的大背景又会是怎样的呢？新的游戏规则是什么？在柏林会议上，我们听到了以下提案：

- 可持续性城市化的挑战；
- 无序城市发展的自然规律；
- 从具有规划的城市中区分出自发展的部分，反之亦然；
- 城市寻求对话；
- 社区发展是公民社会的核心所在；
- 生态城市与共生的哲学；
- 信息/通讯时代的公共空间。

城市会不断地自我改造。新的城市现状正在改变着我们的工作与生活方式。例如：

- 人与人之间新的沟通与互动方式。虚拟世界与现实世界（即物质世界）之间的桥梁；
- 人工城市风格的创建。媒体版图与自然景观；

- 持续性的变化衍生出移动式的生活，例如，在路边咖啡厅里用笔记本办公；
- 旧式的墙体被电子墙所取代。由信息技术造成的歧视。新的特权阶级与新的穷人。

显然，我们必须要带领我们这个行业对城市做出新的诠释。这是一个巨大的挑战。但是，我们必须要接受这个挑战。让我们将这一切都公布于众，让民众了解，除了商业化以外，还有其他一些事情也是非常重要的。

19

城市的外围——秩序还是混乱？

中国建筑学会"城市的边缘——区域规划"国际论坛
上海 /2005 年 4 月 21 ~ 22 日
摘录

要知道，到 2050 年，预计将会新增超过 30 亿的人口居住在城市里。我们绝对有必要对这个显而易见的事实进行评估——随着城市变得越来越饱和，过剩的人口必将会"散发"到某个地方。首当其冲的应该就是城市的边缘。因此，城市与超大型城市的规划是非常重要的。在这方面，我认为中国正在成为一个城市议题的辩论平台，因为在这个国家，我们可以通过现实的生活，提前体会到未来将会发生在世界各个城市与大型城市中的状况。

但是，当前关于城市的"现实生活"又是什么呢？

• 城市处于不断的变化当中。城市的边界在移动，就像城市的居民也在移动一样；

• 城市和农村地区逐渐相互交融在一起。"转型中的城市"是一种普遍存在的状况，而不是特例；

• 传统的城市通常都是以有机的方式由农村转化而来的。但在今天，这种进化的过程已经被放任政策下无组织的外围扩张和卫星城市的植入所取代；

• 非法的城市与合法的城市并存；

• 贫民窟有的时候会演变为城市中更具有"传统"的区域；

• 在城市的传统区域以外，城市肌理和城市等级体系这些东西都是不存在的；

• 穷人们要么就被困在城市中的贫民区，要么就是流浪到城市的边缘地带自生自灭，缺乏政策与资金上的协助；

• 如今，城市的历史正在被改写，这样的状况比以往任何时候都更为严重。

我们知道，城市的扩张大多都是以一种无计划的方式进行的。由此可见，城市的界限，城市的边缘也同样是无计划的，因此也没有被明确的定义，通常是混乱的。

在原有城市的界限之外，随意扩张而形成的中间地带，不断合并与人口稠密化，是使这些没有特色、难以描述的区域变得具有城市形态与城市意义的必经之路。

这就将我们引向了城市中没有人居住的地段，也就是所谓的"模糊地段（terrain vague）"，这是一种很恰当的描述。这些区域，从前一般都是工业区，需要被赋予新的意义与特性。它们甚至可以改变一座城市的面貌。在很多模糊地段的案例中都已经证明了这一点，即建筑改变了环境。从某种意义上说，这些没有设计师的"垃圾空间"[1]的存在是有好处的。这些空间可以避免我们对农村进行土地开发，以及相伴而生的占用耕地，进而可能衍生出一种更合乎逻辑的城市发展模式。

人们一直认为，一个可以替代巨型城市疯狂扩张的可行性方案，就是发展中型城市。在很大程度上，中型城市可以缓解大型城市，尤其是超大型城市中人口与增长的压力。"中型城市"这个术语，在不同国家的应用也是各不相同的。安亭镇的人口数预计为 50000 至 80000，这样的规模在中国是绝对不可能被列为中型城市的，但在欧洲和非洲的一些国家，这样人口数的城市就可以被称为中型城市了。因此，我们又一次看到，在一个像中国这样庞大的国家，一些约定俗成的术语可能会失去它的意义。

严格来讲，中型城市并不是本次论坛的主题。从广亩城市（Broadcare City）这一城市规划思想开始，我们可以将城市的郊区称为郊外住宅区，但它本不应该是这样的。因为它们的存在就是一场灾难。

卫星城镇在很多案例中都取得了成功，但也有一些案例，效果就没有那么理想了。它们大多都设施齐备，并且经过设计，或多或少可以辨认出配置的结构。我们将多个卫星城市放在一起观察，进而为它们取了很多名字，例如"星座城市（constellation city）"[2]，以及"分散型高密度城市（dispersed high-rise city）"[3]等。外围中心的增加，或是多中心增长，为单一中心的大型城市提供了救济，缓解了燃眉之急。这里的关键词就是"中心"。除非这些外围的人口密集区能够变成真正的"中心"，并拥有自己的生命，否则游戏就失败了，我们将会回到原点，就像是美国洛杉矶（Los Angeles）的情况，皮兰德娄（Pirandello）[4]，可以被描述为"一系列的郊区，都在寻求一个城市的中心"。

在规划卫星城镇的时候，选择高层建筑还是低层建筑，这是一个伪困境。人口密度才是真正的关键点。显然，高层建筑并不会对低层建筑造成妨碍，在大多数情况下，二者结合可能才是最好的解决方案。这样的做法也有利于形成更多样化的形式，减少城市景观的单调与重复。

事实上，一项由多个卫星城镇组成的区域规划属于一种"分散的模式"，在这种模式中，单个单元都保持紧凑，由此就可以形成一个对环境更加有利的整体结构。

卫星城镇是由其形状和边界线定义的。边界是非常重要的元素。如果不采用环路的形式，而是采用其他城市或景观要素作为边界，那么它们就会表现得更为友善。但这里还存在着一个危险区域。当卫星城镇向外扩张，并开始蚕食周边区域（这些区域根据原计划应该保持为开放的乡村）时，会发生什么样的状况呢？如果在最初的规划中没有明确地指定扩张的区域，那么这些卫星城镇创建的所有理论就会被全盘否定。

在本次论坛的宣传手册中，提到了要创建一个"友善的环境"。那么，构成这种友善环境的关键性因素有哪些呢？市民们使用公共空间，以及在公共空间感觉到轻松，这无疑是最重要的一点。但我们知道，公众与公共空间之间这种友善的关系正在逐渐消失。此外，"安全的都市生活"也是我们迫切需要的。很明显，这些改变都不会创造出友善的环境。我们能够扭转这种趋势吗？

欢乐才是城市生活品质的精髓所在。尤其是涉及城市界限以外的新建项目，或是在城市和农村之间的灰色地带进行干预措施的时候，上述考虑就更需要特别关注。最重要的，这一类项目会创造出一种很优质的最终"产品"，会让这里的居民感到快乐，感到自豪。特别是公共区域以及人们可以放松心情玩得开心的地方、绿化带、公园、水池、色彩、人行步道，以及建筑物之间的所有空间，都是可以为人们带来欢乐的所在。城市是由建筑物之间的空间所定义的，这些空间甚至比建筑物本身更为重要。

我们不需要特别强调区域特性的重要性，特别是对那些新安置的居民们而言。他们需要的是实实在在的元素，将他们与新的环境联结起来，并让他们慢慢淡化对以往生活的怀念。在某些情况下，引入一些标志性的地标可能是会有帮助的，但是真正使人能够在一个新的环境中体会到"在家"的感觉的关键，还是公共场所，无论是文化设施、体育设施，或是其他的什么。新的生活环境中到处都充斥着各种各样的公共场所，而这些可能在他们之前的生活中是没有的。

对城市传统区域的拆除，这一直都是一个具有很大争议性的课题。什么是值得保护的，什么是可以拆毁的，谁又可以担当起仲裁者的角色呢？历史上有很多这样的案例：过去曾经拆除或破坏了很多传统的东西，这些东西在今天看来毫无疑问都可以被称为文化遗产或自然遗产，但是拆除的同时也为我们带来了一些新的东西，这些新的东西甚至比原来被破坏掉的更为宝贵。

永续发展，已经成为当今世界面临的主要课题之一。可问题是，我们实际所做的事情，总是太少、太迟，而且从地区或是地球的角度来看，往往都是些无关紧要的。而且，对很多提议都没有给予足够的资金支持。选择和实施经济上可持续发展的项目并非不可能，特别是如果人们接受了这样一种观念，即密集型的建筑开发对自然资源的要求比较低。尽管如此，我们还是必须要铭记，城市对于其周围环境的影响是巨大的，尽管周围环境的面积远胜于城市的面积。据估算，伦敦的"生态足迹"面积比实际市区面积大了125倍之多。在任何一个可持续性的规划项目中，都有两个因素不应该被低估，那就是绿色空间的反污染效应，以及太阳是地球唯一的能源来源这一事实。

永续性与发展并非是相互对立的。这是一个需要通过项目的环境相关性而被重新确认的公理。当我们选择开发地点的时候，对环境因素的考量通常只占了很小的比例，这是因为其他的因素更为重要。但是从历史上看，情况并非一直如此。最近在雅典的一次演讲中，乔治·拉瓦斯（George Lavvas）告诉我们，即使是在希波克拉底（Hippocratic）学院的时代，新城市居住区的建筑师和建造者们也都会被提醒，一定要关注健康的问题，其中包含朝向、水、土壤、风以及地形等。在中国，类似的传统原则在几个世纪之前就已经存在了。

有关可持续发展的城市的理念，已经有很多了。在关于人类聚居学（Ekistics）[5]的一篇论文中，我看到了上海的城市总体规划，采用了一种环境品质成就的指标系统。看看这套体系所带来的结果是非常有趣的。

我们的目标是一个可持续发展的世界，但是在目前却与改善地球上所有居住者生活水平的目标互不相容。如果整个世界都达到了发达国家的生活水平（汽车、建筑等），那么随之而来的就是对能源和资源的大量需求，而这又会进一步削弱我们的地球,甚至更糟的是,连生存都将变得不再可能。但是,每一个国家都有追求更高品质生活的权利。你不能只是告诉中国人和印度人不要使用汽车,因为这样会使地球受到影响,但却允许发达国家的人民继续使用汽车,因为他们"早就拥有了汽车"。所以,我们一定要找到其他的出路,在那里,环境标准将会以一种公平的方式适用于每一个国家。

自然环境的破坏使我们更清楚地认识到,自己到底有多么依赖于它。它会变成什么样子呢?正如美国生物学家贾雷德·戴蒙德(Jared Diamond)所言:"建筑师和其他设计专业人员必须要创造出更富有想象力的想法,来塑造更优质、更环保、更优雅的城市,因为没有其他人会这样做。"这在技术上是可行的。它必须要应用于建筑环境,使之更有利于生态环境的发展。这就是"适用技术"(appropriate technology)的概念,这就是"生态意识"(ecological conscience)的概念。我们应该停下来好好思考一下中国道家思想中"宇宙统一"的概念,即认为物质世界对我们没有敌意,也不会与我们分离。

土地必然是城市规划和卫星城规划的起点。在土地稀缺的地方,比如说在内城区,土地的可用性或是不可用性,往往会成为规划最需要考虑的问题。

在土地问题上没有什么统一的解决之道,因为在不同的国家,土地管理制度和相关法律框架也都是各不相同的。然而,有一个原则,是无论哪一个国家的土地政策都必须要遵循的,那就是这些政策应该要服务于公众的最大利益——是多数人的利益,而不是少数人的利益。土地管理体系必须要成为更有意义的城市及区域规划工具,并且还要保持足够的灵活性,在必要的时候随实际状况而进行调整。

任何一座城市的结构特征都直接依赖于土地的价值。当一块土地面临更高端类型市场开发压力的时候,它的价值就会提升。而价值提升,反过来又会对现有的企业和居民施加压力,进而将他们驱逐出去。接下来会发生什么是完全可以预测的。新的、更富有的业主或租户会迁入到这里,该区域不仅在空间上得到了提升,同时在社会上也得到了提升——这些就是所谓"社会提升"所包含的所有内涵。规划者,也包括制定政策的有关部门,都有责任去寻找公平公正的重新安置点。

如果城市周边地区和卫星城镇能够按照使用者的意愿进行规划,那么这些区域就能很好地实现公平安置这一功能。精心设计的住宅单元、欢乐的公共空间、绿化带和公园，以及通往"母城区"的快速交通系统，这些只是重新安置所能带来的少数几个额外的福利。

缺乏土地所有权和土地使用权的相关规定，只会导致混乱无序的状态，进而损害一切被我们视为重要的东西——良好的规划，优质的建筑与对环境的保护，以及对永续发展的规划。尽管上述因素对城市内部的空旷地区以及新兴的卫星城镇也会造成影响，但毫无疑问，遭受影响最为明显的还是城市的边缘地区。这里就是农村土地正在转变为城市化的区域，同时也是这场战争成败的关键所在。城市的边缘，作为城市的自然扩张区，首当其冲承受着社会与建筑的双重压力。因此，从广义上讲，城市的边缘地区也将会是从新的城市和地区规划方法中受益最多的地区。

在过去的几年间，中国的土地使用体系发生了重大的变化，这是令人鼓舞的。但是，有一点是非常重要的，那就是无论什么样的改革都不应该仅限于城市地区，还应该包含城市的外围地区，即包含城市官方界限之内和之外所有的土地。这些雄心勃勃的计划将会满足城市边缘区域的服务需求，同时还颁布了一些前瞻性法令，避免后期的操作发生与政府规则相背离的状况，例如非正式的土地出让、非正式的租赁市场等。有趣的是，在荷兰，土地是由政府正式租赁的，租期为30年。因此，城市发展的决策与控制是掌握在国家手中的。

最后一点，也是非常重要的，我们需要让全社会都了解，土地改革通常是对公众有益的。

超级城市区可以被称为土地的战场。但是，这些区域也可以被称为是实施有意义的区域规划的战场。在这里我使用了"战场"这个词，是因为我充分意识到反对特权阶级是一项非常艰巨的任务，那些既得利益者很容易会制定出更糟糕、甚至是灾难性的计划。在天平的另一端，如果我们放任一个地区遵循着"自然的"路线自由发展，那么结果可能也会是同样糟糕的。因此，实现宜居城市的责任就完全落在了善意而且知识渊博的官员肩上，但这也是对我们自身设计能力的考验。

全世界都在为这样的一个事实支付着高昂的代价，即无论在哪里，区域总体规划总是很少得到真正的落实。城市与区域的设计模型被提出之后，并不是意味着设计工作的结束。它们都有一个共同的特点。它们会为下一步的规划发展提出建议。克里斯·阿贝尔（Chris Abel）的著作"规划发展城市"

（planned development city）是在这一领域又向前迈出的一步，在某种程度上，可以被视为是孟买建筑师查尔斯·柯里亚（Charles Correa）城市规划工作的延续，它更适用于亚洲地区的状况。

让我们来看一看世界的局势吧。让我们针对那些最不发达国家的城市来进行一场类似的辩论。没有规划、肆意发展的城市与超大型城市正在蚕食着我们的环境，伴随而生的是人们雪崩一般的绝望。穷人们所拥有的仅仅是最基本的栖身之所。城市整个都是混乱的。如果我们想要诚实地说，我们的工作与整个世界的住房问题以及建筑环境问题有关，那么我们就必须要解决这些问题。

拥有住房是一个人的人权吗？答案似乎很简单，但事实并非如此，因为一旦一个国家的宪法接受了这一原则，那就意味着必须要采取行动，并逐步将这一理想转变为现实。但是，大多数国家都无法做到这一点。无论如何，都无法达到必要的规模，进而产生有意义的影响。

为无家可归者提供住房，这样的宏伟计划可能是一个很不错的纸上谈兵的筹码，也有可能会提升政客们的形象，但是这些计划却几乎没有机会被真正地落实。它们总是会由于经济上和行政管理上的原因而陷入困境。我们最好能提列出一些比较小型但却具有实际意义的项目作为目标，这些项目是可以真正实现的，由此也可以成为基准和激励措施，以促进更多类似项目的实现。

官方鼓励自助式建房，或是以任何形式参与建造的过程，无论参与的程度如何，都可以使贫困地区紧迫的住房需求得到缓解。但是这样的做法需要满足一个条件——参与自助式建房的人应该要对自己的"财产"、土地和建筑的长期使用权感到放心，无论他们是否拥有合法的所有权。

这就让我想起来一个进一步发展自助建房理念的模式。这种模式被称为"规划的灵活城市"。原理很简单。国家提供区域性规划、土地，以及基本的基础设施——道路、公共事业等。最终用户自行兴建自己的住宅，或是在建造的过程中提供一些帮助（如果有能力提供帮助的话）。国家还可以以规划和施工方法等形式为民众提供技术指导。但是，在这种模式中，为了取得积极的成果，国家也必须要投入公共设施的建设——例如学校等等，否则这一想法就失去了非常重要的一部分意义，即建立一个完整的城市框架，其中只有住宅的部分不是由公共资金兴建的。

我可以想象,这种"规划的灵活城市"模式也同样适用于更发达的经济体。在这种情况下，我们可以看到开发是采用不同的形式进行的。根据一项具体的区域规划，国家可以提供基础设施建设、公共设施、公园和绿化带，甚至还可以提供一些社会住宅。余下的部分可以交给私营企业来处理，由此就可以获得更加自由的表现，也可以提高竞争力。这种"混合式的开发"，其邻里与房屋类型都是多种多样的,无论是从美学的角度还是社会学的角度来看，都是有好处的。

　　这种灵活方案的关键之处，就在于要为暂时闲置的空间留出余地，也就是不要在那里建造房屋。这样的空间将会充当起"城市安全阀门"的角色，为适应城市未来的需求提供灵活性，从而避免城市过于拥挤，最终出现"窒息"的状况，或是不得不扩展到规划界限之外发展。可以肯定的是，城市和卫星城镇必须要有机会进行自我改造。我相信，进行计划与半计划部分"分层"处理，将是朝着正确的方向迈出的第一步。

　　当我收到本次论坛的宣传手册时，我立刻就被这个安亭新城的几何结构吸引了。基本上它是一个圆形，坐落在一个非常接近于正方形的整体形状当中。环状的道路定义了圆形，而它的外围边界是由水岸和外围路网所限定的，也就是正方形。有趣的是，墨西哥的麦斯特尔蒂坦岛（Mexcaltitan），同安亭新城的规划原理基本上是一样的。它的外围也是由水岸所限定的，里面还有一个环形，这个环形的内部和外部都是建筑区。

　　人类的命运是由我们城市的生活品质所决定的。[6]众所周知，城市变化与发展的脚步从来都没有停止过，并且未来也永远都不会停止。我们作为建筑师和规划师的使命，就是去检验、去质疑以及去制定计划。我们必须要对城市的发展过程进行引导，使之摆脱巨型城市不可避免的困境（不适于居住）。

　　显然，城市的外围地区大多都是无序而混乱的，全世界皆是如此。但我们同样也很清楚，这种混乱的状况是可以被改善的。过去曾经犯下的错误，其他国家曾经犯下的错误，我们没有必要再重蹈覆辙了。城市的边缘并不一定是城市中最没有秩序的部分。让我们一起来关注这些区域所蕴含的积极潜力吧。

参考文献

1.　Koolhaas, Rem.

2. Liu, Thai Ker.

3. Abel, Chris.

4. Pirandello, Luigi: *Six Characters in Search of an Author*. Premiered Rome 1921.

5. Zhao Min, Hou Li and Zhong Sheng, *Ekistics* Vol. 64. Athens 1997.

6. Rogers, Richard.

20

城市绿化

希腊技术协会——马格尼西亚州分会
新年庆祝活动
沃洛斯（Volos）/ 2009 年 1 月 17 日
原文：希腊文

　　非常感谢苏格拉底（Socrates Anagnostou）以及希腊技术协会的马格尼西亚州分会，感谢今天给予我的这项殊荣。对我来说，今天的典礼具有特殊的意义，因为它是一条强大的纽带，将我同希腊的这一部分紧紧联系在一起。希腊技术协会的主席雅尼斯·阿诺（Yannis Alavanos）先生的出席，突显了希腊协会的运作方式，即拥有一个主要的核心实体，同时也拥有强大的区域分会，负责组织了很多富有意义的会议，例如去年在这里举办的中型城市国际会议。

　　主办方要我针对一个与我的专业相关的课题说几句话。我想要对大家谈的就是在今天希腊城市中的绿化区域，以及这些区域是如何被处理，或是被不当处理的。

　　所谓"城市绿化"，这其实是一个被曲解了的术语。恕我直言，我想说的是，现在有关城市绿化的含义完全是混乱的。城市绿化到底指的是什么？种植着大树的公园？装饰性的灌木和草坪？还是任何没有被建筑物或道路覆盖的表面都可以被称为城市绿化？可悲的是，在大多数情况下，后者才是最重要的。我还要再做进一步的剖析。这种对城市绿化构成的困惑是刻意为之的，因为对于未来的投资者和他们的政治盟友来说，唯一重要的只是建筑空间的面积，而不是绿化空间的面积。

　　"绿色"这个词的使用已经变成了一种通行证，它可以消除那些依靠不光彩的手段兴建项目的人的内疚感，他们的项目对既有的自然景观和城镇景观都造成了破坏。他们这些人都是嘴上说的是一套，实际上做的又是另外一套。不管这个国家的执政者是谁，都会将一些分明不是绿色的项目故意美化为"绿色"，这样的状况已经延续几十年了。在针对之前雅典机场（现在已经不存在了）的讨论中，我听到了无数次这样的声音："闲置的空间不应该被视为可用于建设的土地，它们应该被视为公园"。具有讽刺意味的是，雅典机场的传奇故事以"住宅开发"而收场，新建的住宅中甚至还包括高层住宅。有多少个项目中我们没有听到过这样的说法，"不要水泥，要保留绿色空间"。这不过都是像减肥一样的老生常谈，根本没有任何意义。在现实中，尚未兴建的土地已经日益成为大家争相抢夺的一个要素，在那里，"绿色"的部分最终也只是会变成投资计划沙盘上的一个展示元素而已。

为了能更清楚地了解希腊的城市地区发展之路，让我们更仔细地看一看雅典这座城市吧，已经有充分的证据证实，雅典是欧洲所有首都城市中人均绿色面积最低的地方。即使是在 2004 年雅典奥运会期间，政府也只是动用了很小一部分款项用来植树，仅此而已。

自古以来就一直久负盛名的雅典橄榄树林，很有可能也会变成另一个建成区。这样的决策根本没有任何逻辑，而且也无视了善意民众们的抗议。橄榄树林的土地使用计划，呼声最高的就是在这里为帕纳辛奈科斯足球俱乐部（Panathinaikos）兴建一座露天足球场，对于这项提议，没有哪位理智的、极度渴望选票的政客会提出反对意见。在古迪公园（Goudi Park），已经建成了重要的建筑。同样的情节，也在其他较小的、"自由的"公共区域上演着。毫无疑问，下一个就该轮到柴达里（Chaidari）军营了。一个接着一个，所有剩下的开放空间都被放在一个盘子里，满足商业开发的需求，这就是真实发生的状况。事实上，我们也开展了一些植树活动，或是规划了一些小规模的绿色区域，但这些举措并没有使整体的状况得到改善。

就我个人而言，我非常强烈地感受到了雅典的城市景观正在一步一步地没落。就在几天前，在市议会上讨论橄榄树林项目的时候，我与一位副市长进行了对话。有人问我，针对这个项目，我的观点是什么，以及我是否有什么想法打算在会议期间提出。我只说了一件事。当议会提出绿色空间这个话题，项目的支持者开始提供土地覆盖数据的时候，我要求澄清对话双方所说为"绿色空间"到底指的是什么。要知道在这些所谓的绿色空间中，纯粹的绿色空间占有多少比例，未建区的硬质铺面又占有多少比例，例如道路、人行道和停车场等等。最后，我非常担心，将来在橄榄树林唯一剩下的绿色，恐怕就是帕纳辛纳科斯队球员们的绿色球衣了。

重要的是，这些思考也同样适用于希腊所有的城市，它表明了我们心目中的优先顺序。在城市空间的规划中，我们最优先考虑的是环境和居民的生活品质吗？如果不是，那就不要再自欺欺人了。至少让我们坦诚地说，经济利益才是我们首要追求的目标。就让我们承认吧，就像有的国所做的那样，城市和农村的规划只不过是发展的工具而已。发展，不惜任何代价的发展。然而，如果居民的生活品质和环境问题是我们关注的重点，那么我们就应该去关注一种不同的发展逻辑，以及更可持续性的使用我们的自然资源。否则，利欲熏心必然使我们自己陷入困境。

在现实中，对于像沃洛斯这样的城市来说，这一切又意味着什么呢？首先，需要立法保护公共土地和市政土地，并建立开放空间的管理制度。同时，还要制定出一个总体规划，明确地指出在这些开放空间中，有哪些属于植物密集生长的绿化区，相较于那些只有铺设铺面材料的区域，或者最多是装饰性的绿色区域，前者对环境具有更重大的意义。

因此，在环境美化工程方面，我们一定要对城市规划者保持警惕。就我个人而言，我改写了古罗马诗人维吉尔（Virgil）的诗句来表达我心中的不满——"要当心城市规划者们，甚至是那些鼓吹绿色空间的人们"。[1]

显然，我们没有办法用魔法公式来解决绿色区域缺乏的问题，在一些屋顶平台上种植植物，或是用几棵树来美化公共广场，设置很多的铺面，坦率地说，这些不过就是我所说的景观美化的装饰游戏。大家都知道，即使是线型的植树，如果脱离了更紧密的绿色区域大环境，也会丧失掉很多环境方面的价值。一个街区或是整个城市的微气候实质性的改善，只能通过连续的紧凑型的绿色区域来实现，这些区域中要有大型或中性的常青树种，茂盛的树叶。这才是真正意义上的公园或广阔的公共花园。大家可以表达意愿，希望划拨出一个适当的区域，这样沃洛斯市才能最终拥有一个真正的都市公园。

沃洛斯市中尚未建造建筑物的区域，无论这些土地的所有权掌握在国家、市政当局、教会，还是军队手中，都是很理想的试验场，可以让我们树立起对公共空间管理和与之相关的投资的新认识。这里有一个前提条件，那就是我们一定要非常清楚，我们所说的投资和投资回报指的到底是什么。

要回答这个问题很简单。投资回报是对谁而言的？是公共机构，商业利益，还是广大市民？投资回报是否意味着财政收入，还是意味着在更加可持续发展的环境中提高人们的生活品质？其中后者虽然收益不是很明显，但却是长期的。

对这个问题的回答将会表明，我们究竟是在认真地对待与环境有关的问题，还是仅仅在说一些空话，不会转化为任何实实在在、有意义的实践。而在我们当中，那些只是关心发展收益率的人们，至少应该具有诚信，不要再总是一直标榜，自己所关心的是环境问题或是提高人民生活品质了。

正如美国著名的新闻工作者托马斯·弗里德曼（Thomas Friedman）充满讽刺意味的说法，重要的是，我们要决定我们是谁，我们拥有什么样的价值，我们想要的是什么样的世界，以及我们希望留给后人什么样的回忆。

有一点是可以肯定的，那就是在环境议题上，未来的几代人一定会建立起更为严格的标准，而我们也将会被指责没有尽到自己的职责。我们今天的不作为与缺乏勇气，实际上是在消耗那些将来会接替我们的子孙后代的未来。法国著名童话作家安东尼·德·圣-埃克苏佩里（Antoine de St-Exupéry）以另一种方式表达了他的观点："地球并不属于我们，它只是我们从我们的孩子那里借来的。"

在这里我要特别解释一下，我认为上面的那句话强调了我们在维护未来世代权益方面的责任有多大。在历史上，世界各地所有的人民革命与起义，都是从那些受到体制压迫的人民当中兴起的。比如说，法国大革命，俄国革命，性别平权运动，以及种族平等运动等等。然而，谁能承担起维护后代权益的重任，并为了争取他们的权益而奋斗？那些尚未出生的沃洛斯的公民们，他们难道能做些什么吗？

与上述情况相关的是，珊文·铃木（Severn Suzuki），一位来自加拿大的 12 岁女孩，她在 1992 年里约热内卢地球峰会全体会议上所做的发言，是值得我们铭记在心的。她在简短的演讲中是这样说的："我来到这里，是为了将来所有的世代而演讲"。她的出现，让所有峰会的参与者都感到了震撼。

以生态永续发展为核心的政策若想要得到成功实施，是需要一个先决条件的，那就是民众的了解和社会的接受，大家一定要有共识，要以更有意义的方法去解决环境的问题。我相信，公众舆论正在变得越来越警觉。发球权掌握在我们所有人的手中，特别是国家。

从政治的角度来说，现在正是一个非常有利的时机，我们可以做出大胆的决定，使沃洛斯市和马格尼西亚州从中受益。我们需要的是尽可能多的政党支持。对环保议题的支持，将会超越选举人之间的对抗。

我还要再补充一些我认为很重要的东西。我们要更好地利用希腊技术协会的倡议，以及希腊广大建筑师和工程师的潜力。我们还应该在合约分配上追求进一步的公平。太多份额的资源都流向了首都的企业。其他省份也应该得到更好的发展。

2013 年地中海运动会（Mediterranean Games），代表的是创造真正绿色空间的一次独一无二的机遇与挑战。事实上，运动会可以成为改变心态的催化剂，从而为城市更新项目创立一种新的方法。在希腊所有的地区和城市当中，沃洛斯市和马格尼西亚州可以被称为"领跑者"，通过具体的案例，向大家展示更优质生活品质的愿景是如何实现的。我只希望，这一愿景能够转变为现实。

参考文献

1. Timeo Danaos et dona ferentes. *Aeneid*（*II 49*）.

21

土地作为社会和环境变化的因素

建筑学、城市规划和建筑物中生活品质的社会标准

俄罗斯建筑与施工科学院编辑

莫斯科 / 2011 年

摘录

　　古往今来，人类和国家都在为争夺土地而战。这场战争一直延续到了今天。征服、相互残杀的战争，以及社会内部与家庭内部斗争，这些都将人类对土地贪得无厌的追求表现得淋漓尽致。战争的目的从来都是相同的——那就是拥有或是控制尽可能多的土地。拥有土地的所有权，就意味着掌握了权利、财富和社会地位。没有土地的平民，总是会沦为统治者、地主、政治与社会操纵者手中的棋子。

　　正因为如此，所以使用期的保障就成为一个关键性的因素。在一个理想化的乌托邦城市中，每个人都可以拥有属于自己的一小块土地。但是这一小块土地就够了吗？显然不够。因此，未经审批的违章住宅和违章建筑区，正在以灾难性的速度吞噬着我们的土地。官方城市建设用地一般是不会提供给贫民使用的，所以这些贫民只能擅自占用城市中闲置的空地，或是城市中以及城市外围不发达地区的空地。在这个过程中，他们总是免不了要屈服于有组织的黑社会的欺压，沦为牺牲品，因为这些黑社会可以为贫民们提供一些基本的服务，比如水，还有保护等。

　　除非能够解决穷人们真正的问题，否则我们的城市就永远也不会有公平解决问题的希望。穷人们会倾向于"打破"城市的界限。他们还会占据城市中的空地。可是，谁又能因此而责怪他们呢？我们对穷人们，以及移民们的实际需求了解得越多，就越能准备好将关注的重点锁定在一些实实在在的目标上，这些目标对于建筑和我们的城市都是至关重要的。"建筑师们必须学会，要像对待他们富有的企业客户一样，也要给予穷人们同样的尊重。"[1]

　　很多时候，当我们反思一座城市的特性时，我们只会想到它的历史中心、作为文化遗产保护而登记造册的建筑物、中央商务区以及公园。但是对大多数城市来说，这些都只是城市中很小的一部分。我发现，我们很容易看不到

城市的另外一面，看不到那些弱势人群的聚集区惨不忍睹的生活条件。毕竟，我们每一座超大型城市，事实上不是都已经被一分为二了吗？

土地，是我们城市中最主要的资本。当我们开始考虑城市规划的问题，无论是城市边缘地区的规划、卫星城镇的规划，还是城市中心区的规划，都不可能不涉及土地的问题。土地就是所有问题的核心所在——谁拥有土地，谁有权利拥有自己的土地，谁在管理土地。

一座城市的表面由建成区和未建区两部分构成。尚未建造的地区是非常重要的，甚至比建筑物本身还要重要，因此，毫无疑问，从环境和气候的角度来看，我们需要拥有更多的自由土地。我们需要拥有尽可能多的自由土地来进行社会交往，这一点也是毋庸置疑的。建筑物之间的空间，以及我们如何处理这部分空间，这就是一座城市能否为人们带来欢乐的关键所在。一项大规模的住宅规划，如果不能使居民体会到一种归属感，那么它就不能算是成功的。自由土地的可用性是实施环保规划的必要条件，比如说绿色区域，以及利用季风而设置的"通风廊道"等。

每个国家的土地现状都存在着明显的差别，所以关于土地问题，不可能有一个统一的解决方案。但是，所有的国家也都有一个共同之处，那就是政府和地方政府需要去掌控土地问题，并且要能够执行最适合其具体发展目标的土地政策。否则，我们将会继续看到，土地被滥用为一种发财致富的手段，而不是被视为一种共同的财富。缺乏土地所有权和土地使用权的相关规定，只会导致混乱无序的状态，进而损害一切被我们视为重要的东西——良好的规划，优质的建筑与对环境的保护，以及对永续发展的规划。

土地管理体系必须要成为更有意义的城市及区域规划工具，并且还要保持足够的灵活性，在必要的时候随实际状况而进行调整。空间，无论是公共空间还是私人空间，都会反映出社会的不平等和社会的进化。

土地和空间，既是政治性议题，同时也是社会性议题。空间的社会进化是由空间的政治内涵所决定的。因此，空间的社会整合就是空间政治的直接结果。"国家绝不能将城市空间看作一个问题，而应该将其视为一种资源。"[2] 最近，有一个理念正在快速发展，即与其将公共土地私有化，倒不如在一个固定的年限内，将公共土地出租给私人使用。

不断上涨的土地价格，势必会导致某一特定区域的商业和社会综合体重新洗牌。这就会使原本的业主只能去寻找地价比较便宜的地段重新安置，从而为更高经济水平的开发项目让路，进而使该地区的地价和房价都发生天翻地覆的变化。这些利用土地所有权和使用权而进行的操弄，导致了对现有城市和社会组织的迷惑、扭曲，甚至是破坏。这样的开发项目尽管为了外表光鲜，通常也会设置一些绿色的区域，但实际上往往是不利于环境保护的。这整个过程可以委婉地用一个术语来概括，那就是"城市更新的驱逐"，换一种说法，也就是土地贵族化。

所谓土地贵族化，意思就是"通过购置房屋，使原来低收入的居民逐渐被高收入的居民所取代"。[3] 这是城市更新的一种形式，它必然会对历史悠久的城市结构造成侵蚀，因为这种做法势必要破坏既有的建筑，以及很多文化、历史和具有政治意义的场所，而破坏的借口常常是原有的这些历史遗迹都没有办法再做修缮了。[4] 这样的过程导致很多地方都失去了原有的功能，例如，住宅使用被商业使用所取代。[5]

然而，这样的状况并非是必须的。通过重建计划，不仅有可能解决暂时性的问题，还有可能会走得更远。去寻求一种新的、更成熟的规划与建设方式，从某种程度上说，是对社会因素和环境因素的尊重。要去创造每个人都能接触得到的公共空间，而不是那些隐藏在栅栏后面的公共空间，大多数人都只能望尘莫及。

在城市空间中生存是件复杂的事情，需要一个空间的组织才能建构起可持续发展的未来。这反过来又要求我们对城市规划进行新的思考。[6]

关于可持续发展，已经有太多说法了。大多数都是正中要害。但是，我们无法接受这样一个现实：我们把注意力都集中在发达国家昂贵的、引人注目的、环保创新的建筑和生物气候学研究上，但却或多或少地忽视了不发达国家的现状。为了使可持续发展在全世界范围内都具有意义，那么它就必须是可以负担得起的，是所有对污染身负责任的国家都能负担得起的。否则，它就几乎毫无意义，因为根本无法实现。寻求一种可以负担得起的解决方案，这是我们建筑师和城市规划者身负的一项任务，就让我们从大规模住宅和城市周边发展起来的新兴地区开始吧。

这并不是一项不可能完成的任务，因为大部分人都承认，随着城市化进程的增长，也会为环境带来益处。住宅和其他类型建筑的不断集中，有助于建立更加经济的可持续发展政策，因为相较于发散的城市，集中的城市能够更有效地使用能源，并且对于基础设施的需求也比较低。很明显，一个集中的城市对于可用土地的使用也会是更加明智的。

一个人口稠密的城市必然意味着拥有更多的高层建筑，或是高层建筑与低层建筑相结合，其中后一种做法从体量上来说更为灵活，因此也可以拥有更加多变与富有流动感的天际线。这样的决策也要受到造价的影响，也就是说，我们要决定多少楼层以下可以不设置电梯。有一点是可以肯定的，那就是没有人会想要重现巴黎郊外或是苏联旧城区的摩天大楼。我们可以选择"紧凑型"城市，但同时也应该允许"分散型"城市的存在。

尽管密集型城市也有其明显的缺点，但它仍不失为一个更好的选择。在某种程度上，纽约和巴塞罗那就证明了这一点。它们都是工作的城市。它们也有绿色和开放的空间。值得注意的是，那些夹在建筑物之间的开放空间甚至可以被设计为上下两个层次。[7]

没有人能预知明天的城市会是什么样子，这是可以肯定的。新的想法总是层出不穷。例如，可以容纳1200人的"立体巴士"，今年在某地开始路测了。"零碳，零废物城市"的马斯达尔市（Masdar），代表了一种应对气候变化的全新的方法。

传统的观念认为，城市具有固定的边界，但这种认知在今天已经失去了效力。不是因为选择，而是因为城市正在经受着人口增长无法控制的压力，而这种压力的根源就在于，人们普遍认为城市才是生存的唯一机会。处于城市周边地区的，往往都是一些贫民窟。

城市边界的扩张，在大多数情况下都是不受控制的，这在很大程度上就导致了城市环境的恶化。这些区域就像是城市周围不断缩紧的项圈，而且这是一条有毒的项圈，它们的存在限制了城市的"呼吸"，甚至可能会使城市接近窒息的状态，使人们的生活条件变得更加难以为继。

不受控制的城市扩张，只会导致没有规划的区域出现，我们在世界上大多数城市的边缘都可以看到这样的区域。目前来看，这些区域是没有希望的，除非寄希望于城市的干预，将秩序带到它们混乱的现状当中。通过努力，通过明智的政策以及富有想象力的规划，在某种程度上对既有的城市进行一些限定，这看起来似乎是一项无法达成的任务。然而，只要有一线希望，我们就要去尝试。界定城市边缘的重要性，再怎么强调也不为过。

界定一个之前从未被定义过的城市边界，这个过程并不简单，也不可能一蹴而就。我们所想到的办法就是对周边的环境进行绿化，还不可避免

建筑与城市化

要实施一些拆除工程。外围道路的兴建，尽管乍看之下并不是一个很紧迫的解决方案，但通常却是一项必要的措施，因为周边的道路可以成为建筑环境向市郊以外扩张的屏障。它的目的只是为了防止建筑物的扩张，而不是人口的流动，即城市边缘地区人口向城市中心的渗透。这是一项多么艰巨的规划任务啊！

在遏制城市不受控制的向外扩张的同时，实施一些"善意的"城市复兴项目也是必不可少的，特别是在那些极度贫困的地区。

城市复兴是一个比较新的概念，通过收缩——放弃边远地区，把资源集中在人口密集的城市核心。丹尼尔·奥克伦特（Daniel Okrent）和史蒂文·格雷（Steven Gray）[8] 生动地描述了这一概念背后的思想，也就是它的出发点，即对城市生活特性的定义，使城市生活变得更具吸引力——"一个紧凑的、人口集中的城市环境，人们每天都可以相互联系"。底特律（Detroit）和莱比锡（Leipzig），就是两个典型的城市收缩的范例。底特律需要缩减规模，以"变得更小、更环保、更节俭"，因此就必须"放弃其过度蔓延的部分，而将有限的资源集中在那些尚可拯救的地方"。暂时停止对边缘地区的服务，可以有效地引发了城市周边地区人口的迁移。在莱比锡，放弃战前的住宅开发项目，这样才有可能在这个不断萎缩的城市中提供绿色空间，而这些绿色空间是这座城市所急迫需要的。

卫星城镇则是另一回事。它们通常都不是以郊区的形式出现的，因为它们的人口更加密集，对精华地块的要求更少，对汽车的依赖也更少。在可以预见的未来，卫星城镇还会仍然是卫星城镇吗？还是会慢慢扩张，与其他同样在慢慢扩张的城市最终融为一体？这将会是一场很有意义的辩论，以检验规划者们是否能够建立起预防性的措施，以避免未来这种可能性的发生。

时间是紧迫的。无论我们的城市遭受了怎样的破坏，我们也没有时间去追踪始作俑者或是挑剔和埋怨。我们必须向前看。城市不是一件东西，它是活生生的有机体。我们需要有特性的城市，城市也要能反映出我们的特性。简而言之，我们正在寻找明天城市的特性。但同时，我们也在寻找我们未来城市的灵魂。因此，我们亲眼看到在城市发展的过程中，社会因素竟然被边缘化了，这是令人难以置信的。

我们的建筑师和规划师都相信，凭借我们的能力，一定可以为我们的城市带来改观。如果我们将关注的重点放在我们的城市如今所面临的真正问题上，那么我们就会知道，我们的工作一定可以帮助那些身处边缘的弱势群体成为主流的市民。

但是，要想实现这一切必须有一个前提条件，那就是要重新思考土地的所有权问题。并且通过大胆的宪法修正，实施全新的土地政策，而政策的基础就是"土地在本质上是一种共有资产"。

参考文献

1. Serageldin, Ismail: *The Architecture of Empowerment*. Article in *People*, *Shelter and Livable Cities*. London 1997.

2. Donzelot, Jacques: *Le Monde*, *Dossiers et documents d'urbanisme*.

3. Visser, Gustav: *Gentrification and South African cities – Towards a research agenda*. Amsterdam 2002.

4. Gustav Visser – op.cit.

5. Machado, Jurema de Souza & Anastassakis, Demetre: *Housing and Historical Sites in Brazil*.

6. O'Kelly, Mick: *Urban Space and Models of Sustainability community project*. Dublin 2010.

7. Leite, Carlos: – Proposal shown at the 2010 Cancun UIA Open Forum.

8. Okrent, Daniel & Gray, Steven *How to Shrink a City*. *Time 11* November 2010.

22

分裂的城市

中国科学院、中国工程院和清华大学
第二届人居科学国际研讨会[1]
北京 /2012 年 4 月 28 ~ 29 日

世界上只有两种语言，它们的历史超过了四千年，一种是汉语，另一种是希腊语，在这里，我本想采用其中的一种语言来阐述我的理念。但是我不会讲汉语，而你们又听不懂希腊语。所以，我也只能回归到一种通用的语言，那就是英语。

俗话说"所有的人都是平等的，但是总会有一些人比其他人更加平等"，这是众所周知的。这句话的第一部分——"所有的人都是平等的"——从来就不会是真的，除非我们都是猎人，居住在洞穴里。但是，只要我们长时间待在一个地方，开始形成原始的居住区时，这句话的第二部分——"但是总会有一些人比其他人更加平等"——就成了必然的规律。随着第一个民主国家的出现，平等似乎是可以达成了，当然，只要你不是个奴隶的话。当代的民主国家假装平等，但事实上，我们的社会和居住区的生活却完全相反。我们生活在一个分裂的社会当中。我们的居住区和城市也同样是分裂的——无论是在空间上还是社会关系上。当今的城市就是分裂的城市，全世界皆是如此，无论哪种政治制度。因此，我们可以将上面的那句话换一种说法："所有的城市都是分裂的，但有些城市会比其他城市分裂得更加严重"。

与城市规划发展相关的宪章并不能取得多大的成功。在 1933 年，现代建筑国际会议上制定的 1943 年《雅典宪章》就是一个很有代表性的例子。多年以来，我们对这份宪章所做的宣传，比其他任何一份类型的文件都要多得多。但它到底达到了什么预期的目标吗？从长远来看，结果好坏参半。虽然它引起了人们对一些新问题（就当时来说）的关注，比如说日照以及密集型绿色区域的重要性，但它也导致了城市过度的分区，使城市严重丧失了人性。建筑评论家雷纳·班汉姆（Reyner Banham）特别强调了这一点，他说，《雅典宪章》过于严厉，在很多方面扼杀了对其他形式（非高层、高密度）城市住宅的研究。规划者们最后都开始谋求更加有机的方法。现在，雅典宪章已经成为历史，但它却强调了这样的一个事实，即灵活性不足的指令永远也不会让我们走得太远。

关于《雅典宪章》，我们可能还记得 1998 年，在雅典举办了一次名为"新雅典宪章"的国际性会议。这是将城市规划中的社会层面思考引入宪章的一次尝试，"寻求当代必要的解决方案，创造属于市民们的城市"。在这次会议之后，我们就没有再听到什么有关这项倡导的信息，但是对我来说，它无异于一个指明了城市发展方向的灯塔。

城市到底应该继续发展，还是已经达到了极限？一旦继续发展并证明是必要的，或是不可避免的，那么扩张的选择就势必会为我们带来很多进退两难的困境。这一点是大家都知道的，并且也经历了一次又一次。仅举几个有限的例子——城市边缘的内部还是外部、绿地还是棕地、高层还是低层，如何选择？除非从社会凝聚力的角度来看待这些问题，并可以解决困扰着我们城市的多种障碍和分歧（这些障碍和分歧就像达摩克利斯之剑一般悬挂在城市的上方），否则这些困境就几乎毫无意义。社会凝聚力与公平的建筑环境，这才是我们所有的居住区和城市建设的成败所在。

突破城市界限的扩张需求可能会是一个绝佳的机会，可以减少现有城市中存在的空间上的社会隔离。将城市中一些条件过于恶劣并难以为继的区域拆除，并在新区安置住户，这一举措在中国很多地方都已经获得了成功。这个过程需要资金，但是要解放大都市区——这里使用了苏格兰城市规划理论家帕特里克·格迪斯（Patrick Geddes）创造的术语——在特定的外围区域也需要空间。一旦这样的空间变成了自由空间，那么明智的、对环境更为友善的规划方案就可以实施了。空地与荒废地——模糊地段——存在于所有的城市当中。很多建筑，旧时代工业生产所遗留下来的产物，都是闲置的。它们的存在为更加"理智的"城市发展提供了机会，城市发展将会朝着空间上和社会关系上公平的方向发展，而且也会为市民提供真正的绿色区域——公园，而不是随处可见的荒凉之地。

按照被理论认可的对贫民窟特征的描述，它就是一个国家中几乎不存在的地方，即最低限度的基础设施、最低限度的管控，以及最低限度的卫生、学校和其他社会服务等。

只要"贫民窟"这个词只是适用于城市和居住区中这样一些特殊的区

域，这里的生活条件就像上面所描述的，恶劣到大多数人连看都不愿意看一眼，那么这样的定义就会一直保持下去。这些都是穷人们的贫民窟，它们都没有被栅栏围合起来。随着时间的推移，在比较富裕族群的住宅区规划决策中，安全问题越来越引起人们的重视，也是在城市中比较富裕的地区，开始出现围墙，将住宅区紧紧地包围其中，甚至在某些情况下，行政与商业用途的建筑外围，也被包覆起了坚固的围墙。这些是富人们的贫民窟。可以肯定的是，在大多数城市中，无论是穷人的贫民窟还是富人的贫民窟，都在不断增加。同以往任何时期相比，分裂的城市已经成为全世界的现状。在这些城市中，地理上的隔离也不可避免地导致了社会的隔离。这个问题表现得相当明显。这些城市变成了一个个被围墙围合起来的富人聚集区与穷人聚集区，或是以其他方式割裂出来的贫民窟，我们该如何有效地消除这种城市的幽灵呢？

　　一座分裂的城市的表现就是封闭式的社区吗？还有什么其他的表现吗？当你需要围墙的那一刻起（有的时候是一片低矮住房中高高的屋顶），它就切断了你与你的同胞们之间的联系，这一点是毋庸置疑的，就如同一条深深的鸿沟。这条鸿沟的存在，甚至比生活条件的不公平还要严重。联合国人居署执行董事琼·克洛斯（Joan Clos）非常贴切地将其描述为"社会关系的崩溃"。有人认为，使我们的居住区更加快乐只会让弱势群体受益，这完全是一种谬论。特权阶层也同样会从中受益，他们不用再继续活在使他们远离现实的保护茧中，而可以开始一种更加"正常"的生活。就像"建筑物标志了领域范围"[2]一样，"社会的不公也限定了边界"。[3]

　　关于"分裂城市"的概念是如何随着时间发展而逐渐演变的，这里有一个极具代表性的例子，那就是德国的柏林。过去，柏林被一堵墙分为了东西两个部分。尽管新的、不同形式的屏障正在取代旧时厚重的防卫墙，压迫感少了一些，但也同样是令人厌恶的。现在，越来越多的"封闭式"社区的出现，正在改变着我们对于空间公共特征的观感。过去，只有在南美洲和发展中国家才会看到受保护的居住区，而这样的时代已经一去不复返了。如今，这样受保护的居住区无所不在，甚至在最发达的国家也快速地增加。

　　贫困越来越多，屏障也随之越来越多。我们觉得这个过程是不可避免的。但是，如果我们仔细探寻自己的内心深处，恐怕没有人会希望如此。作为一种职业，我们有能力在这种逆境中发挥自己的作用，尽管我们并不是关键性的决定因素，因为只有政治意愿的支持，我们的社会敏感性以及规划解决方案才有机会得以实施。但是，如果我们能够做到接受教训不要重蹈覆辙——比如说巴黎的郊区，通过设置外围压迫性的高速公路作为屏障，将郊区的生活和主流的城市活动割裂开来——我们就能取得很大的成就。通过明智而富有创造力的设计，我们可以使我们的城市变得更加安全，同时也能让市民们感到更加安全，这两者都是必要的，如此才能将居民以及他们的生活重新带回到城市的公共空间当中。

然而，有一点是可以肯定的，那就是单靠更友善、更美观、更安全的城市中心，以及人们传统上工作、会面和休闲场所的改变，是无法彻底扭转现状的。人们应该减少对封闭式高档住宅区的需求，必须要将"重新思考贫民窟的定义，使这些地区的条件得以改善并赋予新生"为己任。以一种更加公正的方式分配公共资金，考虑到这些实际上居住在城市边界之外的居民们的数量，我们可以将此当作一个起点。随着财政资源的投入，在贫民窟区域着重创建社会服务与社会互动体系，如此可以极大提升这里居民们的归属感，而现在，他们几乎是完全没有归属感。建筑师和规划师们可以通过明智的解决方案，将这些倡议转变为希望的探索，这将会使这些目前"被遗忘"了的同胞们，慢慢地重新建立起他们的公民自豪感。

在实体和空间之间，存在着一种美学上的平衡，可以使城市变得赏心悦目，也能使人们愉快地生活在其中。在城市景观中，空间往往比实体的建筑物还要重要。正如詹姆斯·芬顿（James Fenton）在他的《德意志安魂曲》（German Requiem）中所写的：

> "重要的不是他们建造了什么，而是他们毁掉了什么。
> 重要的不是房子，而是房子之间的空间。"

空旷空间[4]的塑造，对任何居住区的体量平衡来说都是至关重要的，并不亚于建筑物和结构体的设计。自然，更重要的是在充斥着摩天大楼的城市中，高层建筑与低层建筑之间存在着巨大的高差，这里也需要空置的缓冲区，才能达到必要的平衡。这样的缓冲区，可以是公园和公共空间，而不应该是道路，这也有助于避免在生活标准与建筑标准不同的地区之间形成"城市的冲突"。

建筑与城市化

将如今缺乏人性的城市（事实上是种族隔离的城市）转变为在社交方面更可以接受的城市，这是一个无法实现的目标吗？这样的事业主要依靠什么因素才能实现呢？是自上而下的政治与规划决策吗？还是自来于人民本身自下而上的压力？抑或是两者皆有？显然，在决策者和民众的意愿之间，协同合作的力量才是一种理想的新方法，可以解决我们的城市分裂问题。我相信，新的方案必须要由人民发起，由专业人士发起，比如说我们，因为迄今为止，还没有哪一个政府在废止空间的歧视问题上交出过令人满意的答卷。如果我们没有将工作的重点放在防止空间形成的族群隔离问题上，那么我们迟早会看到，那些相对弱势群体所占的比例会在他们所生活的城市中变得越来越大。毫无疑问，这样的"诉求"可能会变得更加丑陋，并进一步破坏城市的均衡（如果城市的均衡还存在的话）。

上个月，在巴西里约热内卢发生的"社会转型"事件，迫使专业人士和普通市民意识到，我们正在经历着一个关键性的时刻，这个时刻对于我们的城市，以及城市问题解决方案都是至关重要的，比如说"居民区的复兴，以及贫民区的再次城市化"[5]，都是当务之急的事情。里约的这项倡议，是由两场即将到来的国际体育赛事推动的——世界杯足球赛和奥林匹克运动会。体育赛事并不应该是必要的条件。然而，我们的城市结构正在逐渐瓦解，这样的局势下，在全世界范围内提出这样的倡议都变得势在必行，只有如此才能最有效的施压——使那些商业精英们，以及所有高高在上，无视社会的动荡，依然在悠闲晒太阳的机构和个人体会到社会的压力。

城市的衰退仍在继续，而建筑师和其他专业人士面对这种看似无法阻挡的过程，似乎除了驻足旁观之外也没有什么可做的。归根结底，这一切还是要归结为我们的优先顺序。在我看来，前路是清晰的。多年来，我目睹了现实生活中的一贫如洗，我也参与了很多与贫困相关的事业，这一切并非是巧合。有些事情本来是可以避免的，但我们却可悲地将其视为理所当然。事实上，我们有能力做出贡献，进而为我们的城市带来改变，很多具有奉献精神的专业人士都以实际行动证实了这一点，他们真正关心我们的城市，值得获得更广泛的认可。这些榜样的力量是一缕希望之光，我们一定能逐渐为我们的城市重新寻回它们的灵魂。

我们可以设想一座城市，在这座城市中不存在任何屏障，无论是有形的还是无形的,社会的还是文化的,这样的城市一定会被认为是乌托邦。没错！

在城市中一定会有不公平的存在，一定会有"我们"与"其他人"的分别。然而，将这一设想视为堂吉诃德式的梦想并将其摒弃，也是错误的，因为它在试图扭转局面解决问题。我坚信，除了对我们的计划和资金进行重新定位之外，我们别无选择，我们要将逐步打破壁垒作为一项优先的任务来处理，而不仅仅是一个讨论的话题。期望所有人都能将这一任务摆在第一优先的位置上是不现实的，最好的办法就是鼓励广大市民和其他权力机构愿意开展"以人为本"[6]的工作，以减少不公平的存在。当广大市民们自己开始意识到在处理城市问题的时候运用了不同的方法，那么他们就会成为这种"不同"方法的最佳大使。对于世界各国的政府与规划者们来说，成功实践的案例可以成为一股推进的力量，鼓励其他国家与地区也进行类似的尝试。对最佳范例的研究，将极大促进雪球效应的发生，而这也正是人们所热切期盼的。在这个过程中，大学的研究机构可以发挥至关重要的作用。

早在公元前 5 世纪，古希腊著名的哲学家赫拉克里特（Heraclitus）曾经说："万物皆流"（everything flows）。然而在西方，我们往往更倾向于关注事物当前的状态，而比较少关注它们的变化。另一方面，在中国，《易经》，也有人称之为"变化之书"[7]，宣称"一切都处在不断地变化当中"。这种哲学，可以向前追溯到几千年之前，在今天仍然具有巨大的影响力。城市也是如此，处于不断的变化当中。因此，城市的演变、过去、现在和未来，也注定会遵循着易经的模式，不断地变化。

人们有时会说，未来会是什么样子的，在今天已经初现端倪。我认为，这一信条在很多场合都已经被证明是错误的，所以我并不支持这种说法。对我们来说，登上赫伯特·乔治·威尔斯（H.G. Wells）的"时间机器"[8]，从现在驶向未来，再返回到现在，这根本就是不可能的。在对我们城市的未来进行规划的时候，我们所能做的仅仅是尽可能地灵活，以便在未来的发展与适应现实的过程中，能够尽量减轻"城市的痛苦"。我还有一点要补充，那就是我们永远无法认同理想的城市，以及其他未来学家们的设想，理由很简单，因为，理想的城市根本就是不存在的。

用石头铸成的死板规则与指令不会让我们走得太远。那么，未来的理想应该如何实现呢？我们只能具体问题具体分析，因为，没有两座城市是完全相同的，即使它们现在是相同的，但它们未来的发展与扩张也不会是相同的。

我相信，对现有城市及其增长模式的研究，可以为我们提供综合规划的

建筑与城市化   **143**

坚实基础，特别是如果对类似的城市居住区进行对照分析的话，效果将会更为明显。很显然，对城市或居住区进行任何研究都需要一些先决条件，即预测人口变化趋势、未来的就业潜力、扩展所受到的自然条件限制或其他限制，以及非常重要的环境因素和可持续性因素。

归根结底，我们的倡议是研究和更多的研究，以及像今天我们所参加的会议这样备受瞩目的事件。联合国人居署和各大高等院校，例如清华大学建筑与城市研究所等，以及拥有可靠工作业绩的机构，例如世界人居环境生态学会（the World Society of Ekistics），都拥有很多非常有价值的信息与数据。另外还有中国科学院和中国工程院等机构。事实上，本次活动是同类研讨会中的第二场，我们希望后续还有机会继续举办这一类的活动，使这一主题更加充实与丰富。请恕我冒昧地提议，通过所有这些关于人居科学的知识，也将会进一步提升清华大学在这一领域的领导地位。在这一点上，必须要强化大学与政府机构之间协同合作的重要性。政府的鼎力支持是任何项目释放出最大潜力的关键因素，特别是在人居科学领域，存在着多方面的挑战有待解决。

最后，我想谈的是非洲的一个概念"ubuntu"，这个词可以解释为"人不能脱离其他人而存在"。这个概念与西方的个人主义信条是背道而驰的。然而，在内心的深处，我们每个人都知道，为了实现对于宜居城市的渴望，我们需要将目标瞄准所有构成城市的要素，无论是物质的还是人类本身，它们彼此之间都是相互关联的。如果我们的城市规划仍然无法改变城市分裂的现状，居民们彼此之间互不熟悉，是居住在同一座城市中的陌生人，那么我们就输掉了这场比赛。假如我们赞同从"ubuntu"的精神中所产生的互联性，并使之成为人类居住区干预规划的指导原则，那么我们就仍有希望看到一个不一样的未来。

参考文献

1. Also published in the *China City Planning Review*, Vol.19, No.3. Beijing 2013.

2. Neto, Joao Suplicy.

3. Correa, Mauricio Valencia.

4. Dissmann, Christine: *Die Gestaltung der Leere*. Bielefeld 2010.

5. "Arc. Future" bulletin.

6. Wu Liangyong: *Developing Tendencies of Sciences of Human Settlements*. Beijing 2010.

7. Book of Changes. English edition by Richard Wilhelm & Cary F. Baynes. Princeton 1950.

8. Wells，Herbert George: *The Time Machine*. London 1895.

23

在人类居住区中探索人性

中国科学院，中国工程院和清华大学
第三届人居科学[1]国际研讨会
北京/2013年10月27日

　　人类居住区的发展，特别是城市的发展，是否已经陷入了僵局？这是一个我一直在问自己的问题。它代表了我个人对于城市发展的反思。特别是从人性的角度来看，或许在人类居住区中是缺乏人性的。

　　在"人类居住区"中，"人类"这个词蕴含着一些问题。居住区之所以被称为"人类居住区"，是因为在这些居住区当中包含着人类。这一点是显而易见的。但是，这些居住区也应该被视为"包含着"人性。这就是我们必须坚持努力去实现的目标——人类居住区，它是属于人类的。如果能够达成这一目标，那么"人类"这个词就不会再是自相矛盾的了。

　　今天，在很多城市和人类居住区，我们发现了两个极端，一方面是富足的世界与技术进步，而在天平的另一端，人们却对他们的生活能否得到改善没有一丝的希望。在世界上的很多地方，这种对立的存在，就是规划未来更具人性化与社会平衡城市的起点。这个目标会容易达成吗？显然不会。有可能会达成吗？也许吧。但是，在我们的内心深处，我们必须要相信这是有可能实现的。如果没有了这份坚信，那么我们就会自我否定我们作为建筑师和规划者所承担的使命。

　　让我们从头开始吧。就像我一直说的，我们根本不必在人类居住区当中寻找人性，因为这里本就是人类的家园，理应具有人性，这就是它们的特性之一。但事实上，在世界各地的人类居住区当中，又存在着多少人性呢？

　　这是我们必须要检讨的。如果我们满足于现状，那么很好。如果不是这样，那么我们应该将人性这个课题放在什么优先的位置上呢？我个人并不认为这个问题是一个需要优先考虑的问题。人性必须要成为其他所有优先事项的共同标准。

　　面对与人类居住区的规划与改造相关的若干任务，我们必须要秉持一种积极的态度和方法，这是非常重要的。如果没有这种积极的态度，那么我们甚至在开局之前就已经输掉了比赛。尽管有很多人一直在对城市进行诽谤，认为城市是造成市民们不幸的罪魁祸首，但是我们必须要坚定地相信，城市本身为成功的规划提供了无限的机会，而且，归根到底，城市自身当中就蕴含着解决问题的方法。

我们的使命就是建设，使未来的人居环境变得更好、更适宜居住。这是一场战斗，通过明智的规划，我们就能最终取得胜利。"进步"（Progress），这个术语所包含的一切含义，概括起来就是一个可以实现的目标。我永远也无法接受诺贝尔文学奖获得者，美国作家约翰·斯坦贝克（John Steinbeck）的悲观论调，他说"为什么进步看起来和毁灭是如此的相似"，或者是尼古拉斯·戈麦斯·达维拉（Nicolás Gómez Dávila），他说"现代人的建设甚至比破坏更具毁灭性"。

没有人，就没有城市的存在。尽管这听起来就像是陈词滥调，但却是至关重要的，我们必须要牢记这一点。城市就是我们，我们就是城市。城市是由人构成的。

从像我们这样的规划者，到手中没有任何权利的一般居民，大家都是人，城市就是由人塑造而成的。但是反过来，城市也在塑造着生活在其中的人。这是因为城市与在城市中的生活，在对居民行为模式的塑造中起着关键性的作用。一座规划周密、功能完善的城市，会获得生活在其中的居民们的尊重。如果一个市民能够感觉到这座城市关心他，那么他就也会关心这座城市，他不会觉得自己是城市中的一个陌生人，他就会将这座城市当作自己的城市。这种健康的双向关系只会营造出更加欢乐的城市环境。并且也更具人性化。所谓人性化并不是一个可以具体定义的概念。它是无形的，并不能被强加于城市之中。它只能从生活条件当中慢慢萌发出来。市民们对城市的满意感会激发出人性。而这种人性又会对邻近的地区造成影响。一座城市的人性化程度甚至还会影响到公共服务的顺利运作，由此可以显示出城市的规划者，甚至是更重要的政府和其他决策者，肩膀上担负的巨大责任——为居民规划城市，规划出居民们喜爱的城市。

我们能做到这一点吗？这就是我们的使命。这一项使命超越了"规划"一词的传统含义。

城市居住区的演变告诉我们，无论住宅和其他建筑如何松散、无组织的发展，最终还是一定会存在一个中心的焦点，它可能是一个聚会地点或是其他什么形式，可能是在一个比较原始的聚落当中建筑物之间非正式的空地，或是古希腊的市场，也有可能是现代城市中一个设有咖啡店的广场。这绝非是偶然的。它体现了人们对于相互见面，以及感受自己是整体中一部分的情感需求。随着原始的聚落开始发展并转变为城市，之前那些非正式的聚会地点也转变成了另外一种形式——城市广场。但是，它们的作用却并没有发生太大的改变。这些场所是一座城市的肺，具有无可取代的社会作用。但是，在越来越多的现代城市中，这些场所却不再能服务于这一目的，其原因有二：

- 城市规划的现实情况不利于其社会角色的实现。
- 市民们自己也会感受到，与同胞们之间的关系变得比较松散了。

清华大学吴良镛教授在他的人类住区理念中，非常贴切地提出了"以人为本的和谐社会"这个概念，它就像是一座灯塔，为明智的城市规划指引了前进的方向。城市本来就应该是这个样子的。在城市规划中，为最终用户谋求福祉才是我们的终极目标。城市必须要回到以人为中心的状态。

对于城市来说，要想真正实现以人为本，单靠上行下效的规划决策是远远不够的。公民参与是必不可少的。公民参与的形式可以有很多种。在与民众利益息息相关的具体问题上投票表决，这样的做法具有双重的目的——通过投票，使民众的声音有机会被听到，而且也会使民众感受到自己的重要性，感受到自己在对未来的决策中也扮演了一个角色，他们不再像之前那样只能沉默、被动地接受"我们知道对你们来说什么最好"的政策。这样的公民投票并不是政治性的，但它们却具有实实在在的政治价值，因为它们可能会成为社会不安的控制阀，而社会的不安则来自于人们对他们生活的地方和生活方式的不满。

民众参与同他们的日常生活息息相关的会议等，通常在比较小型的城市单元——例如市区——范围内是更有效的，因为他们熟悉这些地方。因此，这些会议上产生的一些想法和建议，更有可能会对规划者和管理者有所帮助。

在希腊的科林斯市（Corinth），最近出现了一个名为"开放的科林斯"的非政治性的"电子"社会平台，这个案例说明了公民参与的范围可以有多么广泛。这个平台会邀请广大民众进行评论、投诉与建议，并将这些意见汇总起来提交给有关当局。最初的民众反应是非常令人鼓舞的。

我们对我们所居住的城市到底有多少了解，我们又对我们的同胞所面临的问题有多少了解？当我读到两名南非人——朱利安（Julian）和休伊特（Ina Hewitt）——的故事时想到了这些问题，这两个人决定离开他们的郊外住宅，来到一个"自发形成"的居住区住上一个星期，这里的生活条件相当恶劣，甚至连自来水和电都没有。我敢肯定，当他们再次回到他们的特权生活中时，一定会感到自己变得更加谦卑，但也变得更加睿智。同时，也更有可能为城市的建设做出有意义的贡献。

每一个公民都是一个潜在的快乐之桥。每个公民都可以令自己在城市中的生活变得更加快乐。欢乐是城市一个基本的组成部分，拥有欢乐的城市齿轮才能平顺的运转。欢乐是无形的，也不能被设计。它只是设计的最终结果。在我们的行为方式，以及我们对待陌生同胞们的方式中，有可能会体会到快乐，也有可能体会不到。

对人们的生活造成了影响的问题亟须解决，这样才能实现平衡的发展，因为人，就像土地和建筑一样，也是城市的组成部分。一座城市的历史，也就是居住在这座城市中的人民的历史。人，才是让城市充满活力的源泉。没有了人，城市就会失去活力，变得死气沉沉。

每个人都在声称，人是第一位要考虑的因素。但是，最终的结果才是真正重要的。我们每个人都将会受到我们的行为最终结果的评判。希腊著名的悲剧诗人阿伽通（Agathon）在谈到他那个年代的统治者时，是这样写的：

"统治者要记住三件事
第一，他们统治着人民
第二，他们要依法统治
第三，他们不可能永远是统治者"

将上面的几句话针对规划者做一下修改，那么我们是不是也应该被提醒，我们的规划是为人民而做的，而我们自己也不会永远都是规划者，总有一天，我们会对自己所做的规划进行评判，看它们是否为城市和市民都带来了好处。

人口的话题一直都是我非常关注的。在当前的人口状况下，社会上可行性的规划解决方案，在规模和范围上是否能够落实？但是随着后期人口的持续增长，这些方案又会如何呢？这是个更为严峻的挑战。

随着城市人口的增加，城市开始不断膨胀，并突破了它们本来的界限，在这种情况下，人们只能得出这样的结论：生活的品质，与生活在城市周边，或是城市中特定区域内的人口数量，具有直接的联系。

除非城市的人口能够越来越少，或者至少保持稳定，否则我们在所有领域进行的、无望取得胜利的战争，就永远也不会停歇——生活品质和可持续性只是其中的两个方面。但是尽管如此，我们还是需要前仆后继地投入到这些战争中去。

据估计[2]，到 2030 年，可能会有超过 20 亿的居民生活在城市的贫民区当中，特别是在东南亚和非洲地区。人口增长的原因是众所周知的。其中的一些因素，例如更好的医疗保障和与之相关的寿命延长，这些都超出了我们的职业考量范围。但其他的因素是我们应该考虑的。移民就是其中的一个重要因素——无论是跨境移民还是在一个国家边界之内的迁移。

移民可以满足城市内部的劳动力需求。但同时，它也反映了人们谋求生计所面临的压力。不管是出于何种原因移民，他们都需要住房，无论是正式的规划还是自发的建造。因此，移民对于城市住宅区的影响，同土地的可用性具有直接的关联。在建筑空间与非建筑空间之间达到最佳的平衡，这是获得"健康"城市环境的先决条件。

但是，这里有一种自相矛盾的论点，它使得规划决策变得更加复杂。这个矛盾之处就在于，在很多情况下，移民的大量涌入导致了城市的发展，而这反过来又导致了贫困的减少。由此可以得出的结论是，尽管我们还是无法毫不犹豫地宽恕大量移民涌入城市，但是我们也应该努力去利用他们好的一面。让我们看一看世界上对中国城市化的看法吧。在去年六月的"经济家"杂志上，它是这样说的："同很多发展中国家相比，中国管理着一个更加有序的城市化体系"。中国计划要在 2025 年[3]，实现 2.5 亿农村人口的城市化转变，这是令人惊叹的。如果它成功地保持住了，甚至是改善了城市中遭受了影响的社会、环境与能源消耗之间的平衡，那么它将会为我们开启一种城市发展的新视角。

我们在世界各地所看到的很多城市规划都是虚幻的，因为它们都是用一个稳定的人口数当作规划的起点，但实际的状况却恰恰相反，外来人口的涌入是不受控制的。

在我看来，尽可能大的尺度、未建的空间，以及最佳的人口数，这是城市发展应该倚靠的基础。一旦这三个参数达到了正确的平衡，也只有到那时，我们才能开始讨论明智的规划以及以人为本的设计原则。到那时，城市的居住区不仅会成为生活的机器，而且还将成为使生活获得更深层意义的所在——使人们的生活更加顺遂，更加富有生气。

拂去 1977 年《马丘比丘宪章》（Machu Picchu Charter）上的灰尘，去发掘这份文件当中的一些发现，同今天我们所面临的挑战之间存在着怎样的联系，这是十分有价值的。雅典宪章奠定了城市功能分区的平台，而《马丘比丘宪章》则更多侧重于对城市规划的社会面与环境面的关注。在这份文件当中，我们读到了"人际互动与交流是城市存在的根本原因"，以及"这一现实状况必须要反映在城市规划当中"。

然而，并非城市的所有部分都是规划的产物。城市中有一些部分是以有机的方式发展的。换句话说，它们只是"碰巧发生了"。我们可以问一问自己，在城市的哪些部分当中具有更多的人性，是经过规划的部分，还是那些"碰巧发生"的部分？我们知道，尽管那些未经规划地区的生活条件常常较为艰苦，但是却往往更具人性化，特别是在他们的居民当中充满着欢乐的感觉。对此，我们有什么答案吗？

人性与可持续性是相互关联的。环境条件的改善也会提高生活的品质。因此，任何保护城市中自然景观的措施，以及保护城市绿化和城市周边自然景观的措施，也都会改善人们的生活品质。我们从澳大利亚听到了"生态城市"与"生态城市化"[4]的概念。它所反映的是居民们的福祉，亲生命性（biophilia）是一个"用来阐述人类与大自然相互联系基本诉求的术语"。

在城市居住区中，土地的可用性是规划实施的基础。以一个显而易见的事实作为出发点——为了现在与未来的议程，我们需要尽可能多的自由土地——我们必须要更向前迈出一步，强调城市中最有价值的土地是公共土地。只有公共土地和公共空间才有可能按照我们的意愿进行管理，并通过制定科学的土地使用政策，使其成为城市的优势。但事实上，公共空间正在以惊人的速度迅速地消失，这是大家都知道的。

在世界上的很多地方，公共土地的私有化都是一个很热门的话题。对于开发商获取以前用作农地的公共土地这件事，常常会出现强烈的、有时甚至是暴力的回应。最近的一个事件就发生在柏林郊外的比恩韦德尔（Bienenwerder）。在游行活动中，示威者们使用了"土地掠夺"这个词。有一点是可以肯定的，那就是一旦开发商参与其中，那么城市的特性就会发生变化，而城市的人性总是会沦为牺牲品。我们需要进行一场深刻的自我反省，这也同样是可以肯定的。我们的建设到底是为人服务，还是仅仅为了追求利益？

全球著名的投资商沃伦·巴菲特（Warren Buffett）曾经说过一句名言："永远不要问理发师你是否需要理发。"城市需要在顶部进行修剪，以及在周边进行整理。但是如果你询问开发商的意见，他们肯定是不会同意的。

紧凑型的城市就更具人性化吗？我认为是这样的，因为紧凑的结构会促使居民进行更多的接触。但是，郊区是不同于紧凑型城市的，甚至在极端的情况下，西方世界中拥有很多的花园城市，这在几年前就已经开始流行了。这些花园城市都是一个个的"孤岛"，与主体城市的脉动失去了联系。紧凑型的城市可以在环境问题上采取更加注重结果、更加符合经济效应的政策。这是非常重要的，因为它将可持续性与城市规划紧密地联系在了一起。

无论我们如何深思熟虑，在目前的状况下，没有什么样的规划不需要额外的空间。因此，人口过剩，进而导致了膨胀与扩展。可以扩展到哪里去呢？到城市以外的地方，除此之外，还有其他的可能性吗？当临近的人类居住区也同样开始扩张的时候，两个居住区就不可避免地结合在一起形成了大都市。这是一幅可悲的画面，我们要好好想一想。

在我们的城市中，越是受到严格管制的部分，越是严格规划的结果，这些地方没有对人性的考虑，也没有任何的欢乐可言。大的轴向道路与外围道路，毫不人性地将城市割裂，由此便定下了不友善城市的基调。我们似乎注定要忍受这样的状况，值得注意的是在西方的大都市中，问题通常都是以一种比较少破坏性的方式来解决的。

当一个人在开始制定城市中较小规模区域（比如说社区）的规划之前，必须要接受一个共识，即尽可能减少不容转变的规划元素——例如高速公路和铁路等。充足的公共空间，再辅以绿色缓冲区域，将会进一步提高小尺度空间的受欢迎程度。检验公共空间和公共设施是否能够成为一项人权，这是个很有意思的课题。

同那些宏伟的大型规划相比，以局部小范围的形式对城市进行定点干预，更有可能会提高城市的人性化水平，毕竟，那些大型的规划往往很难完全落实。这些局部干预措施可能包含对一些既有建筑的拆除，这样才能为过于拥挤的地区提供喘息的空间。这些建筑确实是存在的——它们都是些从未使用，以及鲜少使用的建筑。也有可能是已经到达了使用寿命的建筑，这是一个会对拆除决定产生很大影响的因素。

虽然从理论上来说，所有的土地都属于某个人，但实际上，城市中的废弃地常常会变成无主地。⁵之后，这些土地就被无家可归的人们以及移民们占据了。人类对于空间的渴望是无法阻挡的。

为现有的建筑物寻求一种不同的用途，并将它们转变为更符合当前需求的功能，这是一项极具挑战性，但同时也很有价值的任务，特别是如果涉及公共用途的建筑。城市并不是静止不变的。它们应该要善于接受新的想法和新的方案。短暂的干预会刺激城市结构变得活泼起来。那些会使人感到灵活与流动的城市会"释放出"自由与民主，进而"重新决定公共空间的民主"。⁶

对于"大都市就是很多聚落的集合"⁷这一概念，我们已经进行了详尽的分析。美国规划师克拉伦斯·亚瑟·佩里（Clarence Arthur Perry）曾经说过："每一座大型城市都是由很多小规模的社区聚集而成的"。⁸有趣的是，在日语中，城镇（machi）一词不仅代表了一个城镇的物理特性，还包含了人、生活方式、风景、本土文化和历史等概念。可以肯定的是，邻里单元的规模可以使人们更容易感受到，这里是城市当中的一部分。因此，"邻里单元的理念是 20 世纪城市规划的核心理念"⁹，这一点也不会奇怪。所以，在 21 世纪也应该是这样的。在常常充满着压迫感的大海当中，社区实际上就是适宜居住的岛屿。在这些岛屿上，我们还能够听到行人的声音。

口头上说说社会公平是很容易的。可是要让它成为现实，就需要一场艰苦卓绝的持久战了。从长远来看，社会的不公平会阻碍进一步的发展，并会对人们的生活品质造成不利的影响，甚至那些处于优势地位的人们也无法幸免。通过明智的规划来减少目前不公平的状况，可以有效地降低社会动荡的风险，并提高安全品质。

从历史上看，所有伟大的建筑与工程作品都离不开天赋、资质和独创的精神。但是，也有一些项目是在极端恶劣的条件下，依靠着廉价的劳动力而完成的。在金字塔的建造过程中，成千上万的奴隶葬送了性命。从那时起，我们已经走过了很长的一段路，但事实上，为了实现政府与私人企业的目的，即使在今天，仍然需要大量的廉价劳动力。这就使得大批移民涌入城市成为必然。问题的关键是如何使处于社会最底层的人们和移民的生活变得稍微好过一些。社会需要敏感的耳朵。我们也需要。

要使所有生活在城市中的人都能融入社会，没有人会对这一点提出质疑。融入社会与满足他们的住房需求是同等重要的。为所有人提供充足的住房，这是维持社会健康秩序的先决条件。中国在减少贫困方面取得了巨大的成就，但还是遗留下来了一些问题没有得到解决，户籍制度就是一个需要解决的问题，对土地的控制仍然是争论的焦点。

令人满意的社会条件意味着城市居住区之间能够和平相处。如果没有富有远见的政策来解决穷人、移民和无家可归者的问题，那么社会的和平与满足就永远也不会实现。因为他们都是城市现实中的一部分。他们都会对城市的发展造成影响——无论是从人口学的角度，还是从生理与文化的角度。

建筑在城市中是无处不在的。它们汇聚在一起的几何结构就构成了城市。然而，假如欠缺了艺术，城市生活就永远也谈不上完整。艺术是城市生活的附加因素。

建筑是无法"避而不谈"的。它"俯瞰"着城市的生活，从某种意义上讲，它在俯瞰着城市中的居民。它们通常都是一些平淡无奇的背景，很难被人特别注意到。当所有的建筑都在城市的上空投下阴影的时候，其中有些建筑会散发出光芒。这些建筑会直接与人类的心灵进行对话，并使人们的日常生活变得活跃起来。毫不夸张地说，它们实际上已经成为城市生活中的一个元素，参与到人们的日常生活当中，激发了人们的反应，而这些反应有时是有意识的，也有时是在他们的内心深处出现的。

城市的美学也是一个经常被争论的话题。存在争论是正常的。但是，我们又是如何争论的呢？在规划会议议程中，人们常常觉得城市的美学水平是非常低的，事实上，它只不过是城市与社会混乱的一层"糖衣"。但是我们知道，美学对于城市来说是非常重要的。一座城市需要在视觉上统一的元素。城市需要艺术，特别是雕塑艺术。贫困地区更需要艺术。城市景观的千篇一律与单调乏味，都可以通过美学干预而得到改善。

随着机器与设备变得越来越成熟与先进，对人力资源的需求逐渐减少，城市居民，特别是在那些经济发达国家的城市居民，会有越来越多的空闲时间可以支配。因此，他们就拥有了更多的时间来"观察"与"占领"他们周围的城市。美学，以及这个术语所包含的所有内涵，将会在营造城市欢乐的氛围与提高城市人性化水平中发挥更大的作用。

色彩是城市美学的一个重要的组成部分。中国的色彩历史可以向前追溯到儒家和道家的影响。从城市肌理细腻的触感，到城市每个角落大胆的千变万化，颜色是无所不在的。世界各地对于颜色的看法也不尽相同。在这方面，我们可以关注一下克劳迪娅·希尔德纳（Claudia Hildner）对亚洲文化中色彩的研究，特别是对绿色和蓝色的研究，是非常有趣的，这些颜色"代表了东西方在色彩感知方面存在的差异"。

　　街头活动可以为我们带来活力与兴趣。在举办街头活动的同时，城市就变成了舞台与背景。专业或业余的流动性戏剧表演，可能会让市民们感受到，城市里的事物并不是一成不变的。特别是那些可以让人们自己参与其中的活动，将会进一步增强人们之间的联系感——与同胞们相聚在一起，与他们互动。

　　壁画艺术需要具体情况具体分析，进行仔细的评估。由于城市的组织拥有无数种形式，所以不可能存在什么通用型的规则。同样充满变数不受限制的，是空白墙壁和其他"空置"表面的尺寸、形状和位置。壁画艺术并不是随意的涂鸦，它可以为城市生活注入蓬勃的活力。它可以创造出绿色植物的假象。它可以成为市民们表达思想的媒介，使他们被压抑的情感得以抒发。它们所反映的通常都是当前具有时效性的问题，所以出现不久之后就会消失，它是积极的，因为城市的景观会由此不断得到更新。另一方面，随意的涂鸦通常都是不受控制的，会造成公共财物的破坏和污损。在世界上很多城市中，这已经变成了一个很严重的问题。

　　在相对较短的时间内，哥伦比亚首都波哥大（Bogota）通过引入一个大型的自行车道网络，再加上鼓励壁画艺术，成功地提升了城市的形象，并营造出对市民友善的氛围，使壁画艺术变成了一个重塑城市形象的工具。

　　人类居住区当中，有形的文化遗产主要就是他们的建筑遗迹了。但是，文化的内涵是如此之多。如果我们将所有形式的艺术，特别是视觉艺术，视为文化概念的组成部分，那么它对于城市外部空间的人性化影响就会大大增强。当代建筑中最优秀的作品也有这样的功能。传统的文化和新的文化是不可分割的，因为文化从来都不是静态的。

　　"发现你的城市"这项活动可以让居民们，特别是孩子们，更好地了解他们的城市——城市是如何运作的，它可以为我们提供些什么。人们将不再被禁锢在日复一日、单调乏味的琐事当中，开始看到一幅更大、更令人兴奋的画面。因为城市是活的，是有生命的有机体，其中充满着活力，还有未被发现的秘密。

增长、发展与技术，这些都是很多经济学家所热切关注的主题，但很多哲学家也同样关注着这些领域，这一点也不奇怪。法国经济学和哲学教授塞奇·拉图什（Serge Latouche）提倡"减速增长的社会"[10]，这就意味着所有的国家都应该在某个特定的阶段，停止不加限制的肆意发展。或许，我们应该补充一点，这并不是说所有的国家都要在同时减缓发展的速度，每个国家都有对他们来说最为合适的契机，去公平地思考一下关于整个地球的问题。从本质上来说，这会导致价值观的改变。我相信，随着价值观的改变，整个城市生活也可能会发生巨大的变化。例如，减缓发展速度可以使居民们拥有更多可以自由支配的时间，并为城市带来更多的人性化。超人类主义哲学家斯蒂芬·洛伦茨·索格纳（Stefan Lorenz Sorgner），在对后人文主义的批判性分析中，特别提到了人类与技术之间的关系，以及技术进步当中所固有的危险性。电子监控不就是一个非人性化的因素吗？这同时也是一个有关伦理的问题。

多年前，在建筑和城市空间当中，对欢乐的追求是第二届世界人居大会一个不成文的结论。与欢乐结伴而行的就是人性。人性是一个难以确切描述的概念。更为特别的一点是，它是由城市的环境造就的，但同时又会对城市的环境造成影响。想要对人性进行约束几乎是不可能的。任何这样的尝试，都势必会遗留下来很多无法解决的问题。人性与建筑是如何联系在一起的？是的，让眼睛觉得很舒服。但是，让谁的眼睛感到很舒服？这里有什么绝对的规则吗？提升审美标准对提高城市的人性化水平有没有帮助？审美多样性是答案吗？美学当中的人性——这样的概念是否存在呢？

要想让城市真正变得人性化，有一个必要的先决条件，那就是城市的居民们不会彼此敌对，他们的生活要对同胞们具有积极的态度，一起面对共同的困难，分享共同的梦想。诚然，这听起来就像一个不切实际的梦想。但是我们知道，城市本身就可以为改善所有人类住区的社会基础铺平道路。

我们并非仅仅讨论城市，而是讨论城市中的人类居住区，这并非是巧合。这是因为，对人居科学的研究已经成为一个前沿的课题。正是在这个学科领域，出现了这种理念："用明确的人居环境的概念代替抽象的城市概念"。从"城市"的概念到"人居环境"的概念转变，为这个术语增添了更加包罗万象的内涵。它涵盖了规划的全部领域，从建筑到区域规划，甚至延伸到跨越国境的规划。所以，它是一个真正的世界范围的术语。此外，它还包含了"人类"一词，这就使得将人性的概念纳入行动计划会变得更加容易。

几乎在所有的城市建设项目中都会提到人性化这一因素，但我们普遍的感受却是它仅仅是在口头上说说而已，而在本质上，即使一个项目已经全部完成了，我们也没有看到什么实际的改变。奇怪的是，通常只有在那些处于城市种比较落后的地区，较小规模、常常是没有经过审批的违建居住项目中，我们才能体会到人性化的存在。这难道不是对规划者和政府官员们的一记耳光吗？

重要的是要从规划概念一开始，就要将人性化这一因素纳入考量，因为只有将其渗透到整个规划当中，而不仅仅局限于微观的层面上（通常直到规划的后期阶段才会开始着手考虑），它才会对整个规划的结果产生更具决定性的影响。这才是实现城市真正平衡发展的方式——社会的平衡发展，以及城市居住区的平衡发展。

城市需要共享。城市是属于每一个人的。在城市的公共空间里，市民们必须要感觉就像在自己的家里一样轻松自在。有趣的是，今年威尼斯双年展的主题是"共同的土地"。它将焦点集中在城市及其居民的日常生活上。这就像是一股清新的空气，在建筑与城市的建筑环境中鼓励谦逊与人性化的尺度。

虽然完全没有阶级划分的社会从来都是不存在的，而且以后也不会存在，但是以人为本的城市规划，可以使来自社会各个阶层的居民们更容易融洽地生活在一起。那些掌握着更多特权的族群，对于相对弱势的人们过着怎样的日常生活，往往缺乏第一手的认知，这在我看来是不可思议的。我敢肯定，如果他们去了解这些第一手的资料，那么他们就会对规划者，以及善意的决策者带来影响，这些人一直坚持要用整体分析的方式来进行城市规划。

城市中的人际关系也在不停地发生着改变。每一个人类居住区的历史，不仅反映在它所遗留下来的有形元素上，同时也反映在人们彼此之间互动方式的转变上。有一些通常被称为"城市精神"的东西，虽然看不见摸不着，但却是客观存在的，也能够被人们感受到。在人类居住区整个生命周期当中，城市的精神会一直经历着遭受侵蚀又再次复苏的循环。今天，我们的城市精神曲线是处在上升阶段还是下降阶段，这对于我们来说是一个值得深思的问题。

《北京宪章》有助于使全世界的学术界了解到人居科学这门学科。虽然每个国家都有自己的具体情况和问题，但是全世界所面临的基本挑战是相同的。因此，让更多的人了解到这份文件是非常重要的。还有智囊团，比如说我们的东道主，他们对于城市居住区领域的研究范围之广，一定会有益于这项研究更加深入地进行。另外，我们也可以从那些比较不发达的国家吸取经验和教训。

当我们认识到，中国在建筑与规划领域所拥有的潜力，远远超过了现阶段他们对于世界所做出的贡献时，这种更具包容性的范围就会变得更为重要。仅仅关注于本国的问题，永远也不足以令一个国家的知识分子和精英在塑造与解决全球性问题上，表现出足够的影响力。

会对现有建筑师和规划师的思想与规划方向产生影响，这只是其中的一个方面。只有唤起年轻建筑师们的兴趣，特别是学生们的兴趣，才有可能实现一种真正的开创性过程。他们正在探寻一种不同于过去的心态，开辟出新的道路，并在此过程中创造出新的画面。

我们的居住区正在逐渐丧失掉人性，这是一条无法回头的路吗？所有善意的努力，以及富有远见的专业人士的奋斗，是否全都被糟糕的决策、糟糕的规划和糟糕的实施所磨灭掉了呢？这是遍及全世界的巨大泥沼，而人口的压力和公共空间的减少又使得情况变得更为恶化。我愿意加入由我的同事们，以及其他专业学科专业人士所组成的团队，他们在隧道的尽头看到了一丝曙光，并正在为了人类居住区更美好的明天而努力奋斗着。

我们最终的目标就是要创建出这样的居住区，使人们愿意在这里生活，并满意于在这里的生活。为了实现这个目的，我们不能放过任何一个机会，因为它们都是稍纵即逝的。就像著名诗人李白在诗句中对黄河之水的描绘：

"君不见

黄河之水天上来

奔流到海不复回"

关于人类居住区这一课题，不经意进行的研究以及提出的理论，确实能够丰富我们的知识，也能够帮助我们实现一些提议，这些提议假如能够以良好的意图与理性、有计划的方式来执行，也的确能解决一些城市中存在的问题，为人们带来更好的生活条件，至少在城市中某些部分是具有这种效果的。但是，单单依靠这些，永远也不可能实现我们所有规划者所寻求的彻底的变革。有些时候，我们也会看到一些异常宏伟的、虚无 [12] 的规划方案，它们就更不可能会为我们带来彻底改变了，理由很简单，它们都只是乌托邦式的空想。那么，答案到底是什么呢？我认为，我们需要从最基础的地方做起，从一开始就理出头绪。我们要对最重要的事情进行集中地评估，然后再对各个优先事项进行分类。毫无疑问，只要我们想要对人类居住区这个课题进行有意义的重新思考，那么人性化就一定是需要优先思考的因素之一。如果对人性化的思考能够成为指引城市规划方向的灯塔，那么我相信，很多其他的标准和目标就会更自然而然地水到渠成了。

参考文献

1. Also published in the *China City Planning Review*, Vol.23, No.1. Beijing 2014.

2. *Oxford Mart in Commission for Future Generations Report*. Oxford 2013.

3. *The New York Times.*

4. Architecture Australia – Sept / Oct 2013.

5. Land belonging to no one – term originating from Roman law.

6. Vatopoulos, Nicos: *Kathimerini* Greek daily. Athens 17.08.13.

7. Hein, Carola: Machi *Neighborhood and Small Town-The Foundation for Urban Transformation in Japan*. Journal of Urban History. Thousand Oaks 2008.

8. Hein, Carola: op.cit.

9. Hein, Carola: op.cit.

10. Latouche, Serge: *Farewell to growth*. Cambridge 2010.

11. Liangyong, Wu: *Essays on the Sciences of Human Settlements in China*. Tsinghua University Press. Beijing 2010.

12. Starting from a blank sheet.

建筑与无障碍环境

24

欧洲标准化的重要性

第一次欧洲残疾人代表大会
马斯特里赫特（Maastricht）/1993 年 8 月 3 日

多年以来，欧洲的经济和谐一直都是媒体争相报道的对象。然而现在，民众们却开始对欧洲另一项重要的目标产生了越来越多的关注——那就是追求社会的和谐。对我们来说，这是一个存在着紧迫性的目标，因为社会和谐就意味着残疾人也要能够融入社会当中，就意味着独立的生活和无障碍的环境。简言之，这就意味着每个人都拥有平等的机会。

真正实现人人平等的关键是立法，特别是与残疾人相关的法律标准化。没有法律的标准化，就会像在沙子上建房一样没有坚实的基础；没有法律的标准化，我们就会反复思考这个问题，然后尝试着用一些分离的、不协调的措施来改善残疾人的生活。标准化才是这个问题的解决之道，因为它将会开启一项流程，经过一段时间的运转之后，就会形成一种自动执行的状态，不仅会深深地植根于我们的生活方式当中，同时也会融入我们的思想和道德当中。这听起来可能有些过于理想化，但事实上，在理想的状态下，我们根本就不需要任何的法律约束。这种新的道德标准将会成为我们生命中的一部分。但在那一刻真正到来之前，我们还需要另一个最恰当的东西，我们需要一个替代品。而这个替代品就是立法与标准化。

单单凭借着即兴发挥或是美好的意愿，是无法解决残疾人这个重大的社会问题的。无论是凭借国家的力量，还是私营企业的力量，都无法独立解决这个问题。它需要社会各方面的共同努力。它需要我们对这个问题进行深入的了解，树立起短期目标与长期目标，并明确其实施的方法以及所需要的财政资源。另外，还有最重要的一点，那就是一种承诺感，而这种承诺感只能从对全人类的爱中孕育出来，这就是"博爱"（philanthropy）一词真正的含义，它是与"慈善"（charity）并列的。

要让残疾人同身体健全的人一样获得平等的机会，这就是我们唯一的目标。这里必须要强调，我们所谓的"平等"，指的是机会的均等，而非对残疾人的特别优待。我们如何才能实现这个目标呢？从要求获得平等的机会，到争取公民权利和人权，这种转变会伴随着一系列的斗争，可能需要采取重大的战略性决策。民权立法通常都会关注少数民族和儿童的权益，但是却忘了要保障残疾人的权益。

事实上，标准化的重要性就在于它是确保在一个特定的国家社会公平的工具，当然，我指的是像欧共体或是欧洲这样的国家。很难说标准应该走多远，特别是考虑到随着一系列标准的应用范围不断扩大，要找到一个可以巩固的共同点也变得不那么容易了。每个国家的习惯做法都各不相同。过于严格的标准很容易导致执行失败，使我们成为自己建立起来的系统当中的囚徒。我们正在寻找的是一种微妙的界限，可以告诉我们在什么地方应该停止强制性的选项，由此，在不影响建立坚实的、最低标准的前提下，还可以为富有创造性的方案留下足够的发展空间。有些事情是不可能在一夕之间完成的。它必须是一个循序渐进的过程。所以，建立统一的最高标准并不是解决问题的答案，我们真正需要的是不断升级的标准，是呈阶梯式平缓渐进的标准。或许这听起来有些自相矛盾，但是，标准不能、也不应该被标准化。

有一些国家对于残疾人事业拥有更深入的认识，因此也就更容易接受新的，以及更先进的方法。这些国家应该建立起相关的指导方针，并通过行动为其他国家树立榜样（当其他国家准备好了的时候，就可以追随着榜样付诸行动了）。

标准化的应用范围是非常广的。我会把我们的讨论限定在建筑环境这个课题当中，毕竟，在我们的日常生活中，标准化是无处不在的。我们就生活在这样的一个建筑环境中，我们穿行于建筑环境，我们使用建筑环境，简言之，我们需要建筑环境。我们来到这里，就是为了确保建筑环境是对所有人都具有意义的。大多数关于建筑环境标准的文件和相关规定几乎只会涉及规模和尺度问题。这是个很好的起点，但还远远不够。通常，我们欠缺考虑的参数是数量、频率和质量。

定量的元素是必需的，举一个卫生间的例子来说，如果没有限定平均每个人、每栋建筑、每个楼层需要多少个卫生设备，那么我们就没有足够的信息去确定卫生间完整尺寸的细节。质量因素就更加无形了。在雅典音乐厅的设计中，让轮椅使用者进入到第29排是相对容易的。但是，第29排是音乐

建筑与无障碍环境

厅的最后一排。第17排是临近中央横向走道的一排，我们通过一种技术设备将普通的座椅向上顶起，并在这些座椅的下面加装轮子，使之可以移动，这样这些座椅的位置就可以被轮椅所取代，同时也不用担心后排观众的视线会受到阻挡，通过这样的设计，结果就令人满意多了。

制定标准一定不是一件简单的事情。以公共服务和便利设施的标准为例。这些标准包罗万象，从公用电话亭到"芬芳的"花园，在这样的花园里，盲人朋友们也能闻得到花香。但除此之外，我们还有很多的事情要做。例如，在一个社区中，至少需要有多少人生活在其中，社区才有义务为居民提供这样的一座花园？显然，我们还有很长的一段路要走。

很明显，我们的目标就是要建立起一个全面的综合系统，而不仅仅是具体的规章制度，尽管这些规章制度本身也是有价值的。《CCPT 无障碍建筑环境欧洲手册》中简明扼要地指出："手册中并没有提供现成的解决方案。解决方案要取决于具体的条件和环境状况。而这些环境状况是由手册使用者自行解释的。"这样的灵活性确实是我们所需要的。正如加拿大建筑师比尔·里德（Bill Reed）所说，"标准的正常化，就意味着你可以接受这些差异"。

在《CCPT 无障碍建筑环境欧洲手册》中，还包含了另一个重要的信息——仅为"一般人"建设是不够的，我们的建设必须要为"所有人"服务。当然了，这样的要求使得僵化的标准化被扼杀了实现的可能性，但它却为一种更加灵活的系统开辟了新的道路，其中就包含着最低标准以及相关的指导方针和建议。探求"一般人"的概念是完全没有意义的。一般人指的是谁？是指一般的老年人吗？是一般的孩童吗？还是指暂时丧失行动力的人？我想引用亚布拉罕·林肯（Abraham Lincoln）的例子，来说明这个有关人类标准化的迷思。林肯，他是个个子很高的人，有一次被问到了一个很愚蠢的问题："（您认为）一个人的腿应该有多长？"林肯回答说："我认为至少要够得着地面吧。"很明显，所谓的一般人，在现实生活中根本是不存在的，他只存在于统计学当中。

我们专为残疾人制定的标准化措施，并不意味着要忽视其他方面的考量——比如说美学。建筑和美学都与我们的目标具有密切的关联。我想举一个有关于路标的例子。在《CCPT 无障碍建筑环境欧洲手册》上，对路标是这样规定的，"路标应该安装在步行路线的旁边，不要使其成为一个障碍"，但是在我看来，这样的规定还是不够的。我认为，这些数量非常庞大的路标并不需要全都安装在步行路线一旁的立柱上，它们还可以被安装在建筑物上或是围墙上。街道名称就是一个很恰当的例子。在包括希腊在内的一些国家中，人们发现，过去悬挂于建筑物上的老式牌匾逐渐消失了，这是因为当地政府发现，将街道名称和广告结合在一起，这样的做法更加有利可图。这些都是我们必须要去抗争的。

在路标这个问题上，我们绝不要忘记，标准化其实可能也是相当危险的。考虑一下盲人的感受，我们有多少与其他类型残疾人相关的条例，与盲人的需求存在着直接的冲突。

当我第一次拿到本次大会的主题时，我把它看成了"标准化在欧洲的重要性"。后来，我才意识到，它应该是"欧洲标准化的重要性"。这两者之间存在着明显的区别。"在欧洲"这个词是有局限性的。他们将这个问题限定在欧洲范围内，但会议实际的主题是要衡量欧洲的标准，在世界上其他地方也同样能发挥出影响力。

欧洲的统一正在进行中。欧共体正在增长。奥地利、瑞典、塞浦路斯和其他一些国家，都已经提交了加入欧共体的申请。一个无形的屏障已经落下。但这真的已经涵盖了所有的领域吗？那么社会平等和残疾人的权益呢？

一般来说，欧共体和西方世界（斯堪的纳维亚半岛、北美等）都对残疾人这个课题拥有足够的认识，同时，也有相当多的经验和专业知识，足以达成一种让所有人都能接受的权宜之计。标准化就是其中的一种方式。但其他的国家就没有那么幸运了。对于很多国家而言，他们最重要的事情就是为了生存而斗争，根本就无暇顾及残疾人的想法。然而，从这一刻起，我们就接受了这样一个前提条件，即我们负有道义上的责任去带领这些相对落后的国家，尽我们所能，甚至不惜付出代价，去尽量帮助这些相对落后的国家。我们首先要做的就是信息的传播，其中就包含统一的标准。随后是提供技术援助。这样的帮助可能不会马上看到成效，但我们还是必须要坚持下去，努力实现建筑环境中设计的普遍性，并通过这些努力，为实现全世界真正的平等而奋斗。

我们也必须要承认，在欧共体内部，也存在着明显的差异。南方和北方就存在着差异。在立法方面的差异可能比较小，但在实施上的差异就比较明显了。这是一个值得关注的部分。

欧共体必须要加强其影响力，这样才能确保其现行的，以及未来的立法与标准，能够得到严格地执行。公共部门就是最好的起点。因为相较于那些私人部门，公共部门建筑的功能会直接或间接地受到政府当局的管控，这类建筑包括医疗机构、教育性建筑和酒店等等。法规与标准的建立目的，并不是为了抚慰立法者的良心，而是要付诸实施。在很多情况下，即使是政府机构也没有严格遵循这些法规的相关规定，这样的情况是完全不能接受的。

在法规的实施方面，交通领域似乎是遥遥领先的。在这个问题上，欧共体的法规起到了决定性的作用。新型公共汽车就是一个很好的例子。雅典市所有新型的公共汽车都要按照相关的法规，降低高度，并设置朝向人行道的坡道。

树立最佳参考点，即那些已经实施了标准化的建筑物或公共空间，并将这些项目塑造成实践的楷模，这是非常重要的，特别是在欧洲南部地区。在这方面，赫利俄斯（Helios）奖项的设立为我们提供了极大的帮助，将这些"生动的"范例推举到了显要的位置上。

规则和标准永远也不会是固定不变的。新的现实状况和新的思想，总是会促使这些标准发生改变。我作为一名建筑师，拥有 12 年参与残疾人相关事务的经验，在这个过程中，最具决定性的事件就是几年前召开的宁斯佩特（Nunspeet）大会。那次的大会使我眼界大开，同时也为我指明了标准化未来可能的发展方向。这也证明了，新的思想总是会拥有发展空间的。在这种情况下，衍生出了一个概念，即建筑应该拥有"内在的"潜力，在必要的时候可以进行调整。我知道,我们正在筹划参观洪斯布鲁科（Hoensbroek）的"智能实验室"，其中就包含了很多具有创新性的理念。

现在就是一个为变革而战的好时机，特别是对环境因素的考量，有可能会影响现有的规范进行很多调整。在这个过程中，我们决不能缺席。这些变革将会包括对建筑材料和施工方法的修订。"绿色"建筑和"健康"建筑的概念还是会继续保留下来。我们所谓的替代性建筑材料，举例来说，指的是用天然材料制成的地板饰面材料，例如非合成纤维，软木等等。这样就不再需要粘贴地毯。这些材料的安全性如何？难道我们不应该对所有这些问题掌握发言权吗？我们必须要努力，让我们的声音被大众听到，因为生态问题，以及与地球相关的问题是高于一切的。

技术专家对于我们未来的规划，会产生越来越重要的影响。决策者是无法忽视确凿的事实与技术性资料的。这样的发展是适合于我们的，因为它可以减少意外发生的危险。单单凭借哲学与社会性的方法本身是不够的。它们都需要得到技术与标准化的支持。

除非我们建立起标准化的规范，并拥有一个统一的平台，否则就有可能会被视为缺乏目标与信心。我们一定要放宽视野，一定要始终瞄准着最终的目标，即使在实施上是分阶段进行的。

危险无处不在。大多数相对贫穷的国家目前甚至还无法关注于立法，因为他们还有其他更为急迫的事情需要处理。发达国家的危险就更严重了。它们主要存在于那些以利润为导向的利益团体不利的游说之中。让我们听听他们是怎么说的吧。布鲁斯·费恩（Bruce Fein），《华盛顿时报》的专栏作家，他发表这篇文章的时候正值《美国残疾人法案》在美国参议院辩论之际，他说："在世界有限的资源条件下，依靠着镀金的正义赋予残疾人工作的权利，这是站不住脚的"，之后他又说："如果雇佣一个有生理缺陷的工人这件事，能够被证明在经济上是有利可图的，那么雇主们自然都会这样做"。关于无障碍洗手间，你可能会听到这样的说法，"我还没有看到那些设备的使用"。所有这一切都可以得出一个结论，那就是立法通常会规定，雇主或工厂的所有者不必承担过度的负担。或者说得更婉转一些，只有那些容易被改变的东西才需要被改变。而这就是为什么我们迫切需要欧洲标准的原因。

残疾往往会导致孤立。无论是何种形式的孤立，总是凶多吉少的。特别是社交孤立，这就更加严重了。它悄无声息地在我们的周围筑起了高高的围墙。在希腊伟大诗人卡瓦菲（Cavafy）的作品《墙》中，他非常富有表现力地描绘了一个人与他的同伴隔离时的绝望：

"他们造墙时我竟浑然不觉……
我没有听到建筑工人的声音，一点声响都没有。
神不知鬼不觉地，
他们把我同外界隔绝。"

对于我们周围各种未预料到的困难，我们最好的短期答案就是信息的传播，当然还有包括标准化在内的相关立法。而我们最好的长期答案是教育。我们迫切需要的，是一场全世界范围的教育改革。它将涵盖所有的国家，包

建筑与无障碍环境

括发达国家或发展中国家。它将从小学开始，一直延续到大学，乃至步入社会。

在我看来，大学，无论是建筑学院、法学院，还是其他专业的院系，都没有对残疾人的问题给予足够的关注和参与。当然也有一些特例。邓迪大学（University of Dundee），在詹姆斯·保罗（James Paul）教授和高级讲师比尔·皮尼（Bill Pirnie）的带领下，就是特例的其中之一。所有已经开始重视残疾人问题的人们，以及准备要关注残疾人问题的人们，他们的工作都需要得到鼓励和协调。最重要的是，设计一个无障碍的建筑环境，需要从建筑师们的大学时代开始就建立起根深蒂固的印象。

毫无疑问，我们的社会价值观、我们的道德标准，还有最重要的，我们的人性，都会在我们如何解决残疾和残疾人问题上得到体现。立法是必要的，同样，标准化也是必要的。但是最后，我们必须要去做一些事情，并不是因为我们有义务这样做，只是因为这些事情是正确的。人类的尊严是无法用价格来衡量的。最后，我们要认识到，我们正生活在一个享有特权的国家。正因为如此，我们也肩负着双重的责任——照顾那些没有获得公平机会的同胞们的需求，同时，也要为全世界树立实施的标准。

25

为那些不平等的人们提供住房

联合国第二届人居峰会国际研讨会，国际建筑师协会预备会议
——"其他人"的住房问题
安卡拉（Ankara）/1995 年 11 月 23 日
摘录

　　住房，是构成我们城市规划问题的核心，但同时也是解决问题的关键所在。人们普遍认为，我们需要的是"为所有人提供可接受的住房"。但我们必须要更具体地指出，所有人都能接受的住房当中，也要包含"其他人"能够接受的住房，即"为那些不平等的人"提供可接受的住房。如果我们能够将这一股新鲜的空气带入到我们对住房问题的思考当中，我们就势必会朝着一个更加公平的社会结构迈进。

　　这种解决住房问题的新方法是非常重要的，因为如果我们采取了一种具有明确目的性的方法，那么所有其他形式的建筑也都将会遵循这种方法——教育与文化建筑、体育与休闲设施以及公共建筑等，这一点是毋庸置疑的。

　　在很多方面，从我们对待身心障碍者的态度当中，就能够体现出我们对待所有其他"不平等"族群的态度。首先，我要从身心障碍者开始谈起，他们指的是我们当中所有在身体上、感觉上以及精神上存在障碍的人们。我故意没有使用"残疾人"这个词，这是因为心理障碍者在身体上可能并没有任何残疾，他们只是那些不得不面对着糟糕的设计导致的恶劣建筑环境的人们。在我们大多数城市的现状下，按照字面上的意思，我们每一个人都可以被视为属于身心障碍者。

　　在一生当中，我们大多数人都会在某些特定的时期经历残疾的状态。通常，只有在那个时候，人们才会意识到，一个家庭也可以变成一座监狱，使居住者的独立生活与行动自由都受到威胁。

　　目前对于更方便、更灵活的住宅需求，同以往任何时候相比都要更加强烈。考虑到人口结构的变化，以及人口中老年人数量的增加，他们中的很多人可能因为关节炎、中风，或是意外而存在一定程度的行动障碍。研究估计，平均每三分之一到五分之一个家庭中，就会有一个或多个身体残疾的成员。

再加上有婴儿或幼儿的家庭、有孕妇的家庭、有老年亲戚借宿的家庭，或是有正在从疾病或事故中康复的人的家庭，很明显，所有的住宅设计都应该尽可能做到方便与灵活。

残疾人在他们的家中，通常会需要一些特殊的条件。有的时候，门口的台阶必须要被拆除、入口要进行拓宽、需要安装电梯，或是需要一个可以垂直升降的水槽等等。这些特殊的条件，有助于残疾人能够在这里尽可能长期、尽可能正常的生活。通过社会支持系统和社区网络系统，对住宅平面布局和生活安排的干预已经被证实会对那些"不平等"的居民们的生活产生积极的影响。

适应性住房背后潜在的基本原则，就是房子应该去适应使用者的需求，而不是要让使用者去适应房子。住宅在设计的时候，一般都没有考虑到它的使用者到了晚年，身体机能有可能会出现状况，会永久性或暂时性失去正常的行动力。至少可以这样说，在传统的现代设计当中，是没有考虑到为需要坐轮椅的残疾访客提供服务的。

适应性强的住宅也是一般的住宅，只不过是在需要的时候能够迅速与经济地进行调整罢了。这样，（当我们的身体机能出现问题的时候）我们就不太需要搬家了，或是不再需要那么频繁的搬家。适应性住宅的设计特点可以被划分为两大类——一类是从一开始就属于住宅组成部分的构件，例如门的净宽不得少于90厘米、浴室需要足够宽敞，插头和插座要被安置在适宜的高度等等；另一类是那些可以在比较后期再进行处理，也不会造成太大困难的部分，比如说对餐具柜的修改，使之可以满足坐轮椅的使用者的需求等等。

智能家居是一个相对比较新的概念。这一类住宅是由电子工业和建筑行业共同携手开发的。我们可以将一个残疾人的"智慧型"住宅视为一种综合的援助，它可以适应使用者的操纵力，以及他想要执行的活动。这种系统可以弥补使用者存在的一些功能上的限制。

在一栋智慧型住宅当中，会有一种电子通信网络（home-bus）贯穿整栋建筑。对家用电器的控制、内部和外部通讯、对住宅及其居民的保护与安全，以及气候控制和节能措施，全部都被纳入了一个综合的系统当中。家用电器和设备，例如厨房设备、电视等等，都可以连接到网络。该系统的一部分是与外界联系的端子，可以访问很多远程服务。

智能家居的概念会深受家用电子产品创新的影响。但是，如果将这个概念仅仅局限在电子智能领域的话，那就太目光短浅了。建筑设计、建筑材料、厨房设备、浴室设备、家具等等，所有这些，都为这样一栋智慧型住宅的设计做出了贡献。但是，我们还有一个问题。谁会为这些技术买单？最近在日内瓦(Geneva)展出的一个住宅样板中，有一个专门用于放置技术设备的房间，这就像是一个人的大脑中枢。但是，在我们自己的国家或是其他国家，当那些残疾人甚至连最低标准的、体面的生活都无法达成的时候，还有能力负担得起如此多的电子智能设备吗？希望有一天，这将不再是一个进退两难的困境，而成为一种可以接受的生活条件，成为所有人的准则。尽管这听起来就像是一个白日梦，但我们还是必须要怀揣这样的梦想。

在制定与颁布有关残疾人的立法过程中，危险与陷阱无处不在。但是，最大的危险就在于很多国家仍然存在的偏见。

我们的同胞，以及那些生活在城市贫民窟的同胞们，难道他们不也属于"其他人"吗？当恐惧是控制他们日常出行的首要因素时，哪怕只是从居住地到公共汽车或火车站这样短的路程，他们还有什么生活品质可言？而且，到了晚上，难道不是有很多人，尤其是妇女和儿童，无论出于什么样的目的，都只能被"囚禁"在自己的家中吗？

"独立生活"这个词，对于残疾人来说是一种理想，但是有的时候，它被误以为表示被隔离的生活，坦率来说，意思就是将我们社会上非主流的那一部分人群分离出来。

迄今为止，有关住宅的社会目标一直都是整合，也就是要将被我们称为"其他人"的那一部分人群整合到社会结构当中。然而，一些相对较新的发展令我们提出了这样的一个问题："是否还存在什么其他的因素是超越整合的？"看起来，这些因素可能存在，也应该会存在。无论如何，我们在进行整合的同时，也应该考虑到其他的因素。

在法国，关于少数民族同化问题的讨论是公开的。在英国，通过一些在少数族群生活的社区进行的实验证明，他们的问题会导致一种类似于贫民窟的生活条件，这是因为这类社区总是会倾向于不断地孤立自己。另外的一些实验也为我们提供了一些答案，但通常也会提出更多的问题。然而，在很多方面，这样的状况并不全是新出现的。毕竟，在很多城市中，唐人街已经有很悠久的历史了。

那么，前进的道路到底是什么呢？我们，全世界的建筑师，能够提供什

建筑与无障碍环境

么助力吗？我认为我们可以。我们最不希望看到的，就是创造出新的贫民窟以及贫民窟建筑。我们所能做的就是建造一种住宅建筑，为移民和少数族群提供庇护，并能够对他们的文化与社会敏感性给予更多的包容。荷兰，为我们树立起一个指针，指引我们去寻找解决问题的答案。这种住宅形式被称为"混合住宅"，事实上，这就意味着没有歧视的住宅。所有的公民，无论肤色或出身，都被鼓励居住在同一个住宅区里。而这种共栖的生活，最终也势必会引起我们的社会中社会刻板印象的软化。

高人口密度会对社会行为产生影响，这个观点已经得到了证实。因此，那些在非常拥挤的条件下生活的人们，也属于我们所说的"其他人"。在拥挤的条件下，我们所指的必然包括土地上"拥挤的"建筑，以及建筑内部"拥挤的"人群。在这个问题上，我们有必要强调一点，即拥挤对社会行为造成影响的方式。通过研究分析，最主要的原因是由于拥挤，人们花费在社会交往上的时间减少了——由此就引发了犯罪频发的社区和其他的社会弊病。拥挤和人口密度，也会影响到社区对残疾人的包容度。

想尽办法利用起每一平方米的空间，我们已经为这样的住宅设计付出了惨痛的代价。通常，孩子就是这种设计的牺牲品。在这种设计当中，没有任何一点空间是留给孩子玩耍与实验的，但是在一个孩子的性格形成期，满足他们的好奇心、使他们感受到发现的乐趣，这些都是必不可少的。所以，孩子们，也属于我们所说的"其他人"。

最后，让我们接受这样的现状吧，这并非是让步，因为我们相信，在为大多数人提供基本住房的同时，我们也必须要解决"其他人"的住房问题。

"其他人"这个词，包含了所有那些无论是身体上还是精神上存在残疾的人们，所有那些社会上的非主流人群，简言之，就是所有遭遇着不平等的人们。

26

设计为所有人服务

关于"全面共享"（ACCESS FOR ALL）的通用设计会议
瓦莱塔（Valletta）/1999 年 11 月 25 日
摘录

借此机会，请允许我说几句私人的话题。20 年前，我接受委托，设计了埃格西亚·索菲亚（Aghia Sophia）医院残疾儿童评估中心。这是我第一次参与同残疾人有关的项目，在这个项目以及脑性麻痹希腊教育与康复中心项目中，我的角色是一名执业建筑师。同时，我还参与了一些其他的会议和活动，例如在欧盟赫利俄斯（EC Helios）项目中担任评委会委员，以及在由荷兰发起的"欧洲无障碍环境概念"（European Concept for Access）指导小组中担任专家委员会委员等。

但是有一件事情比其他事情都更加重要，它标志着我真正参与到残疾人事业当中，那就是 1981 年在哥德堡（Gothenburg）举办的残疾人代表大会。

在哥德堡会议期间，我们都对那些先进的技术进步展示留下了深刻的印象，事实上，技术的进步就是设计的创新，其目的就是为了让残疾人过上更舒适的生活——从简单的小配件，到铺设在人行道下面的磁带网络，这种技术可以让盲人通过使用一种特殊的手杖，就能够更方便、更安全地从住所走到火车站或汽车站。当然了，所有新技术的效果都是令人满意的，但同时也非常昂贵。这个时候，有一位来自非洲的代表站起来并发言说："你们有很多钱可以花在技术进步上，但是非洲，还有大批的穷人无家可归，大批的难民食不果腹"，当我们听到这些话的时候，之前的满足感和自鸣得意突然就被动摇了。这是我第一次真正意识到，南北的差异事实上是一条巨大的鸿沟。

多年以来，欧洲的经济和谐，以及现在的世界经济和谐，一直都是媒体争相报道的。然而，现在民众们却对我们的另一项主要的目标产生了越来越多的关注——那就是社会的和谐。对我们来说，这是一个必须要立刻实现的目标，因为社会和谐就意味着残疾人也要能够融入社会当中，就意味着独立的生活和无障碍的环境，简言之，这就意味着每个人都要拥有平等的机会。

对无障碍建筑环境的争取，欧盟一直都走在世界的最前列。他们的赫利俄斯项目不仅在专业人士当中极具影响力，而且也可以帮助普通民众认识到有关残疾人的问题。通过赫利俄斯项目，我们都认识到，真正重要的并不是限制我们自己写些什么，说些什么，而是要建立起优秀的、现实生活中的例子，向人们展示什么是真正的"无障碍环境"。赫利俄斯奖项的设立，涵盖了欧盟所有十二个成员国，有助于以不同的视角来看待残疾人的问题——奖励成就，同时，也为世人树立起一个直观可见的证据，证明更好的建筑环境是可以达成的。我们还需要进一步努力。继续让民众注意到那些对残疾人更为友善的建筑和公共区域，特别是那些与残疾人相关的、创新设计的建筑和公共区域。这是一份列举了"最佳实践"的清单。

为残疾人设立的设施越来越多。但是，残疾人必须要能够使用这些设施，否则，在第三方看来，这些设施可能就不是绝对必要的。如果真是这样，很显然，这对于让公众接受为所有人提供无障碍环境，以及平等机会的措施将会是不利的。我曾在萨洛尼卡（Thessaloniki）机场看到了这样的一件事情。飞机着陆之后，两名全副武装的男子进入客舱，目的是要将一名身患残疾的女士从飞机的楼梯上抬下去，并送上巴士。但是，这位残疾的女士拒绝了这种方式，并要求使用一种特殊的伸缩式月台，机场是可以提供这种设备的，它就在飞机的一侧。对机场的管理方来说，使用这种设备既费时又麻烦，他们更愿意用人力的方式将这位女士带到停机坪上。然而重要的是，这位女士坚持自己的要求，拒绝让步。如果她没有这样坚持，在她之后的其他残疾旅客也都没有这样坚持，那么这个特殊的伸缩月台就迟早有一天会被认为是多余的。

另一方面，如果像在荷兰马斯特里赫特市（Maastricht）举办的一个重要的国际会议上所出现的状况，残疾人组织的代表要求，与残疾人相关的委员会成员只能由残疾人出任。很明显，这反而是一种"种族主义"。

行动，以及重点突出的举措，这才是最重要的。我将从我们的主场开始，从国际建筑师协会开始。有关残疾人的问题在过去已经有很多次讨论了，但是却从来都没有成为一个主要的课题。随着北京大会的召开，情况已经发生了改变。我们举办了一次非常成功的研讨会。我们决定要在此基础上，制定一个区域性的工作计划，其主题就命名为"建筑与残疾人"。我们的两名成员已经接受委任，负责主持这项工作计划——哈曼·格劳斯特拉（Harmen

Grunstra）负责荷兰地区的事务，约瑟夫・关（Joseph Kwan）负责香港地区的事务。

重要的是这项计划的目标："建筑与残疾人"将突出建筑师的社会敏感性，即建筑师对人类的关怀。同过去仅仅停留在相关的法规，以及似曾相识的话题不同，本次工作计划旨在关注建筑师对于残疾人相关事务的影响力，以及为了实现一个更平等的建筑环境与所有人都可以共享环境，建筑师如何能担当起领导者的职责——其中的关键词是"所有人都可以共享"、"影响力"和"领导者"。

我相信，我们正在经历着一个停滞的阶段，这是一个僵局。有人会说，很多人都对残疾人话题感到很"无聊"。让我们承认吧。我们现在比以往任何时候都更需要新思想的注入。我们还需要让南方和北方的会议议程相互适应，这两个地区的会议议程的侧重点是不同的，但最终的目标却是一致的。一般来说，北方的会议议程重在优秀立法的执行，而南方的会议议程则都是由一些基本的事务组成的，换句话说，基本上是从零开始的。

是时候要评估一下了，看看我们的决定和行动，是不是对所有人都有意义。我个人认为，通过解决城市难以接近的问题，我们会获得非常多的收获。所以，我请大家来探讨，我们如何才能让我们的城市，换言之，也就是我们的公共广场，我们的人行道等等，对所有人来说都是无障碍的。让我们为此做些什么吧——为了所有人的权益，无论是身体残疾的人还是健全的人。令人鼓舞的是，公众舆论正在意识到这一点——举例来说，三周前，在法国的《费加罗报》（Le Figaro）上，刊登了一篇占据了两个版面的文章，其标题就是"城市丛林中的残疾人"（A Handicapped Person in the Jungle of the City）。

再谈一谈"立法"（legislation）这个词。我认为，它有必要是一种更加灵活的系统，其中包含了最低标准和指导方针，至少在最开始的时候，它可以被解释为一种可供选择的建议。随着时间的推移，并伴随着有关"独立生活"概念的成熟，它们也会逐渐转变为强制性的。

越是相对发达的国家，例如马耳他（Malta），其肩膀上所承担的责任也就越重大。事实上，我们在这里召开会议，讨论有关于残疾人的话题，就在同一天，你们已经创建了新的总部，这就意味着马耳他的建筑师们已经充分认识到了这份责任，并已经下定决心要贡献自己的心力，甚至跨越国家的界限。这确实是非常重要的，因为这项举措会涉及不同的国家，会有助于建造一幅全世界的图景。这就意味着，全世界所有的建筑师在道义上都负有责任，要尽自己最大的努力去为残疾人设计，那就是通用的设计，是主流建筑的一部分。

27

希腊残疾人的关键时刻

"ILI & KTIRIO" 杂志
Intracord 有限责任公司编辑 / 莉娜·科斯克西杜（Lena Koskosidou）
雅典 / 2003 年 9 月
摘录 / 原文：希腊文

人们普遍认为，我们对待残疾与残疾人的方式，可以作为衡量我们所生活的社会中，敏感性、人性与整体哲学的一种标准，同时也是衡量我们每一个人人性的标准。在日常生活中，我们意识到在政治、文化、经济、社会和道德方面都存在着很多的障碍，这些障碍使我们当中的一些人，没有办法像其他人一样，享有同样的权利与平等的机会。此外，残疾人还会面临很多特殊的障碍，限制了他们自主行动与独立生活的权利。

建筑师的作用

建筑与城市规划，可以成为拒绝社会排斥的有效工具。若是没有无障碍的建筑环境，那么我们对于无障碍社会的愿景也是无法想象的。建筑师和城市规划师们可以找到适宜的方法，最大限度地提高对残疾人友善的设计的影响。对现有建筑法规的修正，是获得有意义结果的必要前提。

众所周知，要想解决与残疾人相关的问题，就需要各专业人士的共同努力。只要拥有适当的专业知识，建筑师就可以在前面领导着团队迈向一个更友善的建筑环境。但事实并非总是如此。在为残疾人进行规划设计的时候，专业顾问的贡献是非常必要的，这就好像向消防专家咨询防火事宜一样。有一些国家已经开始这样做了。

有关于残疾人规划的知识，一定要共享。国际建筑师协会组织了一些研习会和专题讨论会，就是为了要对这一领域的经验进行国际交流。无论国家或是业主赋予他们的具体职责是什么，建筑师可以通过自己的工作与努力，产生决定性的影响。

什么是残疾？

无障碍的环境和独立的生活，并不仅仅适用于存在行动障碍的残疾人。它们对很多其他类型的残疾人都有很深的影响，例如盲人、聋人，甚至是儿童和老人。为使用轮椅的人们设置坡道，这只能解决一部分问题。轮椅，被广泛运用于代表残疾人的标志，它对我们造成了一种误导，容易让我们忽视其他形式残疾人的需求。因此，我们必须要始终牢记，为残疾人做的规划实际上要复杂得多。

残疾人事务处和设计说明

自 1986 年以来，在公共工程部已经成立了残疾人规划事务处。这个部门的工作是由阿尔基罗·利凡特（Argyro Leventi）负责的。

这个部门主要的任务，就是为所有与残疾人有关的建设项目提供建议——从建筑设计到公共开放空间的设计。该部门还为建筑法规的修订提供了协助，并制定出版了一份名为"设计为所有人服务"的设计说明。这份手册的编写参考了所有相关的国际与欧洲法律规范，并适用于希腊的实际情况。

希腊立法

在希腊关于残疾人规划的法律条例当中，并没有足够充分的资料。2000年，政府推出了一份新的修法，对原有的建筑法规进行了实质性的修改与完善。尽管立法毫无疑问是必要的，但是建筑师的设计之所以应该为"所有人"服务，并不是因为法律与法规的存在，而是因为我们确信，这件事是正确的。

在立法和执行之间存在着矛盾，这是一个主要的问题。没有真正贯彻实施的立法，是没有任何意义的。目前的法规执行情况如何？有没有人曾经去检查过坡道的斜度，并确定它们能否适合乘坐轮椅的人，在没有他人协助的情况下能够顺利使用？谁又来检验在卫生间有没有正确选择与安装适当的配件和设备？

公共建筑和公共空间，必须要成为卓越的基准。因此，在公共建筑中实施残疾人相关条例，将会为酒店、私人学校和商业中心等类型项目的设计和建造树立标准。住宅和公寓楼的设计和建造也会紧随其后。

总的来说，我们已经在前进了。尽管我们距离实现残疾人独立生活的理想水平还有很长的一段路要走，但是我们的意愿和心态正在发生着变化。老旧的建筑正在经历改造，其中就包括专为残疾人设立的设备和特殊条款。在酒店建筑中，规定至少要有 10% 的客房是为残疾人设计的。但是，在学校和大学，我们又为残疾人做了些什么呢？

我们都是不同的

试图去判断，怎样才算是一个"正常"的人，这是没有意义的，理由很简单，因为并不存在某种人，他就叫作正常人，幸运的是，我们每个人都是各不相同的。建筑设计需要考虑到这一点。

我们必须关注的事

建筑师要尝试着将自己放到使用者的位置上，要始终将无障碍的环境视为一种有利的条件，即使是对身体健全的人们来说，这也是一项有利的条件。

除了设置坡道和电梯以外，在私人建筑中仍然普遍缺乏专为残疾人准备的设施。地面抬高的问题是必须要引起重视的，特别是当建筑物和人行道之间，没有足够的空间来设置坡道的时候，因为这是一个很难解决的问题。

制造业已经成为建筑业的一个重要盟友，因为我们可以在市场上找到越来越多的设备，有利于实现独立的生活和无障碍的环境。

公共空间

公共空间的范围需要被明确地界定出来，并被保护不要受到第三方任意的干扰。在人行道的中间摆放立柱式的广告牌，以及其他形式的障碍物，会对残疾人的行动造成阻碍。人行道逐渐减少，最初为了帮助轮椅使用者的出行，通常会利用主要的摩托车道和自行车道作为人行道使用。毫不夸张地说，（不当的）人行道有可能会创造出（更多的）残疾人。

有两份出版物，着重分析了这种令人无法接受的状况，这两份出版物是由希腊脑瘫研究部门所编写的，题为《雅典，一座残疾人难以接近的城市》。其中还包含了在建筑师帕纳伊斯·普索莫普洛斯（Panayis Psomopoulos）的指导下，对残疾人进行的问卷调查。

建筑师必须要在团队协同努力的过程中担任起领导者的职责，要确保所有的公共空间都是没有障碍的。残疾人无法独立地行走，这就相当于是社会排斥。我们需要将障碍物清除干净。将这种状况归咎为不是凭一己之力就能扭转的，这只是一种毫不费力的借口。我们每一个人——官员、组织、建筑师和一般民众——全都要为这种状况承担责任，之所以会出现这样的状况，仅仅是因为我们的不作为。这种不作为，对我们来说是没有任何好处的。

一般而言，设置人行道确实是一个好主意，但前提条件是不会有车辆使用，除非在紧急的情况下。只有当一个五岁的孩子能够自由地玩耍或安全地行走时，人行道的设置才会体现出它存在的意义。雅典由于很多考古遗址的合并，使得一些车来车往的繁忙街道转变为了人行道。这种非常明显的变化正在慢慢地开始改变民众的心态。但是，很显然，这样的人行道，尽管从审美的角度看是令人愉悦的，但是却不能保证残疾人的畅通无阻。光滑的铺面之后，常常紧接着粗糙的铺面，而后者是完全不适合轮椅通行的。此外，对视障人士起到引导作用的铺面也常常断断续续，这些人行道的材料选择常常都是不太明智的。

最近，我们在雅典公共区域的无障碍设计方面取得了一些进展，例如，通过一些干预措施，改善了城市广场的无障碍环境，使所有人都可以享有使用的权利。可是，单靠这些干预措施还是远远不够的。要想让残疾人可以真正独立的生活，那么，在步行和交通链上所有的障碍物就都需要被清理干净。

每个地方，公共交通的状况也是各不相同的。雅典的地下交通就是一个很好的例子，可能在世界上也是独一无二的，可以确保残疾人能够无障碍地进入到每一个月台。而在公共汽车方面，情况就不同了。考虑到公共汽车会不断更新，所以缺少专门为残疾人设置的斜坡，不过，还是一个比较小的问题。更严重的问题是，尽管公共汽车的司机都曾经接受过相关的培训，但他们还是不情愿去操作这些斜坡装置，而且其他乘客们也会对由于残疾人上下车而造成的延误而感到不耐烦。一个最重要的、急需改变的事情，就是我们对待残疾人的态度。

品质决定了区别

大多数关于残疾人的规定都只侧重于尺寸和型号。将品质标准引入参考的案例是非常罕见的，这可能是因为在设计中详细地规定品质标准是很难达成的。只有建筑师才有能力填补这项空白。

更多的公益性住宅

荷兰是残疾人规划的先驱之一。在荷兰，人们普遍接受要保障所有特殊居民享有平等权利的观念，其中就包含残疾人。因此，在政府的住宅计划当中，逐渐规划要将所有类型的用户融合在一起。国家并不鼓励兴建专门针对某一特定类型租户的住宅——比如说，有行动障碍的残疾人或老年人。

下面，我们要列举一些创新的住宅项目，这些项目为残疾人的规划开辟了新的道路。

• 适应性住宅——这些住宅被设计为非常易于修改，可以满足任何残疾使用者未来长期的，或是暂时性的需求。

• "混合式"住宅群——在这些住宅群当中，有一些公寓是专门为残疾人设计的。这样，在同一栋公寓楼中，残疾住户与非残疾住户的共处，有助于消除民众对于残疾人的偏见，而在我们的社会中，这种偏见仍然是存在的。

- 智慧型住宅——其中包含创新的技术和电子控制系统，再加上适当的结构创新，可以使残疾人更容易地使用建筑。
- 可变用途的住宅——这类住宅建筑的设计，是为了满足不同人群的特殊需求。位于法国的"Maison Zoom"项目，由建筑师格罗萨波（Grosbois）和索特（Sautet）设计，它是针对四种不同类型的住户而专门设计的——一对普通的夫妇、一个有小孩的三口之家、一名残疾人，以及一对老夫妇。

对未来的思考

最后，我想要谈一谈我个人对于未来的看法。

- 调查研究，以及根据调查结果而进行的具体操作，都应该让建筑院校参与其中。对于未来的建筑师来说，这是一种最好的方法，可以使他们熟悉问题的本质。
- 为既有建筑的翻新提供资助金，特别是对那些财务状况欠佳的业主。
- 各县市都将得到财政上的支持，鼓励他们创建无障碍的公共空间。
- 监管立法，控制对于公共区域的使用，比如说人行道等。店铺不允许"向外扩张"。要移除公共区域的障碍物，例如，会阻碍轮椅使用者和行人自由、安全行进的很多类型的设施。
- 要对规范条例进行扩展，将建筑当中更"难以处理"的部分也涵盖进去，比如说剧院的舞台和演讲厅等。
- 在紧急情况下，找到合适的方法，让残疾人可以安全地从建筑物中撤离，就目前来说，这几乎是一个无法解决的难题。我们需要研究与创新，希望可以由此创建出相关的规定。
- 必须要设置适宜的引导标志，而且还要易于看到。
- 与无障碍设计和残疾人相关的杰出建设项目的信息传播。建筑师在说服公众接受独立生活的社会效益，以及残疾人的平等权益方面发挥决定性的作用，其价值将会远远超过实施"正确的"设计方案所必需的额外成本。

具有社会敏感性的建筑师

有一点是可以肯定的，那就是在未来，技术的发展将会给残疾人的日常生活带来巨大的变化。通过技术飞跃和医疗研究，将会找到攻克目前残疾人所面临的很多难题的方法，无论这些残疾人能不能行走。

当可选择的范围变得更大的时候，建筑师也会随之变得越来越重要，因为他们需要掌握更广泛的词汇表,这样才能确保最优解决方案的实施。然而,无论是什么,包含技术在内,都不能凌驾于对人类同胞的照顾之上。很明显,具有社会敏感性的建筑师身负着一项使命,它是超越规则和设计标准的。我们有责任去迎接这项挑战,并带领着我们的专业团队朝着这个目标前进。

建筑与可持续性

28

建筑师与可持续性

世界社会发展峰会 / 非政府组织论坛
哥本哈根 /1995 年 3 月 9 日
摘录

    我们是建筑师，没有一个建筑师在面对可持续性问题的时候可以闭上眼睛。对环境问题视而不见，却还能继续自己的职业，这是不可能的。我们所有的建筑师都要专注于可持续性的概念，这是无可改变的。但我们身为建筑师的同时，我们也是人类。人类并不是一种简单的生物。他们是一种社会的群体，他们的生活和行为都要处于一定的社会关系当中。因此，我们需要以为他人造福为己任，无论是活在当下的其他人，还是未来的世世代代。

    作为唯一的世界性建筑师组织，国际建筑师协会有责任在全世界范围内解决可持续性问题。社会模式会影响我们建造的方式，因此，社会与建筑环境之间的相互关系就会成为，或是也应该成为我们专业努力的基石。所有，世界上存在的社会差异和不平等的状况，都需要受到重视，并寻求解决之道。

    我们知道，在一些国家，富有是能源消耗方式的根源。但同时，我们也知道，贫穷也会加剧一些国家的环境恶化程度。因此，无论是富有还是贫穷，都可能会成为生态危机的成因。我们的工作是努力去营造一种对环境友善的建筑环境，但是，它需要一个先决条件，那就是要为所有人提供充足的庇护。如果达不到这个先决条件，那么我们就还不能开始讨论最低的生活标准，一旦这些最低的生活标准获得了保障，其后为环境而进行的奋战就会变得更加富有成效。

    这当然是真理，但同时我们也知道，真理从来都不是简单的。因此，我将借鉴伊斯梅尔·塞拉盖尔丁（Ismail Serageldin）在"关于饮用水与环境卫生部长级会议——实施 21 世纪议程"上的专题论文，发展出一个更具综合性的行动计划，即尽管新老议程之间存在着差异（"老议程"旨在为大量居民提供基本的庇护，而"新议程"则倡导需要一个可持续发展的、对环境敏感的建筑环境），我们致力于新议程的实施，但同时，也将继续处理老议程中尚未解决的问题。这是我们每个人都在面临的一个挑战。

这项挑战发源于两个里程碑——布伦特兰委员会（Brundtland Commission）的报告和里约峰会（Rio Summit）。还有两次峰会同建筑行业有直接的利益关系，一次就是目前的峰会，另一次是 1996 年 6 月在伊斯坦布尔举行的人居二"城市峰会"。国际建筑师协会的贡献在于组织了两次国际会议——1993 年在芝加哥举办的主题为"为永续发展的未来而设计"的大会，以及下一年度在巴塞罗那举办的主题为"现在与未来——城市的建筑"大会。

实施可持续发展的措施是一项会令人望而却步的责任。它之所以会令人望而却步，除去自身的原因之外，还因为总是会有一些利益集团在朝着相反的方向进行游说。在我们迈向可持续发展的城市过程中，市场的力量会不断地受到挑战。为了使城市的扩张不要导致环境的恶化，我们必须要实施有利于可持续发展的技术和制度方法，如此才能推进有利于环境永续的解决方案。

然而，任何事情都是不可能一蹴而就的。为了达成永续发展的目标而设计，将会是一个漫长而艰苦的过程，因为在这个过程中，无论是政府当局，还是业主和我们，我们每一个人，都需要鉴定信念并承担义务。因此，尽管一开始的目标可能并没有那么野心勃勃，但是我们却必须要为更激进的计划争取时间。而且，考虑到全世界的国民生产总值（GNP）和收入相当不均衡，我们还要评估一下，是否那些先进的建筑行业的环保技术对发展中国家来说存在着逻辑上的不合理性，存在着内在的矛盾，因为如果这些新技术过于昂贵，只有极少数国家才有足够的财力负担，那么这些技术又怎么可能会对关系到地球环境的问题产生什么大范围的影响呢？

建筑师们需要创造出一种新型的建筑。为了要获得成功，我们首先要做的就是要让客户相信，环保议程确实需要一种新型的建筑来支持。要说服客户接受这种观念可能不太容易，因为在这个过程中，我们不可避免地会涉及成本增加的问题。下一步，也是更困难的一步，就是我们要有意愿为了自己的信仰而奋战，并看到它的实现。关于这一点，我们拥有技术上的盟友，因为技术的发展一直都是领先于建筑和社会需求的，至少是与建筑和社会需求齐头并进的。技术进步是科学研究的结果。在这方面，我非常赞同穆罕默德·艾什里（Mohamed El-Ashry）的话，他说："前进的道路靠的不是新的方法，而是务实的、实用性的行动，是多年来的研究、分析与编制文件的工作。"

我要举几个例子，来说明一些行动计划和创新的设计方法。这些例子并不一定是最重要的，但却可以作为实际行动的案例，来说明其多样性。

- 积极鼓励建筑技术的转移，特别是最新发展水平的建筑技术。
- 与使用者合作的协作方法。
- 修订建筑法规与价格激励相结合。
- 探索新的住房理念，比如说"共同生活"（living together），就像日本的共栖城市。
- 建筑物和建筑的表面与环境之间的相互作用。
- 鼓励发展本土的结构系统。
- 理智地选择建筑材料，不要仅仅只是对一些热带木材和塑性材料直接说"不"。
- 具有渗透性的人行道。

幸运的是，现在已经有很多建筑师开始接受了这项挑战。未来一定还有更多的建筑师跟上来。国际建筑师协会，也会为发达国家和发展中国家之间的知识与资源交流提供协助。协会可以组织专家普及服务，可以举办国际竞赛，也可以当地方组织在可持续发展与环境敏感的建筑问题上与当地政府存在矛盾的时候，为地方性组织提供必要的支持。同时，我们也鼓励对于关键性的问题进行区域性的解释。

再多的理论回馈也不会令我们走得更远。我们需要将理论转化为可以付诸实践的具体步骤。在这方面，挪威建筑师协会的一项行动计划为我留下了深刻的印象。这套行动计划包括学习之旅、地区性的工作小组、学生竞赛，以及项目展览等等，引用他们的说法，"本战略旨在将这个行业所有的部分都纳入进来，研究院、图书馆、博物馆、杂志，以及建筑学院。在这项工作中，我们将强调项目的跨专业合作特性，特别是地方性的规划补助，以改善当地的环境品质，并整合土地利用和交通规划。"我相信，这样的做法绝对是正确的。

很明显，防止生态破坏的设施一定是必要的。要想有效地预防生态破坏，就需要接受过教育的管理者，以及接受过教育的民众。因此，教育是环境保护的一个关键性因素。教育，不应该仅仅局限于针对专业人士和公务员而设置的课程。它必须要从大学开始，针对所有的学生，而不仅仅是建筑系的学生，使他们理解可持续发展的概念。将有关于环境问题的学科合并入大学生的课程是有必要的，它不仅是有意义的设计决策的基石，同时也是施工技术与细部的实际本质。未来的设计师和政策的制定者，必须要从一开始就意识到可持续发展的重要性。

所谓教育，指的并不仅仅是教学。教育始于一个人自己的榜样和生活方式。无论是集体还是个人，我们都有各自的责任。德国表现主义画家乔治·格罗什（George Grosz）的说法很恰当，他说"个人的犯罪，就是重大犯罪的一个镜像"。因此，树立起一个个人的榜样是非常重要的。我们不能让全球性的思维蒙蔽了双眼，而忽视了一些区域性的问题。

教育继续以那些具有影响力的群体为榜样。这些人常常会成为潮流的引领者。满足于比较少资源的生活方式，可以变成一种体现荣誉与社会地位的象征元素。而这种思维模式反过来又可以开创一个新的方向，进而找到新的模仿者。举例来说，谁又能想象的到，牛仔裤也会成为一种时尚呢？

我想提出一个语言学上的问题，这并非是一项智力测验，而是因为我认为，我们对这个术语的理解是非常重要的，而这个术语就是我们今天聚集在这里所讨论的主题。大家应该已经猜到了，我指的就是"可持续性"（sustainability）这个术语。这个名词在20世纪80年代成为人们所关注的焦点，但是在此之前，它就已经被很多学科所熟知和使用，例如森林保护和动物种群的控制等等。在布伦特兰委员会报告之后，这个名词突然间获得了一种光环和神秘感（正在慢慢消失），或者说得更准确一些，这个词的确切含义变得有些模糊了。它到底是一个"静态的"词，还是伴随着不断发展变化的全球现实，也存在着内在的动态进化呢？

更让人感到困惑的是类似于"可持续增长"（sustainable growth）这样的术语。伊丽莎白·道德斯维尔（Elizabeth Dowdeswell）认为这是一种矛盾的修辞法。我同意她的观点，但是话说回来，"可持续利用"（sustainable use）这个说法又是什么意思呢？我认为，这就是简单的专业术语。另一方面，我们还发现了这个词有很多相关的用法。在雅典的一个木材堆置场，我看到一些原木上写着一条标语，"在瑞典永续的森林中生长"。这样的说法是有意义的。我可以这样理解，它意味着通过有计划的砍伐和重新种植，至少可以使森林保持在一个正常的状态。

我想要建议安娜·玛丽·彼得森（Anna Marie Petersen），会同她工作计划中的专家小组一起，编列一本词汇与术语辞典。如果能够扩展到其他的语种，那么它的价值就会成倍增长，因为使用一种语言，是很难，或者根本不可能准确表达出另一种语言的相同含义。首先，同时也是最重要的，当然就是"可持续性"这个术语，它的确切含义几乎无法用一个词翻译为其他的语言。

政策决策的基本参数，无论是建筑方面还是社会政治方面，从现在开始，都只能源于一种坚定不移的信念，即我们必须要与大自然和谐共处，而不是与之抗争。而且，我们必须要"在这个星球上小心地处理环境问题"（tread lightly on the planet）。[1]然而，保护环境这个问题，一定要从常识的角度来看待，而不需要诉诸民粹主义，或是陷于老生常谈。为了给予珍贵的自然遗产最好的保护，我们必须要用我们这个时代的规则，用现实的情况来进行这场游戏。

我们还必须要为未来做筹划。请允许我引用 1994 年联合国教科文组织的工作文件《1996 -2001 年规划草案》当中的内容，并在必要的时候进行解释——"在这样的一个时刻，人类的权利和社会的权利正在越来越变成一种普遍的参考标准，由建筑师提供一个论坛，反思分析科学和技术进步当中蕴含着哪些道德含义，这是非常重要的。当今世界日益全球化的特性，以及日益复杂化的问题，使我们有必要采取一致性的行动计划。我们一定要找到解决环境与发展问题的办法，同时，也要在不同的技术选项之间做出抉择。"

技术会提供方法，但它还是要尊重于社会层面的需求，这就使得更有利于环保的建筑变得更为可靠。换句话说，只有当人们的行为模式发生了改变，建筑才会真正同可持续发展和谐共处。大家可以预见到，建筑的风格将会逐渐变成次要的因素，就像人们过去所认识的那样，其他类型的审美价值会慢慢浮现出来。这些新的表现形式必须要符合环境标准。这对于我们的专业来说无疑是一项难度很大的任务。让我们带着希望的消息，以及面对新挑战的意愿离开这次世界首脑会议吧。让我们一起来设定一个目标。

参考文献

1. Koren, Leonard: *Wabi-Sabi for Artists*, *Designers*, *Poets & Philosophers*. Berkeley 1994.

29

发展中国家的可持续性与特性

国际建筑师协会 / 2004 年度新加坡建筑师协会（SIA）区域论坛
新加坡 / 2004 年 10 月 27 日
摘录

可持续性和特性，这是两个需要同时解决的问题。就可持续性而言，仅仅在富裕的国家努力追求卓越的生物与气候品质，这是站不住脚的。同样，在考虑建筑特性的时候，我们也不能接受将所有专业的关注力都集中于对历史中心，以及那些被收录为世界文化遗产的建筑项目的保护上。在很大程度上，"特性"是一个内涵更广泛的概念，它反映了建筑对整个城市以及整个地区所产生影响的累加效应。

我们在争取可持续发展方面潜在的参与程度，可以通过以下事实来衡量：建筑物的建造和运营所消耗的能源，约占一次能源消耗总量的三分之一，而在这一过程中所排放的二氧化碳，则占了二氧化碳总排放量的一半以上。所以，问题的关键并不在于我们是不是有能力负担得起兴建这些所谓的环保建筑的成本，而在于我们是否有能力根本就不要去建造这些建筑。

请允许我在这里强调一个论点，这个论点有一些自相矛盾。如果我们同时并抱持着同样的目的，来致力于我们的会议议程，那么我们就会陷入僵局，因为我们逐步创建可持续发展的世界这个奋斗目标，与现阶段改善世界上所有居民生活品质的希望，是互不相容的。如果全世界都达到了发达国家的生活水平，那么首当其冲发展起来的就是汽车和建筑，但是随之而来的对能源和资源的需求，也将会进一步削弱我们的地球，或者出现更糟糕的结果，甚至使我们的生存都难以为继。

这个问题并不仅仅是一个理论上的假设，它已经实实在在地发生在我们的家门口了。发展中国家正在迅速"跟上"发达国家的步伐，至少在能源消耗问题上是这样的。帮助发展中国家提高生活品质，使之能够永续发展，这并不是一项慈善事业。这样做对发达国家来说也是有利的。如果我们不能在更广泛的世界范围内解决可持续性的问题，那么我们在发达国家所做的所有努力，都会沦为沧海一粟。

正如孟山都公司（Monsanto，美国著名农业生化公司）的首席执行官罗伯特·夏皮罗（Robert Shapiro）所说的，"我们不能指望世界上其他的国家能够放弃他们的经济抱负，如此我们就能继续享受清洁的空气和干净的水"，那么，我们的选择又是什么呢？发展中国家的数十亿人民，都正在期待着生活品质的提高。我们应该怎么做呢？

一种方法就是回归到马尔萨斯（Malthus）的理论，即世界人口的减少。不幸的是，由于营养不良、战争和种族排斥等原因，这种情况在世界上的一些地方正确确实实地发生着。艾滋病的盛行也是另一个造成人口减少的重要原因。一名在中非执行飞行任务的飞行员观察到，一些之前有人类居住的村庄，现在已经慢慢又被森林覆盖了。这是一场人道主义的悲剧。

另一种方法是最大限度地开发技术潜力，特别是可再生能源技术。这有一个条件——我们要以全球性的思想来考虑问题。

想要逐步实现一个可持续发展的世界，就需要新的设计理念和过程，例如建筑师如今正在实施的设计理念和过程。有利于环保的建筑设计，正在逐渐成为我们建筑的内在核心。要想真正做到这一点，单单凭借天赋和才能是远远不过的。我们需要尽可能多地"熟悉"与可持续性设计以及绿色技术相关的课题。因此，我们必须要有途径去接触到这些知识，并使之成为我们的设计工具。这对于一些人来说可能是很容易的，但是对另一些人来说可能就不那么容易了。对我的一些同事来说，要获取到这些知识是非常困难的，因为他们的工作环境的恶劣程度，是我们大多数人都无法想象的。我们需要找到一种方法，让每个人都有机会公平地使用绿色技术。因为只有这样，我们才能最大限度地解决我们所面临的可持续发展问题，以及地球的问题。

目前，同以往任何时候相比，建筑的特性越来越成为一个具有争议性的话题。同时，它或许也是一个令人感到困惑的话题，特别是对普通的民众而言。我们都知道，建筑并不是一成不变的，最终的建筑产品通常都是当今的设计实践吸收了新技术的产物，同时，又会与传统的东西交织在一起。

在建筑中，新的技术和传统一直以来都是和平共处的。但是，当前的情况与过去相比，存在着两个主要的区别。当前，技术的进步是连续不断的，而全世界的技术和材料正在变得越来越接近，这一点也同样重要。我们所面临的挑战是显而易见的。尽管技术越来越普及，材料的差异性越来越小，但是如果给予建筑师足够的自由创作的空间，他们还是可以为世界上的每一个地区创造出具有地方特性的建筑。换句话说，就是通过我们今天所创造的建筑，来保存我们的遗产中所固有的永恒价值。在发展中国家，他们一直以来都在从更发达、更富裕的国家引进建筑风格，现在是时候该做出改变了。每一个国家都拥有自己的文化底蕴，都能够为世界建筑的发展做出自己的贡献。

众所周知，对发展中国家建设项目的国际贷款和财政支持，通常都是同建筑师捆绑在一起的。同样的现象，在所谓的"投资人建筑"（investor architecture）当中也很常见。这两种做法，都不利于在发展中国家建立起强大、并拥有竞争力的本土建筑公司。在需要尖端专业技能的复杂项目中，只要能够维持平等的伙伴关系，那么发展中国家的建筑师就可以选择与来自更发达国家的建筑师一起合作。

为每个地区创造不同的建筑物，可持续性就为我们提供了专业上的可行性。没有任何两个环境是完全相同的，在世界上的每一个地方，处于环境当中的建筑都可以为这个地方营造出其专属的特性。来自发展中国家的建筑系学生走出国门去学习，当他们再回到自己的国家并开始专业实践的时候，就可以扮演起"环境桥梁"的角色。他们掌握了很多来自于发达国家的专业知识，因此就能够在可持续性问题上发挥出更大的影响力。同样，在地方特性问题上也是如此。

我相信，我们所面对的很多问题与困境的解决之道，都将会来自于亚洲。亚洲不仅是人口最多、种族最多的大陆，同时也是最具决定性的地区，因为有很多全世界都在面临的问题，在这里的表现相较于其他地区都更为突出。国际建筑界越来越关注于亚洲的情况，因为正是在这里，我们可以看到对环境议题以及特性议题更清晰的愿景。

这样的愿景到底是什么，它的最终目标又是什么？我认为，只有通过可持续性的建筑，才能使每个地区都表现出自身的独特性。如果这一愿景不够清晰，如果我们的优先顺序没有明确，那么我们就只能陷入目光短浅的境界。我们有很多富有开创精神的建筑师，他们创造了许多杰出的建筑作品。但是，当我们以更大的视角，即以全球的视角来看待这些作品的时候，就会发现它们的影响力其实也是非常有限的。这并不是说我们之前所做的一切努力都是错误的。事实恰恰相反。我们需要继续前进，更上一层楼。正如美国诗人和文学评论家埃兹拉·庞德（Ezra Pound）所写的：[1]

"我们已经想得太久了，

我们的主张并非不好，

只是经历的时间太久了"

未来并不一定是没有希望的。在世界上很多地方，都开展了关于生态建筑的富有启发性的工作。例如：

• 比勒陀利亚（Pretoria）附近象牙公园（Ivory Park）的生态城。

• 墨西哥的生态社区——一个由达姆施塔特大学（the University of Darmstadt）发起的项目。

• 卡雅利沙镇（Khayelitsha）的 Kuyasa CDM 项目，在这个项目中，超过 2300 户的低收入家庭都加装了太阳能热水器、隔热天花板，以及高效节能灯。

• 在西非，有一个由芬兰建筑师事务所牵头进行的开创性合作项目 [2]，使用当地的环保材料，从而降低了建造成本。

• 在马来西亚和亚洲其他地区，著名建筑师杨经文在生态建筑和绿色城市领域开创性的工作。

• 由澳大利亚建筑师肖恩·古德赛尔（Sean Godsell）设计的获奖作品"未来小屋独奏曲"（Solos Future Shack）。这栋建筑由一个长度为 6.6 米的船运集装箱建造而成，里面配备了最低限度的家具，还包含一个盥洗室。这栋建筑可以依靠太阳能维持日常运转，并能够被运输并置放在应急地点以供使用。同时，这个项目也证明了，建筑师可以创造出简单而重点突出的解决方案。

• 类似于由布鲁诺·斯塔格诺（Bruno Stagno）领导的圣何塞（San José）热带建筑中心研究所这样的科研中心，可以丰富我们对气候，以及气候变化的理解。

为了实现其长期的潜力，建筑和规划必须要拥有足够的自由发展空间，不应受到太多关于环境保护和遗产保护的条条框框的限制。这听起来可能有点像是异端邪说，但我认为，当涉及如何在环境敏感与历史敏感的区域进行规划的时候，以及判断在保护和干预之间应该如何拿捏、应该在什么地方划分界限的时候，规划们必须要考虑到这一点。未来将会根据它自己的标准来对我们今天的工作进行评价，而未来的标准与我们当前的标准很可能是完全不同的。没有任何人能够准确地预测，未来的标准到底是什么。

　　　　　　　　　　　　第一部分　演讲与论文

以下三种主要的干预测试说明了我的观点：

- 塞纳区的长官奥斯曼（Haussmann），当初在创建我们现在所珍视的巴黎建筑文化遗产的时候，对这座中世纪城市中的大部分区域都进行了大规模的拆除和破坏。我们今天对此会作何反应呢？

- 在 19 世纪初期，曼哈顿的兴建，可能是当时最严重的生态灾难之一。那是一座美丽的岛屿，树木繁盛，山峦起伏，为了配合我们大家都熟知的网络规划，当地的自然轮廓线被抬升起来变成了平坦的基地，而这项计划开始于 1811 年行政长官的规划。以我们目前的标准来评判，我们会不会宽恕这一切呢？

- 在我的故乡雅典，对于在雅典卫城修建第一座神庙———一座由岩石建造的雄伟壮观的建筑，毫无疑问，已被列为自然遗产———民众和各环保团体会作何反应呢？

要让社会给予建筑师与规划师更多的信任。在一段时期内，同主流的思想背道而驰，从长远来看却可能是有好处的。就以北京为例。有谁能够预见当前建筑业的蓬勃发展，会产生什么样的最终效应？大兴土木的建设势必会导致大规模的拆除。或许将来有一天，北京的建设也会被视为同奥斯曼的巴黎一样。

最重要的一点是，我们绝不能忘记，世界各国人民之间的和平，是我们所向往的自然环境与建筑环境存在的基础，同时也是我们的地球理应得到的可持续发展的基础。

参考文献

1. Pound, Esra: *Canto XXV from Selected Poems 1908-1959*. London 1975.

2. Hollmen, Saija / Reuter, Jenni / Sandman, Helena.

30

与现实状况相协调的可持续性建筑

中国建筑学会年会："和谐社会中的和谐建筑"
西安 /2007 年 10 月 13 ~ 14 日

1979 年，英国大气物理学家詹姆斯·洛夫洛克（James Lovelock）提出了一个非常重要的理论，即著名的"盖亚假说"（Gaia Principle）。它说："地球是一个巨大的生命有机体，地球上所有的生物、化学和水文过程都是协同运作的。"这个理论直接的结论就是，当你损害了这些过程当中的某一个过程，那么其他的过程也会随之受到牵连，或者更准确地说，有的时候你甚至不知道自己已经造成了多么大的影响。这就正是我们今天在地球上所看到的状况。这一连串的事情都是具有毁灭性的，而身为建筑师，我们必须要在自己的专业活动范围内，尽其所能，对错误的事情予以纠正。

关键的问题是建筑物的兴建与环境破坏二者之间的关系。很多事实与数据资料都凸显了这样一个显而易见的道理——建筑，就是导致我们自然资源逐渐枯竭的罪魁祸首。为了减轻建筑对环境的破坏作用，我们需要一种新的哲学的方法。迄今为止，"建筑一直都被视为一种主宰自然的方式"。[1] 我们知道，不好的事情已经发生了，而且我们正在面临着可怕的危机。我们需要的是一种更温和、更具人性化的建筑方式，其目的就是要与自然共存。我们要永远记住，地球是很脆弱的。

没有人会怀疑对可持续性的关注，正在从根本上改变着我们的建筑实践。而目前建筑师所做的事情太少了，速度也太慢了，这一点同样也没有人会怀疑。另一方面，我们的业主，无论是政府单位还是私人业主，到目前还是不相信绿色建筑也具有经济上的意义，同时也不准备将建筑物生命周期的评估纳入考量。

在施工方法的选择上，我们常常会陷入一种进退两难的困境：选择高技术还是低技术。其实，这只是一个伪困境，因为这两种选择都有可能是合理的，具体要取决于项目的类型以及所在的位置。如果我们选择了低技术的施工方式，那么能源效率、成本以及建筑的品质就是主要的参数，例如，夯土、再生木材，或是其他"替代性"材料；而在天平的另一端，使用尖端技术的高科技建造方式，特别适用于大规模生产的经济适用性建筑。只要我们坚持以可持续发展为奋斗目标，那么我们就会拥有很多种方法，其中也包含"生态纯粹主义者"（ecological purists）[2]所采用的方法。

可持续发展有没有价值？在很多人看来，在"绿色"技术领域日益增长的专业知识，主要被视为新市场的开发工具，特别是比较弱势的人群。这就无异于认为，对地球的考虑只是次要的问题，由此就进一步扩大了富人和穷人之间的鸿沟。这是一种伦理道德上的思考。我们的职业亦是如此。仅仅在中国，预计在未来的五年之内，有关"绿色"的商机就将会高达 3000 亿美元。那么又有谁会从中受益呢？这就是关键的问题所在。

有关可持续建设的法规，正在逐渐成为我们生活中的一部分。欧盟及其《2002/91 指导方针》，已经开始从根本上改变了建筑的建造方式。此外，根据建筑物的可持续性表现而对其进行评级，这又是我们向前迈出的一大步。这些做法可以引导我们制订出环境标准的简要规定，而环境标准反过来又可以造就出更优质的环境结果，同时也会推进产品创新，以及对设计过程的重新评估。这些都是好事。[3]事实上，在中国，目前无论是公共需求还是家庭使用所需要的新建筑，都需要应用绿色的技术来大量节省能源消耗。

由于在整体能源消耗量当中，建筑业占了很大的比重，所以我们这个专业一定可以对这种状况产生影响。为此，我们需要让自己成为解决方案的一部分，而不是造成问题的一部分。我们必须要扪心自问，当以五大洲和两百多个国家的全球大背景的角度来思考，我们的工作与可持续发展之间有多大的关联？但可以肯定的一点是，我们对可持续性这个议题已经越来越敏感了。有很多建筑师，特别是年轻一代的建筑师，他们都在为永续建筑贡献着自己的心力，都在反抗着那些会令他们感到气馁的心态和条件。对于这些建筑师，我们是有所亏欠的。

民众对可持续性的看法，是一个存在着争议性的话题。虽然，现在全世界都已经逐渐对气候变化达成了共识，并且也认识到的确迫切地需要采取一些行动来改善，可是一旦谈到需要放弃自己的一些特权或生活方式的时候，人们仍然是抗拒的，他们通常都会说，保护环境只是政府应该负担的职责。不幸的是，最近在中国进行的一项民意调查显示，中国也同样存在着这样的想法。

多年以来，在针对全球气候变化问题的会谈中，巴西一直坚持立场，认为北半球的工业化国家必须要对减少温室气体排放承担主要的责任。在最近举办的一次论坛上，来自中国国际研究基金会（China Foundation of International Studies）的黄庆先生指出了两个明显的事实——中国转变为一个工业化国家只有短短几十年的时间，而西方国家工业化的历史已经延续了一两百年。最后，他说："历史的问题应该从历史的角度来解决"。

这就使我们不禁要问，这种"历史的"因素到底会对当今的决策产生多大程度的影响，从而能够减轻最近的发展中国家应该负担的环境义务。虽然这种观点的确存在非常合理的道德基础，但我们还是要兼顾到其他方面的考量。首先，我们现在掌握了大量的数据和知识，而这些资料都是从前没有能力获取的。其次，我们的地球正在遭遇着严重的危机。

前方的路只能是寻求即严格又公平的、节能环保的发展之路，而且，这条路要能够适用于所有的国家。事实上，满足严格的环境标准的发展，就意味着对环境尽可能少地破坏。但是，除非我们能够彻底改变我们的生活方式，否则破坏还是无法完全避免。毋庸置疑，在世界上某些国家和地区仍然在进行的没有节制的发展，绝对不会是解决问题的答案。那简直就相当于是自杀。

谈到发展的模式，我们必须要对这样的一个实际状况进行评估："在资本主义冷酷的经济学原理中，金融标准是凌驾于所有制度和机构之上的，但是它并没有回答大多数人所提出的问题——生活中除了追求经济效益之外，还有更多重要的东西"。[4] 毕竟，我们是经济人的同时，也是社会人。

贫穷、人口增长和气候变化，我们必须要将这些问题视为一个整体。贫穷会导致人口增长，而人口增长又会加剧贫穷。但无论是贫穷还是人口增长，都会对气候变化产生不利的影响。

毫无疑问，贫穷会导致环境的恶化（垃圾、废水、水质破坏、森林萎缩等等），但世界各地不断提高的生活质量，也有可能会对地球资源产生不利的影响。能源消耗量的增加，以及更"进步"的生活方式的各种特性，都会对资源造成严重的危害，而这些宝贵的资源正在日益减少。中国就是一个这样的例子。能源消耗大幅增加，人民的生活水平迅速提高，而环境承受能力的极限也正在经受着严峻的考验。

从贫困的状态过渡到基本需求的满足，比如说能源，关键在于创新的节能技术，但同时也在于保持稳定、并最终会逐渐减少的人口数量——至少，在大多数国家是这样的。若是没有这些改变，那么世界就将会继续处于一个恶性循环当中——一方面努力降低人均能源消耗量，并改善其他对环境参数有害的因素，而另一方面又要接受不可避免的人口增长。

为了摆脱目前这种彻底的精神分裂的状况，我们世界生存棋局上所有的"玩家"，都要建立起一种新的思维方式——国际机构，政府、私营单位，当然还包含所有的专业人士。我相信，我们的专业水平已经足够先进，完全可以支持我们通过高品质的设计，将可再生能源参数并入到建设项目当中——风能、太阳能、生物质等等——进而做出实质性的贡献。

重要的是要记住，除了抑制开发以外，我们还有其他可以实现永续发展目标的途径。

• 让我们的生活方式更符合永续发展的要求。我们要坚信"少就是多"这一真理，这对我们每个人来说都是最好的。

• 要从根本上改变用于创造财富的技术。⁵我们必须要在可持续发展的原则基础上，开发和应用新的技术。

技术性知识是不可或缺的，这样才能在全球范围内，满足以环境问题为核心的日益复杂的建筑需求。发达国家有能力、也应该为相对落后的国家所进行的有意义的研究提供支援。发达国家的建筑师，尤其是建筑学院，通过他们的一些活动向发展中国家提供指导，特别是一些与设计相关的活动，进而参与到发展中国家的项目建设当中。重要的是，发展中国家也应该将工艺技术作为自己的盟友，这样才能创造出更优质的环境。

我们面临着很多问题都是与可持续性有关，甚至有些时候，还要面对一些相互矛盾的论证。我们必须要关注这个课题。针对整个地球的环境议程，并不是依靠着少数几个大规模的"明星"建筑就能够带来改变的。那些具有广泛性与重复性应用的建筑才是解决问题的重点。迄今为止，这是建筑对气候和环境造成影响的最具针对性的方式。

社会住宅看起来是一个明显的起点。我们需要拥有创新的、实用的、在经济上可行的构想，才能建造出这种住宅。我们需要的是一些相对简单的构想。我们需要一些理念，这些住宅的建筑形式将会有利于以一种较为"软化"的形式同环境结合在一起。举例来说，中国各省、自治区都为创新、环保与具有经济可行性的住宅设计举办了设计竞赛，这是因为全国各地的气候条件，以及其他各项参数都存在着很大的差异。之后，政府或是省级的行政单位可以采纳建议，并根据设计竞赛的结果，在各自省份批准建造"示范性"的住宅样板。考虑到中国幅员辽阔，跨越的气候区域很广，后续将会从中吸取有用的经验，并且有可能就低成本住宅的可行性与效益问题制定出相关的指导方针。

有一个事实是已经得到了确认的，那就是在有利于环保的设计当中，暴露在外面的部分应该尽量减少使用硬质的表面材料，要利用水面进行蒸发降温，并通过栽种落叶树种为人们提供夏季的遮阳。

一般来说，有植栽的地方通常都被称为"绿地"。这个术语已经被严重地滥用了，有的时候它甚至变成了"开放性空间"的代名词，而"开放性空间"反过来又被解释为"未建区"。未建区可以包含各种各样的形式，从草坪，到人行道和停车场等等任何地方。很明显，我们需要建立一个更明确的定义。

因此，广东省对房地产开发商做出了规定，如果他们想要在兴建的项目名称中加上"花园"两个字，那就一定要满足一些固定的标准，当我听到这个消息的时候感到十分惊喜。根据一份提交给省政府的法规草案，一个开发项目必须要达到某些"绿色"的标准之后，才有资格使用这一称号。

在这些标准当中自然包括了种植面积占总面积的百分比。但仅靠这一标准还不够，因为并非所有的种植都具有相同的气候补偿价值。公园，或是栽种着大树的"小块绿化"，同沿道路布置的线性绿化，它们的气候补偿价值都是不同的。那么，只有低矮的灌木或是草坪的区域呢？显然，我们还需要一个更为详细的"绿色价值"评估体系。我还会更进一步，将遮阳这个因素也考虑进去，在中午时分，成熟的树木为人们遮挡了骄阳。看看广东省的倡议是如何发展的，将会是十分有趣的。

未来绝不会遥远。虽然我们现在可能还无法预测一百年后的可持续性建筑会是什么样子，但是我们知道，气候的变化是如此的强烈，将来的建筑一定要适应气候的变化，一定要融入一些元素，而这些元素会彻底改变我们对美学的看法。外部条件不断地朝着不利的方向发展，我们需要为实现永续发展的目标而设计，我们会不断创造出新的建筑形式，这就好像在以前的文明中，旧式的冷却塔会变成当时建筑的主要特征一样。

英国的奥雅纳研究所（Arup Research）在2004年提出了一份报告，为我们提供了一些颇具启发性的事实。预计到2080年，伦敦的气候将会变成地中海式气候（夏季炎热干燥，高温少雨，冬季温和湿润——译者注），因此，英国就需要采用适合于温暖气候条件的建造方法。我们可以想象一下，在哈尔滨运用海南的建造技术，那会是什么样子。

所以，这并不仅仅是使用可再生能源，以及创建形式更为复杂的生物气候学建筑的问题。我们所谈论的是完全不同的建筑。我来举两个例子。想象一下，一栋建筑每一个朝向太阳的外表面都可以产生能量，再想象一下，一栋建筑的底层由于洪涝风险而无法使用。再看看社区的层面，在努力创造略微可以永续发展的城市过程中，我们将会看到的是针对整个项目的中央综合能源设计的增强，而不是针对单个建筑物所做的改变。

让我们暂且抛开眼前的规划和设计问题，停下脚步，思考一下道家对和谐宇宙的概念。在这个概念中，人造的世界不会同物质世界相互敌对，也不会与物质世界发生隔阂。阴阳，以及无为、风水等观念，将会引导我们进入一个与自然和谐共处的世界。道家的哲学，以及对这两种最基本的、并列的几何学造型——圆形和方形——深层内涵的认识，是我们理解建筑和宇宙和谐共存的永恒的指路明灯。

过去、现在和未来，是连续贯穿在一起的。过去的教训为未来的发展开辟了道路。为了实现我们所有人都应该追求的和谐世界，我们需要富有远见的领袖——无论是在国家的层级，还是在我们的建筑社区当中。

本次大会强调了在建筑和环境之间维系平衡的重要性。下一个步骤就是要对政策做出影响，不仅要利用理论和愿景，还要利用可以实际建造的提案样板。如果大会能够产生这样实实在在的效果，那么我认为，它将会对中国以及其他地区的可持续性建筑的发展产生重大的影响。这些都是可以变成现实的。

参考文献

1. Slessor, Catherine.

2. Lloyd, Carroll.

3. Hyde, Richard et al.: *The Environmental Brief.* Oxford 2007.

4. The Observer.

5. Hart, Stuart L.: University of North Carolina.

31

建筑与气候变化 / 气候变化与建筑

COP 16 气候变化框架会议及京都议定书（Kyoto Protocol）
国际建筑师协会公开论坛——"可持续设计"
坎昆 /2010 年 11 月 29~30 日
摘录

　　无论我们在可持续建筑方面做了什么或说了什么，我们都必须永远记住，我们生活在两个完全不同的世界里——富足的世界和贫穷的世界。我们可以以水为例来证明这一点——水，可以用作休闲娱乐的材料，也可以用作赖以生存的要素。在我们生活的这两个不同的世界，由于城市中物质上和社会关系上的不平等，又进一步加深了二者之间的差距。有的时候，物质上的隔离会被一座墙或是一条高速公路的设置而进一步强化，它们将原本的一座城市分割成了两座城市。在世界上很多地方，对一座城市的描述都变成了"双城记"。

　　请允许我说几句，下面的这四件最重要的事情，促使我形成了自己对气候变化的看法。

　　• 1961 年，我得到了一本书，名为《生育与生存》[1]。在这本书中，作者详细阐述了关于世界人口过剩的理论。从那以后，我清楚地认识到，只要世界人口还在继续增长，那么无论我们的环境立法如何，无论我们的环保型建筑如何，最终能够彻底扭转气候变化的希望都是微乎其微的。

　　• 在 20 世纪 80 年代初期，我读到了伊斯梅尔·塞拉盖尔丁（Ismail Serageldin）写的一篇文章，他质疑我们有没有权利，要求那些大部分人还生活在贫困中的国家去追求环保目标。对我来说，我越来越清晰地认识到，贫穷与环境问题总是交织在一起的。

　　• 在去年的八月，我们都听说了，有一座巨大的冰山从彼得曼冰川分离了出来，此后就一直处于自由漂浮的状态。我一直认为这只是一则日常的新闻，直到有一天，我在某个地方读到这座冰山的表面面积是 260 平方公里，相当于曼哈顿表面面积的 4.5 倍之多。我立刻就想到了马尔代夫，这个国家已经由于海平面的上升，而正面临着消失的威胁。显然，这并不是全世界范围内低洼地区消失的唯一案例。

- 2006 年的斯特恩报告（Stern Report），该报告现在已经成为关于气候变化及其应对措施的参考性文件。在报告中，除了其他内容外，还特别分析了如何将占世界国民生产总值 1% 的年度开支节省下来，用于支付自然灾害的损失，预计到 2050 年，每年由自然灾害所造成的损失可能会占到国民生产总值的 5% 至 20%。这份分析的关键参数就是，必须要从现在就开始提拨资金，从今天开始，就必须要进行大幅度的减排。

所以，结论就是"如果"……，那么我们就还有希望。我们在坎昆气候大会上讨论的这些"如果"的条件，也能为我们带来一些希望，"如果"——如果我们离开坎昆就会马上采取行动的话。

我很高兴，本次大会允许我针对建筑与气候变化问题进行论述，大会还包含了要将可持续发展作为一项人权这个主题。所谓的"绿色权利"，开始以间接的形式进入到人权的讨论当中。1948 年的《世界人权宣言》（Universal Declaration of Human Rights），确定了人类享有足够健康和幸福的生活标准的权利。由此我们可以推断，随着气候变化对人类健康和幸福水平的影响，这个问题也会自然而然地成为人权议程中的一部分。1993 年，《维也纳宣言》（Vienna Declaration）[2] 中的第一条就进一步证实了这一点，它非常明确地指出，"人权是普遍的、不可分割的，是相互依存与相互关联的"。

尽管环境保护就目前来说可能是一项绿色的权利，但是这些"第三世代"的权利，事实上只不过是政府的指导方针而已。事务的优先级别仍然是最重要的法则。亚马逊（Amazon）森林的滥砍滥发，以及最近墨西哥湾发生的石油泄露，就是两个很典型的例子。FCARM 2009 有关于人权行动计划的提案，最后恰恰就强调了这一点，这绝不是巧合——这一点需要巩固，需要"有约束力的权利"。

让我们从人权的角度来进一步检视气候变化的问题。气候的变化会对人权造成影响，因为人类的生活品质会随着气候的变化而下降，在很多情况下，人们的生活品质已经恶劣到了难以接受的水平。另外，气候变化的直接结果，就是自然灾害数量的不断增加，我们可以预见，在这些灾难过后，需要重新安置的人口数量也会随之增加。这项工程很容易落入到大企业的手中，因为这些垄断资本一直都在寻找机会管理土地，以获取自己的利益。所以，在很多方面，人权都会因此而受到损害。

再回到《维也纳宣言》，有人提出，发展与环境保护是并行不悖的。但是正如埃利·卢卡（Elli Louka）[3] 所指出的，"今天，只有屈指可数的几个人权组织，会去注意在生态方面侵犯人权的行为。这是因为，环境议程也可以用来压制人权，这听起来似乎是自相矛盾的"。

对我们建筑师来说，不应该存在什么进退两难的困境。人权是一个有关道德伦理的问题，它与我们从事职业实践的方式是不可分割的。举例来说，我们不能对只有遮蔽而没有隔墙的住房熟视无睹，这样的建筑被委婉地称为"开放式建筑"。就此而言，任何人都不能对通过购买碳信用额度，来让污染合法化的行为视而不见。很明显，人们总是会首先从政治和经济的角度来看待这个问题，之后才会从环境的角度来分析。

如果我们想要研究污染的历史，那么我们可能会说曼彻斯特是"气候变化的始作俑者"。[4] 自那之后，工业化国家已经对地球上大部分的区域都造成了污染。发展中国家已经开始宣称，同发达的工业化国家相比，他们有权利制造更多的污染，因为他们的祖先并没有造成太多的污染。这样的说法也是有一定逻辑性的，难道有人能否认这一点吗？

气候变化和污染所影响的并不仅仅是地球上的陆地部分。环境问题对海洋来说也同样至关重要。海洋在很多方面都非常重要。事实上，海洋是没有屏障的，至少，它们也可以成为"文化交流的渠道"。[5] 当我们谈到气候变化的时候，陆地和海洋总是会被视为不可分割的。

气候变化所造成影响的不均等，并不仅仅表现在各大洲之间。在所有的国家当中，也都存在着这种不均等的现象。贫民窟和混合工业区受污染的程度，远远高于城市中的高档消费区。"所有的人都是平等的，但是总会有一些人比其他人更加平等"，没有比这更真实的说法了——那些"其他人"居住在贫民窟，那里的污水流淌、没有经过处理，那些"其他人"居住在专门储存核废料的国家，正是因为有这些国家的存在，其他一些国家才能资本吹嘘自己拥有清洁的能源。谁又能预测农业帝国主义对气候变化的影响呢？所谓"农业帝国主义"，就是将本国的耕地出租给外国人使用，这种做法在非洲和南美洲已经相当常见了。

下面这种伪善就更进一步了。知名人士们挥舞着"绿色的旗帜"，在环保活动当中高调亮相。但他们是如何来到活动现场的？乘坐私人飞机，当然了，他们的生活方式和出行方式所产生的二氧化碳排放量，远远超过了普通发达国家居民一年的碳排放量。这些知名人士有时会被称为"生态伪君子"。再加上"绿色的政客"，这样你就看到了一幅更完整的画面。顺便说一下，据估计，在哥本哈根举办的COP15峰会，包含旅行在内，将会产生四万吨的二氧化碳，这与摩洛哥（Morocco）2006年全年的碳排放量大致相当。[6]

下面的几个例子可以进一步说明在住房方面存在的不平等，同时，也会指出一条未来的前进之路，这条路是以建筑为基础的：

• 巴西的圣米格尔（San Miguel）是一个非正式的定居点，像这样的定居点，全世界有成千上万。类似于"非正式定居点的都市复兴"这样的政策报告或许会令人印象深刻，但实际却可能根本没有什么意义，除非这些政策还伴随着相应的资金准备和具体的行动计划，详细阐明规划的细节，以及计划完成的时间表，至少，是部分计划完成的时间表。

• 在迪亚巴克尔（Diyarbakir）所谓的"绿色贫民窟"中，就像很多类似的定居点一样，许多人宁愿继续住在这种未经审批的房子里，也不愿意搬到政府管制的住宅项目中去，因为后者普遍缺乏人性化。这对我们建筑师来说，无疑是一个重要的提示。

• 在印度，有的时候高层住宅的楼间距设置得太小，以至于这些建筑被称为"接吻楼"。这就是公益住宅，在这类住宅项目中，公共空间和环境议题已经被遗忘了。

• 尼日利亚的新布萨（New Bussa）住宅项目，通过建筑师阿尔瓦罗·奥尔特加（Alvaro Ortega）敏感的设计，证明了在发展中国家，可以通过建筑来改善贫困地区的生活条件。最需要现实构想的恰恰就是这些地区，如果这些构想得到一次又一次重复的实践，那么就会在全世界范围留下烙印。通过简单的构想，并不需要消耗大量能源，只是使用低技术的被动系统，就可以成功地解决气候变化的问题。

• 我还是想要再稍微强调一下世界人口的问题，几年前我曾经读到了一份声明，时至今日，我仍然认为这份声明写得非常有道理。[7]这份声明的核心内容就是，不能要求那些发展中国家放弃掉自己的发展目标，而我们——这个世界上更幸运的国家——继续把他们正在努力奋斗想要去追求的目标视为理所当然。发展中国家的人民，也有权利去期待生活品质的提升。要想达成这个目标，单单凭借好的设计和新的技术去节约能源，这是远远不够的。

无条件的资金资助也是不够的。我们一定要解决世界人口增长问题，这是一个必要的条件。自从英国经济学家马尔萨斯首次提出他的人口理论以来，我们或许已经取得了长足的进步，但是这项理论的正确性有没有得到证实呢？

让我们问一问自己。如果在二十年间，世界人口数增加了10%，而在同样这段时期内，我们只能做到将人均排放量降低10%，那么，我们有取得什么成就吗？

在应对全球范围的气候变化方面，技术，特别是经过验证许可的先进技术，是我们至关重要的工具。因此，由技术进步的国家向技术水平相对落后的国家进行技术转移，这是一项有关于道德的义务。如果不能这样做，类似于"气候变化的逆转是我们的首要任务之一"这样的宣言，就只是一种虚伪的口号。但是，我们也不提倡完全免费的技术转移，因为如果没有公平利益的激励，那么对研究和创新的投资都将会受到限制。所以，尽管这可能很困难，但我们还是必须要为所有人找到公平、公正的解决办法。只有这样，我们所提出的"更好、更环保、更智能"的口号，才有可能在全世界范围内得以实现。

让我们一切从头开始吧。大家都知道，气候变化会影响到建筑，同时，建筑也会对气候变化造成影响。虽然这两个概念听起来很类似，但它们的含义却是不同的。我提出的第一个要求叫作"防御性设计"——使我们的建筑更有能力抵御气候变化的影响。而第二个要求叫作"攻击性设计"——让我们的建筑直面气候的变化，这就意味着我们在设计构思的同时，就要考虑到环境的影响。

要想做到这一点，我们就必须首先要明确，我们想要过怎样的生活。居住在"小一点"的房子里，这就是唯一的答案。面积更小的住宅，距离更短的通勤。从现在起，所有的一切都必须要尽量精简。我们首先来设计一种可持续性的生活方式，然后再来看看如何改造世界上已经存在着的建筑。

我自己的海滨小屋坐落在一片两公顷的土地上，前方两百米就是大海。这栋建筑的面积只有80平方米，也没有公路直接与外界连通。要想到达那里，我就需要穿过一条植被茂盛的狭窄山谷。这栋建筑是用非常简单的材料建造而成的，与外界隔绝，即使是以三十年前刚刚建造时的标准来看也是如此。每一件东西都是靠骡子拉到那里的。依照今天的标准，它在生物气候学方面的表现可能算得上是最差的。但是最近，我开始对这一点产生了怀疑。从环境学的角度来看，我的房子真的有那么糟糕吗？为了建造这个小屋，我

　　　　　　　第一部分　演讲与论文

只是砍了一棵橄榄树，整个原始的山谷都完好无损的保留着。如果我建造的是一栋更"正常"的两百平方米的房子，它有最先进的生物气候学设计，但却因此砍伐了三到四棵树，并在外面设置了大面积的铺面，再铺设一条穿越山谷的道路，那么，我在环境中所留下的足迹是更小了还是更大了呢？我相信，建筑的规模是一个很重要的因素。我们要建造更小型的建筑，当然，还要使用所有你知道的、也负担得起的技术。

下面这些案例来自世界各地，将会帮助我们更好地理解我们所面临的挑战：

- 密度，是建设永续城市的一个绝佳的起点。关于可持续发展的超级大都市，纽约可能是一个最恰当的例子。正如美国建筑大师罗伯特·艾维（Robert Ivy）所说，城市本身就为我们提供了最为可行的可持续发展模式。城市必须要变得更加智能化、更加一体化，这样就能减少由气候变化为我们带来的影响与风险。

- 罗伯·亚当斯（Rob Adams）提出了一种澳大利亚模式，他主张"通过一种高密度的走廊网络，将所有的活动中心都连接起来"，这样，在其他的地方，就可以用更为绿色的方式来使用土地了。

- 绿色的旗帜有利于市场营销。但是，是不是所有的"绿色"建筑都是节能的？还是说其中有一些绿色建筑，如果将所有的参数都计算在内的话，反而比那些设计更简单、造价更便宜、更符合环境逻辑的建筑花费了更多的能源呢？

- 众所周知，土地、水资源和空气，这些都是我们的自然资本。水资源当中也包含海水。在印度尼西亚，苏拉威西岛（Sulawesi）上的住宅都要用柱子架空起来，这提醒我们，世界上很多地方的建筑已经建造在水面上了。随着陆地的面积变得越来越小，我们将来会越来越多地将建筑建造在海上，甚至在海底。从长远来看，这样的做法会是对地球有益的吗？

- 阿拉伯联合酋长国的马斯达尔（Masdar）正在计划成为世界上第一个实现碳中和的城市。显然，能够创建一座碳中和的城市，代表着我们又向前迈进了一大步——但是，我们有能力支付如此高昂的造价吗？建造这样一座城市所投入的资金，难道不能花在其他更有利的地方吗？第一步，同时也是最重要的，我们需要的是碳中和的生活方式。

- 在印度的拉达克（Ladakh），由奥雅纳工程顾问公司（Arup）设计的太阳能辅助无水式通风蹲式厕所,展示了新的技术如何同传统的施工方法相结合。

- 在一栋重要的建筑中,使用无辅助式自然通风的一个早期最突出的案例,就是由福特(Ford)、肖特(Short)和马克思·福特汉姆(Max Fordham)设计的英国文垂大学图书馆。

- 伊朗利用冷却塔来冷却地下储水池。这些冷却塔突显了传统社会所拥有的知识与实用技术的深度。学习传统的技术,使用当地可以方便获得的材料,这是非常重要的。同时,向本土的社区传授新的技术,以及改良的建筑方式也是非常重要的。传统的施工方法与创新的施工方法之间最佳的平衡,很显然会因具体的情况不同而有所区别。只要我们能够做到,不要让规则受到全球化商业优先的支配和控制,那么要找到这个平衡点就不会太难。

- 根据亚利桑那大学的研究,新的冷却(风)塔采用了埃及 malkafs(捕风器)的造型,并用纤维素过滤器取代了古代用来驱尘的芦苇垫。新的技术形式可能有很多,但其中的原理却都是一样的。几个世纪以来,巴基斯坦传统的简易木质捕风器,就是一个很好的例子。

没有任何一个建筑工程能完全脱离园林绿化。也没有任何一个城市规划能完全脱离园林绿化。当我们在思考建筑、道路和基础设施会对环境造成怎样的影响时,园林绿化就会显得尤为重要。事实上,"当代的景观建筑……就是在人造的领域中试图重建自然场景"。[8]

为了使广受欢迎的城市重建项目对环境的积极影响能够尽可能地最大化,包含城市广场和公园在内的规划绿色区域内,必须要尽量密集地种植常青树种。对任何一项具有环境意识的规划来说,这都是一个良好的起点。混凝土、石板路以及其他硬质铺面材料,不仅反射阳光、封闭土壤,还会使自然排水变得越来越困难。那么,我们的人行道又为什么总是设置得太宽,而表面又总是要铺设那些会"封闭"土壤的材料呢?在我自己的项目中,我总是会回想起巴西景观设计师罗伯托·布雷·马克斯(Roberto Burle Marx),以及他敏感的景观设计作品,那些设计是远远领先于他那个时代的水平的。

我们肯定都知道气候会发生变化这个事实。我们还知道,大多数政府的政策也会改变,但是改变的速度却慢得惊人,在某些情况下,甚至基本上是保持不变的。当前的优先事项,总是凌驾于对地球的关心以及子孙后代的权利之上。在这种自我毁灭式的建设中,建筑师能不能扮演一种更有意义的角色？这个论坛表明，在我们的行业内存在着一种意志，建筑的力量是绝对不容忽视的。

　　继续前行的一个很明显的方法就是以身作则。在美国的一个电视节目中，我曾经听到了这种说法，"要想预测未来，最好的方法就是创造未来"。这正是我们这个行业所需要的。如果不去创造未来的建筑，那么想要引导建筑走向环保的道路自然也是没有可能的。但是，我们必须要坚定地沿着这条路走下去。正如西班牙伟大诗人安东尼奥·马查多（Antonio Machado）所说的，

　　　"世上本无路，

　　　只是走的人多了，也就成了路。"[9]

参考文献

1. Sauvy, Alfred: *Fertility and Survival: Populations Problems from Malthus to Mao Tse-tung*. London 1961.

2. The Vienna Declaration and Programme of Action is a sequel of the 1993 World Conference on Human Rights.

3. Louka, Elli: *Biodiversity and Human Rights*.Ardsley N.Y. 2002.

4. Smales, Jonathan.

5. Boeri, Stefano.

6. Foreman, Jonathan: *Sunday Times*, 29 November 2009.

7. Shapiro, Robert.

8. Lefas, Pavlos: *Dwelling and Architecture*. Berlin 2009.

9. Caminante, no hay camino, se hacecamino al andar.

32

"绿色标准"的推动与运用

俄罗斯建筑与施工科学研究院（RAACS）
奥廖尔（Orel）/2011 年 5 月 24 ~ 27 日
摘录

"绿色建筑"这个话题，通常都是主要与理论有关，而与行动没有什么太大的关联。对于我们所讨论的原则和颁布的条例，在执行面上，我们说的和做的全都不够。与绿色标准相关的关键词必须是"实践"和"使用"，即要将理论付诸实践。

我们从一开始就要以正确的角度来看待问题。无论我们在环境和绿色建筑方面说什么、提议什么，做什么，都必须要看到在我们面前有两股相反的力量，而且我们每走一步，都要面对它们。一方面，我们有自然法则，而另一方面，我们有聚集的资本。我们生活在一个全球化的世界中，无论是问题还是机会，都会超越自然与政治的界限。因此，我们不能再把绿色发展看成是一个局限于特定国家或地区的问题。关于资本，也是同样的道理，资本日益国际化，所以有些人对任何有关环境问题的讨论全都充耳不闻。因此，未来的任务并不简单，但是这些任务都需要借助着明确的目标来完成。

首先，来看一看世界的大背景。在日本福岛发生核灾之后，许多事情都发生了改变。很多国家开始争论，《京都议定书》的内容是否应该扩充，而我们将来可能会看到比迄今为止的所有规定都更加灵活的政策声明，日本、俄罗斯和加拿大等国都退出了议定书，而在天平的另一端，存在着中国和印度的压力，还有其他一些国家支持保留。越来越多的人在呼吁，要采取比去年 12 月在坎昆会议上的决议更有利的措施。可以肯定的是，在可再生能源问题上，全世界的科学主张，以及全世界的民意都变得越来越集中，特别是关于风能。最近，我们从西班牙获得了一项惊人的统计数据，在他们的国家，风能发电现在已经占到了总发电量的 21%，而核能发电排在第二位，占总发电量的 19%。在葡萄牙，风能和太阳能已经在总能源中占据了 45%。美国也传来了令人鼓舞的消息，在爱荷华州，他们有 20% 的能源是来自于风能。[1]

然而，不可否认的事实是，可再生能源无论如何都无法在近期彻底解决世界的能源问题。不管我们喜不喜欢，核能在可预见的未来都将继续存在。核电站必须要变得更好、更安全，数量也要变得越来越少，但是如果没有一个可行的环保替代方案，那么反对核电站将会是愚蠢的行为。正如内森·梅尔沃德（Nathan Myhrvold）在谈到日本福岛核电站的时候曾经说过的，"没有任何符合逻辑的理由认为，由于这次特殊事件的影响，就必须要改变我们整个社会对核能的看法，这就好像通过这次事件，就要改变我们对居住在海边的看法一样。"

对建筑师来说，我们更关心的是建筑领域，特别是会关注"绿色建筑"这个概念的内涵。关于这一点，在 2011 年度 GBI 研究报告"到 2015 年的绿色建筑市场——绿色方案的奖励机制和促进成长机会的最低标准"（Green Buildings Market to 2015—Incentives for Green Initiatives and Minimum Level of Standards to Boost Growth Opportunities）中，进行了非常清楚的分析。

让我们来看看欧洲和希腊的发展情况吧。

2002/91 号欧盟建筑指令要求，明确新建筑综合能源性能的计算方法，并对需要进行大规模翻新的大型现有建筑的能源性能进行最低要求的应用。此外，它还详细解释了建筑物的能源认证。

2006/32 号欧盟关于能源最终使用效率和能源服务的指令要求，"每个成员国在第九年都要实现降低九个百分点的全国性节能目标，这个目标可以通过能源服务和其他能源效率来实现"。

2009/28 号欧盟关于促进使用可再生能源的指令规定，每个成员国都应该确保到 2020 年，国内使用可再生能源所占的份额至少要达到 20%。

2010/31 号欧盟指令，对 2002/91 指令进行了修订，强调要提高欧盟的能源使用效率，以实现 2009 年制定的 2020 年战略目标。它甚至还更进一步，要求所有成员国截止到 2018 年 12 月 31 日，所有归政府部门使用和所有的新建建筑都要接近于零能耗，截至 2020 年 12 月 31 日，所有的新建建筑都要接近于零能耗，不允许有例外。

所有这些指令，为我们如何实现这些标准提供了指导方针，每一个成员国都应该依据当地的立法和现实条件，酌情对这些标准进行调整。欧盟敦促所有的成员国都要提供奖励机制，主要是财政奖励，如此才能鼓励消费者们

建筑与可持续性

认同"绿色的标准"。这种奖励机制有很多种形式，可以是规划与设计津贴、低息融资、联合资助、退税、密度奖金、快速通道许可证、降低许可证的费用、住宅和商业建筑成就奖，以及标志认证等等。

考虑到初期建设成本是绿色建筑所面临的最大障碍，各国政府应该通过一种成本计量系统来规划其奖励计划，而这种奖励计划的依据并不仅仅是可以计量的成本。除了可以计量的成本以外，比如说购置土地的成本、建造成本、监控和合规成本，还必须要引入质量成本，这样才能提高绿色建筑的成本效益。[2] 质量成本当中应该包括生态系统的退化、生物多样性的减少，以及臭氧层的损耗等因素。

世界上有一个城市，鼓励它的民众接受环境永续发展的概念，这就是新加坡，也是最好的实例之一。这座城市已经是一座非常清洁与绿化的城市了，可政府还在发展经济的同时，继续为环境的永续性而努力奋斗。[3] 当地政府已经启动了多项与能源效益有关的财政拨款和奖励计划，包括我们的清洁能源、绿色建筑、水和环境技术、绿色交通、废弃物简化、环境管理系统、环保措施，以及更清洁的基建机制等等。显然，他们所实施的是一套整体的方法。

为了解决这个问题，我们需要有一套整体的方法。这是一个大谜题，建筑只是其中的一小部分。交通运输、废弃物和水资源管理、可再生能源等等，构成了更大的图景。城市的周边地区也是我们应该纳入考量的，还有一些重要的考虑因素，比如紧凑型与松散型的城市，以及与盛行风的方向相同的道路规划等。

建筑可以划分为两大类——新建建筑和既有建筑。新建建筑必须要通过设计，尽量减少温室气体的排放，以及尽量减少对非可再生能源的消耗。[4] 这两项目标主要是通过被动技术和可利用可再生能源实现的，只有在必要的时候，才会使用非被动式技术。被动技术是大家都知道的，我们只要看一看每个国家的传统建筑，就能知道什么样的技术是容易被应用的了。当然，我们也需要利用现有的技术，对被动式技术进行持续性的加强和优化。

改善既有建筑的能源性能，这是一项非常重要的任务。举例来说，在雅典，1980 年《隔热法案》首次实施，而在此之前兴建的建筑物，占据了城市总建筑数量的89%。

希腊的《建筑能源法》，首次尝试以能源性能为依据对建筑进行分类。就像所有的第一次尝试一样，这项法案也存在缺点。它强调利用机械技术——

例如更换锅炉、空调系统、隔热技术等——来获取积分，但对于被动式技术却没有给予任何奖励。举例来说，没有考虑到自然通风和夜间通风的被动冷却效果。如果要我对这项法案进行总结的话，那么我就一定会得出这样的一个结论：它是行业驱动的，而不是设计驱动的。

关于绿色建筑的建筑法规如果过于僵化，就会导致生物气候建筑的"类型学"，进而又导致重复。[5]重复，并不是创造建筑的方式。指令、法律和奖励机制，都是协助执行强制性标准的有效工具，但仅靠这些还远远不够。没有任何一栋建筑物，单靠着没有人情味的数学方程式、标准和规范，就能有效地"披上铠甲"。建筑一直以来都是由人设计的，而且在未来，建筑很有可能还是继续由人设计，为人设计。作为建筑行业的领头羊，建筑师必须要了解这一点，并把关注的重点放在使用者身上。建筑师必须在社会的协助下，通过综合的环境设计，帮助人们改变现在的能源消费习惯，哪怕这意味着要改变我们的生活水平和生活习惯。例如：

- 在雅典，夏季室外平均温度都在 30 摄氏度以上，是否真的有必要将建筑室内舒适温度设计为 21 摄氏度？
- 在夏天的大部分时间里，传统的电风扇就可以满足使用要求，那我们为什么要在住宅中安装这么多部空调设备？简单的问题也有简单的答案。但是，我们有没有做好准备，要舍弃一些日常生活中的舒适呢？

为了促成向绿色建筑的转变，我们还进行了很多教育和培训，从建筑行业的各个角度进行的教育和培训，这不仅对于建造建筑的人来说是必要的，对将来拥有建筑的人来说也同样是必要的。教育是关键。我们要了解，我们为什么要这样做，以及通过我们的工作，我们达到了什么样的目标，以及还有哪些目标尚未达成。这不仅适用于建筑师、其他专业人员和整个建筑行业，同时也适用于每一个生活在地球上的人。我们的目标只有一个，那就是尽量减少碳足迹，获得更高品质的生活。

建筑师需要对建筑的基本原则进行"彻底改变"，这些原则已经成为文明的组成部分，并对人们的生活品质产生着直接的影响。

- 有关于设计的问题，例如建筑物的位置、建筑形式、开口、隔热控制，以及周边区域的处理等。
- 自然环境参数，例如气候条件、方向、植物群、等高线等。
- 建筑环境参数，例如建筑密度、建筑高度、功能问题、周遭环境、来自于周围的干扰，以及建筑对周遭环境所造成的干扰等。

在我们设计的建筑中，很明显会隐藏着这样一种危险，即尽管这些建筑在技术上都是很先进的，也有利于环境保护，但是由于这些建筑的建造和运营都需要消耗大量能源，因此其能源消耗和排放的正负平衡仍然是负数。这样的案例有很多，我们大家都知道。比如说我们把一个巨大的玻璃表面称为"绿色"，只是因为它们当中包含了极其复杂的系统，可以减少运转时所需要的能源，我们必须要停止这种愚蠢的行为了。这样的系统，其建造成本和运行成本都是非常昂贵的。

我们需要仔细研究提高建筑物生态水平的好处，比如说摩天大楼。在美国的克利夫兰（Cleveland），有一栋建于 1967 年的 32 层 Celebrezze 联盟大楼，由玻璃和钢结构制成，现在要在原有外墙的外侧再增设一层新的外墙，由玻璃和铝构成，新旧两层外墙之间的间距为 75 厘米。[6] 这样的做法是否符合成本效益？计算出来的摊还期需要多长时间？

为了应对环境问题，建筑的建造成本就一定会产生一部分额外的费用，而这部分费用的摊还也是一个重要的问题，全世界皆是如此。可以理解，经济发达国家的摊还期与较为贫穷国家的摊还期是不同的。关于成本，有趣的是有一个新的"术语"被应用得越来越广泛——"生物经济"（bio-economy）。它将永续性与经济学的因素捆绑在了一起。[7]

当我们谈论环境问题和绿色标准的时候，我们指的是事实、数据和设计标准。除此之外，还有其他的吗？有没有关于道德的问题需要解决？很明显，一定是有的。任何关于这个主题的论述，其出发点都必须是人与自然之间的关系。换句话说，发展必须要以一种"自然的方式"进行。[8] 这是卡尔·马克思的说法。

我们必须要考虑到发展中国家的需要和关切，尤其是那些最为贫穷的国家所发出的绝望的呼喊。举例来说，比较发达的国家鼓励生产生物燃料，随着粮食食品出口的减少，无疑会导致主食价格的上涨，最终就势必会造成越来越多的穷人无法达到最基本的生活水平，这从道德的角度来讲是正确的吗？所有这些，都可以归结为培养环境意识的重要性，我们每个人都应该要建立起这样的环境意识，也包括那些"尚未体验过被富裕的社会视为生活必需品的消费品"的人们。[9]

我们还必须要与可再生能源的最终用户建立起相互信任的关系，特别是个人使用者。举例来说,在法国,由于提供服务的公司所承诺的分期付款期限,同现实的严酷之间存在着巨大的矛盾,消费者已经出现了不满的情绪。去年,有一个专门揭露事实真相的电视节目播出,举行抗议活动的消费者们在发泄着满腔怒火。比如,这些抗议民众说,"在时间因素上,他们欺骗了我",或是"没有人告诉过我,我安装的生物热能设备会开始枯竭。"

我们的地球要求我们要谦卑。谦卑,但同时也要坚强。让我们接受这个挑战吧。准备好为真正的绿色建筑而战,为实施我们的原则而战。绿色建筑不能只是停留在纸上谈兵。

建筑师可以为一种更持久的建筑环境引领道路,而这样的建筑环境只能是更绿色环保的建筑环境。我们的专业实践包含在跨学科的领域当中,在这个领域中,我们一定要发挥协调作用,以确保我们的工作能够最大限度地服务于环境目标,而这个环境目标是对整个社会都有益的。这是一项艰巨的任务,但成功的基石只能是让所有的民众将我们相信的问题视为他们自己的问题。

本文由笔者与迪米特里斯·斯古塔斯(Dimitris Sgoutas)合作撰写。

参考文献

1. "What's next for nuclear power", Fortune. 11 April 2011.

2. Pearce, Annie R.: *Sustainable Capital Projects: Leapfrogging the final cost barrier.* Abingdon 2008.

3. Tay, Eugene: *The Green Business Times Guide to 30 Singapore Govern-ment Funding and Incentives for the Environment.* 10 May 2009.

4. Floros, Christos: *Updating architecture under the threat of climate change.* Beijing 2010.

5. Zervos, Yannis: *Kathimerini* daily, 19 March 2011.

6. Hamilton, Anita: *Time* 19 April 2011.

7. Lyroudias, Evangelos: *Technica*, March 2009.

8. Naturwüchsigheit.

9. Lyroudias, Evangelos.

33

另一种建筑是可能实现的

在 2015 年世界建筑日和巴黎联合国气候变化大会（COP21）之际，发表于国际建筑师协会网站

巴黎 /2015 年 10 月 5 日

    我们的专业创造出了很多杰出的建筑，并为追求更有利于环保的建筑方式开辟了新的道路，这一点是毋庸置疑的。

    毫无疑问，在这些建筑设计中所蕴含的创新理念，会造成建造成本的增加，此外，这些建筑大多都是建在比较发达与富裕的国家。因此，如果我们从全球的角度来看，那么这些建筑对气候变化产生了什么影响吗？这就是问题所在。除非我们从全世界的角度来看待建筑和城市规划对气候变化的影响作用，所有的国家，无论是发达国家还是相对比较落后的国家，都要积极致力于这项具有普遍意义的任务，否则就不可能取得什么真正富有意义的成果，进而改变目前令人不满意的现状。伦敦大学的教授迈克尔·雷德克里夫特（Michael Redclift）在 1996 年撰写了一篇文章，他写道："有关地球的全球性论述是由北方兴起的。这种全球性论述是片面的，我们正在试图从中谋取利益，而没有去仔细审视需要全球协调一致的进程。"这难道不也正是如今的事实嘛？毕竟，《京都议定书》的谈判会议教会了我们什么？它根本没有提到全球利益是高于一切的。

    那么，我们应该从什么地方开始着手呢？我坚信，如果我们首先缩减自己的生活方式，并由此开始，在尽可能的情况下，设计出比现在更为合理的小型建筑来应对气候的变化，那么这样的举措将会获得新的意义。这样的方法将会极大帮助我们创造出一种具有开创性的环境友善型建筑，它将会对目前明显站不住脚的状况予以纠正。我们还要将思考的重点放在可以大规模重复执行的方法上，这一点也是同样重要的。在这一领域，建筑师也可以做出贡献，并使自己的贡献发挥出作用——用简单的方式来解决问题，而不是依靠大量吞噬能源来解决问题。

    当我们谈到新的技术和绿色发展的时候，我们通常指的都是那些发达的

国家，但是当今世界上，那些比较不发达的国家以及最为贫穷落后的国家，他们对气候变化的影响也正在变得越来越显著。仅仅打理好自己的后院，对其环境进行合理化改善，就像很多发达国家所做的那样——对建筑也是如此——这对于一个满身疮痍的星球来说是远远不够的。但是，如果这些发达国家能够率先在建筑创新领域发挥带头作用，同时也能通过国际的合作，散播工艺技术知识，并在财政援助方面发挥最大的作用，那么他们就能做出最大的贡献。非常幸运的是，有一些国家已经在这样做了。我认为我们没有其他的选择。如果不这样做，那我们的这场比赛就注定会输掉。

身为建筑师，我们是否已经做好了准备，来应对人们为了逐渐摆脱贫穷而对气候变化所造成的影响，这是一个非常值得关注的问题。我对这种现象感到越来越担忧，因为从气候的角度来看，我们已经在发生了这种状况的国家当中，看到了大量人口摆脱贫穷后的结果。中国就是一个很典型的例子，但还有其他一些国家仍然处于贫穷落后的水平，我们只能希望在不远的将来，会有更多国家能够看到在他们比较贫穷的人口中，有一部分逐渐达到了与发达国家相当的生活水平。单单是能源需求增长这一项就将是惊人的。因此，通过专注于建筑和规划的决策与设计，提供可以从根本上改变我们对建筑环境看法的引导，这是非常必要的。当人们脱离贫困之后，解决他们在建筑和环境上的需求，这可能是我们这个行业所面临的最大挑战。

为了举例说明，我只选择了一个小规模的案例——1997年，国际建筑师协会举办的"建筑与贫困"竞赛获奖作品。[1] 这个项目是在一个既有的棚屋建筑中，增设一个利用太阳能运转的公共事业设施，从而突显了低成本创新解决方案的潜力，这样的方案可以在不对环境造成破坏的前提下，改善居住者的生活品质。同时，它也提醒人们，国际建筑师协会从很久之前，就已经对这个问题具有高度的敏感性了。对于建筑与环境的本质之间、建筑与社会问题之间的关系，国际建筑师协会会持续地进行强调。在国际建筑师协会每三年举办一次的评奖活动中，去年有两个奖项分别颁发给了韩国首尔市政府的"廉价客栈"（dosshouses）计划[2]，以及泰因（TYIN）设计的泰国"蝴蝶"住宅[3]，还有什么是比这更好的证明吗？在今年世界建筑日的论坛公告上，对这两个项目都有相关的介绍。

"另一种建筑是可能实现的"这句话，从前在很多场合都曾经出现过。针对气候变化问题，我们有必要再次重申一遍。

参考文献

1.   Cesar Pelli special mention, Hall, Mark / Harrod, Elaine June / Madigan, Graham.

2.   Yeongdeungpo Dosshouse Town Remodeling Project, Leader Youngkeun Han.

3.   TYIN Architects, Hanstad, Yashar / Gjertsen, Andreas Grontvedt et al.

建筑与排斥

34

障碍

针对联合国人居 II 峰会"建筑遗产与旅游建筑"的国际建筑师协会预备会议
阿斯旺（Aswan）/1995 年 11 月 6 日
摘录

　　将"障碍"（barriers）一词作为会议论文的标题，最初源自我和朋友们进行的一场关于自由和自由真正含义的讨论。说到"自由"（freedom）这个词，我们习惯所指的是政治自由，即交流和思想表达的自由。但很显然，这并不是它的全部内涵。它还代表自由的流通，在我们的自然环境和建筑环境中自由地访问和穿行。由此，就出现了"障碍"。

　　我开始意识到，在我们的周围存在着数不清的障碍，归根结底，这些障碍控制着我们的日常生活。有些障碍是有形的，例如栅栏和安保措施，这些都是看得见摸得着的障碍。还有一些潜伏的障碍——它们隐藏在我们的日常生活当中——却很可能更具危险性，因为这些障碍是无形的，而且更容易受人操纵。这些障碍存在于我们的内心当中，比如说与肤色、信仰和性别有关的偏见。此外，还有另一种障碍，它是行动不良的障碍和社交的障碍，是我们当中那些在身体上或精神上存在着残疾的人们所面临的困境。

　　在无形的障碍当中也包含文化的障碍。在建筑领域，人们都会有一种回归传统价值观、维护每个国家文化独特性的倾向，这是可以理解的。如果没有稳定的认同感，那么就会失去很多东西。一个人努力工作和进行创造性活动的起点（或是可以依靠的东西）是非常重要的。但是，戴安娜·艾顿-申克（Diana Ayton-Shenker）的说法也很恰当，他说，随着文化的相互作用和相互融合，文化认同也会相应地发生改变。这个过程可以使文化变得更加充实，但也有可能会使人迷失方向。虽然强调一个国家的建筑文化遗产无疑是正面的、积极的，但也可能会造成对其他文化狭隘地排斥。在极端情况下，它甚至会成为一种统治的工具，这是一种文化的帝国主义。如此就会构成文化上的障碍。

　　建筑师和建筑都会受到这些障碍的影响，但他们也可以通过自己的努力，减轻一些障碍的影响。特别是传统建筑和旅游建筑，这些建筑项目同它们所在的整体建筑环境之间的相互作用，这是非常重要的。有一件事是确定的。减少文化的障碍，将有利于游客们接受传统建筑，以及其周围的区域，促使这些区域成为城市中的一个组成部分。

那么，我们建筑师能做些什么呢？很明显，我们并不能从一开始就破除障碍。但是，当我们开始发现问题的时候，我们可以做出选择，并且设定目标。我们拥有反思和选择的能力。我认为，我们应该在我们的城市中，以及我们的生活方式中争取更多的开放性，并且在任何可行的情况下，竭尽所能去消除各种障碍，其中也包含文化的障碍。

《联合国宪章》要求其成员国要促进"对人权和基本自由的普遍尊重和遵守"。人权是每一个人都拥有的权利。人权并不是特权。自我们出生的那一天起，就伴随着拥有人权。自由进入与使用建筑可以被视为一项人权吗？我认为可以。对我们建筑师来说，它成为一盏重要的指路明灯，指引着我们规划城市环境的方式。

让我们每个人都来看看自己的国家，看看有多少地方是普通民众无法进入的。我指的并不仅仅是政府大楼。旅游设施就是一个主要的问题所在。对于一般民众来说，设置在一座旅游综合设施门口的警卫，实质上就是一个障碍，而这里很可能是该地区最美丽的一块土地。在这种设置着障碍的环境中，可以表现出可及性和自由吗？

栅栏和围墙是所有权和财产的分界线，同时也阻碍了人们的自由流动。旅游综合设施已经成为一个被禁止自由进入的区域，它被孤立于整个社区之外，只是一个孤立主义建筑的例证，同时也是精神上的壁垒，而这种壁垒正在日益渗透到我们的思维和设计当中。

在当今规划旅游设施的时候，业主和营销商往往会选择那些与外界隔绝的酒店——玻璃笼子，里面是虚幻的生活，与周遭的环境完全脱节。事实上，很多这样"住宅区"的旅游设施，都是通过围篱将它们的客人隔绝起来的，从而打破了自然环境的连贯性。

旅游项目一个基本的内容，应该是对整个社会大众开放。对于一个旅游设施来说，仅仅在建筑上对周围环境开放还是不够的，它还必须对社会各个阶层开放。休闲建筑能够、也必须要表现出这种开放性的关系，表现出人与人之间的交流，因为我们都非常清楚，旅游设施的隔离，不管是物理上的隔离还是社会上的隔离，并不总是需要围墙或围篱。

安全，已经成为我们城市当中一个主要的问题。由于我们的工作直接依赖于建筑环境的社会基础，所以对安全问题的考量，不可避免会对我们最终的建筑产品产生直接的影响。出于安全考虑，我们必然会设置更多的障碍——这是我们主动选择的障碍。再加上城市某些特定区域中实际存在的障碍，情况就会变得更加令人沮丧。事实上，障碍就是一座城市中的"危险"部分，这些少数族群集的区域被恰当地称为"禁城"（forbidden cities）。根据去年五月份公布的一项官方调查显示，仅在法国，就有130个这样的地区被评为封闭等级四级或是更高的级别，也就是说，在这些地区，即使是警察也很难在里面自由出入。

对这种局面的解释可能有很多。规划者有一定的过失，建筑师也必须要承担一部分的责任。政治、建筑、城市规划，或所谓的建筑政治学，常常会导致我们建造出受管制的超高层住宅区，而这些地方从一开始就注定了会成为高度不安全地区。建筑师米歇尔·坎塔尔-杜帕特（Michel Cantal-Dupart））尖锐地指出，选择荒废区作为选址地点、由立体派的孩子们作为建筑师进行设计，以及依照蒙德里安（Mondrian）的绘画风格而设计的建筑，这些都是社会所不能接受的。而所有这一切的结果就是，建筑往往最终只是表现为一些不友善的宿舍。在这些建筑中，住户并不是设计的起点，他们仅仅是建筑系统中的齿轮。

安全性和物质上的屏障已经成为如今最重要的事。我们是否能做些什么来缓解这个问题，这才是关键。我相信，我们必须要接受我们所处的新的社会环境，并且从现状出发，设法去软化它。恕我冒昧提出了下列几个需要优先处理的事项：

- 创建社区生活的基础。
- 规划开放、友善的公共空间，减少围栏的设置和身体上的排斥。
- 避免走进死胡同，例如那些存在于很多战后街区的道路。
- 尽可能将住宅建筑融入城市的各个部分。
- 尝试探索关于住宅设计的新想法。

最近，在肯尼亚首都内罗毕（Nairobi）举办的一次大会上，有人提到非洲正在"引进"与其文化完全不同的建筑美学，从而妨碍了以本土建筑传统为基础的美学自由表达和自然演变。很显然，这代表了一种审美和文化上的障碍。

在法国，今年的 Marianne d'Or 最佳地区建筑管理工作奖颁给了盖辛村（Gassin）项目，这个项目位于现有的十二世纪乡的旁边，是一座新建的村庄，使用了与古老的村庄完全相同的形式，以及几乎完全相同的材料。虽然这个项目取得了成功，但我还是要告诉你们，既有村庄的建筑形式事实上构成了一种审美学上的障碍，而这个障碍是新设计所无法逾越的。我们应该可以去寻求一种能够将新建筑与古老建筑融合在一起的建筑表现方式。

下面谈一谈有关时间的障碍。我在希腊所接受的教育（基本上是西方的教育）给了我一种表面上的感觉，即在建筑中是否具有更少的时间障碍，这是对建筑产生影响的一个重要的因素。佩普·苏皮洛斯（Pep Subiros）在一篇发表于加泰罗尼亚（Catalonia）建筑学院期刊上的文章中，简单扼要地指出："时间从来都不是客观的机械数据，也不是一些没有连贯性的独立事件的积累。时间永远都是故事的主线。它没有过去，没有现在，也没有未来，它只是一个暂时性的网络，在这个网络当中，祖先的年代，现在的世代，以及那些尚未出生的未来世代，所有的一切都共存、交织在一起。过去和未来，都包含在现在之中。例如，去学习将现在的时间想象为时间之网上的一个节点，就像很多非洲文化那样，这可能就是使建筑饱含意义的先决条件之一。"

有趣的是，罗姆（Rom）也将当下视为时间的支点，但是以它们自己实用主义的方式："罗姆永远活在当下——记忆、梦想、欲望、渴望，对明天的强烈渴望，所有这一切都根植于当下。没有现在，就没有从前，同样，也不会有以后。"[1]

语言对文化所产生的影响一直吸引着我。通过语言的相似性以及共同的根源，可以有助于我们更深入地理解不同文化之间的交融，进而了解每个国家的建筑方言。但是，语言也有可能会成为地区同一性表达的障碍。非洲撒哈拉沙漠以南（sub-Saharan）地区的分裂，特别是在其殖民地时期之后，形成了以法语为母语的国家和以英语为母语的国家，这种语言的演变一方面使这些地区跟整个世界的距离更拉近了一些，但同时，也扼杀了当地语言与方言的发展。

我们可以将建筑作为我们的工具和武器。在我们的建筑遗产中，建筑和公共空间可以成为"领跑者"，引领我们产生一种新的认识，即认识到无障碍设计和开放性究竟意味着什么，以及需要些什么。如果放在社会大背景之

建筑与排斥   **225**

下来看待，那么旅游建筑也是如此。但是，住宅建筑呢？住宅建筑与建筑遗产，以及旅游建筑的和谐共存，有可能会成为使我们的城市更具人性化、更适宜居住的一个主要因素。这对于我们所有人来说，都是一个挑战。

参考文献

1. Yoors, Jan: *The Gypsies*, New York 1967.

35

为穷人提供住宅的 UIA 世界性运动——启动致辞

菲律宾建筑师协会（UAP）2000 年度城市大会
马尼拉 / 2000 年 4 月 10 ~ 12 日
摘录

　　无论是发达国家还是发展中国家，建筑和建筑师都有可能会成为改善人民生活品质的一个重要因素。要想使之成为现实，那么就必然要将社会层面的问题视为建筑中一个不可缺少的组成部分。改善贫民窟、棚户区，或者委婉一点来说，改善世界上所有自发形成的定居点中不人道的生活条件，这也是我们这个行业所要面临的责任。为无家可归的人们提供住房、城市中的贫民窟、犹太社区、自助建屋，这些都是我们议事日程中的一部分。我们不能将为穷人和无家可归的人们提供住宅，与我们其他的建筑工作分隔开。

　　UIA 运动是关于住房的运动。但同时，它也是关于人的运动。这是因为，居住在房子里的是人。全世界，他们当中的很多人是我们的同胞中最为不幸的。他们是穷人，是赤贫者。其中一些人无家可归。而其他人则生活在避难所里，其生活条件恶劣得令人难以想象。很多人都会去刻意忽视避难所的存在，似乎生活在那里的人们属于另一个不同的世界，对我们来说是无关紧要的。

　　然而，世界文学为我们树立了很多例子，敏感地描述了穷人们的困境。早在公元 8 世纪，唐代著名诗人杜甫就曾经写过这样的诗句："朱门酒肉臭，路有冻死骨"[1]，还有 "安得广厦千万间，大庇天下寒士俱欢颜，风雨不动安如山"。[2] 之后，又有俄国作家陀思妥耶夫斯基（Dostoyevski）的名言："没有所谓的犯罪……只有饥饿的人"。[3] 无可否认，贫穷、饥饿和犯罪，这三者常常是关联在一起的。贫穷导致饥饿。有的时候，贫穷也会导致犯罪。

　　在现实生活中，我们如今正在采取的措施有哪些，来缓解无家可归和流离失所的人们的困境呢？在为穷人们提供住房的相关工作中，建筑师的参与程度如何？我相信，在我们当中，参与过相关工作的人要比我们想象的还要多，但是他们在很大程度上还是没有得到民众的关注，也没有得到民众的认可。让这些人走在前面，协助他们成为其他人效仿的榜样，这是我们的责任。另外，还有另一个原因。他们之所以为穷人住宅事业奋斗，是源于他们所信仰的原则，而这些原则是他们内心深处所固有的东西，并且已经成为他们日常思维和行为的一部分。为所有人提供充足的住房，这就是我们利益的核心。我确信，这同时也是人居Ⅱ峰会的教训。

与无家可归相关的问题和挑战，并不仅仅局限于静态的城市人口以及城市周边人口。它们还包含了非常广泛的内容——例如移民、战争和内战的难民，以及受到地震和洪水等自然灾害的受难者。总而言之，这是一份包含了所有世界苦难的目录，无穷无尽，令人毛骨悚然。

最近在泰国曼谷（Bangkok）举办的第十届联合国贸易与发展会议（U.N. Conference on Trade and Development）上，国际货币基金组织（IMF）的总裁米歇尔·康德苏（Michel Camdessus）发表讲话时表示，"我们不能故意忽视贫穷，无论它存在于何处，无论是发达国家、新兴经济体，还是最落后的国家"。在这次会议上，他还指出，"贫穷，是会破坏全球化世界稳定的最终威胁"。

如果处理得当，那么全球化可以成为一个机遇，因为它可以带来成长。要想获得有意义的成长，就必须以"摆脱贫困，赋予穷人权利"为目标，并促进"保护环境和尊重国家文化价值"。这些话都引述自同一次联合国会议，这些都是很好的表述。但大会没有提到的是，各国政府是否有意愿去落实这些想法。就我们而言，我们必须要努力尝试。

关于我们的建筑环境，真相是残酷的。我们对可持续性建筑环境的希望，直接取决于我们是如何解决住房问题的，特别是大规模住宅和穷人的住房问题。

建筑师确实关心建筑环境中的不平等、贫穷和社会排斥问题。一个公平的建筑环境，它会尽可能减少城市与城市周边地区对弱势群体的隔离。假如一个建筑环境被视为是公平的，那么它也应该为所有人提供公共服务。尽管有很多城市，无论是发达国家还是发展中国家，它们都常常会抱怨自己不堪重负，无法承担为穷人们提供公共服务，但是，深入的近距离研究总是会揭示出不同的情况。穷人和他们的定居点没有权利去使用公共服务。因此，住房并不是城市整体结构中唯一的不平等因素。

忽视问题和解决办法，这不再是借口。我们生活在一个知识的社会。我们所缺少的是结果。尽管文字、事实和统计数据都是必要的，但它们本身并不是最终的结果。我，作为国际建筑师协会的主席，只有当我看到以建筑理念，以及现实生活中的项目形式表现出来的结果时，我才会开始觉得满意。今天的建筑师，可以通过更好的、更富有想象力的公共住宅以及私人住宅，来提升那些相对弱势的人们的自尊，从而获得对社会各个组成部分更好的理解，并使它们凝聚在一起。

想法可能有很多。设计选择和建筑系统当然一定要符合当地的地形和条件，在某些情况下，有可能会重复传统的聚落模式，以重现熟悉的环境。住房和重新安置计划并不仅仅是简单的提供住房，它们往往是关系到社会和城市一体化的复杂工作。

当然，不断提高住房标准也是必不可少的。但是，除非一些无形的问题——例如生活品质——也能同时得到解决，否则这永远也不可能是一个完整的答案。从最广泛的意义上来说，这就是一个优秀设计的决定性因素。

为穷人提供住房，建筑行业还必须要与工业合作。建筑并不是脱离于工业而独立存在的。使用现成的当地材料，并不一定总是最经济的方法。我们必须要鼓励建筑师以新的方式使用工业材料。当一个人谈到如何满足数十亿人的住房需求时，工业一定是一个重要的线索。

从生活条件的角度来审视我们自己在世界大环境中的地位，不难得出这样的结论：我享有了极大的特权。之后，我们问一问自己，我到底做了什么，值得拥有如此的特权？我什么都没做。而"其他人"又做了什么，从而无法享有特权？他们也什么都没做。这些显而易见的答案，触动我的内心逐渐发生了变化。我开始深入探讨这个问题，想看一看我是不是能够以任何一种方式，为建立一个更公平的世界贡献一己之力，而这样的世界是我们应该共享的。

在 1996-1999 年三年期间，当国际建筑师协会将"建筑与消除贫困"作为这段时期的主题时，就开始了加强参与同贫穷相关的项目。

在联合国教科文组织（UNESCO）的支持下，1997 年发起了以"建筑与消除贫困"为主题的国际建筑竞赛。来自世界各地的建筑师和建筑系的学生都可以报名参加这项比赛。最终，我们收到的参赛作品不少于 386 件。评审委员会在罗马尼亚首都布加勒斯特（Bucharest）组建，而颁奖仪式和优秀作品展于 1998 年在瑞士的洛桑举办，同时举办的还有建筑师协会的五十周年庆祝活动。自那以后，这项展览就变成了一个巡回展，并设有候补名单。这是一场非常有意义的竞赛，一份全面而又详尽的出版物就是其最好的证明。

现在，每一年的世界建筑日，都被规定为"世界人居日"，并举行庆祝活动，1998 年的活动主题就是"更安全的城市"。这个主题与联合国减少城市暴力的运动和努力是相互一致的。作为上述主题的延续，我们当前的三个"焦点"课题之一就是"反对贫困、暴力和排斥的行动"。因此，我们决定要通过行动方案以及具体的事件来表明，建筑师对于我们所有民众的建筑环境都具有非凡的敏感性，我们不会再对贫困和排斥仅仅抱持着隔岸观火的态度。建筑师和建筑学如何为穷人的住房需求提供解决方案，对于这个问题，任何有助于加深理解的倡议，我们都会给予大力的支持。

我们的改革运动是一项雄心壮志的计划。我们打算召集所有的职业组织，以及对这项议题感兴趣的建筑师都来参与到这项运动中来，这是因为其中包含了太多的利害关系，我们必须要合并所有可用的资源共同努力。今年的 11 月，我们将在印度的孟买召开另一次大会。届时在大会上，我们会就美洲国家的会议进行初步讨论，因为在中美洲和南美洲的很多国家，人民无家可归的状况是特别严重的，这一点毋庸置疑。但是，无家可归的问题并不仅仅局限于上述的两个地区。这就是我们的国际工作计划"为无家可归者提供庇护——从伊斯坦布尔出发的道路"会变得至关重要的原因。

世界穷人住房运动如今正在菲律宾发起，这是系列活动中的第一项，我们将继续针对这一系列活动开展对话。我们，世界的建筑师，正在抓住机遇，使建筑在消除贫困的道路上发挥出自己的作用。

参考文献

1. *Songs of the Immortals*, an anthology translated by Xu Huan Zhong. Beijing 1994.

2. Translator unknown.

3. Dostoyevski, Fyodor: *The Brothers Karamazov*. Moscow 1880.

36

"为穷人提供住房"概述

印度建筑师协会（IAA）& 亚洲建筑师协会（ARCASIA）"为穷人提供住房"国际会议
孟买 /2000 年 11 月 17 ~ 19 日
摘录

　　大会要求我对贫穷问题从全球的角度做一个概览，而贫穷问题同住房问题以及我们的职业都是息息相关的。1997 年，是联合国"消灭贫穷十年计划"的第一年。在这个"十年计划"的相关文件中，提及住房是会对贫穷造成影响的重要因素的内容非常少，这是十分令人震惊的。虽然连同食品、卫生、清洁水、卫生设施等议题，住房议题也被纳入为经济领域的战略项目之一，但是却没有什么具体的实质性内容。在联合国 1996 年发表的一份文件中，主要强调的是卫生、社会服务和教育是造成贫穷的重要原因，而几乎没有提及住房的问题。很明显，我们需要以一种更为直接的方式将这个问题明确地提列出来。消灭贫穷需要一整套的行动，为了确保这些行动的顺利进行，我们需要对住房问题进行详细的阐述，以及后续的跟进行动。这些都离不开建筑师的努力。

　　我们现在已经进入了这个十年计划中的第三个年头，我们必须要问一问自己，我们做了什么？对我们来说，进行一些深刻的自我反省是很有必要的。国际建筑师协会充分意识到了问题的严重性，于去年四月在马尼拉发起了一场以"为穷人提供住房"为主题的运动。本次的孟买大会是我们这场运动的第二件大事。因此，国际建筑师协会继续参与同贫穷相关的事务，同时，我们也很欣喜地看到很多国家的建筑师已经向世人证明，通过他们的工作和行动，使穷人们的生活条件发生一些改变，这是一项很有价值的事业，尽管世人对这项事业的关注度还不够多。

　　为穷人提供住房，这对我们来说是一项一线的任务。同样，持续性设计也是一项一线的任务。因此，我们要通过高品质的设计来证明，低成本的住宅和可持续性之间并不是相互矛盾的，这也是我们的专业所面临的一个重要的挑战。带着这样的信念，我们可以引导官方和民众舆论逐渐认识到，只有永续性的、有利于环保的建筑，才能为世界住房需求提供长期可行的答案。

对贫穷现实的理解，可以为我们带来很大的启发性。

- 尽管越来越多的人正在逐渐摆脱贫困，但是世界上的贫困人口数量却仍然在不断攀升。贫困人口数量的增长，同全世界总人口数的增长之间，只有一部分的关联。

- 对于贫穷的评定有两种方式——绝对贫穷和相对贫穷。相对贫穷的评定标准，取决于每个国家根据自己的实际状况所划定的贫困线。

- 以往的经验表明，在"增长型"的国家，贫困问题和环境问题都会更容易得到解决。因此，正如可持续性一样，改善贫困也必须要与发展联系在一起。

- 在发达国家，以及那些尚不发达的国家，社会中所谓的"成功人士"有时会关注到穷人们正在变得富裕起来，于是担心这些逐渐富裕起来的穷人会更直接地侵入到他们的生活和行动中。他们其实并不关心那些生活在贫困线以下的人们。而他们实实在在地为穷人们做一些事情，取得一些实际成果的机会就更少了。

当然，我们所面临的所有挑战，其中也包括改善贫困，是否能够同时得到解决，这是非常重要的。绕过贫困问题，只处理可持续发展等其他亟待解决的问题，这无异于说生活在贫困线以下的人们的困境，并不是我们的首要任务之一。就好像内罗毕和里约居住在棚户区的居民们，孟买居无定所只能睡在人行道上的穷人们，以及发达国家无家可归的流浪汉们，他们是由另一个上帝创造出来的。

民主不仅关乎人权、投票权和平等的经济机会，它还关乎人类的尊严，关乎所有人的尊严。人类的尊严由食物、健康和住所开始，就是按这个先后次序。与住房有关的问题可能在很大程度上属于政治问题。但同时，这些问题也是我们这个行业必须要去解决的问题。

我们听过很多与贫穷问题有关的说法，但其中有一些是让人完全不能接受的陈词滥调。

- 减少贫困可能是我们这个时代所面临的最大挑战。

- 富人越来越富，穷人越来越穷。

- 价值观的匮乏是最糟糕的一种贫穷。

- 穷人应该有闲暇时间的想法总是让富人感到震惊。[1]

城市空间带有歧视性的改造往往都是规划决策的结果，那些城市中最贫困的地区，最后总是逃脱不了被遗弃的命运。可以肯定的是，这样的做法会造成排斥。排斥可以被划分为主要的四大类：社会排斥、政治排斥、经济排斥，以及地域排斥。建筑同这四种排斥都存在着一定的相关性。社会排斥和边缘化会造成和加剧城市社会中的贫困。评价一座城市的更新计划和干预措施在多大程度上取得了成功的标准，主要应该是去评估城市中穷人们的实际生活水平有没有得到改善。

安全正在慢慢变成一项私人的事情，而不再是公共事业，比较富有的人们能够购买私人的安全服务，以确保自己的安全。城市环境不安全的主要受害者都是那些不太富有的人，特别是穷人。他们根本没有任何防备，尤其是在贫民窟地区。

现在人们认识到，尽管我们一般认为，居住区和城市中心区的规划和设计，对于减少犯罪以及易于察觉犯罪来说是很重要的，但是它们对于安全问题的影响也存在着局限性。规划与设计只能为更安全的环境创造先决条件，但却并不能取代人们行为和态度上的转变。设计与城市环境管理之间的连接界面，是另一个需要我们仔细思考的问题。

虽然情境犯罪预防一般都确实能够减少某一特定地区同建筑、财产和居民相关的犯罪，但实际上，这些犯罪常常转移到了那些安全性较低的住宅和社区中，或是完全改变了犯罪的性质。例如，不再实施入室抢劫，而是从街上的行人身上偷窃。

相较于那些强加于社区的政策，会促进当地居民相互交流，并引导他们产生主人翁意识、参与意识和承诺意识的政策，更有可能获得成功，并产生长期的影响。短期内，社区的环境可以通过强制性的手段加以改变，但是，若想要使这些改变能够持续下去，那么就必须要对正在进行的工作做出诚恳的承诺与投入。

建筑师对与贫穷相关的问题持回避的态度，这简直无法想象。我们甚至还应该鼓励建筑师参与到政治层级的活动当中。若想要找到真正可行的解决方案，那就需要政治家和建筑师通力协作。今天，有两位部长出席了本次会议，这就表明了一种非常肯定与明确的政治意向。

减少贫困的解决方案涉及很多学科领域。在建筑环境的各个领域，我们有必要对建筑学和其他相关学科之间的关系进行重新定义。对于建筑师来说，

建筑与排斥

这也是一种实践不同类型建筑的方法。

我相信一句改编自法国的谚语：忽视与贫穷有关的问题是错误的，甚至比犯罪还要糟糕。我们可以毫不夸张地说，为穷人们提供的庇护所和建筑将会越来越多地决定我们的城市以及城市生活的整体形态。如果我们想看看光鲜亮丽的市中心和富裕的郊区以外的地方，变化已经发生了。正如我们在《北京宪章》中所描述的那样，我们也正在见证着"随着一个个贫民窟被拆除，我们在城市中看到了底层阶级的复兴"。我们有责任去努力探寻一种不同的方法，这种方法不会导致城市贫穷的增加，不会让穷人们变得更穷，也不会使社会差距变得越来越大。通过教育与专业的奉献，我们不仅可以在城市规划、建筑和技术层面提出解决方案，还能让我们的城市变得更加人性化。

身为建筑师，我们的使命并不是无动于衷地看着人们现在仍然拥有的东西，慢慢地从手中流走、枯竭。我们一定要相信使城市更加人性化的过程，并积极参与相关的行动。我们现在已经有了这样做的机会，并且开始逐渐扭转建筑师和建筑越来越不受重视的局面。由此，就能为我们的职业创造很多新的机会，因为我们这个职业非常需要新的视野。

贫穷，已经来到了最富裕国家的家门口——城市中新的"犹太社区"。所以，我们现在来说贫困的全球化也是合情合理的。贫穷，从本质上来说是一个政治问题，我们要接受这一点。关于为穷人提供住房的长期政策，必须要从面向未来的发展模式中产生。个人的梦想与愿望、集体的潜意识、社会的关系，以及文化和交流的需求——所有这些都是我们需要承担的责任。我们必须要使社会认识到这样的一个事实，即改善贫穷是增进和平和实现永续发展的根本。我们所谓的社会发展和经济进步到底意味着什么，我们一定要重新思考这个问题。我们需要的是以人为本的发展模式。

还有其他的一些问题需要回答。政府和私人资金流向了何处？特别是专门用于支援发展中国家的国际贷款和援助资金最终流向了何处？它们会流向撒哈拉以南非洲最贫穷的国家吗？还有，在一个国家内部，这些款项有没有被用在最贫困的地方？

我们都能意识到，随着全球化的到来，有一些东西正在发生着变化——例如，西雅图和布拉格。或许世界已经准备好了，去迎接一个更具人性化的全球化，一个能够减少贫困的全球化。美国前总统克林顿曾经说过："到目前为止，还没有一个国家找到一种既能拥抱全球经济，同时又能保护和延长社会契约的完美方案。"这是一种保守的说法。很显然，确实还没有人发现这样的方案。就更不用说做些什么了。

新的全球关系的基础，越来越转向技术和经济标准，而不是意识形态。但是，伦理道德却始终是我们行动的指路明灯。道德不能被局限于仅在你自己的国家，或是另一个国家对人权和其他权利的尊重。道德的内涵远不止这些。我们需要沉静下来，才能去发现道德与贫穷之间的关系。让我们静下来，倾听自己内心的声音吧。我们需要深刻的反省。我们需要的是一场新的启蒙运动，在这场启蒙运动中，物质进步将会与社会进步，尤其是人类价值观的提升携手并进。这是乌托邦式的空想吗？或许吧。但却是必要的。

我们不要翻来覆去地想了又想。我们要确实的理念。我们要付诸行动，这才是更好的。对于为穷人们提供可以接受的庇护所和基本住房的相关知识，我们知道的都很多，但是一旦真的付诸行动，我们的知识又常常少得可怜。我们应该去思考自己能做些什么，而不是能说些什么或是写些什么。再次重申，我们现在来到孟买，而接下来我们又要去另外的什么地方参加下一场会议，我们的目的是为了要探寻行动的机会，而不是为了炫耀。

最重要的是，我们要证明我们对这件事是重视的。无论是从职业的角度还是从个人的角度，我们都很在乎这件事。归根结底，我们在我们的职业所处的、不那么优越的建筑环境中，留下了一个印记，这才是最重要的。我们打算怎么做，这也同样重要。我们还要对成功的实践进行大力宣传。这些只是一个开端。建筑师和建筑如何能帮助解决穷人的住房需求问题，任何有助于我们加深理解这个问题的倡议，都应该始终如一地得到我们大力的支持。

未来，在基本上是未知的。但是，在一定程度上，它又是可以预测的。有一点是可以肯定的，那就是我们可以对未来产生影响。我们一定要设法制定出一套方法，即一套行动方案。但是，我们所采用的方法必须专注于结果。

参考文献

1. Russell, Bertrand.

37

穷人的财富

AIT IKTEL 会议：学习与反思的时代
纪念版——拉巴特（Rabat）/2001 年 5 月
摘录

本次大会的主题非常新颖，引人入胜，因为它突显了一个概念的重要性，即一个人的素质与其拥有的物质财富之间是没有关联的。这是个很不错的起点。下一步，就是要为所有人提供适当的居所。毕竟，住房也属于一项人权，我们建筑师有责任去找到具有可行性的、经济合理的解决方案。

相关的想法和建议已经有很多了。Aït Iktel 大会的迷人之处就在于，它向我们展示了一些项目，这些项目是由居民们自己设计的，同时也是为居民们自己服务的。社区建筑，是住宅工程一个具有可行性与现实性的替代方案，特别是考虑到后者在实施的过程中通常会遇到的困境。

事实上，Aït Iktel 大会得到了摩洛哥建筑理事会（the Directorate of Architecture of Morocco）的大力支持，理事会主席赛德·穆利纳（Saïd Mouline）说，这次大会为我们带来了希望，以全球的视角来展望，这些经验与教训都会在其他的地方得到应用。

38

建筑与贫穷

爱尔兰皇家建筑师学会（RIAI）建筑与贫困国际研讨会
都柏林 /2001 年 11 月 23 ~ 25 日
摘录

北京大会通过了一项提案，将对贫困、暴力与排外问题的关注设为我们的任务之一，因为这些问题与城市中心区以及贫民区都有很密切的关联。与此同时，大会还探讨了建筑与建筑师，可以在改善城市生活条件中产生多大的影响力，其中也包含改善贫民窟、棚户区和发展中国家所有类型的、通常都位于城市边缘地区的非法居住区的生活条件。

首先要解决的问题之一，就是要破除很多阻碍城市生活公平性的障碍。正如著名哲学家安德鲁·本杰明（Andrew Benjamin）所言，所有将一群人凝聚在一起的符号，同时也创造了边界。在我们的城市中，城市网络内部的障碍和边界就形成了实体上的划分。而实体上的划分反过来又会助长歧视与排斥。反之亦然，歧视和排斥也会造成实体上的分裂。

全世界在解决贫困问题上做了哪些工作呢？

• 到目前为止，在联合国的相关文件中，关于住房的重要性还没有得到充分的重视，还没有将其视为改善贫穷的先决条件。相比之下，让我们再回过头来看看 117 个国家在 1995 年世界首脑会议上商定的对贫穷的定义："缺乏食物、安全饮用水、卫生设施、住房，以及教育和信息。"

• 人居二峰会曾经起到了预警的作用。它现在还有作用吗？有多少人注意到，2001 年是 1996 年人居二峰会之后的第五个年头？

• 世界人居奖成立于 1985 年，这个奖项的设置，旨在肯定世界各地具有创造性与成功的人类住区项目，这些成功的经验都可以在其他的地方进行复制。在这些获奖作品中，有一个项目引起了我们的注意，它是 1994 年在里约热内卢瓜纳巴拉湾（Guanabara Bay）的马雷（Mare）地区，设计建造的一个社会和城市综合体。这个项目基本上使用的都是廉价、现成的建筑材料，以及以垂直多孔黏土砖为核心的结构系统，这些在贫民窟地区都是很常见的，在使用上并不需要拥有专业的知识或是复杂的设备。对一个局外人来说，我们很难判断马雷地区的居民现在是否会感觉到自己融入了一个更大的社区。贫民窟的界限似乎是难以逾越的，一群群高度戒备、肌肉发达的年轻人，他们几乎全副武装，哪怕是随便的探寻都是不允许的。但是，对于里约热内卢和圣保罗的许多贫民区来说，像马雷地区这样的设计方案似乎为破除围墙带来了可能性——我们这里所谓的围墙，指的既是真实的围墙，同时也暗指社交中的围墙。建筑师们的奉献与热忱[1]令人钦佩，他们将具有社会敏感性的建筑精神，融入到了设计当中。

还有一些项目在我看来是积极而现实的，我想从中举两个例子，它们都来自印度，通过这两个项目，可以帮助我们更好都理解，对穷人们来说，有意义的建筑到底意味着什么。

• 由建筑师巴克里斯纳·多西（Balkrishna Doshi）设计的，位于印多尔市（Indore）的阿兰诺（Aranya）社区住宅项目，获得了 1995 年度的阿卡汗建筑奖（Aga Khan Award）。

• 印度政府的低成本住宅建设项目，其中有一部分作品在孟买"为穷人提供住房"大会上已经向大家进行展示了。我听说，这些设计方案同目前的实际状况——现在，有些住宅单元的总面积只有 25 平方米，甚至只有 20 平方米，全家人都要挤在这样狭小的房子里生活——相比前进了一大步，这样的进步是令人难以置信的。对于世界上存在的生活水平上如此巨大的差距，我们只能叹息。

在天平的另一端，我们还有我所谓的"不相关的建筑"。从目前全世界住房严重不足、很多人无家可归的大背景来看，这种建筑同穷人的需求没有任何关系。而这样的建筑，特别是考虑到我刚才提到的那种整套建筑面积只有 20-25 平方米的狭小住宅，对我们建筑师来讲应该是相当尴尬的。

在圣保罗附近，有建筑面积高达 3000 平方米的住宅，当我在布宜诺斯艾利斯双年展（Buenos Aires Biennale）上听到这个消息的时候，我感到非常不安。还有一次，我在英国《金融时报》上读到，由意大利建筑师克劳迪奥·塞博斯丁（Claudio Silvestrin）设计的浴缸，由一整块石灰石雕刻而成，重达 900 公斤，必须要用起重机才能吊装到伦敦的豪华公寓当中，仅安装费用就高达 17，000 英镑，看到这样的消息，我感到非常难堪。

贫穷问题和贫穷的挑战必须要从很多不同的角度来处理，才能得到解决。

希望各方力量能够凝聚在一起。

- 会议、讲演和讨论都是必要的，但它们本身并不是最终的结果。

- 建筑竞赛也是必要的。通过举办设计竞赛，往往会带来意想不到的创新的解决方案。

- 同大学与学生们一起合作，可以产生深远的长期影响。

- 与一些组织通力合作，例如联合国人居中心（Un Center For Human Settlements，简称 UNCHS），也会为我们带来积极的结果。

- 通过在这个领域的努力，能够让我们意识到问题的存在。意识到问题的存在就是解决问题的第一步。

- 优秀作品展就意味着向他人学习。

- 在城市规划方面对立法者施加影响，将会有助于对抗排斥与社会不公。

- 私人投资可能是非常重要的。良好的规划和杰出的建筑作品，有助于营造吸引私人投资的环境。

我们建筑师必须要处理的事情有很多。其中有一些事务是比较散乱的。但我们需要在信念和方法上保持一致。我们不能将为无家可归者提供庇护、为穷人提供住房放在我们心中一个单独的小盒子里，只有当我们谈论到排斥和贫穷问题的时候才会把这个小盒子打开。我们不能允许自己今天去参加了一场关于建筑与贫穷的会议，而明天又去参加了一场关于建筑和旅游的会议，但却从来都没有将这两次会议联系在一起。整体解决贫穷和排斥问题，必须要被提升为我们日常职业生活中的一部分。为了实现为所有人创建一个更美好的世界的目标，国际社会所面临的最大的长期挑战，就是在全世界范围内消除贫穷、促进包容。

参考文献

1. Anastassakis，Demetre / Fiorini，Andrea / Hazan，Valéria. Cooperativa de Profissionais do Habitat.

39

移民与贫困——两条并行的道路

土耳其建筑师协会——预备会议
以移民为主的城市建筑与建筑学
迪亚巴克尔（Diyarbakir）/2004 年 12 月 17 ～ 18 日
摘录

  移民与贫困是两条并行的道路，或者说，是两条相互连通的道路。这是因为，迁移往往是贫穷的直接结果，而反过来，贫穷又总是迁移的直接结果。世界上的穷人们生活在城市中卑劣的生活条件之下，再加上最新败落的人们和移民者的苦难——他们的根被留在了其他国家，而他们的庇护所被遗弃了。新的庇护所，无论是临时应急将就使用的、暂时性的，还是永久性的，统统都没有根基。不管怎么样，这里都不是最初的家园。身为建筑师和规划师，我们的工作是创造一种环境，而这种环境有利于建立进步的公民结构和社会结构，进而使移民能够融入主流的城市生活当中。移民，他们通常都比较容易融入新的环境当中。

  从远古时代起，地球上就存在着迁徙。动物的迁徙一般都会遵照一定的自然法则来进行，比如根据季节的更替而发生迁徙。但人类的迁徙与动物不同，从历史上看，它确实也会遵循着某些自己的模式，有些模式同动物类似，例如寻找充足的食物和更好的生存环境；也有一些模式是不同于动物的，例如躲避战争，或是逃避政治与宗教迫害等。移民，特别是跨越国境的移民，是一个涉及很多方面的问题。自 20 世纪 80 年代以来，移民作为人口变化的一个组成部分，其影响已经变得越来越重要。就像贫穷一样，移民也是世界上不平等与不公正所造成的结果。它是富裕的国家和贫穷的国家之间、繁荣与饥饿之间的差异日益加深的产物。

  移民潮的大量涌入，并不是单单依靠国家的法规就能得到很好控制的。战争和贫穷的力量实在是太强大了，哪怕是世界上非常发达的国家，如今也无法再对与移民和贫穷相关的问题完全免疫。移民和贫穷，已经成为重大的全球性问题。我们不能再继续假装这些问题不存在，即使我们还没有到城市中那些最弱势的人群中去看一看。我们不能再故意忽视他们了。移民和穷人就在我们中间。他们住在人行道上，住在公园和广场上，他们在大街上流浪，从垃圾箱里捡东西填饱肚子。

我们对移民和穷人们的真实需求了解得越多，就越有准备将关注的焦点放在那些切实的目标上，明确地认识到对建筑和我们的城市来说，有哪些是必需的。我们可以成为新想法的催化剂，这些新的思想包括营造良性社会关系的建筑，低成本、节能，以及环境的可持续性。如果我们想要做到务实，那就应该要再补充一点：随着富裕水平的降低和贫穷人口的增加，以环境为导向的标准也必然会变得不再那么严苛、不再那么复杂，也不再那么昂贵。

如果大规模的住宅规划项目没有为居民带来一种社区归属感与欢乐的氛围，那么就不能算是成功。很多时候，当我们回想一座城市的特征时，我们只会想到它的历史中心、它被列为文化遗产的建筑、它的中央商务区以及它的公园。但是，一座城市中其实还有很多东西。这里还存在着"另外的一座城市"，是我们有意或无意地闭上眼睛不去关注的城市。它是每一座城市中的一部分，在这里，由于社会与规划的不公而造成的不满与愤怒，盖过了一切。

如果一个人要为我们当代的超大型城市选择一个特性的标志，那么这个标志很可能是简单的、低贱的，通常是那些非法的住宅，这些避难所的条件恶劣到让人难以接受，几乎无法维系基本的生存。但这样的建筑却也是用人们一生的梦想和努力辛苦建造而成的。然而不幸的是，就是这样的住宅，有的时候还会成为另一些人艳羡的对象——那些一贫如洗的人、移民和所有无家可归的人，他们的头顶上甚至没有一片瓦。

在这样的现实条件中，我们这些建筑师又在哪里呢？我们没有缺席吗？因此，有没有人可以把手放在胸口坦诚地说，我们的工作与世界住房和建筑环境问题有直接的关联？还有一些事情也与我们的职业有关。一些从生态学角度设计的项目，尽管可能具有非凡的创造性，但是，它们与其所在地区真正的建筑需求之间，是不是距离太过遥远了？

尽管如此，但我们还是有很多有前途的进展。例如，在 2002 年威尼斯双年展（Venice Biennale）上，巴西馆展示了一系列的举措，在现有混乱无序的布局中引入设有铺面材料的小径和街道，从而为该地区塑造出区域特性和最基本的娱乐设施，以及公共广场和公园，其目的就是要改善棚户区的生活品质。[1] 在那次双年展上，来自委内瑞拉（Venezuela）的建筑师也展示了一种很具发展前途的新系统，用于建立社区的文化空间，使之成为比较贫穷的社区中各项活动的聚会场所。

很多创新方法的机会都需要得到社会的认同。不仅仅是在技术领域，也包含社交领域。对任何一个成功的项目来说，与最终用户之间的对话都是必不可少的。自助式建房往往是唯一可行的解决办法，因为无论是在财政还是后勤方面，政府都没有足够的能力来满足对社会住宅的全部需求。更好的做法是由国家提供基础设施系统，如果可能的话，这些基础设施包括一个紧凑的卫生间和厨房单元，然后由住户自行完成剩余的工作，我希望政府能够在设计和技术建议方面给予相关的指导。我们要对那些"成功的故事"进行大力宣传，这是非常重要的，对于所有已经建成，或是正在规划中的穷人住宅优秀案例，我们都要尽可能加大宣传的力度，让更多人了解它们。

我们不能允许城市变成"双速城市"，在这样的城市中，唯一的整合和连接要素就是廉价劳动力，而这些廉价劳动力无论是在身体上，还是社会关系上，都被"隔离"在特定的区域中——穷人聚集的社区、移民聚集的社区，那里恶劣的生活环境对我们的文明来说，无疑是一种耻辱。我们可以毫不夸张地说，世界上的人可以分为两类，一类是没有充足住房的人，而另一类是无视人道主义议题的人，他们每天过着自己的好日子，觉得一切都是合情合理的。这是普遍的真理，即使再多的特例也无法推翻的普遍真理。

2000 年至 2003 年期间，我们一共召开了六次关于"建筑与贫穷"的世界会议，这表现出了国际建筑师协会的决心，我们这个行业迫切地需要为"使所与人享有充足的住房"这一艰巨的任务做出贡献。马尼拉、孟买、阿拉木图、都柏林、德班和普埃布拉（Puebla），我们在这些国家召开的大会都具有非凡的意义。但是，对我而言，最令我印象最深刻的是贾斯汀·基尔卡伦（Justin Kilcullen）在都柏林大会上的发言。他说，在我们开始要解决相对落后的国家所面临的问题之前，我们必须要了解，无论发达国家向这些国家提供了什么样的援助，也无法平衡他们偿还债务的财政负担。此外，由于在这些相对落后的国家当中，没有一个国家有能力满足所有国民的住房需求，所以唯一的希望，就是确保使用者自己坚定的参与。然而，这种做法若想要在现实中获得成功，那么"使用期的保障"是非常重要的。

使用期保障会引发出公民参与性的过程，进而实现自助式建房。使用期保障也会使人们更容易获得财政资源，从而获得信贷。所以，解决问题的关键就是土地的所有权。很显然，这个问题包含着太多的不确定性，因为它同时也是一个有关政治的问题。土地是任何一座城市扩张的基本要素，因此也是为穷人和移民解决住房问题的基本要素——单靠这些平淡无奇的陈述还是不够的。我们还必须要指出，土地的所有权是有区别的。

建筑师可以依靠行动，而不只是依靠语言来告诉民众，我们关心我们的同胞中那些不幸的人，穷人和移民。无论是个人还是团体，我们都将会迎接这一挑战。单凭承诺是远远不够的。

参考文献

1. Morris，Roderick Conway: *International Herald Tribune.*

40

人权与建筑

第二十三届泛美建筑师大会
德古斯加巴－科潘（Tegucigalpa-Copan）/2008 年 11 月 16 日
摘录

标题中的"权利"一词——人类的、公民的与绿色的——有关这个话题，我们或许可以用英国剧作家萧伯纳（Bernard Shaw）的《卖花女》（Pygmalion）来概括，尽管这听起来可能有点讽刺。在这部戏剧中，皮克林上校（Colonel Pickering）问阿尔弗雷德·杜立特利特（Alfred Doolittle）是否有道德。杜立特利特回答说，"我支付不起道德，长官。如果您也像我一样穷的话，您也支付不起道德。"对普通人来讲，道德是昂贵的。人权，特别是在联合国宣言中庄严载入的普遍人权，也是如此。

我并不认为我们的专业人员能够接受自己只是袖手旁观，静待事态的发展。我们必须要参与其中。无论是作为个体的建筑师，还是建筑师团体，我们都必须要参与其中。对我们这个行业来讲，基本住房问题是相当重要的，至少同那些引人注目的高端建筑是同等重要的。除非我们能接受我们这个职业，成为一种远离世界上绝大多数建筑与环境需求的职业。

保护环境，以及与可持续性和气候变化有关的问题，也能被视为一项人权吗？这个问题就更难回答了，因为在联合国的宣言、条约等文件中，对这个问题并没有直接的规定。

然而，我们知道，假如没有一个干净的环境，或者至少是一个比较干净的环境，可以维系我们后代子孙的生存，那么赋予人们可接受的生活条件这一理想，就不可能成为现实。生活水平的标准与环境是息息相关的。因此，我们可以合理地断言，保护环境必须要被视为一项人权。有一些国家已经以"绿色权利"的形式，接受了这一主张。

本届大会可能会得出一个重要的结论，那就是全世界的建筑师将会为此而斗争，促使国际社会普遍承认环境保护也是一项人权。建筑师们坚信，在任何一个营造更好的建筑环境的规划中，他们的专业知识和专业技能，都是一个不可或缺的关键组成部分。

　　虽然我们大家都清楚，我们可以创造一种更有利于环境的建筑，但我们也必须警惕这样一个事实，即那些技术较为先进的国家，有可能会将绿色建筑主要看作是一种开拓市场的机会，从而进一步扩大了发达国家和发展中国家之间的裂痕。如果我们能够真正地将拯救环境的需求放在获取利润之上，那么获取知识就也变成了一种权利。这是一个伦理道德上的思考。我们这个行业也是如此。

　　最后，我想就"环境公平"与"历史污染"这两个话题说几句。这些都是相对较新的概念，它们很明显地表明了在过去的一百年间，某些情况下超过了一百五十年间，相对发达的国家对地球造成了很多的污染，因此这些国家应该对气候变化负有更大的责任。换句话说，期望像中国、巴西和墨西哥这样的发展中国家，制定同发达国家相同的环境标准是不公平的，同时也是不现实的（发展中国家正在努力奋斗追求的生活水平，这些发达国家已经实现了）。所有这些想法，都不可避免会导致全世界在设计标准上存在着差别——有一些国家的要求更高，而有一些国家的要求则相对较低。我们希望这种分歧将来能够越来越少。

　　人权问题，无论它们指的是与自由等议题相关的、更广为人知的"蓝色权利"，还是与住房、卫生和教育相关的"红色权利"，抑或是与环境话题相关的"绿色权利"，无论是对我们这个行业来说，还是对我们的生活来说，都是迫切需要关注的焦点。正如印度圣雄甘地（Mahatma Gandhi）在谈到他自己的时候所说的，"我只会在这个世界上走这一遭。因此，凡是我能行的善，我现在就去做。我不想拖延或是忽略这些事，因为我不会再来这世上走一遭了。"同样，对我们所有人来说都是如此。

41

逃离贫民窟

"逃离贫民窟"出版物
选自 2008 年第 23 届国际建筑师协会建筑大会 / 都灵 2008
编辑: 弗朗西斯卡・德・费利佩 (Francesca De Filippi) / 美国芝加哥—佛罗伦萨 /2009
年 10 月

毫无疑问,"逃离贫民窟"是国际建筑师协会都灵 (Torino) 大会中最具意义的讨论之一。会议之后,我们决定对这次讨论的内容进行编辑出版,进行一次特别的报道。这次讨论不仅重申了贫民窟构成的挑战,还提出了采取积极行动的途径,如果能够给予这些行动应有的支持,就一定会产生巨大的影响。

令人惊讶的是,世界上大多数国家,都对我们在发展中国家那些城市中相对弱势的地区所进行的灾难式的建筑环境开发无动于衷,这些做法几乎完全漠视了基本的需求和人类的尊严。

在意大利诗人但丁的著作《地狱》(Inferno) [1] 中,地狱之门说:"通过我,就是通往痛苦之城的路"。在今天的世界,以及今天充满着苦难的贫民窟,"通过我"所代表的是谁? 我们身为建筑师,应不应该负起责任? 哪怕只有一小部分的责任。如今我们的职业所面临的最大挑战,我们的视而不见和无所作为,难道不会让我们自己感到愧疚吗?

在"逃离贫民窟"[Slum(e) scape] 中包含了"逃离"(escape)一词,毫无疑问,它指的是贫民窟的居民们。但是,除了他们,我们建筑师也需要逃离。逃离建筑杂志上那些光鲜的"温室",我们一直都在这些建筑中苦苦挣扎,完全忘记了在我们狭隘的专业活动范围之外,现实世界中还有为穷人们建造住房和庇护所的问题。

尽管建筑专业一般都不会存在与无家可归和贫穷相关的问题,但是建筑师个人和建筑师群体的贡献都表明,我们这个职业还有更加人道的一面。"逃离贫民窟"就是一个例证,证明了建筑师是关心这个议题的。

我确信,"逃离贫民窟"将来不仅会被当作一次成功的会议而被世人铭记,它还是一次以结果为导向的审议,不仅限于统计数字和悲叹,而是会为下一步的行动指明方向。"habitects"（人居师——译者注）这个概念非常棒，因为它也包含了建筑学的学生们。明天的专业人员无疑代表了我们将另一种建筑变为现实的最大希望，我们相信另一种建筑是有可能实现的，而我们的城市也会展现出另一种未来。就我个人而言，当"habitects"卷起衣袖，开始在贫民窟重建工作中展现出他们的存在价值的时候，我会感到由衷的欣慰。当我在面对发展中国家，那些被贴上"没有建筑师的建筑"标签的项目时，我才不会感到困窘。

这本书可以唤醒我们的良知，并提出一个所有建筑师都应该去思考的问题：我们的职业在何处？这是一部在我们行业内外都得到广泛认可的出版物。因此，它将会有助于形成一种公众的舆论，使人们更容易接受在我们的同胞之中那些最需要得到帮助的人们的需求，特别是世界上将近 10 亿生活在贫民窟中的穷人们的需求。公众舆论将会拥护我们的信念，即城市不应该被社会的分化而割裂成两半，最终，我们要接受住房问题也属于一项人权。毋庸置疑，国际建筑师协会一定会竭尽所能将这份刊物推向社会大众。

我要感谢所有"逃离贫民窟"专题讨论小组的成员以及其他参与人员，感谢他们决心从事这样的一份事业，而这项事业在未来有望会获得更多坚定的支持者。最后我要感谢的（但并不是不重要）是都灵理工大学（Politecnico di Torino），特别是该学院的 CRD-PVS，感谢他们从始至终所体现出来的顶级的学术标准和组织标准。没有他们的努力，没有该学院慷慨的财政支持，这本书就不会有机会出版。

参考文献

1. Dante（Durante degli Alighieri）: Hell from Divina Commedia. Florence 1304-1322.

42

跨越国境的挑战

第三届"边境城市的城市发展"国际会议
伊瓜苏（Foz do Iguaçu）/2009 年 8 月 2-5 日

    边境，以及边境城市和边境区域的景观，代表着一个巨大的挑战，因为这些区域的参与者不只是"我们"，还有"其他人"，也就是跨越边境的其他人。这一项挑战需要社会各界共同应对，特别需要每一位与建筑和规划事宜相关的人员都来共同应对。这就是为什么我们要对所有与边境有关的问题进行一个清晰描述的原因。通过这样的方式，我们才能了解到边境对于我们、对于我们的职业，以及对于我们的未来到底意味着什么。

    为了能更好地理解边境更深层次的政治内涵和地理内涵，我认为研究不同语言中用于表达"边境"含义的词，以及这些词是否可以逐字逐句地翻译成其他语言，还是只能以比较委婉的形式翻译成另一种语言，这是很有趣的。我请建筑师朋友去研究很多种语言中表示"边境"的词语，其中包括葡萄牙语、西班牙语、汉语、日语、韩语、印地语、塔加拉族语、僧伽罗语、阿拉伯语和非洲语等。[1]

    在大多数情况下，对"边境"这个词不可能有一字不差的翻译，这并不奇怪，原因很简单，因为构成边境多面性的"基础"参数，对每个国家来说都是不同的。这也表现在大多数语言中，很多意义相似的词还是存在着细微的差异上。甚至在同为英文单词的"border"和"frontier"之间，也是存在着细微差别的。不太为人所知的是，在英语和美式英语中，"frontier"的意思是"极限"，例如"知识的边界"，但是在美式英语中，"border"的含义只有一个，那就是"一个国家与另一个国家接壤的部分"。

    在其他一些语言中，"border"和"frontier"这两个单词的确切含义又扩展出很多新的含义，比如说，我们只举几个例子，"标示线"（identification line），指两个国家（或两个人）之间的线性区域；"（国家的）边缘"（edge），指与相邻领域相接壤的线；"过渡区"（transition area），这个区域应该具有一个可以测量的宽度；"界线"（barrier），指最重要的第一线（地理上的或是一种比喻的修辞）；"限制"（limit），包含身体上或是精神上的限制，等等。我们应该注意的是，"在文字出现之前的社会，是没有边界概念的，即使在今天，仍然有些地方没有边界的概念。"[2]土地使用制度的演变与传统和习俗有关。难道了解这些知识不会为我们避免很多国际摩擦吗？

经由这个语言学的练习，我们得出的结论就是没有结论。这没有什么好惊奇的。"border"和"frontier"这两个词，根据每个具体的"边境"区域不同的政治、地理、社会和文化参数，它们也会呈现出一些细微的差异。而我们由此可以推断出，边境区域的问题和机会，应该具体问题具体分析。

尽管我完全了解，巴西、阿根廷和巴拉圭三国交壤的边境地区是一个合作与协作的区域。但我认为，通过这个例子，有助于我们以正确的方式看待问题，认清在世界上其他的地方，边境到底意味着什么。

我们的日常生活会受到各种各样障碍的限制——物理障碍、政治障碍、安全障碍、语言障碍、偏见的障碍、文化障碍以及沟通和表达的障碍。在这些障碍中，有些是有形的，也有些是无形的。有些障碍就像是边界线上的高墙，强加在我们的身上；而其他一些障碍，就像种族、肤色和信仰的偏见，则是被一些偏执的力量灌注在我们身上的。所有这些障碍最终造成的结果，就是使我们无法获得完全意义上的自由，而我们本来是能够、也应该获得这些自由的。很显然，这些限制比较适合于那些容易顺从的人们，而不适合那些向往自由思考与自由行动的人们，这些人有可能会推翻控制着我们的制度。

边界属于政治上的障碍。但实际上，它们的意义还远不止如此。边界的存在，阻碍或是完全限制了人们的自由行动，而跨越边界，如果不算是一项政治权利的话，那么无论如何也应该算是一项普遍的人权。事实上，边界在设立边界区域方面发挥着重要的作用，在这些区域中，限制性的规定通常都是有效的。

边界不再只是地图上的线条。它们已经变成了人为的物理障碍。在很多地方，从前的围篱正在被高墙所取代。没有人知道这一切什么时候才会结束。这是一个戒严隔离的世界吗？我们已经生活在这样的世界当中了。也有少数的几个特例，比如说欧盟，但也并没有对整体的大环境造成什么影响。

雅典大学经济学系教授雅尼斯·瓦鲁法基斯（YanisVaroufakis），在他关于"全球化的墙"的演讲中，精辟地分析了墙的演变，以及造成这种演变

建筑与排斥　　　　　　　　　　　　　　　　　　　　**249**

的政治背景。他特别指出，在过去，墙只是把一个国家的印记轻轻地印在土地上，它们是具有渗透能力的墙，仅仅是一种自我限制的象征；而现在，墙已经变得越来越高、越来越难以穿透、越来越坚固，并拥有着史无前例的分裂的决心。

围墙排斥。在我们生活的很多方面，都呈现出一种围墙和驻防部队的姿态，而这种姿态也表现在建筑上。我们生活在一个分裂的世界中，我们与"其他人"之间是隔绝的，无论他们处于边界的另一边，还是越来越频繁的，或是已经来到了我们自己的国家内部。我们的"兄弟"跨越了国界或是街道，就变成了"其他人"。我们生活在贫民窟里的"兄弟们"，正在遭遇着被进一步边缘化的境遇，因为有的时候，他们所在的贫困区域的外围，会被建起高高的围墙。

围栏和边界制造了障碍，而我们在试图使这些障碍变得稍微人性化一点，但是事实上，它们根本就不该存在。边境的围栏突显了邻国之间的贫富差距。全球危机并没有对所有国家产生同样的影响。"全球化被誉为是消除所有边界的进程。可事实上，根本就不是这么回事。"[3]

一个没有围墙和障碍的世界，听起来就像是一个根本无法实现的乌托邦。或许是这样的，至少目前确实是这样的。有一点是可以肯定的，除非全世界各国人民之间的边界转变为自由流通的、双向的物质与文化交流的大门，否则彼此之间的不信任就永远也不会终结，真正的和平也永远都不会到来。

如果相对于这种乌托邦式的目标，另一种备选方案是维持现状，继续扩展围墙，那么没有什么比这更生动的方式来描述我们自己的境遇了：透过敏感的镜头和令人回味的字幕，装置艺术家达娜厄·斯特拉图（Danae Stratou）和雅尼斯·瓦鲁法克斯（Yanis Varoufakis），他们飞跃、行驶和走在"七条分界线，地球表面的七条伤痕，七个相互割裂的地方，在这里，政治、经济、民族主义或宗教领域紧张的关系形成了高高的围墙，将人们分割开来，而高墙两端的人们，却有着相似的了愿望、相似的生活以及相似的死亡"。[4]

这七条分割线横跨四大洲，除了构成了障碍之外，在表面上没有任何共同之处。

• 在科索沃（Kosovo），伊巴尔河（Ibar）将由塞尔维亚人（Serbian）占统治地位的米特罗维察（Mitrovica）北部地区，同由阿尔巴尼亚人（Albanian）占统治地位的米特罗维察南部地区分隔开来。河上那座无人看管的人行桥，是两岸之间薄弱的连接。

- 在贝尔法斯特（Belfast，北爱尔兰首府），被委婉地称为"和平墙"的隔离墙变得越来越长，越来越高。尽管北爱尔兰已经实现了和平，但贝尔法斯特地区的局势仍然不够稳定。

- 在埃塞俄比亚（Ethiopia）和厄立特里亚（Eritrea）的巴德梅（Badme）之间，树立着一道墙，将这两个国家分隔开来，在这道墙的下面布满了地雷。杀戮的雷区依然存在，无视地面上的现实情况，也无视联合国的裁决。

- 在巴勒斯坦的西岸，一座高耸的水泥分隔墙将土地分割，蜿蜒穿越被占领的西海岸。

- 在印度 - 巴基斯坦控制的克什米尔地区（Kashmir），控制区的分界线从山脊到河流一路延续，克什米尔地区的分裂，使得人们想要从一边到另一边的旅行几乎不可能实现。

- 地中海东部岛屿塞浦路斯（Cyprus）的"绿线"，是一条横跨无人区的人工线，它专横地将一座城市和一个国家一分为二。就像北爱尔兰的首府贝尔法斯特，以及柏林墙被拆除前的柏林一样，塞浦路斯的首都尼科西亚（Nicosia），一座城市已经成为两个边境城市。

- 在圣地亚哥（San Diego）和蒂华纳（Tijuana）之间，废弃的铁轨，标志着墨西哥 - 美国边境围栏的尽头，它从太平洋海岸沙滩，一直延伸到大海。

欧盟的跨国界景观状况是比较好的，它可以成为全世界其他地区学习与借鉴的指南。《欧洲景观公约》（European Landscape Convention）于 2000 年通过，并于 2004 年生效。这部公约的审批过程相当漫长。可以说，这要追溯到 1991 年，当时欧盟的欧洲环境署（European Environment Agency）发表了《欧洲环境: Dobris 评估报告》（Europe's Environment: the Dobris Assessment），该报告对欧洲的现状和大欧洲范围的环境前景进行了深入的分析。

在《欧洲景观公约》这份文件中，最让我们感兴趣的是其中的第九条内容。题为"跨国界景观"，说明如下:

"本条要求当事各方设立跨国界区域景观鉴定、评价、保护、管理和规划的跨国方案。在这一过程中，各成员国被要求，尽可能依照《欧洲地区自治宪章》(European Charter of Local Self-Government）所规定的辅助性原则，并使用《关于加强自有领域社区间或政府间合作的欧洲纲要公约（European Outline Convention on Transfrontier Co-operation between Territorial Communities or Authorities in Europe）》中所提倡的工具。"

《欧洲景观公约》中一些较为突出的要点如下：

- 景观必须要成为一项主流的政治关注议题。

- 在其多元化和高品质方面，与景观相关的文化价值观与自然价值观都属于欧洲遗产的一部分。

- 如果能够鼓励民众参与景观决策，那么就会强化该地区的区域特性与独特性，这将会为个人、社会和文化成就等领域带来丰厚的回报，并反过来有助于促进相关领域的可持续发展。

- 签约国有权选择在其本国法律体系之下，采取何种手段履行其义务。

我想要举两个欧洲的例子，这两个例子都是三国接壤的地区，尽管同我们在这里正讨论的伊瓜苏（Foz do Iguaçu）—巴拉圭（Ciudad del Este）—波多黎各（Puerto Iguaçu）三国接壤的情况不是十分类似，但通过对这两个实例的分析，将会有助于我们进行对照，研究可能的共同原则，并以这样的方式，使农村的景观和城市的文脉得以保护和发展。

第一个例子是奥地利、德国和捷克共和国三国的交界区，以森林为主。

第二个例子是瑞士的西北部城市巴塞尔（Basel），德国的小镇韦伊-亚姆-莱茵（Weil-am-Rhein），以及法国的圣路易斯 / 米卢斯（St. Louis / Mulhouse）地区，这三个城市都与莱茵河（Rhine）相连，而不是被莱茵河分隔开，这就像是我们这里的巴拉那河（Parana）将三个国家连在一起一样。对我们建筑师来说，这是一个非常有趣的案例，因为文化关注的焦点是这里与众不同的建筑，特别是这三个相邻地区的建筑亮点，经常会被视为一个单一的文化实体。在巴塞尔市，有伦佐·皮亚诺（Renzo Piano）设计的贝耶勒基金会美术馆（Fondation Beyeler Museum）、赫尔佐克与德梅隆设计的圣雅各公园足球场（St. Jacob Park football stadium），以及马里奥·波塔（Mario Botta）设计的汤格利博物馆（Tinguly Museum）。在离巴塞尔不远的地方，是奥地利空想家、神智学者鲁道夫·斯坦纳（Rudolf Steiner）设计的歌德讲堂（Goetheanum），这位建筑师非常讨厌直角的造型。在韦伊-亚姆-莱茵，你可以看到维特拉（Vitra）设计博物馆，这是著名建筑师弗兰克·盖里早期的作品之一。在维特拉建筑群中，还包括日本建筑师安藤忠雄和英国建筑师扎哈·哈迪德的作品。在一个小时的车程内，来到法国，这里有勒·柯布西耶设计的朗香教堂（Ronchamp），和科尔马（Colmar）具有历史意义的恩特林登博物馆（Unterlinden Museum）。

国家和地区的特性是联系的桥梁，而不是障碍，这才是最重要的。因此，巴塞尔已经变成了一个类似于十字路口的城市，在这座城市中有了更多的移民，开放而大胆，这在苏黎世或日内瓦是并不常见。

另一方面，在图尔卡纳湖（Turkana）北端附近的平原上，没有任何城镇或村庄作为交界的标志。图尔卡纳湖位于苏丹（Sudan）、埃塞俄比亚（Ethiopia）和肯尼亚（Kenya）三国的交界处。

一般来说，边境城市都是远离国家活动的中心地区的。这些城市的发展方式主要有两种。它们要么就保持孤立的状态，或多或少地切断同自己的国家日常生活之间的联系；或者，假如它们恰好位于两国交界点或是交界点的附近，那么它们将会以一种完全不同的方式来发展，成为境外活动的枢纽，反过来又会对当地居民的融合以及社会转型产生影响。

很多边境城市都会经历双重的文化影响，这会为这些城市带来丰富的文化。尽管在社会生活的某些方面，这种影响是确确实实存在的，但我们却很少在这些城市的建筑中看到这种影响。通常情况下，不同文化的混合会造成建筑表现上的混乱，会对两国的建筑传统都造成伤害。而我们的职业一定能够在这些地区发挥作用。是否有人认为"遗产"这个概念经常被滥用，这个问题已经变得尤其重要。俗话说"坏的榜样使人变坏，好的榜样使人变好"。[5] 那么，我们建筑师是不是属于"好的（榜样）"呢？

边境城市的特征就在于反差。还有流动性。有的时候，人们甚至于每天都要跨越国境来来回回，我们把这些人称为跨国人力资源。对于移民来说，边境城市可以像意大利作家伊塔洛·卡尔维诺（Italo Calvino）在他的小说《看不见的城市》（Invisible Cities）[6] 中所描述的那样，是一个人第一次来到的地方，但是对其他人来说，也是一个离开了就无法再回来的地方。而且，"城市的一半是固定的，而另一半却是暂时存在于那里的。当时机来临的时候，固定就会被解除、城市的这一半就会被拆除，并被迁移到城市另一半的空地上。"也有可能会被迁移到边界的另外一边去。

这些跨越国境的土地（通常都是空地），它们的真正含义象征着人类对土地永无止境的追求，以及那些生活在边界地区拥挤环境下的人们对生活条件改善的渴望。这些都是需要被填充的区域。但是，它们是属于"别人"的领土。由此，就造成了一直在延续的跨境紧张局势的恶性循环。

开发，可以说是从人类第一次介入到自然环境中就开始了。[7]绿色开发是一个近期才出现的术语，它听起来很不错，已经成了我们的一句口号。我们都知道，所谓绿色开发，在很大程度上要取决于可再生能源的使用。我们也都知道，所谓绿色开发，也有其社会层面的意义。反之，由此而产生的以减少社会不平等为重点的区域发展方案，也应该要考虑到有关环境的问题。可是，这样的情况多久才会发生一次？

跨境区域的开发，同其他任何地方一样，只有与可持续性发展的原则相结合才会有意义。我们的地球正处于危险之中，因此，任何其他方式的思考都无异于是自我毁灭。区域性开发方案可以非常有效地传达一项信息，那就是更合乎逻辑的环境政策。跨境开发项目就更是如此。这些项目的影响力将会更大，它们会影响到两个国家甚至是三个国家的"听众"。它们会强调共同使用资源的重要性，还会提醒人们不要忘记，在围墙的两侧，大家想要达成的目标是相同的。

我想要把对风能的利用，树立为一个跨国政策的象征，这种做法是非常有利于环境保护的。我可以想象跨越在两国边境上的风力发电机，它可以成为一个活生生的证据，证明可持续发展对所有的国家、所有的人来说都是必不可少的，我们大家的目标都是一致的，这就是一个跨越国境的见证。我意识到，有些人可能会认为风力发电机的存在，会对敏感的自然景观产生一定的美学影响，这种反对的声音也是合情合理的。但是风车，它也一样会影响到天际线。在我看来，很明显，我们需要对风力发电机做出美学上的让步，因为对风能的利用，是我们所构想的永续发展的未来中不可分割的一部分。

让我们来稍微思考一下关于美学的问题。我们接受或是不接受一件事物的视觉标准，其实并不存在什么绝对的标准。它们除了会受到功利因素的影响外，还会受到社会因素和环境因素的影响。让我们诚实的回头看一看。我们今天关于残疾人的"常态"其实并不是一直如此的。从视觉的角度来看，我们过去并不能完全接受存在于我们中间的轮椅。我们会觉得他们碍手碍脚，甚至会觉得难堪。我们需要人道主义来唤醒我们的良知。现在，我们不再需要提醒了。接受这些坐在轮椅上的残疾人，并认为他们与我们都是平等的，这些已经成为我们社会精神中的一部分。

我举出这些改变的例子，是为了要突出我们审美标准并不是一成不变的。就像我们接受轮椅出现在餐桌或是会议桌旁，这需要一定的时间一样，我们安心地接受风力发电机和太阳能板出现在建筑和自然环境中，这同样也需要一定的时间。这样的类比可能不是很直接，但我希望它能够传达出我的意图，表明我们在面对重要问题的时候，解决的方法和态度并不会是固定的，甚至，我们自己就能对它们产生影响。

景观，只能被视为是一种共同利益。跨境区域的景观又具有另外的意义，因为这片区域会涉及两个国家，甚至像我们这里的情况，会涉及三个国家。景观是一种统一的力量，它将相互接壤的国家联系在一起，因此，我们必须要竭尽所能去照顾与保护它们。一个国家对边境地区自然景观的介入，也会在视觉上对邻近的国家造成影响，这是不可避免的。

人类对大自然肆无忌惮的干预已经使自然景观遭到了严重的破坏，而这种破坏行动还一直在继续。建筑环境与自然环境之间，很少有和谐共处的例子。希腊著名画家扬尼斯·扎鲁奇斯（Yannis Tsarouchis）曾经说过，"当一座城市中有了山脉，那么这座城市的风景就会变得特别吸引人，因为山脉就是我们需要给予尊重的自然的建筑"，他还说，"建起规模巨大的建筑，妄想与大自然的雄伟壮观相媲美，这种做法是傲慢的"。弗兰克·劳埃德·赖特在提到那些突出在上顶上的建筑物时有不同的说法——没有一栋房子必须要凌驾于山峰之上。房子必须要来自于小山，从属于小山。我们要真正相信景观和环境都是非常重要的，这才是问题的关键。

希腊学者考斯塔斯·卡里扎斯（Kostas Karydas）拍摄的一分钟短片，在全欧洲竞赛中获奖，这部影片表明，当我们的环境良知在说话的时候，语言甚至是没有必要的。

跨界合作必须要成为我们在边境地区努力的基础，无论是在开阔地还是在城市中。这是促进邻国之间相互谅解和相互信任的唯一途径。这也是使边界不再成为障碍而成为机会的唯一途径。

这种协作可以通过多种方式来实现。其中一些与我们的职业生活息息相关，而另一些则触及我们对社会的承诺中更为敏感的部分。在建筑领域的跨界合作，可以采取海关和移民设施等形式。这些都是显而易见的。还有一些不那么明显的形式，就是建造共同的机构设施和教育项目，例如聚会场所、礼堂、娱乐区，甚至是学校。

除此之外，还有另一种类型的活动非常适合于共同的跨境项目。我指的是研究，特别是侧重于对边界双方所面临的主要问题与挑战都有影响的相关研究。通过在伊泰普（Itaipu）建立的这个非常重要的科技园，你们已经迈出了重要的第一步。但是，我们可以想象一下，一个由三个国家共同组建的研究中心，不仅可以获得相关国家的资助，还会获得国际的资助，对于这样的一个跨国合作研究项目，国际资金是一定会对它进行资助的。这样的一个三国共同组建的研究中心，将会成为新的思想和应用技术的智囊团。它可以开发设计出简单、高效和经济划算的住宅，适应交界国家当地的状况，并将有利于改善那些穷人和无家可归者的生活水平。这样的研究中心，还可以成为可再生能源技术以各种形式本土化应用的关键。印度在这方面所取得的成就值得我们每一个人钦佩，虽然他们主要是通过本国的力量发展这些研究项目的，但是这些研究方案却百分之百是以当地实际需求为导向的。他们获得的成果很惊人——纳米汽车，治疗肺结核、疥疮的廉价药物，等等。但我们也不要过于乐观。要想实现这些构想，就需要各国政府主动地采取行动。为此，他们需要拥有资源、政治意愿以及梦想与远见。如果没有梦想与远见，那么前两项也就失去了意义。

土地的所有权一直以来都是一个很具争议性的话题，尤其是关于有多少土地是公有的，又有多少土地是私有的。私有土地对公有土地的侵占，总是会对景观和环境造成不利的影响。特别是在比较敏感的地区，比如说边境地区。

考虑到我们的目标，是要创造一个更加永续的、更加环保的未来，那么我们就需要从一个前提开始，那就是尽可能多的公有土地。每当涉及执行"绿色"的政策时，私有土地是非常不容易控制的。可悲的是，我们在很多城市中，以及城市的外围，都目睹了希腊记者齐妮亚·蔻娜拉琪（Xenia Kounalaki）所描述的景象，"公共空间的消失"，她所指的是可以允许所有人自由进入的公共空间的消失，而不是那些以出售或是租赁的方式控制在私人手中的空间。

私人空间需要设置围栏。围栏构成了视觉上的障碍，它们打破了景观的延续性，特别是当围栏升级成围墙的时候。边界和围栏这种心态摧毁了我们的城市和农村地区的人性。它会导致恐惧，由此，世界各地的社区出现了越来越多的门禁管制。从人性化到管制这个缓慢但持续的转变意味着"城邦"（polis）的概念也在逐渐转变为包含"监控"（policing）的概念。[8]

请允许我在这里谈一谈我自己的经历。我的乡间别墅位于希腊的一个偏远地区，靠近大海，坐落在一片橄榄树林中。那里还有我的邻居的房子，但我是唯一一个没有设置围篱保护自己财产的人。结果，过路的人非法侵入了我的房子。我的房子已经被损坏了三次，甚至连我的橄榄都被人摘走了一些。我也知道，这样的情况在将来可能还是会再次发生。但是，我更喜欢这样。因为，对我来说，完整的景观为我带来的巨大愉悦，已经足以抵消掉这些"缺点"了。毕竟，在视觉上不断地提醒，哪里属于自己财产的终点，哪里又属于其他人财产的起点，这又有什么意义呢？这让我想起了一个我认为非常重要的问题，这个问题与政治和社会都有着明显的联系。目前的土地所有权状况对什么人有利？当然，它是可以被修正的，去满足大多数人的利益，而不是少部分人的利益。

自古以外，边境就是移民们的过境点。政治因素和经济的不公平，导致了这种人口的迁移是不可避免的。今天，我们在全世界都能见证到这一点。阻止移民在国家边境地区流动可能会产生一时的效果，但它永远也无法改变这些几乎可以被称为自然法则的东西，这就像在动物的世界里，非洲角马每年都要迁徙一样。

跨境移民的力量是比围栏和围墙更为强大的。他们不顾一切地迁移，根本不顾及到达彼岸时会面临什么样的生活条件。在这一点上，我想起了智利当代著名诗人巴勃罗·聂鲁达（Pablo Neruda）的一首诗，他在诗中写道："继续在梦中到达大海的彼岸，而大海的彼岸根本就不存在。"[9] 对移民们来说，在诗中暗指死亡的"大海彼岸"则代表着新的希望，是应许之地，但对他们来说，这也常常意味着另一种死亡。他们文化认同的死亡，或者，至少代表着他们身体特性与建筑特性的死亡，而这些特性构成了他们成长的环境，代表着他们自己的文化，以及他们被偷走的过往。

边界和障碍，以及与之相关的所有问题，很可能还会继续存在很长的一点时间。世界似乎还没有为另一种"常态"做好准备。身为建筑师，我们所能做的，无非就是在任何我们能够发挥作用的地方，尽量试着去软化这些分离的边缘。有一天，当世界上所有人为设置的屏障——在克什米尔，在巴勒斯坦，在朝鲜半岛三八线以及其他的地方——被移除的时候，或许屏障的两侧看上去并不会有多大的不同。这就是我们唯一的希望。

参考文献

1. 葡萄牙语（Portuguese）：*borda*, *margem*, *fronteira*

   西班牙语（Spanish）：*borde*, *margen*, *orilla*, *frontera*

   法语（French）：*bord*, *bordure*, *frontière*, *marge*, *limitrophe*（*pays*）

   汉语（Chinese）：*bean jeeyee*, *chee-an xian*

   日语（Japanese）：*koku*（*kokkyou*, *kuni*）, *kyou*（*sakai*）

   韩语（Korean）：*gook*, *gyung*, *jeon-seon*

   印地语（Hindi）：*sima*, *vistar*

   塔加拉族语（Tagalog）：*hangganan*, *gilid*, *unahan*, *harapan*

   僧伽罗语（Sinhalese）：*desha seemawa*

   阿拉伯语（Arabic）：*had*（*houdoud*, *had adna*）

   希腊语（Greek）：*orio*, *synoro*, *akro*, *methorios*, *parifi*

2. Harber, Rodney.

3. Varoufakis, Yanis.

4. Stratou, Danae.

5. Tsarouchis, Yannis.

6. Calvino, Italo: *Invisible Cities*（*La Cita Invisibile*）. Torino 1972.

7. Androulakis, Nikos.

8. Soja, Edward.

9. Seguir en el sueño alcanzando la otraorilla del mar que no tiene otra orilla. Neruda, Pablo. *La Barcarola*. Buenos Aires 1967.

43

人权与住房

CAT－安卡拉（ANKARA）分部，2010 年建筑学社会论坛
安卡拉（Ankara）/ 2010 年 10 月 21 ～ 23 日

众所周知，我们的世界并不公正。这个世界呈献给每个人的意义是完全不同的，它取决于你住在哪里，如何生活，取决于你有多富裕或是多贫穷。水就是一个例子。在勉强维持生存的国家，获得安全的饮用水是一项优先的事项。而在富裕的国家，人们获得安全的饮用水是理所当然的事情，在这里，水经常被用作休闲娱乐的工具或是设计的元素。

我们，作为世界的建筑师，必须要扪心自问，在全球化的背景之下，我们的工作对于住房，以及社会不公等重大问题会产生多大的影响。我们所关注的问题，对大多数人来说是不是重要的问题？毕竟，我们每一个人都受到了无家可归和城市中建筑与人性退化的影响，无论是在发展中国家还是在较为发达国家的贫困地区。

在 1996 年的巴塞罗那大会上，法提赫（Fatih Soyler）发表了一份两页纸的声明，强调了那些生活在贫困边缘的人们的困境。他在声明中说："我无法相信会有这样的建筑师，他们的耳朵听不见，眼睛也看不见，固执的不想去了解真实的世界。"他在最后写道："难道我们不应该扪心自问，难道我们不应该质疑政府的决策，难道我们不应该对我们生活的这个世界心存疑虑吗？"十四年过去了，我们还在翻过来调过去地讨论这些完全一样的问题，而我们绝大部分同胞们的生活条件还在继续恶化。

我们的职业所面临的关键性挑战是，我们是否有意愿和手段对未来城市的塑造产生真正的影响，特别是我们是否有能力通过我们的建筑工作和相关行动，来缓解这些城市中存在的社会不公平。若是做不到会怎样？若做不到，那么当我们的城市以越来越不平衡的方式发展的时候，我们也只能成为无能为力的旁观者了，因为世界的权利中心和金融中心都没有理由要去改变。我们离开这里回到家里，我们可以问心无愧，因为我们参加了这样的一次社会

论坛。

《世界人权宣言》（1948 年）中第 25 条非常明确地规定了关于住房的人权，它是这样说的："每个人都有权享有足以保障自己和家庭健康和福利的生活水平，其中包括……住房……"。我们是否也应该这样假设，即适当的生活标准中，也应该包含获得适当的公共空间与公共设施呢？

在那之后，又出现了很多的条约和宣言，都在重申人类的住房权，有的时候是要求安全和健康的居所。下面举几个例子：

- "拥有充足住房的权利……适用于每个人。"[1] 请注意，这里指的是"拥有充足的住房"，而不仅仅是"拥有住房"。
- "各国……应该确保……（人民拥有）住房。"[2]
- "我们的目标是获得充足的庇护所。"[3]
- "我们重申，我们对完全与逐步实现拥有充足住房权利的承诺。"[4]
- "所有人都应该拥有一定程度的所有权保障，要确保法律会保护他们免受强制驱逐、骚扰和其他的威胁。"[5]

通过对联合国人权宣言和其他宣言、盟约等的认可，各国政府在理论上应该对其本国的居民负责，按照其签署了的文件内容真正执行。但实际上，他们有负责任吗？

让我们先把目光从这些签署的文件上移开，看一看现实的世界。首先，我要引用《经济学家》杂志上的内容。在南非的宪法保障中，不仅有传统的"蓝色"权利，这部分内容在美国宪法 1791 年修正案中是很常见的（包括言论、宗教、结社等自由权利），还有"红色"的权利（"获得充足的住房"，"医疗"和"成人基本教育"的权利），甚至还包括"绿色"的权利（"环境保护"）。

根据南非宪法法院的裁决，这份宪法中的内容是无法贯彻到底、走完全程的。当宪法法院被要求对"无家可归"者的要求做出裁决的时候，它支持了这些人的抱怨，即认定政府在立法和其他方面确实做得不够，没有为所有人提供住房。但同时，法院也并没有说政府必须要为每一个人都提供一套房子。

所以，问题的关键并不在于是否有可能扩大人权概念所包含的内容，而是在于这些内容到底有多大的实际价值，特别是在发展中国家，即使这些权利都是实实在在存在的，也还是会被大家所忽略。保障公民权利和政治权利的成本相对较低，而保障经济权利和社会权利的成本可能非常高。而满足住房权利所需要花费的成本就更高了。

1992年在里约热内卢召开的世界首脑会议上，详细讨论了将住房作为一项人权的问题。各国的意见存在着很大的分歧。巴西支持住房是一项人权的观点，但同时他们也知道，对这一原则的认可并不一定意味着它必须要"兑现"。而美国则投了反对票，因为他们知道，他们的政府可能会因为没有履行这项义务而在法庭上被追究责任。

在这方面，实现人均拥有十平方米，甚至是七平方米的居住面积，这可能是一个更现实、更谨慎的开始，但是我们要有意愿和手段，在给定的时间表之内为人民真正提供不低于以上标准的住房，至少，应该建立起相关的机制，推动这样的目标转变为现实。

显然，如果社会希望住房能够成为每一个人切实的目标，而不再是幻想，那么建筑师就应该进一步加大其参与的力度。可实际上我们知道，事实并非如此。我们很少有机会参与这些关键问题的决策过程。如果去看一看联合国和联合国教科文组织等国际组织的议程，我们在这些议程的主题当中很难看到有关建筑的内容，或是根本就不会看到。为什么会这样呢？有一部分是我们自己的错。我们的"货"卖得不够好。这是一个需要我们的建筑师协会（无论是国内的、地区的还是国际的）不断争取的领域。

但是，记住两个重要的事件是很有趣的。2002年，在都柏林举行的主题为"为穷人提供住房"的会议上，提出了建筑也是一项基本的人权。还有2006年，在威尼斯召开了主题为"社会城市——建筑与变化"的会议。这次会议的议题包括：建筑师是"变革的工程师"，以及"优秀的城市设计可以提升人民的生活质量"。

那么，除了不断地重复建筑师的角色，以及住房也是一项人权之外，我们还能做些什么？答案就在于政府的接受，特别是每一个已经签署了人权宣言的政府的接受，即"承诺采取措施……竭尽所能，利用所有可以利用的资源，利用所有适当的方法，从逐步实现到彻底实现所承诺与认可的权利。"[7]

要想将上述目标转化为现实，就需要建立起相关的机制，在这个过程中如果没有建筑师的参与，就无法交付出有意义的解决方案。我们必须要维护我们在多学科团队中发挥关键作用的权利，这些团队将努力为全世界十多亿无家可归的人们，或是住房严重不足的人们提供充足的庇护所。

我们应该如何着手进行呢？考虑到各个国家当地的条件存在着相当大

的差异，我们可以提出什么样的住房规模和类型呢？在这个问题上，我想要引用已故的美国参议员帕特里克·莫伊尼汉（Patrick Moyni-han）曾经说过的话。莫伊尼汉说："没有经过仔细的评估，你就不可能解决一个问题"。国际建筑师协会会同区域性组织，可以成立工作机构，致力于为每个国家建立具有针对性的标准和住房规范。还有关于最适合穷人需求的建筑类型的指导方针。当然，每个国家的相关部门都需要参与这项工作。我们首先要做的就是分析现有的条件，以及在可行的前提下分析现有的章程。接下来就是提案建议。

这项工作具有极大的价值。例如，建立起人均占有的平方米数、住房的大小、最低限度的卫生设备、理想的住宅组团等标准。将所有这些资料汇总起来制成表格，形成全球对照的基础，不仅从单纯的建筑与城市规划的角度分析，还要涉及人均国民生产总值与气候变化等问题，最终得出结论。所以，对于所有正在追求奋斗目标——不仅仅是拥有住房，而且要拥有充足的住房——的国家来说，这些资料无异于重要的弹药补充。

我之所以会提出这项建议，只是想要让大家摆脱关于大众住宅忧郁的想法。或许，我们还会有其他的想法，还会有更好的想法。我的意思是，我们要专注于这个课题，必须要有一个具体的计划和具体的目标——"通过人权来实现社会公正"。[8]

在贫民窟是不存在人权的。如果认为在贫民窟那样的恶劣条件下，住房还可以被视为一项人权，那就太荒唐了。贫民窟意味着贫穷和不平等。贫民窟是毫无人性化可言的宿舍，或者说是仓库，储藏人的仓库。贫民窟意味着不安全的饮用水，危险的污浊空气和无处不在的垃圾。甚至还有"满天飞的厕所"。这个说法是用来形容内罗毕（Nairobi）地区的贫民窟的。在那里，你要把自己的排泄物装进一个塑胶袋里，然后把袋子绑起来，丢出去，用力地丢出去，随便你丢在哪里。

遗弃、绝望和衰败，这是非洲、拉丁美洲甚至欧洲许多城市地区的特点。在很多衰败的地区，帮派战争不可避免地成为城市生活的一部分。有人委婉地将这种在阳光充足的气候环境下的贫穷称为"阳光下的贫穷"。这种说法是多么的讽刺啊！相比之下，正如索姆纳特·桑亚尔（Somnath Sanyal）所说，印度的贫民窟可能更加贫穷，但是那里的人却往往充满了进取的精神和活力。这是因为在印度，居住在贫民窟的人们并不认为现在的生活会是一成不变的，他们会将其视为进入现代城市经济的踏脚石。

依靠法律和监管，是无法控制贫穷的。由此可见，贫民窟也不是能依靠法律和监管来控制的。只有依靠社会公正，我们才能解开贫民窟的乱象。

在全世界范围内，对城市重建这个课题存在着很多不同的声音。在安卡拉（Ankara）重新安置的例子中，新建的高层建筑同之前违章建造的"非正式"住宅形成了鲜明的对比。[9]搬进新居生活的人们，一定会比之前更快乐吗？有谁真的相信这一点？南非一些像小盒子一样的住宅项目就是另一个例子。这些住宅彼此之间都靠得很近，被委婉地称为"握手屋"，因为毫不夸张地说，人们打开窗户就可以与对面的邻居握手。

最近，在约翰内斯堡（Johannesburg）举办的南非建筑师协会 2010 双年展上，一个名为 FEDUP 的团体成功地解释了，为什么相较于那些千篇一律、没有灵魂的住宅,他们现在推出的"逐步发展的自助式住宅"[10] 会更有人情味。这次"南非的体验"让我大开眼界。

旨在避免少数族群和弱势群体过分集中的议程，是以公平的、社会可行的方式分配城市空间的先决条件。然而，世界上还是有无数的地方存在着人为的障碍和物质的隔离，在这些地方，"我们"在隔离带的一边，而"别人"在另一边。让我们把"富人"（haves）与"穷人"（have nots）区分开。这难道不就是维护现状的法令吗？

在世界上很多城市中，驱逐穷人离开自己的家园之后，紧跟着就会在那片土地上兴建"富人们的游乐场"。没有人会否认这一点。对于这样的做法，我们怎能不予以谴责呢？我们是不是能向社会大众公开我们的提案，寻求更公正的城市开发与重建模式，这是否才是更好的做法呢？在开普敦，人们正在议论纷纷的那种驱逐做法就是应该被抵制的，在那里，有八十位棚户区的业主反对在他们生活的地方兴建一座新的清真寺，因为这会导致他们被驱离自己的家园，而政府却没有为他们提供其他的庇护所。

在土地和资金都很充裕的地方，富人们会玩弄所谓的"城市规划游戏"。比如说阿布扎比市的马斯达尔（Masdar）项目。毫无疑问，这个项目最初吸引我的是它的创新和环保的无碳技术。但是后来，很显然，它只是又一个昂贵的封闭式社区。就像世界各地许多其他的项目一样，它四周都被围墙包围着，实际上已经变成了富人们居住、商业和娱乐设施的"孤岛"。显而易见，这就提出了一个问题。这些项目的兴建，与真正的城市与住房问题之间，有什么关联吗？

这种"设置障碍"的倾向并不仅仅局限于有钱人。我们越来越常看到，第三世界的中产阶级"正在逐渐躲进郊外安全的村庄去居住，从而对他们所抛弃的城市荒地，失去了道德与文化的洞察力"。[11]

对于穷人生活的贫民窟，大家都已经很了解了，不需要再做进一步的分析。但是，最近在一些国家出现了一种新型的贫民区。大量来自农村地区的农民工被集中安置在城市郊区的"城中村"，周围设有围墙。通过这种方式，这些人就可以受到控制。然而奇怪的是，在这些城中村中，大多数居民都很满意于他们的生活，这是因为他们自己被限制在其中的同时，犯罪和毒品交易也在很大程度上被拒之门外了。这种现象只能说明，我们的城市生活水平真的已经坏到跌入谷底了。人们会满足于自己被排斥在外。这真是不可想象。

人权和伦理道德是联系在一起的。道德是人权的一部分，而人权也是道德的一部分。因此，城市发展的伦理道德必须包含人权问题。在城市规划的概念中，伦理道德代表着什么？它仅仅是一个好听的词，还是具有城市规划真正的含义？

伦理道德的概念同城市环境中的人性密不可分地交织在一起。社会价值观必须要成为所有负责任的建筑与城市规划的指路明灯。因此，城市的建筑、城市规划和技术发展必须与社会现实保持同步。可如今，它已经明显地落后了。

城市规划要依赖于土地。这是显而易见的。还有一个事实同样也是显而易见的，那就是土地应该是一种公共的利益。但我们非常清楚，在现实生活中，情况并非如此。土地所有权和土地管理常常会变成政府和精英人士们手中操弄的工具。政治和利益，就是操弄土地问题的驱动力。因此，我们看到可供公众们自由使用的城市空间正在不断缩小，这也没有什么好奇怪的。在我看来，这样的情况已经构成了对人权的侵犯。土地变成了一种谋取利益的工具，而不再是一项公共的利益。

土地价值的大幅改变，无论是提高还是降低，都会对城市中该地区的社会和商业造成影响，导致直接的改变。而这些改变，反过来又不可避免会导致家庭和企业的搬迁———一般会遵循市场法则，但有的时候是强制执行的。只是讲一讲却什么都没有做，这样是不公平的，只是在回避问题。我们一定要找到一种公平的解决办法，而不是在没有提供任何公平的、可以接受的替选方案的情况下，就对生活或工作在那里的人们进行驱逐，这才是关键。

在世界上很多城市中，城市和城市周边的土地都是由贫民窟的地主和贪腐的官员控制的。所以事实上可以说，他们这些人劫持了很多最贫苦的人，其中也包括移民。很明显，这种情况也构成了对人权的侵犯。

2008 年都灵大会，是以一项很重要的活动命名的——"逃离贫民窟"。其讨论重点在于发展中国家非正式城市居住区的政策、项目和做法。在"逃离贫民窟"这一主题背后的想法是，世界上很多城市中都存在着贫民窟，总有一天，这些贫民窟会摆脱现在看来无法逃脱的命运。这些地方将不再是贫民窟。

我们可以试着想象一下"逃离贫民窟"这个概念。这意味着我们可以提供更好的住房，旨在开始消灭贫民窟。但是不是用一根魔杖一挥，所有的贫民窟就顿时全部消失了？这样我们会非常快乐，是不是？不幸的是，只有当我们能够确保不再修建更多的贫民窟时，这个愿望才会慢慢变成现实。然而，当今的现实告诉我们，随着贫民窟的拆除，新的贫民窟又会出现。有谁能阻止大批的移民源源不断地涌入城市吗？再来深入剖析。迁移难道就不是一项人权吗？因此，对于未来的城市，任何现实的规划都绝对有必要将城市的扩张，以及未来移民的住房问题纳入考量。

移民为了寻求更好的生活而不断向城市地区进行流动，也势必会导致城市边缘地区的贫穷——"（这里是）一个严酷的人类世界，在很大程度上，它既与农村稳定的生活状态相隔绝，又与传统城市的文化和政治生活相脱节"。[12]

移民就意味着贫穷。移民意味着大城市的规模不成比例地增长。这样的增长必然会影响到大城市的基础设施与发展。我们正在以这种方式剥夺着小型城市的生计，并进一步鼓励移民统统涌入到大城市中[13]，这是一个恶性循环。

在《逃离贫民窟》这本刊物中，介绍了这样一个项目，它的核心设计理念就是创建一条轴线，其中配置有公共设施和绿色的空间。而这条轴线刚好通过一片正在研究中的非正式居住区。这个想法是在我参观加拉加斯（Caracas）的维兰纽瓦大学（the Villanueva University）时第一次产生的。在那里我看到了一个方案，它以一种很有趣的方式，为当地居民提供了一条横向的轴线，这条轴线穿越他们的居住区，却为他们带来了很多必要的生活设施与公共设施。居民们还在定居点的外围地区获得了新的住房。因此，从住房的角度来看，居民们的生活条件变得更好了。因此，我们估计这个项目的兴建没有必要进行强制性的驱逐，因为整个过程都将会得到社会的一致赞同。

哥伦比亚的麦德林市（Medellin）是城市重建最成功的案例之一。过去，这座城市中到处都是最破败的贫民窟，而现在，它变成了一个生活条件明显改善了的地区。最初令我注意到麦德林市的是德国人苏亚雷斯·贝当古（Suarez Betancourt），后来，在伊瓜苏，是这个城市重建项目背后的关键性人物之一——毛里西奥·巴伦西亚·科雷亚（Mauricio Valencia Correa）。就在一周前刚刚结束的第 22 届伊比利亚双年展（BienalIberoamerica de Arquitectura），就是在这座城市举行的，这绝非巧合。

麦德林贫民窟的变化可以教给我们许多有趣的想法。

• 一座"友谊之桥"的架设将"住在深谷两侧"贫民窟中的两个相互敌对的帮派联系在一起。

• 一条线性的绿色轴线穿过城市中的贫困地区，为这个令人窒息的环境营造出一个不可或缺的喘息空间。另一条轴线直接贯穿城市的结构。将这两个项目，同其他类似的为了减缓贫民窟单调乏味的景观而进行的努力相对比，是非常有趣的，例如我们在前面提到过的加拉加斯项目。

• 鼓励居民自助建房，是解决政府资金匮乏的唯一办法，因为很少有政府拥有足够的资金为所有人提供充足的住宅。自助式建房，已占世界住宅建筑总数的三分之二以上。

• 政府拨款建造基础设施以及建筑物的基本外框架，余下的部分由居民自己来完成。要想使这种做法取得成功，那么使用期限的保障就是一个先决条件。如果这栋房子是属于你自己的，那么你就会努力去建成它。

人权深深地影响着我们的日常生活，正如我们从过去继承了权利一样，我们也同样会把权利留给我们的子孙后代。大家都认同，把一个更公平公正的世界，以及一个仍然适宜居住的地球交给我们的后代，这是我们的责任。后代将会如何评价我们在这方面的努力和行动呢？我们做得够不够？还是我们做得太少了，也太迟了？

据说，人权的历史最早始于公元前 6 世纪的居鲁士圆柱（Cyrus cylinder，居鲁士圆柱是以公元前六世纪征服了巴比伦的波斯帝国统治者居鲁士的名字命名，记载着居鲁士公元前 539 年征服巴比伦等内容——译者注）。[14] 在那之后，人权的标准就一直在演变着。

为了强调这些标准随着时间而演变的程度，我将参考公元前1700年的《汉谟拉比法典》（Hammurabi's Code of Laws）。在将近四千年以后，以我们今天的眼光来看这些法律条款，会觉得它们非常古怪，而且从伦理上讲也是不公正的。但是，在当时，它们却对人权起到了革命性的捍卫作用。难道我们自己为了纠正社会的不平衡，以及环境损害而做得微不足道的努力，在未来世代的眼中，不会也像《汉谟拉比法典》那样过时吗？请允许我引用《汉谟拉比法典》中的一些条款。

"我，汉谟拉比（Hammurabi），当马杜克（Marduk）派我去统治人民，保护土地的权利和正义的权利时，我为受压迫的人们带来了福祉，使强者不欺凌弱者……"

法典第229-231条（共282条）

229. 如果一名建筑工人为他人建造房屋，而建造中存在问题，导致房屋倒塌并致屋主死亡，那么建筑工人也要被处死。

230. 如果房屋倒塌并致屋主的儿子死亡，那么建筑工人的儿子也要被处死。

231. 如果房屋倒塌并致屋主的一名奴隶死亡，那么建筑工人就要为屋主再购买一名奴隶。

大胆的新思想是必要的。以人权准则为基础的新思想，会变得越来越广泛、具有普遍的可执行性，并会不断地发展。如果没有这些新的思想出现，那么未来就一定会使我们受到困扰，除非我们所谓的文明已经变得如此不知羞耻，它只会维护集体权利和富人们的生活方式。

意大利诗人但丁，在他的著作《神曲》（Divine Comedy）[15] 最后一本书的引言部分，让通往地狱的门开口说道：

"穿过我，就是通往痛苦之城的路；穿过我，就是通往永恒的悲伤之路；穿过我，就是通往迷失的一代之路。"

在世界上每一个地方，在我们的中间，都有"迷失的一代"。对他们而言，人权是毫无意义的。他们都是生活中触及不到希望的人们。生活在绝望中的人们。这些人活着却完全屈从于自己的命运。所以，我们前方还有很长的路要走。

参考文献

1. UN Committee on Economic, Social and Cultural Rights / Earth Summit in Rio.

2. UN Declaration on the Right to Development / Earth Summit Rio.

3. Habitat Agenda.

4. Istanbul Declaration.

5. COHRE.

6. South Africa Survey. 24 February 2001.

7. Covenant on Economic, Social and Cultural Rights / Article 2.1.

8. COHRE.

9. Gececondus.

10. Purwanita Setijanti, Indonesia.

11. Davis, Mike: Planet of Slums. New York 2006.

12. Davis, Mike: op.cit..

13. Doshi, Balkrishna.

14. Cyrus II, King of Persia, commonly known as Cyrus the Great.

15. Per me si va nella citta dolente, Per me si va nell'etterno dolore, Per me si va tra perduta gente.

    Dante (Durante degli Alighieri). Divina Commedia. Florence 1304–1321.

44

赤脚的建筑师需要得到回报

吉奥内尔·戴尔（IL GIORNALE DELL）的建筑[1]

翁贝托·阿勒曼迪（Umberto Allemandi）编撰——托里诺（Torino）/2012 年 6 月

　　有的时候我在想，我们这些生活在世界上更优越、更发达的社会中的人们，是不是会将生活中的所有便利都当作理所当然，从而忽略了世界上其他地方正在发生的事情。我个人思想的转变是发生在 1997～2007 年间，联合国推出了"消灭贫穷十年计划"，当时我走访了最落后的国家中很多的贫民窟，亲身感受到了太多的不平等与不公正。我惊呆了，开始关注于另一条不一样的道路。借助于国际建筑师协会的力量，我们一共组织了六次关于贫穷问题的国际会议。还举办了两次分别针对建筑师和在校学生的设计竞赛，并开展了"为穷人提供住房"运动。除此之外，我还做过演讲，写过文章。但我还有一大步没有迈出去，那就是没有在现实生活的条件下开展什么实质性的工作。这种失败一直都困扰着我，尽管有些事情已经取得了成绩，已经使人们开始觉醒了。

　　2007 年，国际建筑师协会发起了每三年一次的"瓦西利斯·斯古塔斯奖"（Vassilis Sgoutas Prize），专门授予那些为改善贫困地区的栖息地与环境做出卓越贡献的建筑师。即将在德班（Durban）举行的国际建筑师协会 2014 年世界大会上，将会组织第三届的颁奖典礼。到目前为止，业界的反应以及提交作品的质量都是非常令人鼓舞的，同时也验证了该奖项设立的目标之一——将那些远离聚光灯、默默耕耘的建筑师们"挖掘"出来。这样的建筑师有很多。去年，我们收到的参赛作品主要都是来自非洲的项目，也包括一些中南美洲、亚洲甚至俄罗斯的项目。令人很感兴趣的一点是，这些项目的作者有很多都是来自于发达国家，特别是来自欧洲。这一点是值得探究的，因为我们还没有看到那些真正生活在贫困国家的建筑师，表现出足够的作为。事实上，我们并不确定这些极度贫困的国家是否真的存在建筑师，这是个更严重的问题。

注意，尤其是 2008 年获奖者，澳大利亚建筑师保尔·蓬乐若思（Paul Pholeros），以及去年的获奖者，意大利建筑师法布里奇奥·卡罗拉（Fabrizio Carola），以及团体获奖者，来自墨西哥的 Espacio Maximo Costo Minimo。[2] 虽然，这些建筑师说不上都是被"挖掘"出来的，但可以肯定的是，大力宣传、让更多人了解他们一定是值得的，因为他们工作的价值并不仅仅表现在一个单一的项目上。例如，法布里奇奥·卡罗拉在发表获奖感言的时候是这样说的："通过在各种各样的结构形式中使用当地的材料，尊重当地的文化，毕生致力于改善非洲众多国家的生活条件"。

　　耕耘在不发达地区实践第一线的建筑师们，通常被称为"赤脚建筑师"，这个词，对我来说，包含了所有建筑师集体的努力，他们手中没有什么资源，但却凭着服务的使命感，身处世界上贫瘠的地区，为当地人创建一种新的庇护所和空间。这就是"与人民在一起，一切为了人民"。但是，我并不能完全接受这个"头衔"被授予不是建筑师的人，比如说阿卡汗奖（Aga Khan award）。不是因为他们的工作不配得到嘉奖，而是因为这会间接地使人觉得我们这个行业中大多数专业人士的贡献都被忽视了。无论如何，所有的建筑师都应该是潜在的赤脚建筑师——至少他们的一部分工作应该是这样的。

　　那么，前进的路到底是什么呢？只能是进一步扩充我们的队伍，让更多的人关心这个问题，让更多的人想要去看一看月亮的另外一面。每一次的集中行动都很重要。每一位具有奉献精神的个人和组织都会留下自己努力的印记。因此，《建筑杂志》（IL Giornale dell' Architectura）的弗朗西斯卡·德·菲利皮（Francesca De Filippi）、卡特琳娜·帕利亚拉（Caterina Pagliara），以及所有参与编辑这期特刊的朋友们，都在帮助我们了解，那些会使发展中国家的社区受益的项目，代表着我们这个行业所面临的终极挑战。

参考文献

1.　Published title of article: Gli "architettiscalzi" vanno premiati.

2.　Lobo, Carlos Gonzalez &Hurtado, Maria Eugenia.

和平与战争

45

重建的本质

"战后城市的重建"国际研讨会
贝鲁特（Beirut）/1997 年 11 月 10 ~ 14 日
摘录

让那些饱受战争蹂躏的城市恢复生机、让那些无家可归和流离失所的人们重拾希望，为什么会有这么多人和建筑师都投入到这项事业中呢？这是一个涉及根本原则的问题，值得我们进行深刻的反省。是为了利益，出于信念，出于责任，为了慈善，还是为了帮助我们人类同胞中的弱势群体？如果说我们的行动仅仅是为了追求利益，这显然是站不住脚的。同样，它也不可能是一个单纯的慈善事业。慈善，以及另一个被大量滥用的希腊语"philanthropy"（博爱），都是属于另一个时代的。正如卡修斯·克莱（Cassius Clay）曾经说过的那样，"人活在世上所做的善事，只是为了当我们来到天堂以后能有一个安身之所的租金。"

而我更愿意相信，我们之所以会做这些事情，是因为我们所相信的价值观，是因为这些价值观在我们心中根深蒂固，已经变成了我们日常思维和行为的一部分。

作为一种职业，我们需要证明，城市中的不公并不是我们的责任，但我们却正在竭尽所能去改变我们所能改变的东西。我们还要坚信，在政府和社会的行动背后，并不存在这种潜在的恐惧，即认为这些无家可归者和难民会在我们的家门口制造安全问题或是其他问题，进而危及我们原本安全的小天地。

城市是有生命的有机体，各个社会层级都需要高品质的建筑和城市规划。

当我们提到被战争摧毁的城市时，全世界媒体的焦点大多都集中在对古迹的破坏上。古迹，虽然非常重要、无可取代，但它们却只是城市构成中的一个组成部分。

因此，在这次专题讨论会上，我们拟定的序言所强调的，是保持这些饱受战争蹂躏城市的文化特征的必要性，但同时我们也认识到，除了文化特性以外，当代的发展还有其他的参数。因为，正如著名学者弗朗西斯·福山（Francis Fukuyama）所言，"那些坚持以他们自己的方式看待未来的人，一心只想着坚决保留（古迹）的原则，最终只会变成历史博物馆的承办人。"因此，采用面向未来的方法，将会为更富有创造性的建筑与城市规划思想提供更广阔的空间，如此才会有希望带来富有意义的社会问题上的干预措施。

显然，对有限的几座纪念碑和历史遗迹的保护，永远也无法弥补一座城市没有建筑特征、没有脉动，也没有回忆的遗憾。

有人说，一个社会处理其城市中较为落后地区问题的方式，可以反映出它在各个领域，以及针对所有人民的关于社会正义的敏感性和承诺。对于那些饱受战争摧残的城市来说，这种说法毋庸置疑是正确的。因为饱受战争摧残的城市并不是一座空城。那里还生活着很多人民，他们当中有的一贫如洗，有的无家可归。

除了依靠立法之外，我们必须要依照我们的良知行事，必须要尊重我们人类同胞们的尊严。此外，我们还必须要保持信念和方法的一致性。举例来说，我们不能将为穷人和无家可归者提供住房这项工作，同我们在建筑领域所做的其他努力割裂开来，只是在参加相关会议的时候才会想起这些无家可归的人们。

这让我想起了道德与职业操守。道德标准不能仅仅局限于行为准则。它必须要包含更广泛的理想和主题，比如说我们在这次研讨会上正在讨论的问题。因为我们将在这里讨论的内容，并不仅仅是关于建筑的，还关乎道德。流离失所的人们也拥有人权，这是一个伦理道德的问题。国际建筑师协会非常重视在国际的层级上建立道德标准，目前，我们正在完善确定道德标准的最终形式。

我们坚信，我们的使命远远超越了传统建筑和那些由高科技明星建筑师设计的建筑作品，尽管这些建筑通常都会受到媒体的大力推崇。这就是为什么我们目前选择了为期三年的以"建筑与消除贫穷"为主题的原因，即建筑可以成为消除贫穷的一个因素，从而也会改善建筑环境。当然，这个主题与本次研讨的主题之间是密切相关的。让我们从另一个角度来思考这个问题。在这个领域，大多数政客都没有成功，建筑师也有自己的责任。

当暴力冲突结束，疗愈恢复过程开始的时候，就是我们建筑师这个角色该上场的时候了。通常，越是在比较小的群体中，比如说我们现在这个小群体，疗愈恢复过程越容易有效地开始。我们决不能心存幻想，认为这个问题应该由别人来负责。建筑师能够，也必须要扮演一个核心的角色，并发挥持续性的作用。我们来到这次大会，对比不同的战乱城市所存在的问题，讨论未来应该采取的行动，这就已经是我们迈出的第一步了。因为它打破了以往的沉默与孤立。孤立，无论是身体上的孤立还是社交上的孤立，都不会是一朝一夕间发生的。而这就是它如此危险的原因。

贝鲁特大会建筑师与工程师的这项倡议，一定只是一系列类似事件中的第一个环节，而这一系列事件，也将成为经历了愚蠢的杀戮与破坏的一代人绝望的呐喊。

我们必须要确保由战争和内乱造成的破坏，不会又转而导致另一种破坏。城市被炸弹和迫击炮弹弄得支离破碎，之后，又被单纯以市场为导向而进行的城市规划搞得面目全非。而所有的这一切，都是在我们沉默的注视下发生的。遭受到损伤的城市变成了死气沉沉的城市。

46

各种各样的战争及其对自然和建筑环境的影响

希腊技术协会"环境与和平"大会
雅典 /2004 年 5 月 5 日
原文：希腊文

　　"和平"是很多人常常挂在嘴边的一个词。但是，却很少有人真的做些什么有意义的事来保住和平，特别是政府。当世界的现状受制于强权的法律及利益时，又怎么可能会创造出和平的条件呢？

　　真正的和平始于我们自己，始于我们的思维方式，始于我们的生活方式。当然，和平与自由、民主和道德价值观也是密不可分的。民主和道德价值观不会局限于自己的国家以及自己的利益这样狭隘的范围。正如 A·卡尔卡亚尼斯（A. Karkayannis）所写，"我们应该扪心自问，如果一个国家不尊重他人的生命，并且赋予自己摧毁'其他'国家的权利，那么这个国家在现实中到底有什么价值呢？"

　　我们的世界很大，它是一个单一的实体，它是整个地球。在遥远的阿富汗或是塞拉利昂（Sierra Leone）所发生的一切，也会关系到我们的生活。战争和环境破坏所造成的影响，无论是在哪里发生的，都会影响到我们所有的人。如果我们更仔细地审视一下我们所生活的世界，我们就会发现，这个世界存在着很多社会的不公，或者可以说是一个片面的全球化的世界。我们生活在一个厚颜无耻地干涉别国内政的世界。我们生活在一个虽然签署了国际议定书，但却在很多方面都没有真正执行的世界。如果这不是虚伪，那又是什么呢？

　　战争与和平。我们已经习惯了这个双重术语。在本文的标题中，我对"战争"一词使用了复数的形式。这是因为，战争可以有很多种类型，但和平却只有一种。

　　当一场战争结束——使用武器的战争，扩张主义的战争——其他的战争又开始了。它们是经济与社会的战争。为了实现经济霸权的目标，甚至常常不需要使用武器进行战争。同样被视为战争的还有一些政府的行为，以及一些强大的金融机构的行动，这些行动根据各自情况的不同，通常都有不同的标准，但却可以让整个国家屈服。有一点是值得注意的，那就是这些行动的后果，必然会对人口中较为贫穷的阶层造成最严重的冲击。

所有的战争都对环境产生影响。真正的和平只有在有政治、经济和社会都获得和平的时候才能实现。只有到那个时候，人们才能期望环境问题会成为我们最优先考虑的事项。

战争造成的废墟在城市内部形成了空洞。对于唯利是图的投资商来说，这些空洞代表着挑战与独一无二的机会，他们通常是通过改变土地的使用来谋取利益的。而这样的做法，反过来又导致了土地和所有权价值的巨大变化。因此，在战争结束之后，随着战争的影响逐渐消退，对土地和所有权的控制就成了一个关键性的争夺目标。一旦有了可供开发建设的土地，一种新的城市秩序就会通过一系列的展示型项目建立起来，而这些展示型项目则对现有的城市与社会结构造成了干扰、扭曲，甚至是破坏。这些项目对环境往往并没有那么友善，虽然它们为了追求表面的光鲜亮丽，会设置一些绿色的空间，并大肆"炫耀"。

从本质上来说，总的建筑体量变得比以前更大了，之前的业主和租户要么自行离开，要么就是通过一些看似民主、但往往是无情粗暴的手段被驱逐出去。在经历了战争的大浩劫之后，城市开始重建和现代化改造。方法很简单。你的房产值多少钱？就是这样。现在，开发计划是新的，重建起来的建筑物质量比原来更高，所以花费同样的价钱，你只能拥有比较小的使用面积。如果这样比较小面积的住宅无法满足你的需要，那么你也只能拿着一点补偿金离开这里。就是这么简单。

在这个问题上，我想通过我自己的一些亲身经历告诉大家一些事情。几年前在贝鲁特举办了一次国际会议，其主题就是关于饱受战争蹂躏的城市。在会议的开幕式上安排了三位发言人讲话，第一位是当地建筑师协会的主席，第二位是我，第三位是该国（黎巴嫩）的首相。在我的演讲中，我提到了在这篇文章中所涉及的一些主题。在我的演讲结束之后，台下掌声雷动。我不知道为什么听众会有这么大的反应。过了一会儿，我明白了。这些掌声是献给下一位演讲者的——首相——这是大家自发的反应。这位首相是一家企业的大股东，对战后被摧毁的城市的重建工作，就是由这家企业负责的。

然而，无论是天灾还是人祸逐渐平息之后，它们所造成的负面影响慢慢消退，城市中出现了一些具有理性规划的项目，再加上明智而富有远见的政治意愿，已经产生了一些深远的结果。尽管很少，但在世界上一些被战争毁掉的城市中，已经出现了明智的重新规划，例如在第二次世界大战中遭到了轰炸的鹿特丹市。还有美国的加利福尼亚州，也是个很重要的例子，在经历了 1933 年大地震之后，原来的学校建筑倒塌了，取而代之的是"低矮、通透、轻质的棚式建筑，成为加州开放式轻质建筑的典范"[1]，由理查德·诺伊特拉（Richard Neutra）和其他一些美国建筑师设计，引起了美国民用建筑的彻底反思。

战争实实在在的后果——人类的牺牲以及重要物资的损毁——慢慢地变成了统计数字，因此随着时间的推移，也逐渐变得模糊不清。但是，人类的生命无论如何也不该是一个统计数字，环境也一样。没有人有权利将人类的痛苦与颓败当作杠杆，去实施追求物质丰裕的计划，这样的做法只会导致环境的恶化。

这样的结果并不是不可避免的。重建方案不仅有可能解决暂时性的问题，还有可能走得更远。我们要以尊重社会因素和环境的方式，寻求一种新的、更成熟的城市规划和建设之路。还要创建所有人都可以自由进入的公共空间。

接下来，我要向大家讲述我自己的另一段亲身经历，它与黎巴嫩的经历有一些类似。三年前，当我在北京的时候，我目睹了胡同周边传统平房的大拆迁。[2] 我的导游告诉我，将来在这个地方会盖一座超现代化的建筑综合体。当我问他，那么现在这里的居民将会怎么样时，他回答说，政府给了他们很好的安置，他们将会搬迁到一片新的住宅区去居住，那里距离市中心区大约有 40 公里的距离，而这段距离每天需要三个多小时的通勤时间。不可否认，这些人的居住品质的确是提高了，但是居住品质提升的同时也付出了时间的代价。

当我们在处理与环境相关的问题时，就不得不将文化环境也纳入考量。文化是社会和谐的要素，同时也是世界各国人民和平与沟通的渠道。战争，伴随着人类生命的毁灭，常常也摧毁了我们的建筑和文化遗产，这一切都是不可挽回的。这样的例子不胜枚举。我们从哪儿开始说呢？阿富汗的巴米扬大佛雕塑、南斯拉夫的莫斯塔尔桥（Mostar），还是约旦河西岸城市的城市结构？然而，我们还有一些相反的例子表明，当地官员和个人的奉献拯救了珍贵的文化瑰宝。就像在第二次世界大战期间的法国，还有希腊，当时希腊考古委员会和考古学家们将文物埋在地下、地窖甚至藏在洞穴当中[3]，以这样的方式将珍贵的文物为后人保留了下来。

无论是武装战争还是经济战争，战争的后果之一，就是对一个国家文化独特性的侵蚀。甚至连一些具有目的性的国际援助项目，也同样会带来这样的后果。这些援助方案往往都设有附带条件，例如会要求接受援助的国家必须要接受援助国提供的建筑师与工程师的服务。这样的做法，就会导致国外的审美模式被渗透到接受援助的国家。

战争与饥饿往往是密不可分的。德国政治家维利·勃兰特（Willy Brandt）曾说过，"（我们要）接受饥饿也是一种战争"。我还想补充一点，我们都渴望和平，但我们唯一应该发动的战争，就是针对饥饿与排斥的战争。

战争会导致贫穷，而贫穷又必然会导致环境的恶化。这是一个我们永远都不能忘记的公理。在北美、日本和欧洲大多数国家，他们拥有足够的资本去实施昂贵的环境政策，而像安哥拉（Angola）或卢旺达（Rwanda）这样的国家，战争留下的伤疤和内乱仍然时时可见，还有那些极度贫困的国家，那些人民无家可归的国家，难道我们能希望他们也来实施同样的环境政策吗？当他们还在为自己的生存苦苦挣扎的时候，难道我们还能要求他们去考虑地球的生存吗？

很显然，我们需要保护环境，使之免受各种威胁。这些威胁主要是来自于人类自身。但是，究竟是来自于哪些人呢？食不果腹与无家可归的人吗？无家可归、居无定所，这些都是战争的结果。这些人在自己的国家沦为难民，有的时候被迫来到其他国家寻求庇护。大批难民的需求导致了未经计划的建筑，如果我们能腆着脸将这些无家可归的难民们临时的庇护所称作建筑的话。因此，在这种情况下，我们没有办法要求他们要尊重环境的考量。毫无疑问，战争对于环境来说是灾难性的。

当然，我们最大的问题是下一步究竟应该采取什么样的措施。相关的声明和报告已经有很多了。联合国教科文组织组织了一次大会，并发表了一份文件，名为《非暴力文化与和平》（The Culture of Non-violence and Peace）。国际建筑师协会在几年前也发表了一份声明，敦促全世界的建筑师一起用自己的知识和奉献精神，来减轻战争对环境所造成的影响。

但是，这一切就够了吗？还是说，我们还有更重要的使命？我认为，我们需要用实际行动来证明，我们在乎这个问题。否则，我们自己的惰性将会助长这个世界的不公。我们所生活的世界，不仅有赢家还有输家。而我们，都是世界日常事务框架中活跃的细胞。

那么，我们如何才能在世界范围带来成果呢？我们只有一种途径，那就是对这个世界的权利中心施加压力。由专业人士、学者和人道主义者施加的压力。最重要的，是公共舆论所施加的压力，简而言之，就是全世界人民的抗争与奋斗。

参考文献

1. Olsberg，Nicolas: *Open World: California Architects and the Modern Home.*

2. *Hutongs: Narrow streets or alleys between traditional* courtyard residences. Also refers to such neighbourhoods（Wikipedia）.

3. Petrakos，Vasileios: *The Antiquities of Greece during the 1940-1944 War*— Mentor Vol. 7 No.31. Athens 1994.

教育、研究与技术

47

与教育、研究和施工有关的建筑学

UPC 和 COAC 国际大会
建筑施工及其教学
巴塞罗那 /2002 年 4 月 17 ~ 19 日
摘录

我们对本次大会给予了很高的期望，因为它将两个一般不会被放在一起讨论的话题结合在了一起——建筑教学以及建筑的"施工"方法。

让我们从一个不同的角度，一个更偏向于建筑学的角度来看待我们的职业。我们是幸运的。我们是幸运的建筑师，拥有创造的能力。事实上，建筑师是世界上最古老的职业。如上所述，宇宙的创造者就是第一个缔造者，第一个建筑师，所以，我们属于最古老的职业。在我们职业生涯的每一天，我们都要去创造。对我们来说，创造力就是我们最终的满足，是我们的宇宙之光。我们很幸运，能够每天都与之为伴。借用智利当代著名诗人巴勃罗·聂鲁达（Pablo Neruda）的一句话，这句话也是我要告诉各位的，"每一日你与宇宙的光嬉戏"（Every day you play with the light of the universe）。[1] 很夸张吗？或许是吧。但是，这种创作的乐趣，我们大家不是都已经体验过很多次了吗？

但我们知道，只有创造力还是远远不够的。创造力本身并不会产生预期的结果。我们所期望的结果，就是高品质的建筑，而这个结果只有依靠掌握建筑的基础知识才能获得，这其中就包含建筑技术与建筑施工。我们再回到维特鲁威（Vitruvius）提出的有关建筑的三个关键词——坚固，适用，愉悦。坚固意味着强度或结构，适用意味着功能性，而愉悦则意味着欢乐或美观。技术是建筑施工的基础，这一点毋庸置疑，可以肯定的是，在我们这个时代，技术知识是绝对不可或缺的，只有凭借过硬的技术知识，才能为满足功能需求交上令人满意的答卷，才能为满足我们的审美需求创造出必要的造型和设计。

在过去，学习建筑技术就意味着学习石头或砖造建筑、木质窗户、瓦屋顶或板岩顶板这一类的技术。如今，由于建筑技术水平飞速发展，关键的问题不再是学习具体的构造方法，而是掌握"思想结构"（think structure），而有些人天生就拥有"思想结构"，比如说西班牙天才建筑师高迪（Gaudí）。高迪是个很好的例子，因为他对于建筑技术的理解已经超越了结构。它包含了一栋建筑物的所有组成部分。工程师奈尔维（Nervi），马拉尔（Maillart）和迪斯特（Dieste）也都很有天赋，他们能够通过结构创造出美学上的杰出作品。因此，建筑院校的使命必须是教授建筑师这样一种整体性的方法，使设计、技术和施工成为一个完整不可分割的实体。

我们都知道，建筑技术的进步是设计方法和建筑表现产生最根本变化的基础。当初，圆拱状的造型带来了一场美学革命，混凝土和玻璃的运用也都是如此，而如今，信息技术的应用也正在开始带来一场革命。去年 1 月，在巴塞尔（Basel）召开了一场关于信息技术的非常有趣的研讨会，雅克·赫尔佐格（Jacques Herzog）和德米特里·帕帕莱佐普洛斯（Dimitris Papalexopoulos）都参加了这次会议。这是一次 A2B 模式的研讨会，其主题是信息技术在改变建筑实践的功能、内容和方法方面的影响。在巴塞罗那和巴塞尔之间建立起联系是件好事。相辅相成的活动总是能为我们带来更中肯的结果。

自古以来，建筑技术的发展和建筑表现形式的变化一直都是相伴而行的。但是，今天的建筑师没有足够必要的技术知识，来支持他们运用自己的设计能力，并发挥出全部的潜能呢？让我来告诉你们答案，我们不具备足够必要的技术知识，或者说我们中的大部分人都不具备足够必要的技术知识。之所以会造成这样的状况，我们自己要负起一部分的责任，但是主要的责任在于授予我们专业教育的学校，因为在教育的过程中，一直都存在着"以牺牲掉技术和与实践相关的领域为代价，转向重视设计"这种不良的倾向。[2]

我想针对建筑公司能够创作出完整设计的必要性再做进一步的探究，我所谓的完整设计，指的是一直到具体施工图的设计。如果我们接受委任，去设计一栋声望很高的建筑，就像我们在顶级出版物上看到的那一类建筑，而且我们还会得到一大笔丰厚的酬金，那么我们当中又有多少人能够胜任这项工作，有多少人能够提交完整的设计呢？创造力是必要的，那么其他方面的能力呢？

复杂而成熟的技术知识，现在对于重大项目来讲是不可缺少的，它们构成了大型企业建筑武器库的一部分，但是对于绝大多数建筑师来说，他们需要的技术知识是那些相对简单、容易获取容易使用的知识。这种情况明显地促进了大公司的发展，并导致了小型公司的逐渐边缘化。那么，接下来该怎么做呢？我们只能寻求一种不同于以往的建筑教育方法，而这就是本次大会的价值所在。

从国际范围来看，情况就更加悲惨了。发达国家和发展中国家的建筑技术水平存在着巨大的差距，这是显而易见的。但是，如今这个差距还在不断地增加，这就令人担忧了。我们需要技术转让，同时我们也需要技术交流，因为每一种文化都可以教给我们一些新的东西。因此，我们需要与世界上其他的地区建立联系。而我们之间的桥梁，正如尼日利亚诗人沃莱·索因卡（Wole Soyinka）所说，应该是双向的，不仅能从 A 通向 B，也要能从 B 通向 A。

我们经常谈论建筑的质量或质量体系。所谓质量，究竟意味着什么呢？这个术语很普通。它甚至已经变成了一种陈词滥调，失去了冲击力。质量可能意味着很多事情——主要是设计，但也包括对环境和社会考量的尊重。但归根结底，我们知道，我们不能脱离施工和技术而单纯地评价质量。

我们最基本的建筑工具之一，就是有关建筑材料的知识。我想更进一步说，如果对材料没有亲近感，如果材料没有"感觉"，那么单单凭借"冷冰冰"的材料知识是远远不够的。材料是我们的建筑语汇，在建筑学院，我们应该增加这部分知识教授的比重。毕竟，我们是手工匠人，是这个行业的继承人。包含南非的威特沃特斯兰德大学（University of Witwatersrand）在内的几所大学，安排学生们在学习过程中的某些阶段，可以选择参与承包商或建筑行业的一些实践工作。也许，考虑到现实的因素，这种做法在很多大学难以实现，但它仍然不失为一个很有趣的想法。

有一点是可以肯定的，如果我们没有一直强调技术领域的重要性，那么建筑师在施工过程中的参与度将会变得越来越少。我们自己让工地的控制权从我们的手中溜走了。这就导致了一个恶性循环。由于我们的任务主要集中在一些更高层次的问题上，比如说纯粹的美学问题，因而常常自愿放弃了对建筑施工部分的监管，所以，在我们日常的职业生活中，我就不再需要与实际施工相关的技术专长。于是，我们就要求我们的学校减少安排与施工相关的课程，而反过来，我们的学校则认为在课程安排上，教授超过"建筑市场"需求的知识也是不必要的。这样，就形成了恶性循环。

最终的结果，就是在涉及设计与施工界面的问题上，建筑师不再是决策者。其他的一些人接替了我们的位置，他们通常是工程师，这部分工作越来越多的是由项目经理代劳的。建筑师作为项目领军人物的日子已经一去不复返了，在过去，建筑师同时掌握设计与施工技术，可以拥有对一个项目全面性的掌控，而他的权威也会在建筑上留下不可磨灭的印记。

目前的状况甚至更糟。即使是在发达国家，也有很多建筑不是由建筑师设计的。在法国，最近的一项统计显示，不是由建筑师设计的建筑比例竟然高达68%。在座的一些人可能已经看到了法国日报上，由奥特尔·德斯建筑师事务所（Ordre des Architeltes）撰写的一整页的文章，其中提出了一项设问："想象一下，在一个国家，有68%的飞机不是由专业注册的飞行员驾驶的"。建筑就像是飞机。它们也需要经由注册的专业人员、注册的建筑师来"掌控"。

世界上充满了竞争。我们在建筑院校中度过的那几年经历，必须要让我们有能力正确地、全面彻底地完成我们的工作。还要与国际公认的建筑教学规范保持一致。如果在世界范围内，没有一个统一的体系对建筑学学位进行认证，那么教育过程就不可能完成。在这方面，费尔南多·拉莫斯先生（Fernando Ramos）担任我们这项工作的总负责人，我们已经与联合国教科文组织一起合作开始筹备该项事宜。在我们签署的文件的序言中，主要建议是："在当前的环境下，社会的变革与技术的发展决定了建筑业的灵活性与动态性，而我们就要以这种灵活性与动态性的方式来对待建筑教育"。序言还强调，建筑教育中的技术界线必须要放宽，使"建筑学开放地为社会科学做出贡献"。后来在这份文件中又补充道，建筑学也要为人类科学做出贡献。我们的目标是明确的——帮助未来的建筑师们做好准备，迎向他们将要面临的挑战。

还有一些要说。如果我们想要在建筑的实施过程中拥有全方位的控制，那么我们就需要掌握创造建筑的整体"结构"。建筑教育中应该包含管理、金融知识，当然，还有所有的基础建设，不要忘了，还有规范。总而言之，建筑院校必须要教授我们所有必要的知识，让我们可以顺利地进行实践。在这方面，我在英国皇家建筑师协会（RIBA）主席保罗·海厄特（Paul Hyett）先生的著作《实践论》[2]中，发现了宝贵的专业知识和见解。他详细阐述了许多专业实践的微妙之处。

从国际范围来看，我们的任务就更加艰巨了。要想在国际上获得同等水平的竞争力，那么就必然需要类似的专业教育和技术知识。我们决定，要汇总我们所有部门的力量，朝着我们所希望的结果前进。对我们这个行业来说，那将是一个完全不同的世界，届时，无论是在国内还是在国际上，建筑实践都会以一种道义上更公平的方式进行，在设计和施工过程中都能实现我们所追求的"平等"。

任何关于教育及其未来的讨论，都应该要包含以下几条原则：

- 教育永远不会停止。
- 大学的自主权是神圣而不可侵犯的。
- 让学生参与大学的事务是很重要的。
- 必须要鼓励学生不断增加国际流动性。
- 在最近举行的法国大学校长会议（CPU）上，有人指出，在课程安排上，应该预先考虑到学生的国际流动性。国际建筑师协会发起了一项交换学生的计划，目前正在拟定其实施方案。通过这样的方式，可以拉近未来建筑师之间的距离，从而使建筑的世界更加紧密地结合在一起。

我们这个行业已经得到了发展并日趋成熟。我们已经做好了准备，去承担更广泛的国际责任，并在全球范围内担负起建筑业领导者的职责。发展中国家正在等待建筑界的引领。这样的引领会增强各国之间相互的依赖，而不是一方对另一方单向的依赖。

建筑学不会像有些人希望我们相信的那样，仅仅停留在单体建筑或建筑群上。它应该包含所有类型的空间规划，比如说城市规划，无论规模是大还是小。建筑师有必要参与到城市规划的工作中，还有另外一个原因。建筑师所拥有的专业知识和技能，通过更大规模的城市规划，会对城市建筑环境的逐步改善产生更具决定性的影响。这不该被解释为一种狭隘的职业需求。对城市来说，这是一种附加的价值。

在大型或是复杂的项目规划中会涉及很多学科，业主越来越倾向于指定一个整体的顾问，也就是一个领导（管理）公司。在所有学科共同合作的关系当中，建筑学应该是排在第一位的。但是，我们不能仅仅凭借着一个建筑师的头衔就变成团队的领袖。不管是自我委任，还是有业主任命，都不会让我们成为团队的真正领导者。想要成为团队真正的领导者，我们就必须要拿得出真才实学。要想拿得出真才实学，我们就必须要掌握足够的知识。因此，我们在大学期间，在我们整个职业生涯期间所学习到的知识，都是非常重要的。

上个月在德班（Durban）的一次演讲中，我提到建筑师应该成为团队的领导者，建筑师天生就是团队的领导者。另一位发言人后来使用了两个术语来描述建筑师的角色——"主持人"（moderators）或是"协调员"（coordinators）。在会议结束后的小组会议上，我公开承认，主持人或协调员这种说法可能比领导者更为合适。但是后来，我又仔细思考了一下，进而得出了这样的结论：我一开始的说法是正确的。我们绝不该对此感到胆怯。是的，我们想要成为这个多学科团队的领导者，我们也有能力成为这个多学科团队的领导者。而我们的建筑教育应该要帮助我们站到这个领导者的位置上。

我们总是认为我们正在跨越门槛。本来就该如此。这并不是虚荣，也不是因为我们建筑师，或是我们的时代太过于自负，只是因为我们要面对摆在我们面前的任务，我们要竭尽所能。但是，众所周知，说和做是有很大区别的。所以，挑战依然存在——作为一个职业，我们是否有能力引领社会迈向我们所构想的建筑与城市的未来？

我们今天聚集在这里，并不是因为过去所做的事情一定是错误的，而是因为改变与发展是不可避免的。时代在改变。我们必须要重新思考我们实施建筑的方式，也必须要重新思考我们被教授建筑知识的方式。无论是我们的专业还是我们的教学体系，都一定要革新。只有这样，我们才能进步，才能跟上未来发展的脚步。

参考文献

1. Juegas todos los dias con la luz del' universo. Neruda, Pablo: *Veinte poemas di amor y una cancion desesperada*. Santiago de Chile 1924.

2. Hyett, Paul: *In Practice*. London 2005.

48

希腊建筑业的研究和技术创新

希腊技术学会"欧洲技术与研究——希腊建筑师和工程师的角色"大会
雅典 /2003 年 3 月 5 日
原文：希腊文

 首先我要声明，我并不是研究和技术领域的专家。但是，作为一名建筑师，面对致力于促进建筑与自然环境和谐共存的这样一个部门，我不可能无动于衷。

 技术可能只是获取成果的一种手段，然而，在很多方面，技术定义了文明。它还定义了文明的建筑。这是因为，建筑师在对项目进行构思的时候一定会运用到一些技术，而建筑就是通过这些技术来实现的。

 众所周知，我们的世界正在朝着一种无法持续发展的建筑环境迈进。如果说有什么希望能够扭转这一灾难性的进程，那么，研究和技术创新将会是决定性的因素。单单靠嘴上说我们关心自然资源的节约，这是毫无意义的，除非它具有知识的支持。还要有将理想真正付诸实践的意愿。

 我想直接向大家提一个问题。世界上有多少建筑师，可以为可持续性的设计提供最先进的解决方案？我想应该不会太多。即使他们拥有足够的专业知识，但是在发展中国家，谁又有能力使这些专业知识得到落实呢？因此，很明显，技术的鸿沟越来越深。在这个领域，就像所有问题一样，每个人所拥有的机会都是不一样的。

 我们大家都需要专业技术。因此，对我们绝大多数同事来说，建立起一种程序，并通过这种程序确保大家能够持续地接触到丰富的研究和技术资源，这是至关重要的。本次大会由希腊技术学会主办，清楚地表明了其希望推进这一议题的意愿。

 要改善目前的局势，需要一些必要的措施，任何针对这个问题的有意义的讨论都离不开以下三项原则：

- 知识属于每一个人。
- 做研究这件事本身并没有什么意义。研究必须有确定的目标才会有意义。

- 通过研究，获得经过科学证实的技术，而以这样的技术为基础进行的发展，与可持续性目标之间是不会相互对立的。

从本质上讲，建筑是一门艺术，同时也是一门科学，其中同时存在着很多的技术参数。虽然美学和功能性是建筑最明显的组成部分，但是对于负责任的建筑来说，对文化遗产的保护和对自然环境的尊重也同样是不可或缺的。为了体现对环境的尊重，我们需要可持续性的设计，而为了提高建筑物的效能，我们就需要研究和技术支持。正是通过这样的方式，建筑学成为研究和建筑行业之间联系的纽带。我们要记住，可持续性建筑是具有灵活性的，即使采用建造成本非常低的系统，也一样能创造出在美学上富有挑战性的形式。比如说土坯结构就是一个很好的例子。

毫无疑问，可持续性的建设和技术研究是交织在一起的。在以下的几个方面，我们可以清楚地看到这些共同的基础：

- 节能。

人类在城市的建筑环境中所消耗的能源，高达能源生产总值的75%。另外，我们还在建筑环境中产生了大量的垃圾、废物和温室气体排放。增加使用被动式和主动式的结构系统，有利于创造出低能耗的建筑，我们需要将其设定为一个主要的目标，欧盟已经这样做了。

- 安全无害与节约能源的建筑材料。建筑行业需要专注于生产对人体健康和环境产生负面影响最小的建筑材料——不仅在安装之后，还要包含在运送、制造和开采的过程中。这些材料还必须尽量能够重复利用，或是能够回收再利用。

- 降低建造成本。

从可持续性建设的背景来看，节约建造成本已经变成了一个含义更广泛的概念，我们需要考虑的不仅是实际的建造成本，还要考虑成本摊还的时间。这就需要我们对建筑物的建造、使用和拆除的整个过程进行深入分析。在很多情况下，如果我们在设计和施工过程中都能采用标准化的方法，那么降低建造成本这个目标就会比较容易实现。生产具有认证技术特征的、低成本的"半成品"建筑构件，这个领域是值得我们建筑行业进行更多思考的。

为了取得有效的成果，我们的研究工作必须要以希腊，或至少是地中海地区的气候条件为导向，这样才能避免盲目照搬国外的标准，因为这些国外的标准既不适合我国的气候条件，也不适合我国的建筑传统。有趣的是，希腊建筑业正越来越多地参与国际研究，探索如何使研究成果更好地适应当地的条件。

在一次从雅典到法兰克福（Frankfurt）的旅途中，我在飞机上遇到了 ELVAL（希腊铝业公司——译者注）的董事长康斯坦丁诺斯·曼蒂斯（Konstantinos Mantis）。我们进行了一些讨论，并由讨论中诞生了一次国际建筑竞赛，国际建筑师协会为这次竞赛提供了大力的支持。这个竞赛的主题为"可持续性的铝饰面地中海建筑"（Sustainable Mediterranean Architecture with Aluminium Façades）。当时我并没有想到，这次飞机上的偶遇，竟会吸引来自十七个地中海国家的广大建筑师和学生们参与到希腊的建筑行业当中。

研究的关键词是"合作"。要想使大家的合作能够更有成效，就必须让所有的相关单位和个人都发挥出自己的作用。下面我要简短介绍一些成功合作的案例，这些都是现场施工的案例，当然也属于建筑行业中的一部分。

法国的建设公司 Soletanche Bachy（地基建筑公司——译者注），与希腊塞萨洛尼基（Thessaloniki）的亚里士多德大学（Aristotle University）、巴黎中央大学（Ecole Centrale de Paris，简称 ECP），以及研究公司斯塔马托波洛（Stamatopoulos）及其合作企业[1]，一起针对在土质状况不良的基地上建立地基的问题，探讨尽可能减少风险因素的方法。

一个由狄俄尼索斯（Dionysos）大理石公司提出的研究项目，由英国 - 欧洲 BRITE-EURAM 计划合作执行，以计算机技术为基础，探讨更合理的开采大理石的方法，减少露天采矿，尽量降低开采工作对土壤和树木的破坏，进而降低对环境的负面影响。

澳大利亚建筑师约翰·理查森（John Richardson）向我提供了一个非常有趣的信息。它是关于一个研究项目的，研究大跨度钢结构的防火问题，该项目是由菲利普·考克斯（Philip Cox）公司和一所大学的研究中心一起合作执行的。这个进行了两年的研究项目，导致了澳大利亚建筑法规相关内容的全面修订。从此以后，他们可以采用一种以研究为基础的方法，取代过去对法规严格的执行。而我的同事他得出的结论也很重要。他特别强调，即使在得出了初步结论之后，建筑师还是必须要继续参与研究工作。他指的是，在研究成果的测试期间，建筑师也一定要在场，这样才能确保所得到的研究成果在未来的项目中能够正确实施。

　　建筑师参与研究工作，这应该是有意义的，也一定是有意义的。所有工程学科专业人员的参与也都会有重大的意义。在很多情况下，建筑师与整个建筑行业之间发展出了一种非常特殊的双向关系。几年前，当我拜访法国著名建筑师让·努维尔（Jean Nouvel）位于巴黎的办公室时，我看到了一个由玻璃和金属制成的大型构件，大约有两米乘两米见方。这个构件包含了一个活动的太阳控制隔膜系统，其功能就像眼睛一样，可以根据太阳光线的强度来开启和关闭。这是玻璃制造商等企业同建设公司合作开发出来的模型样本之一。现在，我们已经可以看到这项研究样板的最终产品了，就安装在巴黎阿拉伯世界研究所的立面上（有很多组这样的设备）。

　　同样令人感兴趣的是，由意大利建筑师伦佐·皮亚诺（Renzo Piano）为菲亚特·灵格托（Fiat Lingotto）项目开发的，非对称金字塔造型照明设备的设计方法。虽然在合同期内，没有对这项设计进行商业利用，但在在合同期满之后，依古姿妮照明公司（iGuzzini）开始对这种灯具进行大批量生产，并恰如其分地对其命名为"灵格托"（Lingotto）。

　　我还有一点要强调。大型建设公司也应该被视为建筑行业中的一部分，因为他们也从事生产。他们生产的产品就是建筑。这些大型公司在很多领域都拥有丰富的经验，可以大大促进技术的进步以及现场的应用。

　　上个月，在 HELECO 展会上，我参加了由托妮亚·摩罗波罗（Tonia Moropoulou）协调组织的一次圆桌会议，会议的主题为"可持续发展与建筑环境"。讨论中，大家提出了很多关于建筑设计与施工的重要问题。研究就是讨论会的核心。

　　我对于建筑材料以及材料标准化方面研究的影响，一直都抱持着相对乐观的态度，但是对于最终建筑构件标准化的研究就没有那么乐观了，比如综合了电气管线和水路管线的建筑外立面饰面板或预制墙体等。有一点是可以肯定的，那就是我们需要一个更加完整的标准化体系，比如说，类似于英国的标准。此外，这些标准的订立还必须要以性能为基础，这就意味着单凭在实验室或车间对材料进行测试还是不够的，必须要将材料带到实际的安装地点进行测试，目前有一些国家已经在这样做了。类似于英国 BRE 这样的研究机构，他们的研究重点主要集中在建筑中存在的问题以及需要调整的地方，这些研究机构在建筑施工领域已经开发出了更整体先进的研究方法。

研究是人类不屈不挠精神的体现，是人类在未知的领域中开辟新道路的探索之旅。研究是我们今天文明进步的先导。在当今的世界，研究大多集中在技术领域，而在人文和社会科学领域则比较少见。很明显，这就存在着危险了。或许，我们再来发动一场新的启蒙运动的时机已经成熟了，届时，社会的因素也将会发挥出重要的作用。

还有另一个因素也是需要考虑的，那就是国际的维度。希腊，从过去的劳动力输出国逐渐转变成了一个需要从国外引进劳动力的国家。通过研究，我们可以看到一个相反的趋势。在技术领域，我们过去只有从国外引进先进的技术，但实际上，我们也可以成为技术的输出国，特别是这对发展中国家，以及那些相对落后的国家。我们可以成为这些国家的参考中心，特别是在我们具有竞争力的技术领域。这对于我们的国家、对于我们的大学、对于我们的研究中心，都将会有非常多的好处。通过这种方式，我们可以扩展我们的科研基础设施，同时，还可以帮助那些资源欠缺的国家发展他们的新兴产业。

来自较发达国家的技术转让往往伴随着经济剥削，有的时候还会伴随着一些不平等的政治条件。我们相信，知识是属于所有人的。将科学和技术当作一种经济的武器，这种做法是不可想象的。在这个领域，我们所做的一切努力都是对全世界有意义的，因为地球本就是一个单一的实体。这是一种道德上的选择，需要我们的大力支持与维护。

参考文献

1. Stamatopoulos and Associates，Aris Stamatopoulos et al.

49

国际背景下的建筑学教育

建筑教育国际论坛
南京 / 2003 年 12 月 10 ~ 12 日
摘录

    全世界的教育局势都在发生着迅速的变化。在我从雅典到南京的旅途中，在飞机上的报纸和杂志上，我就看到了三篇与教育有关的文章。这只能说明教育是头等的大事，它一直都在不断地发展。

    • 在法国，建筑系的大学生们一直在抗争，反对三年制的学制调整，要求保留原来的五年制。接受三年制学位的一个间接结果，将是产生一种新的专业上的下层阶级——那些家境贫寒、无法负担三年以上学习的学生们。

    • 英国有一项计划，家境贫寒的学生可以暂时先在学校接受教育，等他们毕业获得薪水之后再来补缴学费。

    • 美国一项关于市场动力的研究表明，教育是仅次于住房的最热门的行业。

    以上这些事例只能说明，建筑教育同建筑实践一样，也正在发生着根本性的变化。因此，对于进行建筑实践的方式，以及我们被教授建筑学知识的方式，我们都有必要进行重新思考。无论是我们的专业，还是我们的教育机构，都需要不断地进行更新。这就是前进的道路。

    建筑教育是我们巩固专业的基石。出于这个原因，我们进行了两项里程碑式的重要工作，分别是在 1996 年同教科文组织一起创立了"建筑教育章程"，以及 2000 年成立了建筑教育评估委员会。在评估的过程中，我们知道我们已经为自己设立了一项具有雄心壮志的任务，同时也是一项非常艰巨的任务，但我们已经很好地迈出了第一步，设立了五个区域委员会。我们相信，这些区域委员会以一种相对自由的方式进行运作，将会有助于将每个区域、每个国家和每所大学的具体特点综合进行考量。如果我们坚持一种僵化的体系，无法适应区域的多样性，或是每所大学的"个性"和历史状况，那么结果将会是灾难性的。该体系基本原理的基础都是一些一致性的标准，而不是相同的课程安排，也不是相同的规则和程序。

我们在一开始就表明了立场，明确表示我们的工作与现有的审核体系之间是相互合作的关系，否则，如果是相互对立的话，那么我们的前期工作可能就不会这么顺利了。英联邦建筑师协会（Commonwealth Association of Architects）为我们的工作开展提供了很大的助力。为了促使工作的顺利进行，我专门与美国建筑院校联合会（Association of Collegiate Schools of Architecture，简称 ACSA）进行过公开的讨论，并亲自前往哈瓦那，同 ACSA 以及欧洲建筑教育协会（European Association for Architectural Education）的官员会面。

很明显，评估体系是我们专业实践必要的平行杆。有了一个坚定而稳固的协定，以及一个牢固稳定的验证体系——这两部分都是真正国际化的，而这样的工作只有国际建筑师协会才有能力胜任——我们就拥有了掌控我们自己命运的能力。

教育与专业实践之间存在着千丝万缕的联系。所以，在学术研究阶段之后，甚至在学术研究期间，专业实践都是非常重要的。教育工作者和执业建筑师之间的合作，对于促进新理论知识的同化与吸收，以及确保课程与就业机会之间的健康关系，都具有非常重要的意义。

关于专业学习时间的问题，我们采用五年制的专业教育，再加上至少两年的专业指导，直到学生们有能力胜任实际工作为止。针对这个问题，两年前在布拉格，欧洲教育部长下令取消了"博洛尼亚宣言"（Bologna Declaration）中非常"失败"的三年＋两年学制安排，这样的安排在意大利造成了很多的问题，意大利建筑师协会和一些地方性的机构都对这项政策提出了反对意见。

专业市场中存在着很多的困难，也对我们提出了很多的要求。没有接受过至少五年以上的建筑教育，任何一个人都不可能拥有在竞争激烈的市场条件下所必须具备的能力。一般来说，私立大学能够为学生提供的建筑专业教育是非常有限的，但如今在世界各地，无数的私立大学却如同雨后春笋一般大量涌现——这在很大程度上是教育的自由化与国际化的结果。我们的责任是让未来的建筑学学生们在大学的学习期间，了解到学历的真正含义。这就是为什么评估程序是必不可少的原因。如果没有统一的评估程序，那么无论是在教育领域还是专业市场，都会出现极度的混乱。

还有一句忠告。大约两年前，瑞典建筑师协会给国际建筑师协会写了一封信，通知我们在瑞典成立了一个组织。[1] 这个组织中包含了建筑师、景观建筑师、室内建筑师和空间规划师等很多学科专业的人员。将具有相关性但不同的职业放在一起，可能会使民众产生误解，因为这样的做法"冲淡了"建筑师与建筑学的概念。在这方面，我非常赞赏美国一些州的做法，他们对每一个与建筑学存在着这样或那样关联的专业，都进行了严谨的界定，并明确了各自的权利范围。

我们有幸成为建筑师，能够从事设计工作，因为设计真的非常重要。无论是从美学的角度、环境的角度，还是从社会的角度来看，设计都是非常重要的。此外，它还具有经济意义。大学的课程会有助于拓宽建筑学的专业范围。在某种程度上，这或许能够抵消专业渠道不断减少的影响。

无论是在国际范围还是地区范围内，平等地获得接受建筑学教育的机会，一定要成为一个我们追求的目标。全球化的到来也可以产生积极的结果。否则，就会演变为"对所有人开放"的令人厌恶的教育，而高标准的大学则会变得越来越少，而这些高标准的大学本可以通过全球性以及地区性的价值观，为建筑教学提供极为丰富的资源。举例来说，有一些学科被包含在某些国家的建筑学课纲之中，而在另一些国家的课纲中却没有包含这些学科，我们可以设定目标，促使更多的学校都能将这些学科教育纳入到建筑学课纲之内，如此就能扩充他们的知识库，同时也可以避免这些学科被安排在其他的系所，从而为学校管理带来困扰。

在建筑学领域，我们需要不断地实验。研究必须要成为促进我们专业进步的一项工具。显然，建筑学院也有进行实验的可能性，特别是在设计相关的领域。老师，还有学生们，都可以贡献他们的作用，这样一来，大学将成为孕育创新思想的温床。

为了跟上技术发展、可持续性和其他领域发展的步伐，建筑师需要花费毕生的时间去获取知识。最初，我们可以通过研究生的形式继续进行学业。但是，若想使终身教育或持续性教育具有真正的意义，就必须与专业实践联系在一起。关于实施的程序，人们提出了许多看法。"学分系统"（points system）就是其中之一，建筑师可以通过参加培训或讲座来获取学分。参加考试是另一种意见。我们可以想象，参加并顺利完成专业课程，最终将会成为全世界获得执业证书的必要条件。

建筑教育具有国际性。一旦这个原则被接受，人们就会开始寻求其执行的方法。可以肯定的是，学术交流和学生自由流动的潜力是巨大的。距离不会再是障碍。

我们相信，学术资格认证是可以迁移的，不仅在毕业后可以迁移，甚至在学业进行当中也是可以迁移的。为了达成这项目标，我们就必须要鼓励各地之间相互承认教育机构和学历证明。还要建立学分转移体系。这样做会带来很多好处。最重要的是可以促使学生们对其他的文化获得更深入的了解。另一个切实的结果可能是，学生们将来学成归国，回到自己的家乡，同时也会将新的技能、新的技术知识，以及不同的设计方法都带回自己的国家。重点不是更好的教育，而是接触到不同的教育。正是这些"差异"极大丰富了我们的学识。

提升大学的标准，同时促进院校之间的学生交流，从长远看看，将会减少大批学生向国外流失的趋势，而这些到国外去留学的学生，很多都是非常有潜力、并且经济条件比较好的学生。本国的教育是不可或缺的，至少它是一个起步点。一个学生，他所有塑造性格的成长期岁月都是在另一个国家度过的，那么他还会对当地的审美与文化价值保持必要的敏感吗？

在发达国家的建筑师事务所里，对青年建筑师和建筑系学生们劳动成果的占有和剥削是时有发生的，有的时候在其他的地方也存在这样的现象，这实在是不值得骄傲的一件事。尤其是一些国际知名的建筑师，就更不该如此了。幸运的是，这种现象并不是普遍的规律，有些建筑师就不会这样做，因为在大多数建筑师事务所，青年建筑师和建筑学的学生们都拥有公平的机会，一起参与高水平的建筑创意。我们之所以会提出这个问题，是为了确保学生们都能够得到公平的待遇，特别是当他们第一次与已经成立的公司签订合约的时候。公平的付出，公平的回报。如果不能做到公平，那么那些来自比较贫穷国家和贫穷家庭的学生们，将会无法支付自己的生活费用，从而不得不丧失很多宝贵的实习机会。再重申一次，我们的世界是不公平的。

我们不能低估了建筑竞赛对学生的价值，也不能低估了将学生建筑设计竞赛——无论是全国性的、区域性的还是国际性的——纳入课纲的激励作用。我们国际建筑师协会以身作则。每隔三年，我们就会举办一次重要的设计竞赛，竞赛的主题同我们的世界大会主题相关。在两次大会之间，我们会举办国际学生设计竞赛，例如"欢乐的空间"、"建筑与贫穷"、"建筑与水"，以及现在正在进行的"欢庆城市"等。

我们看到，学生们对于设计竞赛的反应，以及提交上来的参赛作品的质量，都是相当了不起的。就拿"建筑与水"设计竞赛为例，共有来自六十个国家的三百多名学生参加了这次竞赛。有趣的是，在很多建筑院校，建筑系的老师们也对竞赛表现出了极大的热情。在某些情况下，我们会收到团体参赛作品，而在另一些情况下，竞赛的主题也会被纳入到课纲当中。我们所采取的形式是首先进行班级竞赛，然后再从班级中选出最优秀的作品，提交参与国际竞赛，期间所有的费用都是由建筑学院支付的。

主题为"建筑与水"的竞赛对我们来说也是一个教训。虽然竞赛简介中明确说明了，可以提交与任何类型的水——海水、湖水或河水——相关的项目设计方案，但仍然有很多的参赛者将思考的重点集中在环境相关的议题上，即将水视为一种资源，以及这种资源对于建筑来说意味着什么。

在建筑学院和社区之间建立联系的策略，能够提高建筑教育工作的影响力，就像专业人员和社会团体之间的互动一样。公共政策应该支持教育，特别是对那些在国际上具有竞争力的高等级学术机构，更要给予大力的支持。这样的差别对待并不是歧视，而是能够反映出真正的公共利益。

建筑在不久的将来会变成什么样子，现在已经初见端倪。物质世界和互联网世界之间正在创造出一种新型的互动关系。信息技术为教学过程，特别是为建筑学院的"课堂教学"带来了一种新的"语言"，彻底改变了建筑的构思和表现方式。教师会越来越多地与学生们一起工作，一起讨论。过去传统的单项式教学——老师讲、学生听——的重要性正在逐步降低，这都是我们亲眼所见的。

建筑教育是一个不断变化的过程，而且这种变化将会一直持续下去。这是自然的，也是健康的。我们的职业需要一个永远不会停止自我完善的教育体系。而我们的使命就是对其进行引导，使之朝着我们认为最好的方向发展，更好地进行建筑实践，更好地面对与建筑和自然环境相关的重要问题。这并不容易。

参考文献

1. Sveriges Arkitekter.

50

医院和新技术——为谁服务？

国际卫生基金会（I.H.F.）"迈向'智慧型'医院"泛区域会议
塞萨洛尼基（Thessaloniki）/2004 年 11 月 4 ~ 7 日
原文：希腊文

我第一次接触到"智慧型"建筑是多年前在荷兰的霍恩斯布鲁克市（Hoensbrook），当时，我参观了一套为残疾人设计的"智慧型"住宅样板间。过了一段时间，我又一次来到荷兰，了解到一些特殊的系统与设备，它们可以帮助残疾人的生活变得略微方便一些。例如，通过 Alfio 系统，使用者可以借助于语言来发出指令。通过这种方式，截瘫的患者不必接触就能打开房门。我还读过一篇文章，讲的是一栋建在液压基座上的房子，它可以依据居住者的意愿任意地旋转，只需按一下按钮，就可以选择晒太阳或是遮阳。

然而，对我产生决定性影响的，还是在哥德堡（Gothenburg）举行的一次国际会议。在那次大会上，大家提交了很多有趣的论文，展示了很多可以改善残疾人生活方式的技术和其他的突破。这些新想法的突出之处在于它们的高技术水平，但是在很多情况下，它们的实施成本也很高。在我看来，一项技术能不能获得广泛应用，同它的成本具有直接的关联。我们所生活的世界中充满了不平等，在这个世界上，创新技术到底在多大程度上可以转变为实际的优势与获利，每个国家的情况都不相同，甚至同一个国家不同地区的情况也都不尽相同。

当讨论到医院这个课题的时候，与会者的问题是，专注于"智能化"的医院规划会带来什么样的结果？在所有的医院建筑当中，实施这种"智慧型"的规划在多大程度上是可行的？如果没有可行性，那么这些新的技术将会在贫富之间持续不断地加大医疗保健水平的差距。然后，我们将要面对的就是失败，因为一旦探明了技术进步反而会使不平等的状况进一步加剧，这将是一个悲剧式的讽刺。

但是，建筑师可以通过他们的工作，减轻一些由于技术进步而造成的不平衡。虽然在机械、电气和电子系统这些领域，技术创新通常都不可避免会带来成本的增加，但是在我们自己的领域，我们可以做的有很多事情都不必要明显地增加成本。因此，我们拥有很大的潜力，只花费相对低廉的成本，就可以促使一些创新的理念尽可能落实到实际的项目中。这一点是很重要的。

全世界的建筑师都有着共同的目标，同时也常常会面临一些共同的问题。因此，国际级别的经验交流是非常有价值的。我很高兴的是，下一位演讲者是汉斯-埃弗特·加特尔曼（Hans-Evert Gatermann），他多年以来一直都担任国际建协公共卫生设施工作组的主任，他的工作包含与很多重要的医疗机构合作，比如说 I.H.F.。希腊从一开始就在积极参与相关的事宜。今天出席会议的希腊代表是范尼·瓦维利（Fani Vavili），他的贡献很多，例如最近参加了由巴西医院建筑研究与发展协会主办的圣保罗研讨会，另外还有克里斯托·弗洛斯（Christos Floros）和索菲亚（Sofia Hadjikokkoli）。

相较于其他任何类型的建筑，医院建筑可能都更需要强调技术性，尤其是尖端的技术，更是对医院规划具有很重要的影响。由此可见，当人们在谈论"智慧型"的时候，大家的想法立刻就会转向科技。但是，技术并不是医院建筑中唯一重要的因素。

建筑的本质是艺术与科学的结合，在建筑学当中，美学与功能是与科学技术因素并存的。对人类友善的建筑、对环境友善的建筑，其出发点都是建筑师的理念。国际实践已经清楚地证明了，建筑师的投入对于医院建筑的整体设计来说是非常重要的。

"智慧型"医院的首要目标之一，肯定是可持续性规划。要想使可持续性规划富有意义并产生结果，就需要进行研究。建筑师可以成为研究机构和建筑业之间联系的纽带。透过这种方式，建筑师们可以提高他们的专业技术背景、丰富专业知识，进而设计出更高效的医院建筑，同时，在医院建筑的设计中也体现出他们对于环境问题的敏感性。

我们看到有越来越多的建筑师，他们对于技术创新并不怎么熟悉，而这样的状况本是不该发生的。这种状况在全世界都普遍存在，因为无论在什么地方，技术知识都变得越来越复杂了，对人的要求也越来越高。然而，技术知识对我们所有人来说都是至关重要的，特别是在医院建筑的设计中。

为了强化我们的知识基础，实施制度化的继续教育将是必要的，而且，有很多国家已经在这样做了。美国就是一个很不错的例子，在其 50 个州当中的 36 个州，接受继续教育已经成为在美国建筑师协会延续会员资格的必要条件。审核的标准是要参加教育研讨会一类的继续教育培训，每年必须的总学习时间不得短于 24 小时。我们期待希腊技术协会和我们的大学将来也能提出类似的倡议。

经济性在医院建设中是一项影响深远的因素，其中包含了实际的建造成本以及材料和技术的使用寿命。此外，我们在评估医院的建造成本时，还一定要将运转后的维护成本也一并纳入考量。这是每一个项目都需要考虑的因素。

我们还要注意建筑规范的演变方式。有很多国家的建筑标准，例如英国和澳大利亚的建筑标准，正在逐渐转变为以性能为基础，因为这些标准经常会发生变化与发展。

无论如何，"智慧型"医院本身都不可能成为一个目标。它只是一种实现目标的手段，而真正的目标，用简单的话来说，就是"好的医院"。那么在一所好的医院中，建筑学本身的价值又体现在哪里？有一些方面是显而易见的，包括建筑物的外壳、自然采光、色彩，以及非常重要的功能。另外还包含采用更有利于环保的"替代性"材料。除了这些看得见的设计元素之外，还有一些无形的东西，但它们却是医疗建筑设计规划的本质——医院的环境对患者们情绪的影响，请不要忘记，环境对每个人的情绪都会有影响作用。说到这里，我们所指的并不是酒店式的医院空间，我们指的是医院设计要注重细节，以及建筑和患者之间的双向关系。

经过深入的研究，我们在医院设计中发现了很多对人类友善的线索。我们知道，有很多研究案例都证实了，医院的建筑环境会对病人的行为造成直接的影响。我想特别提出布莱恩·劳森（Bryan Lawson）在英国所做的一项研究，该研究表明，在医院新建的部分，止痛药和解痉药物的使用大幅减少了。甚至精神科的暴力事件也有所减少。罗杰·乌尔里希（Roger Ulrich）在德克萨斯州农工大学（Texas A+M University）进行的研究也得出了类似的结果，表明在新建筑中学生们的压力减轻了。

现在，让我们更深入地探讨一下医院护理质量的问题。古巴的医疗体系，虽然在先进的医疗设备和系统方面存在着明显的不足，但却教会了我们一些难以描述的东西。只有给予所有患者相似的待遇才能带来平衡感。当然，只要这种"相似的待遇"不是什么不可接受的标准。

科学所蕴含的潜力是无限的，而在医院设计当中，有关"智慧型"的创新理念也有无限种可能。例如，你可以想象一下，走廊扶手距离地面的高度会随着使用者的身高变化而调整——不管是小孩、坐轮椅的人，还是一个高大的成年人都能方便地使用。或者，针对那些需要反复接受治疗的慢性病患者，比如说肾病和化疗患者，白血病的患儿，可以根据他们的个人喜好在病房里播放音乐。因此，当病人第一次来到医院的时候，就会建立起他们对于音乐喜好的"档案"。在纽约的一家酒店里，老顾客就可以享受到类似的服务。

不管在医院建筑的设计和运营中实现这些新的构想有多么容易，有一点是可以肯定的，那就是我们对于研究工作的投资绝不能停止。我想要举一个例子，就是建筑室外遮阳系统持续的改进。同时，它也是一项理论研究的案例，代尔夫特理工大学的建筑理论教授亚历山大·佐尼斯（Alexander Tzonis）正在该校的设计知识系统研究中心进行这项工作。其主题就是在建筑空间中的运动表现。[1]

有人可能会提出这样的问题，这些尖端领域的医院技术的研究，究竟在多大程度上可以被广泛地应用于医院建筑，特别是在较为落后的国家。我认为之所以会提出这样的问题，是因为忽略了研究工作的本质。研究工作虽然主要都是在较为发达的国家进行的，但是研究的成果迟早有一天会为所有的国家带来收益。关于医院的技术研究，请允许我这样说，那些控制研究工作的人以及政治家们应当制定政策，使研究工作所产生的有形的成果可以尽可能扩大其适用范围，甚至包含发展中国家那些最落后的医院。

各医院医疗设施的质量差别很大。我们不得不坦率地承认，人类在面对疾病的时候是不平等的，在面对死亡的时候也是不平等的。因此，我们最终的目标一定是"智慧型"的医院，这样的医院将会更平等地为每一位患者提供水平一致的医疗服务。只有实现了这样的目标，我们才算获得了成功。机会有很多。面对如此多的机会，我们要抓住与实施哪一项措施，取决于我们所设定的优先顺序以及我们的目的性。

参考文献

1. Friedman, Asaf: *Frames of Reference and Direct Manipulation Based Navigation: Representation of Movement in Architectural Space.*

行业

51

秘书处——遗产与挑战

国际建筑师协会成立五十周年纪念版
"国际建筑师协会，1948～1998年"
"Les Éditions de l'Épure"编——巴黎/1998年

奥古斯特·贝瑞（Auguste Perret）当初能否想象得到，将来有一天，他的家会成为唯一一个世界建筑师组织的中心吗？

国际建筑师协会位于巴黎的办公室，就是协会的总部。这栋建筑整体都散发着浓厚的建筑气息。它始建于1932年，在当时可以说是非常前卫的。如今，这栋建筑仍然以其充满着新鲜感的创新为我们带来惊喜——清水混凝土与主要办公空间的橡木饰面板相结合，引领潮流的原创照明开关，加热组件和硬体设施。更不用说圆形内嵌式天花和与之相呼应的木地板拼花，其同心圆造型的设计以隐喻的方式，暗指这些办公室就是我们这个行业全世界活动的焦点。

皮质扶手椅已经很破旧了却从未更换，它们会让人想起过去的时光，将人们带到从前的回忆当中。国际建筑师协会并不仅仅是关于建筑与建筑学的，也是关于人类和建筑师的，关系到所有国际建筑师协会的会员，以及他们为建筑事业做出的贡献。

从我们七楼的窗户向外眺望，可以看到这座城市中有活生生的当代建筑，有传统建筑，有埃菲尔铁塔，甚至还有隐秘的蒙马特尔区（Montmartre，是巴黎最年轻的一个区，也是1871年巴黎公社革命的发源地，更是众多艺术家聚集地——译者注）。塞纳河总是奔流不息，秘书处的工作也是如此，永不间断。这是一个很棒的工作场所。

奥古斯特·贝瑞一定会为今天感到骄傲。陈列在办公室的两张半身像和一些其他的照片不断在提醒着我们他的存在。我们在自己的记忆中为他保留了一个合适的位置，就如同我们也感激奥古斯特·贝瑞为我们提供了这么棒的办公室一样。

那么，世界建筑师协会到底是个什么样的组织呢？

国际建筑师协会是关于建筑与建筑师的组织。这个组织非常重视优秀的建筑作品，并将这些作品在全世界范围大力推广，使所有建筑师都能够更接近建筑的真谛，也更接近彼此。

所以我们一定要伸出援助之手。我们所做的工作一定要有明确的关联性和意义。不说空话，不抨击诽谤，不空泛，也不过于狭隘。

"关联性"（Relevance）这个词最能概括我们对建筑师使命的描述。做具有关联性的事情，就是指做对建筑师和建筑学有意义的事情。如果我们在这方面失败了，那么我们就整个都失败了。相反，如果我们在这方面获得了成功，那么我们就成功了。就是这么简单。

国际建筑师协会若想要有效地履行其使命，就需要广大建筑师朋友们的参与和贡献。协会并不是一个只供人索取的商店。一个人不管有没有经济困难，他也必须要有付出才能有所收获。付出和索取意味着资源的交换和相互间的对话。或许，这就是我们最大的优势。

多年以来，国际建筑师协会已经从当初一个低调但却富有远见的组织，成长为一个众所周知的国际性庞大组织。这条发展之路并不总是一帆风顺的，若没有很多建筑师早年的献身精神和坚持不懈的努力，我们也不可能会取得今天的成就。

那是些与现在不同的日子。当时，我们召开的是小型的工作组会议，坦白说，有点像是俱乐部的氛围，但是出席会议的人却都是当时杰出的建筑师，还有其他公共生活领域的一些重要人士。在翻阅档案的时候，我看到了1977年召开的一次关于继续教育的会议，在那次会议上，现任欧共体委员会主席雅克·德洛尔（Jacques Delors）先生发表了一篇论文，而他当时只是一名副教授；还有1972年在库里蒂巴（Curitiba）召开的城市规划委员会会议上，现在巴拉那州（Parana）的州长杰米·勒纳（Jaime Lerner）先生，当时只是一名年轻的建筑师。

这些早期的建筑与知识交流形成了一种高水平的辩论，并由此逐渐孕育出协会的一些制度，也是我们承袭至今的。

国际建筑师协会已经发展成了一个更加开放、全球化的组织。它接触到了全世界更多的建筑师，特别是一些非常年轻的建筑师和建筑系的学生。在巴塞罗那大会上，共有9790名注册建筑师和学生出席，这就是最好的例证。毫无疑问，新的一页已经翻开了，或者说得更准确一点，新的一页正在翻开。

但是它还需要彻底的、具有决定性的转变。因为我们整个行业都不能再等了。它需要转变，甚至需要更多的转变。例如，避免过于传统的采购服务方式所带来的负面影响，以及保护所有优秀建筑中所蕴含的文化价值，这些都需要国际建筑师协会的大力支持。

有人说，秘书长就是整个协会的核心。这种说法是正确的，但却只说对了一部分。因为所有相信其使命的人们，以及所有为此工作、关心与奉献的人们，都是协会的核心。

想要了解国际建筑师协会秘书处及其运作方式，这可不是件容易的事。在被很多"局外人"大力称赞的高效率的背后，是由弗朗辛·特鲁庇隆（Francine Troupillon）女士领导的一支敬业又能干的团队。自从 1967 年她第一次踏足这间办公室以来，弗朗辛女士就一直在为协会工作。我第一次见到她的时候，是米歇尔·兰索尼（Michel Lanthonie）担任秘书长的时期。那是在 1981 年，我在华沙（Warsaw）第一次参加协会的会议。当时我还没有意识到，这位非常年轻的女士同我们对于协会的看法之间是密不可分的。

建筑师凯瑟琳·海沃德（Catherine Hayward）和保拉·利维拉托（Paula Liberato），考古学家艾琳·奎因（Eileen Quinn），以及语言学家谢姆贝·威廉姆斯（Nonhlanhla Shembe Williams），共同组成了现在的巴黎团队。在工作中突显秘书处的特殊任务并不是件容易的事。每当理事会召开之前，特别是在国际大型会议召开之前，每个人的肾上腺素都会飙升，这一点没有人会怀疑。但是，现在这些筹备工作似乎自然而然地过渡到了信息技术，有谁注意到这一点了吗？又有谁了解在关键时刻他们所面临的考验与磨难吗？例如最近举办的戈雷（Gorée）纪念竞赛，最后期限已经迫在眉睫了，可是计划中仍存在一些不一致的地方需要向组织者澄清，还要立即转发给不少于 886 位注册参赛者，在这一过程中，每一位工作人员都在承受着极大的压力。

从秘书长的角度来看，他不仅要对每天的实践情况拥有独特的看法，还要对长期目标保持独到的眼光。这是一个极具挑战性的职位。我的前任尼尔斯·卡尔森（Nils Carlson）先生是一位才华横溢的建筑师，他一直使协会这艘大船保持着良好的状态。他除了是一名建筑师以外，还是大提琴演奏家、木工和业余的飞行爱好者，他与我分享了一种理念，即建筑师应该将各种生活与文化的因素都纳入专业领域之中。回顾历史，我们必然会回想起 1969 年，这一年，标志着皮埃尔·瓦戈（Pierre Vago）先生秘书长任期的结束。他在这个职位上勤苦耕耘了 22 年，从协会成立的 1948 年开始。对我来说，甚至对我们所有人来说，他永远都是国际建筑师协会记忆的守护者。

一直以来，工作小组都是协会活动的核心。如今，我们一共成立了 33 个工作小组。有一些小组的工作成效很高，为我们带来了非常丰富的成果，但是在天平的另一端，也有一些工作小组一直都没有做出什么成绩。这并不是什么新的情况。每隔三年，我们都会评选出一些表现优异的工作者，但是秘书处却很少，或者根本没有做些什么来肯定与褒奖他们的成绩。我们必须要做些什么了。我们采取了一种完全不同的新方法，其目的就是为当前正在变得停滞不前的局势带来一些新鲜的空气。没有成效的工作组不再延续三年的任期，但是我们会鼓励新的想法与令人兴奋的新方案的提出。陈旧话题的老生常谈所造成的直接后果就是使人们丧失兴趣，任何人都不会对那些陈词滥调感兴趣。由信息技术为我们带来的机会有望开辟出新的道路，并能够使有效的传播成为所有议程的先决条件。

那么，未来会怎样呢？不难预见，国际建筑师协会的秘书处也需要跟上技术发展的步伐。没有人能预测未来的通讯将会采用什么样的形式。但可以肯定的是，在不断发展的新技术中，协会现在已经拥有了一种工具，可以使自己更靠近各成员学会以及各位建筑师。

我们需要从巴塞罗那大会吸取三个方面的教训——总方针、教育和专业实践。当我们在进行高水平建筑作品的创建过程中，建筑师应该参与这个过程，并且要从始至终一直跟进。根据几份有关总方针的问卷调查表的结果显示，只要能找到亟须解决的关键性问题，就可以引起基层民众们的兴趣。自从国际建筑师协会创办以来，教育一直都是我们非常关注的一个课题。然而，这是我们第一次专门针对教育问题拟定一份章程，要求建筑师在区域一级对这份章程的内容进行回顾。

专业实践也是国际建筑师协会一项重要的工作项目。过去，我们已经做了很多有益的工作，但是现在，同样也是第一次，我们达成了一个目标——国际建筑师协会代表大会批准了建筑师职业实践国际推荐标准。在自由职业当中，建立起这样的共识是一项举世无双的伟大成就。还有一点也同样重要，即经过认可的文件是一份保持灵活性的文件，这就意味着它还可以不断发展完善。随着协议的内容逐渐深入细节，势必会暴露出一些敏感的问题，而协议也会对这些问题做出回应。等价、互惠互利、承认文化的多样性，以及强制执行道德标准，这些都是目前我们正在考虑的问题。协会所有的成员学会都已经表现出了他们的决心，要以一致的立场与姿态来迎接服务的全球化挑战。这将是我们在进入下一个阶段时——向世界贸易组织（WTO）提交协定，并获得各国政府的接受——的主要武器。

如果说工作小组是协会的支柱，那么竞赛就是焦点。一旦竞赛的结果出炉，那么之前秘书处所有的筹备工作、开始日期、项目提交等种种烦琐的事务就都被遗忘了。国际建筑师协会，由联合国教科文组织（UNESCO）授予其独特的使命，同一些特别优秀的建筑作品都有一定的联系。下面我只列举几个比较著名的作品——日内瓦世界卫生组织总部、阿姆斯特丹市政厅、悉尼歌剧院、维也纳国际会议中心、乔治蓬皮杜（Georges Pompidou）中心、利雅得（Riyadh）新成立的外交部、拉德芳斯区新凯旋门（Arche de la Défense），以及最近的东京论坛。

国际建筑师协会所颁发的奖项旨在奖励建筑方面的杰出成就，进而突显我们对于高品质建筑设计以及建筑教育的承诺。这些奖项每三年颁发一次。斯德哥尔摩城市规划部门[斯文·马克利乌斯（Sven Markelius）及戈兰·西登布拉德（Goran Sidenbladh），瑞典]，成为专为城市规划或国土开发所设立的奖项——帕特里克·阿伯-克罗比爵士奖（the Sir Patrick Aber-crombie prize）的第一个获奖者。那是在 1961 年。同年，来自墨西哥的建筑师费雷克斯·堪迪拉（Felix Candela）获得了专为建筑应用技术所设立的奥古斯特·佩雷奖（Auguste Perret prize）。屈米奖（The Jean Tschumi prize）设立于 1967 年，首次获得该奖项的是瑞士建筑师让·皮埃尔·沃加（Jean-Pierre Vouga）。罗伯特·马修爵士奖（The Sir Robert Matthew prize）是很久以后设立的奖项，在 1978 年首次颁发给了建筑师约翰·特纳（John F.C. Turner）（英国）。最后，就是国际建筑师协会的金质奖章。迄今为止，共有五位杰出的建筑师获此殊荣，这就是协会最有价值的奖项——"杰出贡献建筑金奖"（outstanding architectural achievement）。1985 年的获奖者是埃及建筑师哈桑·法帝（Hassan Fathy），1987 年的获奖者是芬兰建筑师睿马·别蒂拉（Reima Pietilä），1990 年的获奖者是印度建筑师查尔斯·科雷亚（Charles Correa），1993 年的获奖者是日本建筑师槙文彦（Fumihiko Maki），最后，1996 年获得该奖项的是西班牙建筑师拉斐尔·芒尼奥（Rafael Moneo）。

国际建筑师协会的时事通讯刊物，自 1955 年以来一直都以这样或那样的形式出版。最初，它只是几张打印出来的纸质文件，之后又被印制成手风琴式样的小册子，最后才演变成了现在的形式，它的形式从来都不是一成不变的，而是一直都在发展。1960 年至 1969 年期间，我们还出版了六十期的《Revue UIA》[1] 刊物。

工作组不断地推出专刊。最近一区（国际建协按照东欧、西欧、美洲、亚大洲、非洲分为五个区，译者注）人居工作组与联合国教科文组织联合出版的关于教育建筑的手册就是这种情况。《里约热内卢之路》（The Road from Rio）为我们的出版物树立了一个很高的标准，将新闻传真作为会员、国家部门以及国际组织之间相互沟通的一种方式，这是个充满希望的新迹象。

除了反映日常活动的出版物以外，我们需要的是一种能够唤起普通民众想象的出版物，使专业领域以外的民众也能了解到我们的工作。

日常活动以及每三年召开一次的国际大会，占用了所有的参与者很多的精力。因此，大家很容易会偏离主轴，忽略了我们这个职业所面临的主要挑战——可持续发展，以及为所有人提供住房。而我们一定要确保这些问题可以得到持续的解决，这就是国际建筑师协会的责任。很显然，在专题研讨会和国际大会上空泛的讲些大道理是远远不够的。协会还要有更进一步的举措。如果找不到更利于生态保护的方法，那么我们的地球将会无以为继。而如果找不到更利于社会健康的方法，那么我们的建筑环境就不会变得更加公平。

国际建筑师协会在过去已经取得了哪些成就，以及在未来可以做些什么，这些都是众所周知的。我们可以想象一下，如果没有这个国际性的组织，那么建筑界和建筑师的世界会变成怎样呢？对我来说，这是无法想象的。协会的贡献并不能单凭具体的几次活动和事件来衡量。就像我们大家都知道的，单凭《Why UIA》这一本小册子，无法真正衡量协会对建筑师的价值。因为它忽略了一些无形的东西。有很多建筑师或成员部门，从表面上看同协会并没有什么密切的联系，但是当他们遇到困难的时候，还是会向协会寻求庇护。协会的存在是为了满足建筑师们真正的需要。它对于我们这个行业来说是一种安慰，同时也已经成为一个基准点。简而言之，"我们已经习惯了她的脸"，并且认为这些都是理所当然的。因此，即便在 1948 年我们没有成立这个组织，那么在今天也会有成立的必要。

在协会中可能还存在着一些问题，也一定有需要改进的地方。但我们必须要将眼光放得长远一些，去寻找魔力。因为所谓的"国际建筑师同盟会"

是真正具有魔力的。当我们的开国元勋们在创建协会的时候，他们或许也有一个愿望，这个愿望就类似于英国著名诗人约翰·多恩（John Donne）在他的"周年纪念日"中所描写的那样。

"……再接下来
年复一年，直到我们来到这个时刻
写下'五十年'：这是我们第二次称王。"

所以，现在已经来到了"我们的第二个王朝"，前景看起来比以往任何时候都要光明。我们怀着极大的希望和憧憬，迈向我们的第二个五十年。

前方的道路是明确的。我们需要时代发展的步伐，我们前进的速度一定要超越问题出现的速度。更重要的是，我们还需要去预见未来，并参与塑造未来，而不是消极被动地对出现的状况和问题做出反应。正如芝加哥大会上所说，我们的方法应该是"以任务为导向"，而不是"以问题为核心"。这就意味着我们一定要有远见。

协会的未来就掌握在我们的手中。我们知道，我们一定可以让自己的梦想成为现实。这是一项艰苦卓绝的任务。让我们来实现它吧！

参考文献

1. *Revue UIA*. Published in Paris for the UIA.

52

跨国实践的愿景

第 24 届菲律宾建筑师协会全国大会
展望 2020——自由化的全球专业实践
马尼拉 /1998 年 4 月 18 日

国际建筑师协会是一个载体，它承载着全世界众多建筑师们的希望与梦想。这个组织致力于提升我们建筑行业的标准和声望，并确保每个国家的建筑师都能拥有平等的机会，可以更公平地进行专业实践。因此，看到有关建筑实践的话题能够在这样一个世界级的会议上被讨论，我们感到十分欣慰。另外，让我们感到欣慰的还有另外一个原因。1983 年，就是在这里（菲律宾首都马尼拉），产生了后来被提升为国际建筑师协会道德准则的东西。我们对于专业实践的任何思考，都必须要以伦理道德为出发点。

本次大会要讨论的内容不是关于过去的。我们讨论的方向是未来。这就是它具有挑战性的地方。此外，"展望 2020"（Vision 2020），这是个很有趣的选择。它设定了一个具体的时间作为目标，而这个目标距离现在既不太近也不会太过遥远。到了那个时候，今天的建筑学生们差不多都到了他们职业生涯的黄金时期。所以，这个时间的设定有其实际上的意义，而不仅仅是一个理论上的目标时间。笼统地说 21 世纪太过于抽象，但如果把重点放在世纪之交，也就是 2000 年，又距离现在过于接近，只适用于回顾过往。

无论是在国际还是地区的层级上，自由化和全球化都已经对我们这个行业产生了重要的影响。想要分析我们这个行业的现状和前景，就必须要认识到以下两个事实：

- 全球建筑实践的自由化程度正在变得越来越高，而这个过程是不可逆转的。
- 国际建筑师协会的成员都拥有各自不同的文化，因而在建筑实践当中也存在着不同的体系。

这就是我们的起点。考虑到这些现实状况，我们必须要将目光放远，力争上游。我们都知道，在一些国家，建筑师的社会地位是很崇高的，而在另外一些国家，建筑师就比较没有那么受到重视了。我们必须要努力改善一些国家的状况，因为在这些国家，某些特定的问题或法规还没有达到理想的标准。不管在什么情况下，我们都不应该去追求什么"放之四海皆准"的立场，因为这样做的最终结果，只能得到一些仅仅内容泛泛的文件。

我们要尽可能地扩大建筑实践的范围，这一点是非常重要的。因为假如全球蛋糕变得越来越小，那么再去谈论如何公平分配全球蛋糕也没有什么意义。我们的目标应该是为我们的职业找到新的出路，比如说让建筑师参与公共工程的设计，例如桥梁的设计等等。

有一些专业实践的领域在某些国家是根深蒂固的，而在其他国家却并不存在，我们还要确保将这一部分实践领域纳入到建筑学的定义中来。无论在什么情况下，我们都不应该放弃很多国家的建筑师们赖以生存的实践领域，尽管也许有些国家的情况是不同的。我们的立场必须要明确。重建和修复确实代表了建筑实践，而城市空间的设计（例如公共广场等）也是建筑实践的一部分。简而言之，我们一定要支持我们自己的专业，避免建筑师目前提供的服务受到任何侵蚀，即使这样的情况并不是在每个国家都存在。当然，对于非注册建筑师进行单层住宅、农场建筑等项目设计的这种做法，我们从来都不赞成，更不会制定法规为这种行为背书，这是毋庸置疑的，尽管有很多国家是允许这样操作的。

这让我想到了一个非常重要的问题，即进行建筑实践的权利是由什么人掌控的。在这个问题上，我们的立场必须要绝对明确——"建筑工作就应该由建筑师来执行"。我们所有建筑师，或是国内我们自己行业的组织，都绝不可能会接受其他的规则，自己开启闸门，允许其他非建筑师人员从事我们的职业。这或许并不容易，因为每个国家都有自己的既定政策，维护建筑实践的权利，而且由于各国政府都需要对自由贸易协定承担相应的义务，所以他们也在承受着相当大的压力。因此，我们必须要找到一种方法，达成关于这一问题的指导方针，而这些指导方针日后也将会成为我们各个成员学会手中的工具。

要想建造出高品质的建筑，单靠良好的建筑专业教育以及严格的注册与认证程序还是不够的。建筑师持续工作能力的长期评估系统正在变得越来越不可或缺。我们应该要求建筑师定期向他们所在地的专业机构提交资料，证明他们在建筑、新技术、新社会与生态条件方面一直保持着新的进展。这样，最新的质量标准就会成为衡量专业人员竞争力的一个重要参数。

在新秩序之下，竞争仍然会存在。我们必须要尽可能确保竞争的公平性。国际建筑师协会正在推行一项政策，即为了确保公众利益，所有政府应建立以资格为基础的甄选程序来确定建筑师，以保证服务品质。在这方面，澳大利亚皇家建筑师协会（RAIA）一直都是全世界的榜样。

对于一个社会来说，文化层面的东西是至关重要的。文化是形成我们价值观的基础，同时也是我们价值观当中不可分割的一部分。在这方面，非洲和亚洲的很多城市已经丧失了它们的建筑与文化特性，俨然开始了对西方美学模式的模仿竞赛，这是很令人遗憾的。在很多国家，建筑正在迅速沦为西方国家的消费品。在所有这些问题上，我们应该拥有更具决定性的发言权。

教育与文化之间是相互关联的。它们两者都会对我们处理生态问题和可持续性问题的方式产生直接的影响。众所周知，我们必须要尊重世界各国不同的社会、文化和环境特征。然而，我们生活的世界并不是静止不变的。我们周遭的一切，无论是建筑环境还是自然环境，都必然会发生演变与进化。可问题是，我们是否允许这种演变与进化变得不受约束与不可控制？因此，我们需要将可持续性因素引入到我们所有的设计工作当中，这就是我们所面临的挑战。

贸易自由化与我们的行业会对可持续发展产生什么样的影响，这个问题仍然没有答案。自由化和可持续发展是可以兼顾的。对于持怀疑态度的朋友们，请允许我这样说，我们无法逆转历史的进程，我们也不能作茧自缚。自由化会导致的一些问题在全世界范围都有普遍性，而普遍性的问题又导致了通用的解决方案。一般来说，通用的解决方案就是更好的解决方案，我们必须坚持这个真理，因为我们别无选择。

全球化的到来意味着建筑行业也将会开放。这是很好的。而那些自我封闭的专业团体终将会同社会疏离。对自由化和全球化感到不安，这是不对的。

马来西亚总理马哈蒂尔·穆罕默德（Mahathir Mohamad）向国人提出了这样的警告，不要让自己成为富有国家经济控制的受害者。无论如何，在我们自己的行业中，我们可以在一些重要的问题上保持坚定的立场，避免上述的情况发生。

还有其他的一些领域，也需要我们提高警惕：

- 双边或多边互认协议。在某些国家之间已经达成了这种协议。在昨天晚上的会议上，总督欧博斯（Orbos）先生的讲话充分强调了双边协议的重要性。但是，倘若国外建筑师通过"走后门"的不正当手段获得建筑许可，那么我们对这种做法是绝不姑息的。我在这里所说的"走后门"，指的是向发展中国家提供贷款，却常常将指定建筑师的服务作为贷款的附加条款。

• "设计 - 施工"项目，在这些项目中，设计变成了建筑物施工招标的一部分。在这种情况下，建筑师不再拥有领导地位。尽管在很多行政管辖区都对这种做法存在着很强烈的反对声浪，但要完全禁止也不太可能，因为这样的做法可以为主办方带来很多好处，特别是可以节省大量的时间。我们需要尽可能地对这种做法进行限制。如果没有限制，那么应该以严格的职业行为准则界定建筑师的参与，以避免残酷的同行竞争行为。

• 我们估计，将来建筑项目会越来越多地由企业和公司来执行。这些机构的人员构成结构要以法律的形式强制规定，拥有建筑师头衔的员工必须要占大多数。

• 最后一点（但并非不重要），就是建筑竞赛。参赛者都是我们这个行业的佼佼者。对于一个富有才华的年轻建筑师来说，参与建筑竞赛往往是他可以在一个重要项目中扬名立万的唯一机会。在下个世纪，我们必须要争取举办更多的竞赛，无论是国内竞赛还是国际竞赛。在一些国家，法律规定，有一些特定类型的建设项目必须要进行设计竞赛。我们可以将类似的立法作为跳板，以促进竞赛制度更广泛地实施。

本次马尼拉大会的主题突显了建筑师的作用，这让我甚感欣慰。建筑师的角色是非常重要的。毕竟，有谁还会记得帕拉第奥（Palladio）时代统治者的名字吗？

其实，建筑师的角色并不仅局限于建筑设计和规划。如果我们想要真正履行自己的使命，那就必须要解决社会的问题。但我们具体应该怎样做呢？只是回到绘图板前，开始设计社会住宅、自助式住宅，或为无家可归者设计住宅吗？显然不行。但是，在我们的心中，社会问题仍然还是我们最为关注的一个议题。保持着这份关注，长期下来我们一定为社会带来改变。

如果建筑行业想要承担起必要的社会责任，那就必须要参与决策过程。当我们看到目标、议程和行动计划等东西的时候，却很少发现其中有同建筑师与建筑学相关的内容。简而言之，我们这个行业很少能进入到最高的决策层。我们是否错过了很多机会？

毫无疑问，前方的道路是漫长而艰难的。这就意味着我们将会经历一个漫长而又艰难的过渡时期。我们需要这样一个过渡时期，如此才能在这样一个开放、同时又具有竞争性的自由市场中建立起服务信念。为了使自由化的全球专业实践真正具有竞争力，我们就需要拥有实力相当的球员。这就是我们需要过渡时期的原因之一。目前尚不发达的国家会逐渐提高他们的要求和标准，这样，发达国家和不发达国家之间的差距也会逐渐缩小。同时，提高地方标准和竞争力也有助于减缓"人才流失"，即一个国家最优秀的专业人才的外流，这是一种重大的损失。

　　最重要的一点，我们必须要保持团结。只有团结起来，我们才有机会赢得胜利。到目前为止，我们都做得很好。我们关于专业实践的初步政策文件已经获得了一致通过。但是，这个过程进展得越快，我们就越有可能会提出异议。这是很自然的，因为这些文件被印制出来以后，国家相关部门就会在其中发现一些具有分歧的地方。因此，我们不要让某些具体领域的问题模糊了总体的目标，这是非常重要的，我们的总体目标必须是统一的。

　　只有统一了总体的目标，我们才能开始考虑下一个步骤，也就是如何面对那些拥有权势的大人物们。我所谓的大人物，指的是世界组织以及我们自己的政府。我会亲自去向他们解释。去年在日内瓦，国际建筑师协会主席萨拉·托珀尔森（Sara Topelson）女士，前任主席海梅·杜罗（Jaime Duro）先生和我一起，访问了世界贸易组织。世贸组织的一位高级官员提醒我们，如果目光过于集中是很危险的。他说，尽管得到一份获得世界大多数国家建筑师协会认可的文件是非常重要的，但是，倘若不能进一步获得各国政府的核可，那么这样的一份文件也不会有多大的意义。他还补充说，在类似于世界贸易组织这样的国际机构中，各成员所代表的都是国家。如果他们的代表不了解我们的文件，甚至更糟，认为我们的文件同他们所采取的政策相悖，那么我们所有的努力就都会付之东流。

　　所以，我们必须要与我们各自的政府展开对话，并说服他们相信我们的立场，这就是我们最主要的任务。而这项工作主要是各国建筑师协会的责任。此外，我们还必须继续同相关国际机构进行对话。而这是国际建筑师协会的责任。我希望，我们同国内以及国际权力机构之间的相互关系，能够在我们职业的演变过程中起到关键性的塑形作用。这场战争的成败就在于此。

　　建筑并不是一件商品。或者，正如希腊技术协会（Technical Chamber of

Greece）的主席科斯塔斯·利亚斯卡斯（Kostas Liaskas）在今年早些时候一次演讲中非常贴切的说法，建筑是人力，也就是建筑师智能的产物，这项产物能够思考，也能拥有自己的意见。因此，它们的行为可能常常会具有不可预见性。但是，类似于市场经济这样的体系，却总是偏爱可以预测的状况。

我们正面临着严峻的困难。假如说自由职业仅仅被视为一件商品，那么它们就可以同其他商品一样被处理。如此，针对一般贸易的反托拉斯法就可以被套用于我们这个行业特定的规则中，而忽略了建筑这项专业服务区别于一般商品销售的各项因素。面对《服务贸易总协定》（General Agreement on Trade and Service，简称 GATS），我们需要勇气。我们还有机会吗？如果能够抛开过去，专注于现在，特别是专注于未来，那么我们就还有机会。与其愤怒地反对旧的职业准则与道德准则的消亡，我们不如努力将自己的政策转变为新的准则。如此才能为创造更美好的明天找到出路。

每个时代都有好的状况，也有不好的状况。然而在当前的建筑实践中，坏的方面往往要比好的方面多。毕竟，有谁能站出来说自己国家的建筑实践条件是真正公平公正的呢？所以，我们一定要抓住机会。自由化的全球职业可能就是我们的机会。但是，我们必须要赶上这趟列车。掉队者将会被抛在后面。

我的愿景 2020，是对未来几年的构想。我预计在未来的几年，建筑实践将会变得更加困难，要求更高，更具竞争性，但同时也更具挑战性，并可能获得更高的报酬。目前，我们正处于低潮。如果我们不能迅速地采取行动，那么情况可能还会变得更糟。

国家规范、双边协定等文件所产生的影响将会越来越小。最终，诸如"等价性"（equivalency）和"互惠"（reciprocity）等说法将不会再与我们的专业实践存在关联，即便是在国际范围内。自由化和全球化将会抹杀掉很多我们已经习以为常了的制度与观念。服务贸易总协定的全面执行无疑会对我们的行业产生撼动。但如果我们能够保持警惕，那么我们行业的服务范围也将会有进一步扩大的机会。

对我们建筑师来说，这个行业有可能会变成一个"对所有人开放"的令人厌恶的行业，建筑师的工作范围不断缩小，但这同样也可能会成为一项挑战，而我们的收获会大于损失。要想做到这一点，我们就需要不断地让广大民众认识到我们职业的特性，以及我们对于社会无可否认的价值。

在这样的背景之下，我们必须要制定出我们的行动策略。《服务贸易总协定》的内容是"逐步自由化"（Progressive Liberalisation），而其最终的目标是实现完全的自由化。如果我们能够根据自己行业的状况逐步走向自由化，那么这样的进程对我们来说是有利的。这就是我们的任务。

然而，我们对于未来的愿景还是需要以专业为导向，必须要考虑我们对自然环境（是我们从前人那里继承而来的）要承担的责任，以及对建筑环境（也我们从前人那里继承而来的，同时，我们又对其进行不断地更新与改造）要承担的责任，以满足当前与未来建筑与规划行业的实际状况需求。归根结底，我们对于自己的要求，不过就是做一名负责任的建筑师，做这个世界上负责任的公民。因此，我们要昂首挺胸，我们问心无愧。幸运的是，这一点是我们大多数人都可以做到的。

53

未来的挑战

关于建筑、自由贸易和专业标准的国际会议
热那亚（Genova）/2001 年 7 月 12 日
摘录

　　让建筑实践环境更加公平公正，这并不是个简单的任务。因此，我们未来的行动方案必须是务实的，要考虑到当代的"实际生活状况"。那么，实际的生活状况又是怎样的呢？

- "消费者权益保护"这个说法现在似乎已经变成了新的圣经。其含义通常被解释为"花最少的钱，办最多的事"，进而导致了在收费标准上残酷的竞争。

- 世界在不断地变化，我们也在不断地变化，而我们当前的所作所为，会对我们这个行业的前景产生影响。因为未来还没有发生，所以我们在创造未来。

- 在我们的职业运作中存在着两种世界，一个是真实的世界，另一个是想象的世界。想象的世界是理论的世界，是法律法规的世界，是道德规范的世界。而真实的世界是我们日复一日从事建筑实践工作的世界，这个世界的市场经济环境有时是很恶劣的，几乎无法得到法律的援助——法律，并非永远都拥有强制执行的力量。这是一个道德标准一边倒的世界。

- 商业的力量往往比法律的力量更加强大，特别是在发展中国家。而且，在这些国家，往往不是法律改变了市场行为，而是市场行为最终塑造了新的法律。

　　事实上，建筑师的工作是在一个微缩世界中进行的——政治、经济、社会。这就是为什么我们必须始终保持特别警惕的原因。今天，恰逢八国峰会召开的前一周，我们在贵国（意大利）最美丽的城市热那亚会面，我认为这是个幸运的巧合。当然，如果我们的会议能够与发展中国家的 G33 峰会同时召开，那就再好不过了。

　　身为建筑师，我们还需要对全球化的扩张进行仔细评估，事实上，这种扩张几乎是以一种不受限制的方式进行的，它既不会顾及一般民众的反对，也不会像顾及诺姆·乔姆斯基（Noam Chomsky）这样的知识分子在理论上的反对。无论如何，为了建筑业，我们必须要努力使之合理化。我相信，卡尔·埃里克·克努特松（Karl-Eric Knutsson）的话可能会更加务实，他是这样说的："真正的新问题是，与其说世界正在变成一个统一体，倒不如说至少在相当长的一段时间里，世界会变成'很多'部分，这种变化会在全球范围内越来越多，而它们彼此之间的相互关系也会更新与迅速改变"。[1]

建筑实践正在发生着根本性的变化。我们必须要尽自己最大的努力，使之朝着我们认为对我们的职业和社会最有利的方向发展，而这个发展方向对所有国家来说都是公平公正的，无论是发达国家还是发展中国家。在建筑实践领域，我们实现更公平的工具就是"协议"（指《建筑师职业实践国际推荐标准》——译者注）。这份文件在北京获得核准是一件具有历史意义的成就。这是我们建筑行业首次采用的全球化标准。现在，我们有机会带头推动对建筑师专业水平和能力标准的交互认证，进而促成专业证书的异地认可。对我们来说，要让国际机构和国家政府部门逐渐认识到建筑服务业具有特殊的性质，这一点是非常重要的。

国际建筑师协会鼓励各国政府和相关监管机构采纳其政策，作为检讨与适当修订他们本国标准的基础。此外，这些政策文件都是具有现实意义的，并会根据重要的意见与经验不断进行审查与修订。正如吉姆·舍勒（Jim Scheeler）所写的，"现在，我们将会看到，在现实世界中具有法律约束力的相互承认磋商谈判中，协议的条款是如何发挥作用的"。这短短的一句话，就概括出了我们所面临的挑战的实质。

在韩国，有人问我："你为什么会认为我们本国的制度需要给其他的国家去审查？如果不这么做又会怎样呢？"在我看来，其实这个问题的答案很简单。不管怎么样，制度都将会改变，因为市场所蕴含的力量总是比现有的法律法规更为强大。我们都不希望制度根据别人的意愿而改变，都会希望它们能够按照我们自己的意愿来改变。我们也都希望建筑实践——无论是国内的还是国际的——都能以我们自己认为最适合我们职业发展的方式进行。

该协议已经在欧盟和美国都获得了核可，并将其作为跨大西洋经济伙伴关系谈判中关于建筑服务贸易的讨论框架。联合国贸易发展会议（United Nations Conference on Trade and Development，简称 UNCTAD）承诺，会将这份文件提交给多个国际机构，而且其中有一些机构已经将其作为了相关事宜的参考文件。世贸组织敦促我们推动各成员国政府认可所谓的"协议的成就"，并以这种方式，让这份文件有机会呈递到世贸组织的桌面上。众所周知，世贸组织的决策都是由其成员国推动的。他们建议我们，首先让一些比较大的国家（美国、日本、澳大利亚和欧盟）就资格认证问题达成共识。大国的认可，也会对小国产生促进作用。我们当前的目标是达成双边协定，而这些协定以后可以再发展为多边关系。值得注意的是，《服务业贸易总协定》（GATS）允许一个国家给予某些特定国家资格承认，而并不必适用于所有其他国家。

曾经有一段时间，很多人都认为假如采纳一个普遍接受的标准，那么就会为发达国家的建筑师打开大门，从而夺走了那些相对落后的国家本土建筑师的生计。但事实并非如此，因为这扇大门其实一直都是开放的。无论如何，国外的建筑师都有途径获得他们渴望的酬金——透过投资方、通过设计-施工过程，或是其他常见的方式。

国际建筑师协会主张废除障碍，特别是人为设置的障碍。同时也要开放市场。距离不再是限制我们提供服务的障碍。因此很明显，一个受国际监管的职业会将法律与秩序带入到他们的运作当中，从而为发展中国家的建筑师提供更有力的保护，确保他们能够凭借自己的专业优势平等地取得机会，尽量减少同金融方面挂钩所造成的影响。

事实上，只要能够相互认可，并能满足某些基本的需求，那么我们就提倡国际执业的自由。这就意味着，如果来自新加坡的合格建筑师可以在西班牙"无障碍"地执业，那么来自西班牙的建筑师也应该可以在新加坡享受同等的权利。这与贸易自由化所提倡的不同，一些发达国家会同时禁止印度的纺织品进入自己的国家，因为从表面上看，是因为这些纺织品是由童工生产的。这就是人为设置的障碍。这只是一些国家自己提出的借口，他们将不能忽视与违背当地协会的相关规定作为托词，从而有效地将国外建筑师阻挡在本国建筑实践领域之外。

欧盟委员会（European Commission）的一份文件强调，"认为所有阻碍服务自由进行的障碍都是由监管部门的规定以及所谓的繁文缛节所造成的，这根本就是无稽之谈"，这种说法是很中肯的。重要的文化因素与语言因素会对市场行为产生影响，这些因素现在存在，将来也仍然会存在。然而，有趣的是，一旦涉及人才的流失，所有的障碍就都不见了。如果说建筑领域的人才外流是双向的，那么我们还可以接受，但事实上，这样的情况很少发生。如此多的建筑人才被"输出"到更发达的国家，造成相对落后国家的合格专业人员数量越来越少，这种状况实在令人难以置信。

当我们拿到新的《服务业贸易总协定》，并分析它可能会对建筑师造成什么样的影响时，我们必须要熟悉我们周围所有相关领域中正在发生的状况。众所周知，当我们的世界正在变得越来越小的同时，建设项目所涉及的学科也在变得越来越丰富。其中后一种趋势导致了服务业市场战略发生了一项关键性的变革——迄今为止，服务业政策领域一直都是以纵向方法为标志的，而现在又补充了横向的方法。

澳大利亚生产力委员会的报告非常令人担忧。它的重要性远远超出了澳大利亚本国的范围，因为它可能在全世界范围为我们这个行业带来多米诺骨牌式的连锁效应。它最重要的建议之一，是对于专业头衔的使用，比如说注册建筑师，只能限制于那些已经获得专业资质认证的建筑师使用，但是对一般性的"建筑师"头衔则不做任何限制。所有这些规定，都是以保护消费者权益与提高竞争力的名义进行的。庆幸的是，在世界上大多数国家，"建筑师"这个一般性的头衔还仍然是神圣而不可侵犯的，它与建筑学学位之间具有直接的关联。

但是，文化呢？文化是无形的。同时，文化也是一份公共利益。没有人会否认这一点。文化，伴随着文化的传承，这是建筑中所固有的东西。但是，这种说法也必须要从另外一个角度来看待，因为建筑也是文化范畴中所固有的东西。纵观历史，在文化的塑造与世代传承方面，我们建筑师所发挥的作用比任何其他群体都要大。这就是我们对生产力委员会，以及对我们这个行业严格的唯物主义观点的回答。现在，建筑师已经参与到与文化和遗产有关的主要国际机构。去年，意大利建筑师和城市规划师弗朗西斯科·班达林（Francesco Bandarin）被任命为联合国教科文组织世界遗产中心（UNESCO World Heritage Centre）的负责人，这是很令人欣喜的。

对于我们这些评论家，对于那些公正地指出每个国家内部、甚至是世界范围内所存在的行业不公平现象的建筑师们，答案又是什么呢？唯一可靠的长久解决方案，就是为我们这个行业的实践争取到一个公平竞争的机会——无论是在国内还是在国际上。只有当我们获得平等的竞争环境的时候，我们才会看到那些所谓的"防御性保护主义"慢慢消亡，换句话说，也就是那些人为设立的障碍，例如语言、住所等等。我们正在付诸努力，争取实现这样一个公平公正的竞争环境。要达到这一目标尚需要时间，但是我们向前迈进的每一步都非常重要，都会对目前不公平的现状做出改善，正如乔治·奥威尔（George Orwell）所言："每一位建筑师都是平等的，但是总会有一些建筑师比其他人更加平等"。

影响专业实践的环境在变化，而且变化的速度越来越快。为了生存，我们必须要坚强与团结。我们还必须要保持警惕。我们要在各自的社会中建立起新的联盟关系。孤立无援将会导致一事无成。为了实现我们的使命，我们所做的每一件事都必须同我们的愿景保持一致，而我们的愿景就是建造更优秀的建筑与营造更好的专业实践环境。

参考文献

1. Knutsson，Karl-Eric: Article in *The Cultural Dimensions of Global Change* edited by Lourdes Arizpe UNESCO Paris 1996.

54

建筑日

在乌克兰建筑日发表的讲话
基辅/2012 年 7 月 1 日
摘录

我坚信，只有从更宏观的国际形势出发，才能建设性地评估有关自然的问题，甚至是区域性的问题。我们还要尝试着吸取过去的教训。因此，当前欧洲，乃至全世界正在经历的危机，以及它对建筑的影响，让我回想起了1993 年在芝加哥召开的非常成功的国际建筑师协会世界大会的主题。那就是"处于十字路口的建筑——设计一个可持续发展的未来"。当时，人们正确地认识到，建筑发展之路正在与另外一条道路交叉在一起，而那条路就是可持续发展之路。如今，我们的建筑发展之路至少又与两条新的道路交叉在了一起，它们分别是贫穷与职业生存。

我所说的"贫穷"，指的并不仅仅是发展中国家的赤贫，还包含我们自诩为发达国家的内部存在的贫穷。正是这种贫穷激发了我们的社会敏感性，让我们对自己所生活的世界里的道德产生了怀疑。在这个世界里，财富总额在不断增加，但同时，穷人、特别是生活在城市里的穷人的数量也在持续增加。

我所说的"职业生存"，指的是越来越多的专业人士无法继续从事专业实践工作，从而无法依靠他们最擅长的专业——建筑——过上体面地生活。

现在，我们所面对的是一个充满了混乱的交叉点，有时是相互对立的道路，有时是没有出路的选择。在很多情况下，特别是在发展中国家，投资者和其他人就像现代的吸血鬼一样，从建筑师们的服务中篡夺利益，而建筑师们迫不得已只能接受新的游戏规则。有的大客户可能很好，但是我们当中又有多少人会有幸遇到这样好的业主呢？其他所有人都无情地成为建筑业中的最底层阶级，试图靠着面包屑维持生计。虽然大环境中弥漫着忧郁，但我认为，我们还是有办法让自己从这种难以为继的现状中走出来，为这个行业打造出一个更加公平公正的平台。

要想做到这样一点，就一定要倾听社会的声音，了解一般民众的焦虑，要在我们的建筑中反映出社会的需求。换句话说，我们要对我们的职业重新定位，要使之适应大多数人的需求，而不是专为少数人服务。因此，我们最迫切需要的是一场建筑的道德革命，以及对教育和教育的价值在各个层面进行的评估。这就是改变我们职业现状的关键。

我们首先要做的就是自我教育，让自己认识到对建筑与社会环境来说什么是最重要的，以及我们应该将哪些工作列为需要优先处理的事项。很显然，这个过程应该从大学开始入手。

第二步，是对民众的教育。对更大范围的社区民众进行教育，让他们了解通过高品质的建筑、对环境友善的设计，以及以促进社交为导向的规划，他们能够获得哪些收益，这对我们来说是大有裨益的。

对政府和相关部门的教育本应该是个简单的任务，但事实上它却要比想象的困难得多，甚至要难于对非专业人员的教育。我们要促使他们相信，建筑师对于建造过程中的方方面面都是必要的，出于国家利益的考量，这一点需要通过立法得以确认。今年，国际建筑师协会针对世界建筑日的主题是"构建具有社会包容性、无障碍和公平性的城市，消除歧视与风雨飘摇的生活"，而政府机构与立法对于建筑师地位的确认，则是这个主题贯彻实施的必要条件。

那么，这一切会为我们带来更多的工作机会吗？我认为是这样的，而且更重要的是，它会帮助我们将专业实践同人民联系在一起，为人民服务。这将会为我们带来很大的改变。

然后，我想要再一次重申芝加哥大会宣言中的一句话："建筑师……要通过他们专业的组织集合起来"。对我来说，这是个很重要的教训。多年来，我逐渐认识到，拥有一个强大的建筑师组织是非常重要的，要为建筑师们的工作提供不间断的支持，并保障他们在社会以及国家中的地位。很明显，透过这些建筑师的专业组织，我们这个行业可以统一口径，如此就会为我们带来更大的力量以及更高效的行动力。毕竟，那些建筑师专业组织组建成熟的国家，在有关建筑师权益和社会利益的立法和行为准则方面，有着无可辩驳的最佳纪录。

最后，让我们铭记，世界各国所设立的建筑日并不是相同的一天，遗憾的是，有一些国家根本就没有设立这样的一个纪念日。因此，我们决不能低估了乌克兰建筑日所具有的重要意义。大约十一年前，我目睹了这个重要纪念日的设立，我可以证明，它代表了一种非常特殊而又非常有意义的传统。

未来

55

第三个千年的挑战

"世纪之交的建筑——城市化"国际会议
贝尔格莱德/1996 年 11 月 13 日

　　去年夏天，在巴塞罗那举办的国际建筑师协会世界大会的主题是"现在与未来——城市中的建筑"，当我第一次看到这个题目的时候，我停下来思考了一会儿，觉得其中有一个词用得很不寻常。这个词就是"未来"（future），它使用的是复数的形式（futures），而不是单数（future）。现在我深信不疑，这个复数形式的使用，可以说浓缩了我们在进入第三个千年之际所面临的各种挑战。这是因为从理论上讲，未来可能存在着很多种变数。但是，真正会成为现实的只是其中的一种。

　　如果我们想要改变自己命运的进程，那么我们就不能把目光仅仅锁定在解决问题上。我们也需要拥有一个梦想。正如著名学者彼得·埃尔亚德（Peter Ellyard）曾说过的，我们应该去创造一个"优选的未来"，这就意味着我们要专注于未来的目标，而不是当前存在的问题。因此，目前在贝尔格莱德举办的国际会议，提出了在第三个千年中建筑和城市化的发展问题，这是十分恰当的。我们所有人汇聚在一起，可以对各种选择进行评估，选择出我们更向往的未来发展之路，之后在我们力所能及的范围内帮助其转变为现实。

　　联合国峰会和国际建筑师协会世界大会，在很多方面都强调了建筑和环境所面临的主要问题。很多建筑师也针对这些问题提供了前进方向的指引。

　　里约热内卢会议并没有局限于传统的环境议程，而是将"发展"的概念注入环境辩论当中。对我们建筑师来说，这是一种积极的做法，因为它没有将建筑视为替罪羊，而是强调了"正确"类型建筑的必要性。芝加哥会议是非常重要的，因为它让所有建筑师都认识到了这样的一个事实：从此以后，他们都必须要从可持续发展的角度来进行思考与设计。在所有涉及人类住宅区政策以及相关的措施当中，都需要增加对可持续性发展的思考。

　　在土耳其的伊斯坦布尔召开的第二届人居大会，解决的是有关城市发展的问题，巴塞罗那大会的主题也是同样的。这两次会议都在探寻创建"更好的"城市发展之路，也都在为建筑师以及城市规划者们的未来指导奠定哲学的基石。但要使这个基石能够真正发挥作用，单靠里约热内卢会议上拟定的"发展"目标还是不够的。除了"发展"以外，社会也同样是很关键的因素。我相信，在哥本哈根峰会上提及了社会的议题，并以这种方式，弥合了里约热内卢大会、伊斯坦布尔大会，以及我们协会内部会议之间的不足。这些事件彼此之间并不是孤立存在的，它们都属于一个连贯序列中的一部分，这一点是非常重要的。而在这一系列的事件当中，建筑师的参与至关重要。此外，通过这些会议的召开将表明，"可持续性"这一术语，特别是城市发展的可持续性，除了其生态方面的内容之外，还有其他的内涵。

城市，以及城市中的建筑，并不是没有生命的物体。它们是由人类创造出来的，同时也是为人类而创造的。倘若没有了人，那么无论城市还是城市空间，都将会失去其存在的意义。人们之间相互作用相互影响，人类的所作所为就像磁铁一般，可以将更多的人吸引过来。正如斯堪的纳维亚一句古老的谚语所说："哪里有人，人们就会到哪里去"。

在我看来，无论是建筑还是城市空间都需要欢乐的氛围，而这就是第二届人居大会一个不成文的结论之一。然而，仅仅靠着欢乐的氛围，还是不足以吸引更多的人来到他们城市中的公共空间，并且觉得轻松自在。人们还需要感受到安全感。"通向更安全的城市之路"，这一议题并不是源自第二届人居大会。它只是那次大会上确定的一个需要优先处理的事项之一。然而，目前的情况也并没有那么糟。联合国教科文组织（UNESCO）提出的"反排斥文化"倡议又向前迈进了一步，该倡议认为，文化是城市中心区重建复兴的关键组成部分。

从建筑学的角度来看，我们的很多争论都集中在有关"保护"的议题上，这也就是说，我们应该以何种态度来对待遗产。以法国为例，在所有建筑师执行的项目当中，有超过一半的比例都属于旧建筑重新整修。在我们的城市中存在着太多的似曾相识，但却没有足够的闪光点。当我们在处理遗产问题的时候，需要从一个新的角度来思考——历史的延续，而不是历史的停滞。

一在这个问题上，"连续性"就是其中的关键词。这一片土地，我们的祖先就生活在这里，而我们的后世子孙也会生活在这里。布伦特兰（Brundtland）委员会对于"可持续性"做出了这样的定义——"在不损害子孙后代满足自身需求的前提下，尽可能满足当代人的需求"——我们也应当将其当作建筑伦理的准则之一。连续性并不仅仅意味着保留。它还意味着，要给予我们的子孙后代，同我们以及我们的祖先一样的机会去建设。所以，我们要为后人保留尽可能多的土地。而事实并非如此。新的建筑物如雨后春笋般不断涌现，而现有的建筑几乎没有被拆除或重新利用。在很大程度上，我们"永远"都在兴建新的建筑物。我们需要一种更加灵活的建筑系统（它或许没有那么持久），通过这种建筑系统的实施，使我们现在的建筑需求以及生活方式不会强加给后世子孙。

建筑物会自然地衰变。波堡（Beaubourg，法国蓬皮杜艺术文化中心的昵称）的锈蚀，以及巴士底歌剧院（Bastille Opera）和新凯旋门（Grande Arche）的大理石问题，都使我们更清楚地认识到这一点。除了极少数的例外，大多数建筑物在设计的时候都没有设定明确的有效期限。或许，有些建筑物是应该设计有效期限的。预先设定建筑物的生命周期——30年、50年，或是70年等等——有一个主要的优点，即最终可以解放土地，届时，国家就可以重新考虑这片土地的使用，以及有关环境问题与社会问题的优先事项。这将会对既有的城市规划产生彻底的变革。

当然，建筑物的使用期限会根据基地所处的位置、建筑用途，以及设计过时的可预测性等因素而有所不同。通过技术和成本，都可以用来控制"有限使用寿命"的建筑。这听起来或许有些乌托邦，但我们为什么不去试一试呢？通过这种方式，最终建立起一个解放土地的军械库——让土地空置下来，或是用来建设更新、更具现代化的建筑物。毕竟，在很多情况下，当今的建筑都不是在空置的基地上设计的，基地上一般都已经存在了一栋或是几栋既有建筑。针对这些既有建筑，与其重新利用或是任意拆毁，不如让它们在预先设定的生命周期结束之时"自动"拆除，这样不是更好吗？

未来的规划者应该拥有必要的回旋余地与自由空间，让他们能够以自己认为最好的方式来规划自己的城市。除了那些过去的建筑杰作以及被收录在世界物质文化遗产名录中的作品，未来规划者们所面临的"该拆除还是保留"困境，应该比我们现在所面临的要少。

现在，一种富有创造性的意识形态正在对我们建筑环境的正统观念进行冲击，而我们也在目睹着这一过程。虚拟建筑不再局限于迪士尼世界当中，顺便说一下，在最近一次的威尼斯双年展上 [1]，迪士尼世界的建筑代表了美国的参展作品。虚拟建筑正在成功地与更传统的建筑平分秋色。

建筑，有的时候仅仅被设想为在某一特定时刻所发生的各项事件的辅助部分。

- 丹·格雷厄姆（Dan Graham），丹尼尔·布伦（Daniel Buren），让·努维尔（Jean Nouvel）和本·范·贝克尔（Ben van Berkel）设计了一些简单却非常令人信服的装配式艺术作品与建筑，它们利用表面、光线和反射使参观者产生幻觉，从而冲淡了空间的感觉。

- 日本当代建筑师伊东丰雄（Toyo Ito），他的作品被恰如其分地称为"切断建筑（switch off the architecture）"，探索了建筑向自动调节的、富有表现力的媒介的转变，有可能创建出一种具有技术支持的"前卫空间"，而挑战就在于确定建筑本体和由媒体创造的前卫空间之间的关系。由此，诞生了他的"电子广场"。

就像建筑师为未来世界所储备的东西没有限制一样，未来世界的建筑也同样是没有限制的。未来，我们会拥有无限的可能性，无限的潜力，这是所有人都可以预见的。

建筑领域的幻想与创新是令人兴奋的实践活动，但我们还是需要将它们放在真实的世界大背景之下进行审视。民主的进程并不会止步于一个国家的边界。在世界上很多地方，饥饿、贫穷和无家可归，仍然是当地政府首先亟须解决的问题。其中解决无家可归的问题，是同我们的职业直接相关的。但是，想要使我们这个行业拥有公信力，我们就必须要站在战斗的最前沿，因为这场战斗的主旨就是要为所有人提供充足的住房。即使这可能是一个高不可攀的梦想，但重要的是，我们所有人，在这个世界上享受着特权的所有人，要真正地相信，为每一个无家可归的人提供住房，是逐步减少我们周围悲惨与苦难的第一步。

贫穷与社会状况，同环境问题之间有着不可分割的联系。我们很难想象，"贫穷与环境之间的关系"这样一个重要的议题，所得到的关注竟然会如此之少，姑且不论建筑学的学生们，哪怕是那些建筑大师们的作品，它们可能非常出色，但却常常与当今世界和建筑师们所面临的重大建筑环境问题没有什么关联。

我们要始终牢记世界各国的建筑环境，无论是发达国家还是发展中国家。否则，建筑业就将会走向"双速"发展的境地。届时，我们这个行业将会由"双速"的建筑师组成，即"北方的"建筑师和"南方的"建筑师。所有这一切还能改变吗？答案是肯定的。要想改变这种状况，我们就需要理想，需要更广泛意义上的教育战略，还需要一个更激进的宣言。国际建筑师协会可以为大家提供必要的领导与精神上的支持，并成为全世界建筑师的集结点。

现在，是时候要提出在全世界范围内都具有意义的规划和设计解决方案，并努力付诸实践了。我认为，无论是从建筑的角度还是社会的角度，创建更加开放的城市环境都是我们的任务之一，同时也是我们应该优先处理的工作。平衡是脆弱的。我们大家都清楚有哪些事情是利害攸关的，但就是有一些人宁愿充耳不闻，故意不去理会。这就是事实。

参考文献

1. *Building a Dream: The Art of Disney Architecture*. Book by Disney Editions 2011.

56

开幕致辞

国际建筑师协会第二十一届世界建筑师大会
柏林 /2002 年 7 月 23 ~ 26 日

今天，我非常高兴能够代表国际建筑师协会，欢迎各位莅临第二十一届世界建筑师大会。国际建筑师协会历史悠久的历届大会，反映了我们行业的力量，以及协会在建筑师国际社会中所拥有的特殊作用。

第二十一届世界大会，这是一次"成熟"的大会。对此，我们怀有很大的期望。现在，比以往任何时候都更为重要，我们要解决我们这个行业所面临的重大问题。众所周知，当今世界的建筑环境正在走向一种不可持续发展的状态，我们的建筑环境在很多方面都在变得越来越脆弱。这场备受期待的与文化与文明的对话将在柏林举行。要想使本届大会达到预先的期待，还有一件事是需要我们去做的——那就是与社会的对话。我们需要用我们的理想，以及我们的理念，对社会产生影响。

我们对于环境问题和建筑环境的想法和信念，并不是一直同政府及其政策保持步调一致。从某种意义上说，理想主义和政治并不是天生的伙伴。必须回溯到 20 世纪 60 年代的美国，你们才能找到真正鼓舞人心的例子，比如说著名民权运动领袖马丁·路德·金（Martin Luther King）的演讲"我有一个梦"。因此，对我们来说，德国总理施罗德（Schroeder）先生，以及其他政治领导人能够来到这个大厅，参加本次建筑大会是非常重要的。我们希望，他们的出席能够释放出一个信号，即他们拥有政治意愿去找到更好的办法来管理建筑资源。

很明显，为了把事情做好，建筑师一定要与政府和地方行政部门通力合作，同时，建筑师也必须要参与决策。我们坚信，凡是建筑师能够发挥主导作用的项目，总是最符合公众利益的。我们要求政府当局进行一些真挚的自我反省，真正认识到上述的观察与结论是真实的，认可并支持我们的建筑环境政策，认可国际建筑师协会关于建筑的"世界观"，即协会对建筑业的全球展望。

这个世界正变得越来越小，全球化是否已经成为历史的必然，抑或是全球化才是使世界变得越来越小的主因，这些都无关紧要。

关于全球化的学术辩论正在发生着变化。就像我们之前说过的，从前人们会习惯性警告说，全球化所带来的不公平正在将世界推向某种未知的灾难。之后，又出现了这样的回应，即全球化对你是有好处的，而且全球化不可避免，你最好能习惯它。而现在，流行的观点是认为全球化基本上是好的，但也有一些失败者必须要得到照顾。

这就是需要领导力的地方。在这方面，建筑师可以为国际社会服务，以纠正一些不平衡的状况。因为，我们的确是生活在一个不平等的世界里，这就是事实。同样的，建筑在国际的实践领域也并非是水平相当的，在这个领域中，"竞争者们"在处理事务的时候并没有相同的手段——受教育程度不具有可比性，技术水平也不具有可比性。正是在这种困难的大环境下，我们必须为我们的理想而战斗。

在当前全球化的背景之下，国际建筑师协会有一项非常特殊的任务。我们是一个世界性的组织，同时也是唯一的世界性建筑师组织，由 102 个成员单位组成，代表了全世界 120 多万名建筑师。协会的活动一向都是以公众利益为导向的。我们坚定不移地主张，我们这个行业所维护的是社会的利益。然而不幸的是，这一主张并不总能被社会感知与领会，特别是当局在制定新的法律来管理建筑环境以及我们这个行业的时候。

这是为什么呢？诸如健康、福利和安全等这些有形的关注点很容易获得每个人的理解。但是公共利益并不仅仅局限于这些有形的关注点。公共利益当中也包含着一些无形的东西，其中最重要的就是文化。

文化代表着我们的集体认同感。它是社会团结的要素，也是世界各国人民之间和平与交流的渠道。能够使一个国家即使失去了政治或经济独立，却还仍然能生存下来的因素，正是文化。建筑，显然也属于一种文化资源。建筑师确保了文化的延续性。正如美国女歌手特蕾西·查普曼（Tracy Chapman）所说的："如果不是我们，那又是谁呢？"

从保护消费者的角度出发，反复重申建筑的品质以及建筑服务的品质，会给民众带来实实在在的利益，这一点正在变得越来越重要。所以，建筑是一个可以增值的因素。在法国，已经颁布了正式的法令，将建筑视为一种公共利益。我们希望在不久的将来，整个欧盟都能跟上这种前进的步伐。

幸运的是，建筑正在越来越受到民众的关注。这是件好事，因为在一个没有建筑教育的社会，一个不能够接受高品质建筑追求的社会，我们不可能获得所渴望的建筑环境。

无论是建筑师还是国家学术研究单位，都需要付出精力和勇气，来保护自己国家的文化特征。但是，要引导社会走向尊重传统的现代建筑，则需要付出更多的精力和更大的勇气。

本届柏林世界大会为我们提供了一次独特的机会，使我们能够将自己的理念最大限度地展示给民众。让我们成为自己的推广大使吧，不要胆怯，更不要改变信仰，努力去赢得那些之前心存疑虑或是无动于衷的人们的支持，通过这样的方式产生一种必要的化学反应，使我们的观点得到大众的理解。就让柏林大会标志着一种新的社会契约关系的开始，标志着一种更大范围的社会合作关系的开始吧。

成长与发展，这是我们很多社会合理性的目标。与此同时，我们不断重申，成长与发展绝不能以损害我们的自然环境和建筑环境为代价。但是，我们又如何才能做到这一点呢？或许，就像海因里希·博尔基金会（Heinrich Böll Foundation）在即将召开的约翰内斯堡（Johannesburg）峰会文件中所说的那样："发展，是的，我们一定要发展，但是发展是什么样的发展，又是为了谁而发展呢？"

所有的参与者——科学家、经济学家、激进分子，当然还有政治学家——都要找到一种共同的语言，这一点是势在必行的。我们建筑师已经表明了立场，我们准备好了发挥自己的作用。在内心深处，我们都知道，从长远来看，对地球有益的东西也一定是对我们所有人都有益的，但是资源体系以及与之相关的一切，如果从经济利益的角度来考量都不是最有利的。它是关乎道德与伦理的问题。

在谈到发展的时候，让我们始终牢记，好的建筑就是发展的工具。发展需要空间。而空间是带有政治性的，这就意味着空间反映了我们这个时代的社会不公。因此，在全世界的每一个地方，我们都目睹到越来越多的空间的社会隔离——比如说穷人的集中营，还有富人的集中营。这真的是一个分裂的、不和谐的世界。我们这个行业需要以更直接的方式来解决这个问题。建筑可以成为一种反对排斥的工具，成为一种重新建立社会融合的工具。

未来　　　　　　　　　　　　　　　　　　　　　　　　　**337**

人类在自然环境中留下了不可磨灭的印记。现在，越来越多的人要求我们为子孙后代做出保护世界的抉择。

对我来说，本次大会的主要任务之一，就是明确发展的需要，我将其概括为一个术语："可持续发展的现实政治"（*realpolitik* for sustainable development），意在进一步探索可持续性与可承受性之间的联系，换句话说，就是采取切实可行的措施，让可持续性建筑在全世界每个地方都是可以真正落实的。我们甚至还需要针对那些相对落后的国家制定出具体的解决方案——这是我们道义上的责任。不管是发达国家还是相对落后的国家，当面对关乎地球的问题时，并不存在什么区别。

"可持续发展的现实政治"，意味着理想的乌托邦可以成为现实。现实政治就是确保我们的想法能够真正得到实施。有关这一点，我想提一个问题。有谁可以去一个很艰苦的环境，比如说一个非洲的国家，那里充斥着赤贫与饥饿，政府供给的住房被委婉地称为"4×4s"，因为这些住房的外形尺寸就只有 4×4 米见方，而有些人的头顶甚至没有一片瓦遮蔽。有谁可以到这样的地方去，并且脸不红心不跳地说，"不要砍伐森林，因为砍伐森林是对地球有害的"？

所以，我们需要的是现实和务实的政策。不是像"拯救地球"这样宏大而又富有戏剧性的呼吁，而是能够为我们的思考与专业活动提供指引的简单陈述。我们已经发现了这样的一种简单的陈述。它几乎像多立克式一般质朴，但又富有非凡的情趣。它来自德国建筑师联合会（BDA）1991 年度的董事会宣言。原文中是这样说的："以负责任的方式应用技术，以体谅的态度对待地球。"这就是我们所需要的，不多不少恰到好处。

各行各业都有很多专业人士，他们每天都屈膝膜拜于可持续发展的圣坛面前，但平时在处理日常事务的时候却明目张胆地使用着不可持续性的技术，还将这些技术从发达国家输出到发展中国家，我们在精神上一定要摒弃这样的做法。

世界首脑会议是重要的，但却绝不能因为相信世界首脑会议本身就会带来结果，而使整个社会迷失了方向。它们确实拥有带来结果的潜力。但是，除了制定计划和唤起公众舆论，里约热内卢会议实际上还取得了什么成果呢？下个月底，世界各国领导人将在约翰内斯堡召开会议，他们又会带来什么成果呢？他们拿不出什么成果的。我们只要看看围绕着《京都议定书》所拟定的各式文件和各种活动就知道了。在这些会议中，除了少数的一些国家（主要是欧洲国家），全世界基本上都已经表明了立场，国家利益高于全球关切。我们的地球理应更美好。

在这个问题上，国际建筑师协会采取了强硬的立场。来自世界各地的建筑师们已经将这个问题把握在了自己的手中，并向世人证明了有志者事竟成。他们设计出来的创新的建筑，以及在风能、太阳能和生物质能等替代技术上的构想，为未来更加理性、更加健全的建筑环境开辟了新的发展之路。让我们为他们所取得的成就，以及对社会与公众利益的贡献奉上真挚的赞美吧！让我们重申，建筑可以为世界带来很多东西，它必须要作为一项基本的人权，赋予每个人使用的权利。

很显然，我们所面临的挑战是：我们这个行业，未来是否有能力带领社会迈向我们所期望的建筑、城市、社会和环境蓝图？

通过国际建筑师协会和本届柏林大会的努力，我们相信，未来我们一定能成功地应对这一挑战。全世界都在翘首期待柏林大会的消息。让我们向所有我们建筑师所关心的人们证明，建筑师可以做出改变，通过创造出高品质的建筑，我们一定可以为世界争取一个更美好的明天。

参考文献

1. BDA: Bund Deutscher Architekten（Federation of German Architects）.

57

最终的决定

加拿大皇家建筑学会（The Royal Architectural Institute of Canada，简称 RAIC）
2015 年建筑节活动
卡尔加里（Calgary）/2015 年 6 月 3 ~ 6 日
原文：部分为法语

无论是在洞穴、临时安置点、城市，还是人口稠密的大都市，人类一直都生活在与自然元素相互接触的环境当中。无论是与自然之间的共存还是对抗，都只是人类历史上的一个方面。另一个方面是人与人之间的共处或对抗——无论这些人来自于其他的国家，抑或是就在我们中间，是我们自己社会中的同胞。

我们与自然之间关系的历史相对简单——我们一直都在利用自然元素来提升我们自身的优势，轻率地打破自然的平衡，然后又在不扰乱我们生活的前提下，进行一些于事无补的后卫战，来补救一些最基本的问题。

我们与其他人类同胞之间关系的历史是另一个疯狂的故事。无论是有意还是无意，我们一直都在竭尽所能地大肆挥霍着一份独特的礼物——那就是在这个星球上我们并不孤单，还有其他的一些人与我们共同生活在一起。

幸运的是，时至今日，我们还能稳坐钓鱼台，慢慢地思考如何补救普遍存在的失衡的问题，以及思考如何开启通往未来的希望之窗——我们的农村、我们的城市，简言之，就是我们的生存之道。

所以，今天我们来到了这里，来到了卡尔加里。这很好。我想说的是，这实在是太好了，因为本次活动主题概念的建立方式突显了两个问题，如果将这两个问题放在一起来看，会将我们带入到一个少一些荒谬与自我毁灭的未来。我要强调的是，将这两个关键词——"复兴"（regeneration）和"整合"（integration）——放在一起，成为一个整体的重要性，进而迫使我们自己去探索这两个关键词之中所蕴含的广泛内涵。

本次纪念活动有两个主题，我想要将它们的顺序颠倒一下。我要首先讨论"整合"的问题，因为如果不能首先在各个领域实现一种可以接受的整合，那么我无法想象怎样能够最大限度地实现"复兴"。

"整合"，是一个内涵相当广泛的术语。有些同建筑环境与自然环境有关，有些与人有关，与人类有关。关于人类的融合，没有什么比帕特里克·马盖博乌拉（Patrick Magebhula）的说法更具雄辩性的了。他在一次全球论坛的开幕式上是这样说的："没有和平，没有安全，没有土地，没有家园，没有工作，没有权利。我依然只是个无名小卒。因为我的灵魂所居住的这个躯壳已经无家可归。"对大多数人来说，他所讲述的可能与现实相差甚远，但对于一些人来说，他确实描绘出了现实的生活。毋庸置疑，任何关于"整合"这个话题的阐述，都必须包含每个人享有体面生活方式的权利。在规划的过程中，我们也要不断地说服那些最不幸的人们，他们并非命中注定永远不会成为社会的主流。否则，我们将注定会开启社会动荡的大门。这是很多国家都发生了的状况。

　　因此，很明显，想要"超越"，我们首先应该看看一些"内在"的东西。我们自身内在的东西。先审视价值观的世界，然后再进入到现实的世界。[1]

　　所谓建筑环境的人性化，不外乎是一种社会包容性的体现。这意味着消除社会壁垒，意味着采取一定的政策，使那一部分"其他人"也成为主流公民。如果我们将这一努力仅仅局限于为民众提供充足的庇护所以及可以接受的生活条件，那么我们的工作只能说进行了一部分。要让这一部分"其他人"感受到"像在自己家中一般轻松自在"，这才是最主要的挑战。的确，这是个难题，因为这一部分"其他人"必须要相信，我们真心希望他们回归到我们中间。所以，这也是个心态问题。

　　那些平凡的、"不受保护"的民众是否已经被他们的国家遗忘了？对大多数国家来说，的确是这样的。在实际的城市规划中，我们的城市中种种不公平的现状恰恰为这一点提供了验证——政府和投资者的大部分资金投入都被分配给了特权族群。要想纠正这些失衡，单靠增加投资是永远不够的。对有关"人"这一层面问题的思考，必须要成为我们所有行动的保护伞。我们需要和人民谈一谈，去了解他们真正的需求。这样的做法会带来人们之间的互动——促使人与人之间相互联系，并让他们感受到大家同属于一个更大的族群。人民应该重新确立自己在城市生活中的地位，并成为城市复兴的支点。

　　身为建筑师，同时也是富有责任感的公民，我们必须要以一种新的社会思潮来引领自己的行动。我们不能抱持着事不关己高高挂起的态度，说我们所在的这一部分是相对幸运的。我们一定要认识到，即使是在发达国家，物质生活无虞，但是在生活环境中却缺乏人性与欢乐的氛围，而我们所遇到的这一类问题也越来越多。弱势群体和少数民族的居所，以及各式各样的贫民窟，变成了城市中的"禁城"。由偏见形成的障碍变成了物质上的壁垒。大家一定要记住，所谓"贫困线"只是一个相对性的术语，是根据每个国家具体的情况而设定的。理当如此。他们的所作所为就是在强化不公，很显然，这种状况在所有国家、所有城市都是普遍存在的。由此可见，每一座城市中都存在着贫困。

从全世界社会经济发展不平衡的角度来看，建筑也被视为一项可以改善贫穷、减少排斥的要素。要想为改善当前这种不平衡的状况做出贡献，我们就必须要将关注的重点转向那些享受不到特权的人们，去关心他们在建筑方面的需求，纵使需要我们付出很多心力却得不到什么实际的收益。通过这样的转变，我们的收获在于可以认识到，我们正在为那些最需要获得帮助的人们创造一个更公平公正的世界。因此，人们会渴望拥有一个更安全的城市。即使是最富有的那一群人，也不必再像之前一样为了安全考量，而不得不住在像贫民窟一样的圈地中。所以，我们可以想象得到如今存在着一股整合的动力，它来自于社会分化的两端。最终的赢家将会是我们所有人，还有我们的城市。

社会整合一定要涵盖所有族群，也要包含老年人和残疾人，否则就不能称为完整。这是显而易见的。在这方面，"disabled"（残疾）这个词的演变很有趣，因为它反映了我们针对这一问题的态度上的转变。最初，人们的说法是"handicapped"（有生理缺陷的），后来又出现了"disabled"（残疾）这个词，而现在，我们越来越常讨论的是"所有人的建筑"。[2] 这就是长期以来的发展沿革。事实上，我们不再满足于仅仅遵守相关的规章制度，而是越来越关注我们所提供的设施与服务的品质。

二十多年前，我在德国西部城市盖尔森基兴（Gelsenkirchen）听到了这样的一句话，"我们希望残疾人朋友们能来到我们中间"，当时这句话传遍整座城市，我永远都不会忘记。这是我第一次听到有关包容性的公开声明。从那时起，这句话就一直指引着我。

回顾那个无处不在的象征着残疾人的标志——轮椅——我们不得不承认，这个标志确实发挥了它的作用，特别是因为它提高了民众对于残疾的认识。但是很明显，轮椅只是凸显出一种形式的残疾。现在，难道我们不该更进一步，去寻找一种新的标志来代表残疾吗？在最广泛的意义上体现出融合与包容，无论是在身体上还是社会关系上。这种想法衍生出了具体的行动，2015 年在加拿大的卡尔加里（Calgary）举办了标志设计国际竞赛。

虽然在发达国家，对于残疾概念的认识一直都在发生着变化，但是在发展中国家，情况则没有这么乐观，尽管这些国家在这个问题上已经取得了很大的进展，但前方仍有漫长的路要走。纵观全世界，加强整合与包容性的战斗仍然以两种不同的速度进行着。我们的社会，以及我们这个行业，都应该考虑到这个现实状况。让我们尝试着去弥补这些差距吧。

越来越多的人赞成，残疾人也应该被视为公民伙伴，就像我们所有人一样。通过在设计上做出改变，可以使建筑与建筑环境更便于所有人使用，会营造出对所有人更为友善的氛围。这就是我们应该为残疾人朋友们做的事情。

我们的城市在社交方面是支离破碎的。关于这一点，我们大家都有了解。社会分裂和空间分裂，这两者是互为因果的。在支离破碎的空间当中，社会交往也会变得非常困难。这就是问题的症结所在。如果能够解决这个问题，那么我们就距离实现全世界整合的最终目标又近了一步。

鼓励广大民众说出自己的诉求，这种参与将有助于创造一个更具人性化的建筑环境，这一点是毋庸置疑的。在这个问题上，我们有很多同仁，他们一直都是创新思维的根源。其中有一种方法是由混合空间实验室（Hybrid Space Lab）[3] 提出的"软都市化"（Soft Urbanism），它鼓励通过社交产生一种综合整体的城市规划，并创建出自组织的发展框架。西澳大利亚大学（University of Western Australia）在雅典举办的"协商下的都市化"（Urbanism of Negotiation）展览，则向我们展示了另一种不同的方法。该展览旨在探讨更复杂的城市大环境中，由建筑和人构成的适度的城市景观如何成为有效的切入点。

对建筑与规划进行社会层面的思考，这可能是软化城市环境中"社会不对称"（social asymmetry）[4] 问题的决定性因素，而这种"社会不对称"游走于没有责任感、忽视怠慢与彻头彻尾的反人类罪行两种状态之间，这是很令人担忧的。

城市空间是供所有人共享的。而我们每一个使用城市空间的人，都应该为使其变得更加宜居、更加富有生气而做出贡献。只要我们能够抛开成见，并开始接受生活在一个多层次、多民族的社会中是有好处的这一观点，那么届时，也只有到那个时候，我们所追求的城市环境的社会转变和物质转变才会真正成为现实。对于任何有意义的复兴行动计划来说，增强社区与人民之间的感情 [5] 都是至关重要的基础。但我们首先要做的，同时也是最重要的，必须是破除那堵无形的不信任之墙。如果想要让民众拥抱他们的城市，那么这座城市也必须要拥抱它的民众。难道有哪座城市，已经在认真严肃地开始着手这一目标了，但却在进程中没有得到实际的"改善"吗？这是我们必须要学会的一课，就像我们要正视现实一样。我们不能像许多政客那样采取一种自欺欺人的权宜之计，继续生活在"选择性真理的世界"（in a world of selective truth）[6]。

人的存在，使建筑环境充满生气。所以，建筑和城市空间都不是没有生命的。人就是它们富有生机的根源。假如没有了人这个因素，那么建筑环境将会变得毫无意义，城市将会变成当代的墓地，就像是一副没有了血液的躯壳。这样的说法可能听起来过于平庸，很像是陈词滥调，但我们还是有必要不断地提醒，如果说一个有意义的、适宜居住的建筑环境是我们的终极目标，那么若不能从最重要的参数出发——这个最重要的参数就是我们，我们所有人，没有任何人会被排除在外——我们就永远也不会达成这个目标。创造出更加开放的城市环境，无论是在建筑上还是社会交往上都更加开放的城市环境，必然要成为我们主要的优先事项之一。因此，在城市规划中，人性化是非常重要的。因为空间与人有关。

城市结构的改变是不可阻挡也不容逆转的。这是自然而然的，在整个人类住区发展的历史中，一直都充斥着变化。只是现在的特殊之处在于，这一切都发生的更快，变数也更多。这样的状况，为所有解决城市乱象与提出解决方案的各学科专业人员带来了沉重的负担。特别是建筑师和城市规划人员。

建筑环境的稳定性是脆弱的。单凭对这些利害攸关的重大问题的理解是远远不够的。我们还要做出自己的选择。我们到底应该将我们的专业范围缩小到仅限于解决眼前的专业任务，还是应该拥有面对众多社会与道德挑战的能力？我们必须做出选择。正如一句古老的罗马谚语所说："一个人不能骑两匹马。"[7]

最理想的城市从来就不曾存在过，未来也永远不会出现，这是众所周知的。但同时我们也知道，有一些城市确实要优于其他的城市，更适合居住。找出其中的原因，这是规划更好的城市必不可少的第一步。迪马拉斯（K.Th. Dimaras）非常中肯地指出，我们可以借鉴其他城市建设的经验，无论是存在的问题还是他们解决问题的方案。[8]

一座城市到底应该是什么样子，不可能存在什么包治百病的指导方针，原因很明显，一座印度的城市，不能也不应该同欧洲的城市一般模样。2014 年在卡塞塔（Caserta）举办的城市思想者露营活动主题为"我们需要的城市"[9]，总共强调了十项指导方针。其中的第一条是"我们需要的城市要具有社会包容性"，第三条是"我们需要的城市是一个再生的城市"。

在谈到城市复兴问题的时候，事实上我们在寻求的到底是什么呢？是要恢复以前曾经存在的一些东西，还是注入一股新的动力，创造一些全新的东西？答案只能是二者兼而有之。事实上，在卡尔加里庆祝活动的简报中，我们的提法是"（re）generation"[（再）建设] 而不是"regeneration（重建）"，这种提法为各种理念的实施和各种可能性都保留了开放的空间。

城市在发展——无论是好是坏。通过重建再生来发展进化，没有比这更好的出路了。再生，就意味着持续不断地重生（rebirth）——复兴（renaissance）。对于一些城市，人们可能会觉得再生是与生俱来的，或者说在发展过程中的某些阶段是天生的。但随后，这些城市的发展就陷入了停滞。对大多数城市来说，目前的停滞局面是沉闷的，大家都感受不到未来的希望，而我们需要扰动这种沉闷的局面，点燃期望的火花。

在城市不断发展的历史中，我们总是需要做出一些关键性的决策，这是很自然的。我们这个时代，以及我们的城市也不能逃脱这个法则。"现在就是我们的城市历史中最重要的时刻"这种说法听起来可能有些夸张，但事实上，对我们今天来说，现在的确是最重要的时刻。因为这关系到我们今天必须要做出的决策。

提高人民的生活品质，很显然这是我们所有努力的最终目标。在全世界人类发展指数的排名中，加拿大名列前十位。我们将加拿大的现状同排名倒数十位的国家作对比，会揭示出一些具有启发性的东西。让我们试着找出其中存在差异的原因吧。

建筑环境是将人们凝聚在一起的最佳工具，并且永远都是。因此，建筑环境主要取决于我们权衡自己的选择，并做出决定，无论是作为个体还是作为社会群体，我们希望生活在什么样的城市中——开放的城市还是封闭的城市。创造出一些会使人打消侵犯的念头、并鼓励开放的空间，是使我们的城市富有活力的坚实的设计基础。是不是说起来容易做起来难？也许吧。但我们必须有一个起点。能够迈出第一步就非常棒了。此外，建筑也是为人们提供安全感和欢乐氛围的一个重要因素。

虽然在所有城市的发展史中都存在着移民这个现象，但发达国家的城市所需要应对的人口压力还是相对较少的。迄今为止，在世界各地，复兴和整合这两个概念越来越多地被联系在一起。建筑环境拥有着不可思议的力量。它既有排斥的力量，同时也具有包容的力量。空间，以及与之相关的建筑，都是城市平等发展的关键性齿轮。通过空间与建筑，我们可以得出一项真理性的结论，即城市的权利是属于每一个人的。如果建筑环境与社会之间没有建立起互动的关系，那就说明在规划中一定出现了什么问题。

在自己的城市中，我们彼此之间是否依然陌生？我们当中有多少人曾经走进城市的另一边，去了解那些生活在无形壁垒之外的人们，他们所关心的是什么？去年，在奥斯陆创新周上提出了很多重要的议题，我想要强调的是其中之一 [10]——聚焦于以人为本的包容性设计拥有巨大的潜力，可以成为一项创新的工具。这就意味着更智能、同时也更幸福的城市。

一座城市的特性，在很大程度上，是通过那些现存的、古老的建筑体现出来的。因此，对于哪些古建筑需要保留，又有哪些需要拆毁，这永远都是一个进退两难的困境。我们必须要将一些不太重要的项目拆除掉，这样才能获得城市中新思想与新发展所必要的呼吸空间。由此便衍生出了鼓励拆除的奖励措施，因为这样才能鼓励更新。我们希望看到更多的贡献者，他们不求通过兴建新的建筑来让自己扬名立万永垂不朽，而是更愿意去拆除那些已经衰败了的旧建筑，并将自己的名字同解放土地、促进都市更新联系在一起。

我们移交给后代的一座城市整体的美学影响，也将会在有限的范围内受到这些倡议的影响。这些倡议就是对废弃建筑以及闲置建筑的利用。建筑师通过富有创造力的设计，可以为这些既有的旧建筑注入新的活力。另外，千万不要忘了，要在街道名称的下面添加上解释性的"副标题"，就像法国巴黎的传统做法那样，它除了可以提供信息之外，还能增强市民对自己城市历史的自豪感。

我们生活在一个不断变化着的城市环境中。瞬息万变的城市景观[11]使人们迫切地需要一种对环境负责任的文化，如此才能对抗来自土地与自然的压力。城市从缝隙中突围而出，形成了一个不断扩大的城乡连续统一体，一直向外延伸，而都市区环境中却鲜有绿色的元素注入。在我们的城市中，那些被盗取的土地需要变革新的土地管理制度。还有人的理念也需要改变。比如说新加坡的"公园连道"。还有激进的公民权利手段。例如，在荷兰，有九百名民众联名提起诉讼，指控他们的政府在应对气候变化的问题上不够积极，而这种态度有可能会引发灾难性的后果。

伊恩·洛（IainLouw）曾提出，"通过非主流的方法可以扩展城市的特性"，毫无疑问，城市建设可以从这种方式中受益匪浅。巴黎新任市长安妮·伊达尔戈（Anne Hidalgo）提出了一项建议，鼓励民众参与会对他们的生活产生影响的重大规划决策，比如请广大市民对开发计划可供选择的地点进行投票表决。通过这样的方式，民众就能够对他们城市的面貌以及资金的流向提出自己的意见。这一构想也可以应用于规模比较小的建设项目，比如说公共广场的建设，民众可以在"X广场"和"Y广场"之间做出选择。

城市一直都在发展，永远也不可能再退回到原来的状态。如果它们想要保持活力，那么就需要不断地找到新的参考点，而这些新的参考点就是城市再生的跳板。单凭同过去的联系是远远不够的。在这一点上，我们决不能低估了那些富有远见的个人与企业的价值。如果没有他们，我们今天很多视为珍宝的建筑作品都不会存在。无论如何，这少部分出类拔萃的人才，他们拥有财富与品位，而且还拥有挑选正确建筑师的能力。

在组织松散的城市中，熙熙攘攘的景象代表了另一种生命与活力。在这样的城市中，是否存在什么我们应该吸取的经验？我想是的。因为一种更加自由的规划方式一定会有利于营造欢乐的氛围，促进融合。所以，针对每一个具体的案例，我们都必须要在不同模式的城市规划中做出选择，是要选择严格控制的模式，还是选择控制相对宽松的模式，抑或是自由放任的模式。有人将这种选择幽默地描述为[12]，在凯恩斯主义（Keynesian，英国经济学理论，主张国家采用扩张性的经济政策，通过增加需求促进经济增长——译者注）和亚当·斯密（Adam Smith，苏格兰著名经济学家，主张政治中立，不随便干预经济活动，使每个人可以按照自己的意志，自由地进行其经济活动，如此才能有效率——译者注）的城市规划模式中做出选择。

规模宏大的城市更新项目，可以从根本上改变一座城市的面貌。而这样的项目一般都需要大量的资金投入，难以实施，所以往往只是停留在纸上。而另一方面，城市针灸（Urban acupuncture）项目，则可以在可行的时间限制与成本限制下，为城市选定的区域带来新的生命。

"城市针灸"这一术语最初是由巴塞罗那建筑师和城市规划师曼努埃尔·德·索拉-莫拉莱斯（Manuel de Sola-Morales）创造的。后来，芬兰建筑师与社会理论家马可·卡萨格兰（Marco Casagrande）对这个术语又进行了进一步的发展，而真正将其付诸实施的是巴西著名建筑师与城市规划专家杰米·勒纳（Jaime Lerner），该项目位于库里奇巴（Curitiba）。所谓城市针灸，就意味着对城市进行小规模的干预。它可以有各种各样的形式——城市布局的调整、小型建筑、临时性的构造，当然，还有艺术。在这方面，成功的案例很多。曼哈顿的佩利公园（Paley Park）突显了城市袖珍公园所拥有的潜力。温哥华的罗布森广场（Robson Square）以及纽约的高线公园（The High Line），都为它们所在的城市区域注入了新的生命力。劳姆劳·柏林事务所（Raumlabor Berlin）的建筑，巴黎的妮基·德·圣·帕勒（Niki de Saint Phalle）与让·丁格尔（Jean Tinguely）共同设计的新颖的雕像也都是如此。世界各地还有很多杰出的壁画艺术，例如由英国涂鸦艺术家班克斯（Banksy）发起的"占领墙壁"运动。

针灸也有可能会出错。然后，它就变成了"消极的城市针灸"。例如，在法兰克福（Frankfurt）新建的欧洲中央银行（ECB），玻璃外壳的摩天大楼从城市中拔地而起。人们会对这栋建筑表现出强烈的反感其实并不奇怪，因为在欧洲大部分地区正在经历越来越严酷的经济衰退之时，这栋建筑却表现出金融体系凌驾一切的意味。它的存在并不是法兰克福城市复兴的象征，而是价值观堕落的标志。

在城市中一些小规模的干预措施，是实现城市复兴的基础。这就是说，我们永远也不能忽视了对"城市游戏改变者"的需求，比如大量的线性公园，或是很多欧洲城市设立的自行车专用道与自行车租赁站——哥本哈根已经拥有了400公里的自行车专用道，而巴黎的目标是达到1400公里。在地图上，城市中的无车区已经越来越多了。

无论我们做了多少规划，城市还是会自行发展。无论我们将其称为"自发城市"还是别的什么名词，事实上，城市是具有内在动力的。还有顺应力。而我们规划者，要好好利用城市的这种顺应力，提出有意义、有创造力的构想，将建筑、街道与景观整合在一起。我们似乎面临着两种选择，到底应该以使用者为中心，还是以投资者为中心呢？其实这个问题并不需要非此即彼的答案。将投资者引入到以使用者为中心的项目，我们希望这样的做法是可行的。因为从长远的角度来看，投资者本身其实也会从这些项目中受益。

如果没有建筑和规划的介入，那么一座城市的整体复兴就不能称之为完整，这些干预措施有助于提升城市环境的审美等级，并最终塑造出一座城市的形象。如果一座城市的形象一直都停滞不变，那么我们在这场战斗中就失败了。城市中所固有的"再生成分"，是一座城市保持变革与创新的先决条件。说到这里，在我脑海中浮现出的两座城市是阿姆斯特丹和纽约。

在今年普利兹克建筑奖（Pritzker Architecture Prize）的媒体发布会上，德国著名建筑师弗雷·奥托（Frei Otto）说，他"一直都坚信，通过建筑，能为所有人创造一个更美好的世界"。从这句箴言开始，我们必须要大力关注建筑所拥有的潜力，它会使我们所有人平淡无奇的日常生活变得更加刺激。从设计当中、从高品质的设计当中获得纯粹的乐趣，这仍然是我们开展所有工作的动力。我们建筑师首先是创造者，这也是我们最重要的一个身份。我们是建筑的创造者。要想获得成功，我们就需要创造出一种新型的建筑，这种建筑能够反映出复兴的城市生活，并能消除城市化所带来的负面影响，以及改善投资者设计的审美单调。此外，我们还需要研究处于城市的包围之中，我们周围的建筑如何才能"表现出"美感。

通过建筑，使城市的建筑环境充满活力，这注定是所有明智的与富有想象力的城市规划的目标。如果没有了建筑，那么城市也就不能称之为城市了。然而，建筑除了形式和功能之外，还有其他的内涵。它还是一种造型艺术。就像雕塑一样。毋庸置疑，越来越多的建筑作品在造型上表现得千姿百态，无异于城市雕塑，完全主导着一座城市的景观。由此，建筑与雕塑合二为一。事实上，有很多建筑成为城市的标志性元素，这本身就验证了建筑所拥有的价值，以及新增加的城市地标可以在多大程度上带动起城市复兴的势头。

建筑并不是城市中唯一的艺术形式。城市中有很多种艺术，各式各样的艺术——雕塑、壁画，甚至还有街头装置。艺术是一种抗争的形式。特别是在城市景观中，艺术能够抵抗单调与乏味。在城市规划的总体框架之下，城市艺术比以往任何时候都更成为建筑不可或缺的审美伴侣。同时，城市艺术也是一种人性化的元素，因为它是市民与城市之间的"中介"。它可以改变人们的情绪和性情，特别是当它们同特定的项目"联系"在一起的时候。

　　艺术也同样具有促进城市再生的潜力，但这种潜力却鲜少得到充分的利用。城市艺术可以是一种统一的、跨越城市存在的审美元素。艺术以其独特的方式对人们进行教育。通过艺术，民众会开始以一种不同的方式来认识与感知他们的城市。为什么我们会特别喜爱一些城市，却不那么喜爱另外一些城市，有没有人曾经仔细思考过这个问题？因为城市中的建筑。这是肯定的。还因为城市中的艺术。城市的美学发展在很大程度上要归功于一些运动，比如说包豪斯（Bauhaus）、绝对主义（Suprematism）、构成主义（Constructivism），以及风格主义（De Stijl），这是因为面对将建筑与雕塑融合为一个概念的需求，这些运动起到了决定性的影响作用。

　　建筑本身就是有生命的，因为建筑的内部有人的存在。雕塑是没有生命的。其他的一些艺术形式拥有更强的生命力，因为它们当中包含着许多令人感到惊奇的元素，并且在不断地发生着变化。在城市中的很多地方，壁画艺术具有决定性的存在。这些艺术作品常常可以传递信息，而不久之后又会被新的信息所取代，周而复始，从而成为一座城市脉动千变万化的表达。我们绝不能低估了这种艺术形式的价值，特别是在那些相对偏僻的地区。我们不该将壁画艺术同那些肆意污损我们所爱城市的攻击性涂鸦混为一谈。

　　建筑和艺术对城市中每个地方产生动力的影响程度，直接关系到这些地方公共空间的社会属性。更重要的是，对于城市中那些被遗忘角落的改造，将会产生一种雪球效应，进而使整座城市都得到振兴。

　　运动和声音，这两者也都是城市"感觉"重要的组成部分——无论是车辆发出的声音、刺耳的噪声，还是其他所有发出越来越多声音的元素。它们都是城市环境调色板上的一部分。街头活动也是如此。所有的运动和声音都会散发出能量，有些是积极的，也有些是消极的。

将丑陋的东西视为常态，这就是接受失败。当然，在很大程度上，这要取决于"观察者的眼睛"以及每个人的审美敏感度和受教育程度的累积效应。在类似于公园的一些地方安放著名雕塑的仿制品，而不是原作品，这一定没有什么问题。我们首要的目的就是让那些非专业的民众能够更接近艺术。还有色彩。对某些人来说，他们能够真正感受到我们周围色彩的无限丰富，这可能是一种与生俱来的能力，其他人虽然没有这种天赋，却也可以慢慢获得这样的能力。城市环境，尽管实际上并没有发生什么改变，但他们却可以逐渐体会到变化与愉悦。然而，城市中的广告招牌以及所有与之相关的东西，是我们不得不承认失败的地方。在很多城市中都存在着大量的广告招牌，有没有什么办法可以将秩序与好的观念带入这些林立的审美丛林吗？此外，如何保护我们的建筑不要被这些东西侵犯？或许，我们应该开始好好地研究一下自己的知识产权问题了。

为了实现更进一步的城市整合与复兴，在我们采取的所有行动中，可持续性一定要成为共识。在面对可持续性以及其他所有关键性问题的时候，一直都有一个疑问萦绕在心头，那就是我们这一代人到底有没有竭尽所能去抵抗现有的不平衡状况，并为更美好的未来搭建平台。在内心深处，其实我们是知道答案的，我们做得还不够。我们还在延续着目前的生活方式，不考虑其他的因素，而这种做法还不必受到惩罚，这才是更糟糕的。德国著名抒情诗人和散文家海因里希·海涅（Heinrich Heine）曾经对他的妻子说："亲爱的，不要害怕，因为上帝一定会原谅我的，这就是他的工作。"但是，对于我们的做法，上帝也会原谅吗？他应该要原谅我们吗？我并不认为子孙后代有宽恕的权利。[13]

在对我们与自然之间的关系进行深入探讨的时候，英格兰作家阿道司·赫胥黎（Aldous Huxley）言简意赅地指出："要想营造一种适宜的心理气氛，伦理与哲学都是非常重要的，在这种心理气氛下，我们可以以正确的方式来对待自然环境。"[14]因此，如果说可持续性也该被视为一种再生的力量，会对我们所生活的整个环境造成影响，那么它的内涵中也必须要包含伦理。所以，可持续性，同人类环境、贫穷以及人权，彼此之间都存在着关联。

一般来说，建筑环境中包含着一个重要的组成部分，那就是植栽和绿地。它们会为人们遮阳，带来身体上的舒适感以及视觉上的愉悦感，这些好处都是显而易见的。对气候因素的积极影响也是大家都了解的。但事实上，它们的好处还远不止于此。根据每个人对自然的敏感性不同，我们对于自然的"理解"也就不尽相同。有些人认为，树木就只是装饰与为人们提供阴凉的元素。而其他一些人则意识到植物也是有生命的，他们能够感知到植物中所蕴含的生命，并下意识地在自己的内心当中记录下这些生命的存在。这就是"万物有灵论"者的信条吗？是的。能够做到这一点无异于是一份礼物，它为我们赖以生存的整个环境增添了另一种生命的维度。

可持续性发展关乎整个物质世界，而并不仅仅是自然界。它与人造世界之间也是息息相关的。因此，它同我们的建筑与规划的世界之间也存在着直接的联系。在当前这个关键性的阶段，营造一个碳中和的建筑环境可能还只是一种幻想，但是，以一种符合具有可行性的环境标准的方式进行规划和建设，这是我们的责任，无论是对整座城市而言，还是具体的城镇规划和建筑项目。由于在一座大型城市中，普遍情况往往存在着巨大的差异，我们不可避免地要针对每个特定地区的具体情况，分别找到各自最适合的方法。所以，我们今后的任务会变得更加复杂。那便只是解决了其中某一些具体的问题，也会带来有意义的结果。幸运的是，我们建筑师已经越来越多地将自己的工作定位为可持续性发展。大家都已经看到了这一明显的变化。

单凭与自然相互交融的设计，还是不足以恢复事物的自然平衡，但是它却可以推动我们朝着这个目标前进。此外，这样的设计还可以鼓励政府部门和私人企业朝着正确的方向采取主动的行动。

如果一个社会失去了梦想，那么它就不会拥有未来。[15] 我们一定要拥有梦想，并坚持自己的立场，甚至在必要的时候要敢于与世界为敌。[16] 无论是作为个体还是群体，我们都必须要做出决定，使我们自己同这个时代强烈的要求与节奏保持同步。

面对利害攸关的问题，我们一定要大胆地迎头面对。将关注的焦点从问题的本质上转移开，这并不是解决问题的方法。我们之所以会选择这种逃离的态度，是因为我们能够预测到将会发生什么事情，而这些事情可能是不好的。从理论上讲，我们对于该如何进行可能会有很多种选择，而这就意味着我们会面对一些进退两难的困境。在开始撰写这篇文章之前，我曾经想将标题定为"最后的困境"。但是后来我意识到，如果我们能够忠于自己的原则，那么就不会有什么进退两难的困境。这是一条单行道，我们只能一往直前。所以，我确立了标题为"最后的决定"。它是对一个整体的、复兴的物理环境和人文环境深思熟虑的决定。同时，这也是一种呐喊[17]，是一种对觉醒的呼唤。

生命、空间、建筑——这才是正确的优先顺序。自从我读了丹麦著名建筑师扬·盖尔（Jan Gehl）的这种说法之后，就一直将其作为建筑环境优先等级的基准。单凭美学与规划干预还是远远不够的。我们首先要做的，也是最重要的，就是改变我们生活在一起患难与共的认知。

那么，建筑与美学同上述的这些目标之间，以及同我们周围物质世界的规划之间，又存在着怎样的关联呢？在这样的一个世界中，有一些事情（例如生存）的优先级别一定要凌驾于一切之上，那么我们的影响又有多重要呢？难道说，在寻求一种更好的自然环境、建筑环境与人文环境的过程中，我们这个行业以及我们所做的一切努力都只是一些次要的陪衬吗？庆幸的是，事实并非如此。我们当中的大多数人，而我希望是所有人，都坚信我们一定能够带来改变——个人的改变，以及更重要的，集体的改变，如果不能做到这一点，那就相当于承认了失败。为了我们自己，为了我们最初的理想，我们应该尽早开始，在我们的周围留下建筑的印记。

任由事态顺其自然的发展，从表面上看，一切的进程似乎都已经事先决定好了，而我们只能袖手旁观，这样的态度将会否定我们的存在。社会需要我们，社会需要建筑师。我并不认为我们会有机会成为宿命论者。

参考文献

1. In one of his 1959 lectures at the University of California–Santa Barbara, Aldous Huxley said "we pass from the world of facts to the world of values".

2. In Turkey the word *sakat* has been replaced by *engelli*, while in Greece we now use a more global term—persons with special needs.

3. Sikiaridi, Elizabeth &Vogelaar, Frans: interview by Mazina, Elena / Strelka Institute for Music, Architecture and Design. Moscow 2013.

4. Margariti, Fotini: In search of an alternative political culture. Efimerida ton Syntakton daily. Athens 5 April 2014.

5. *Gemeinschaftgefühl*: Alfred Adler extensively used this term.

6. Thurburn, Colin: *Shadow of the Silk Road*. New York 2007.

7. Yekka buliasa nashti beshes pe done grastende –Fonseca, Isabel: *Bury mestanding: The*

Gypsies and their Journey. New York 1995.

8. MIET（Cultural Foundation of the National Bank of Greece）. *Shakespeare Again*. Athens 2014.

9. The UIA was represented by Ishtiaque Zahir.

10. *Scan magazine*. London October 2014.

11. Harber, Rodney.

12. Aravantinos, Athanasios.

13. Elon, Amos: *The Pity of it All*. London 2003.

14. Huxley, Aldous: *The Human Situation*. New York 1977.

15. Stavridis, Stelios.

16. Against the world.

17. A cry from the heart.

第二部分

日志

8 de junio 2016
Hernán A. Braht

desde la mesa CHILENA

卢克索（Luxor），1948 年

卡纳克神庙（Karnak），这是我在国外见到的第一个"鲜活的"伟大建筑作品，无论是在阳光下还是在月色下。在卢克索，我认识到建筑的世界是如此的广袤与充满变化。当然，对我的工作产生影响的建筑还有很多。我特别想提一下日本建筑大师丹下健三的作品，那是我职业生涯的早期，以及当代的生土建筑，比如在新墨西哥州和亚利桑那州这些地区，他们告诉我，利用传统的材料也能创作出如此鼓舞人心的设计。此外，巴黎蓬皮杜艺术中心（Pompidou Centre），以及墨西哥景观建筑师路易斯·巴拉甘（Luis Barragán）的作品也都成为了我的参考点，因为一直以来我都在寻求一种将色彩完全融入到整体概念当中的方法。

巴黎，1993 年

国际建筑师协会何其有幸，可以在这么多年一直将比利时著名建筑师奥古斯特·贝瑞（Auguste Perret）的故居作为自己的办公室。这栋建筑是由这位伟大的建筑师亲自设计的，每一个部分都能表现出浓厚的建筑韵味——立面、裸露的混凝土表面、饰面板隔墙，甚至到每一件家具。遗憾的是，由于协会没有足够的资金支付这栋建筑强制性整修翻新的费用，所以最终我们不得不放弃了它。当我还在协会出任秘书长的时候，我的办公室就是之前贝瑞的卧室——里面还有一间很大的浴室。在他的房子里工作，于是我们开始与他建立起一种密切而融洽的关系，这是自然而然的。虽然一直以来，我都对这位大师富有开创性的工作以及他对建筑事业所做出的贡献深感钦佩，但是现在，我却感受到了一种更加亲密的关系，因为在我的周围，充满了当年他在那里工作所留下的点点滴滴的印记。我常常想，如果他能知道自己的回忆和精神，在我们这个代表全世界建筑师的组织日常工作中发挥着怎样的影响，他又会怎么想呢？我想，这就是我们大家对他最好的献礼与致敬了。

东京，2011 年

在第二十四届国际建筑师协会世界大会召开之前，我们看到了一系列日本广岛遭受灾害的照片。在沉默中，我们心怀敬畏地目睹了这史无前例的大规模破坏，以及人类在这场巨大灾难中所遭受的苦难。这些画面会永远铭刻

于我们的脑海与心中，不断地提醒我们人类的愚蠢，但同时也提醒我们认识到，那些遭受巨大打击的人民拥有怎样的坚韧与勇气。

巴黎，2000 年

在联合国教科文组织（UNESCO）的总部办公室，我签署了关于设立"联合国教科文组织 - 国际建筑师协会建筑教育评估委员会"的双边协定。沃尔夫·托克特曼（Wolf Tochtermann）作为联合国教科文组织的代表，而我作为国际建筑师协会的代表，共同担任该委员会的主席。两年之后，我递交了辞呈，提前结束了为期六年的任期。我之所以会递交辞呈，并不是因为我已经不再是国际建筑师协会的主席，而是因为我觉得自己不该再继续留任这个职位了，应该将这接力棒交给与当前活动关系更密切的新人。他们做得都很好。

纽约，1986 年

有了国际建筑师协会，毫无疑问，世界会变得很大，但有的时候，世界却也会变得很小。有一天，我在曼哈顿市中心散步的时候，偶然遇到了国际建协理事哈比卜·菲达·阿里（Habib Fida Ali）。在机场，甚至在飞机上的偶遇，结伴同行去参加同一场会议，尽管我知道总会有些不期而遇，但它们还是会为我带来些许的惊喜。这就是我们协会大家庭的特点——同志间深深的情谊。

蒂珀雷里（Tipperary），1987 年

在都柏林开完残疾人大会之后，我去了蒂珀雷里。去蒂珀雷里的路终于没有那么遥远了。看了一个下午的爱尔兰式曲棍球，之后我又去了巴尔的摩，在那里，科克郡（Cork）的建筑师、奥林匹克运动会快艇选手尼尔·赫加蒂（Neil Hegarty）邀请我们来到他的住所，从那里可以眺望到海港。巴尔的摩是一个游艇比人还多的地方。我们搭乘快艇从巴尔的摩出发驶向克利尔海角（Cape Clear），他们说如果天气晴朗，而你的视力也不错的话，应该可以看到巴西的法斯内特岛（Fastnet）。很多年以后，我在达喀尔（Dakar）也听到了类似的说法。在达喀尔，我居住的酒店位于阿尔玛第角（Pointe des Almadies），那是非洲的最西端。当地人也告诉我，如果我视力够好的话，应该可以看到巴西。但是很遗憾，这两次我的视力都很不好。

巴黎，1993 年

1993 年的下半年，在同尼尔斯·卡尔森（Nils Carlson）会面之后，我开始对他在绘画方面的才能非常欣赏，特别是城市风景画。我想起了另外两位多产的"素描画家"。居住在德班（Durban，南非东部城市）的汉斯·哈伦（Hans Hallen），在会议期间绘制了很多写生作品，后来，北京清华大学的吴良镛教授手中也经常拿着素描本勾勾画画，比如说在马略卡岛（Majorca）的旅行巴士上，即便是急转弯和剧烈的颠簸也没能让他停下画笔。

北京，1999 年

参加北京大会的南非代表维维恩·贾帕（Vivienne Japha）女士，在一个傍晚的交通事故中不幸罹难了。就在同一天的早些时候，我还曾与她一起讨论有关南非重新加入国际建协的事务。自从英国布莱顿（Brighton）大会被逐出国际建协以来，南非已经有十二年之久都在承受着这项不公平的政策。当我接到通知并赶赴医院的时候，已经是晚上的十点了。同我一起的还有另外两位同事：费米（Femi Majekodunmi）和弗朗辛·特鲁皮隆（Francine Troupillon）。我们来到医院的时候，维维恩已经离世了。命中注定要由我给她远在开普敦的丈夫打电话。这真是个不值得羡慕的任务。让她安息吧。她是个很优秀的女性，有着超凡的魅力。

雅典，1983 年

在 1933 年国际现代建筑协会（CIAM）雅典大会召开五十周年之际，我们又在雅典举办了一次纪念活动，纪念当年的雅典大会和雅典宪章的通过。许多著名建筑师都参加了这次活动。其中，也包含了 1933 年大会的四位主要人物——科内利斯·范·依斯特伦（Cornelis van Eesteren），阿尔弗雷德·罗斯（Alfred Roth），维姆·范·博德格雷文（Wim van Bodegraven），和雅尼斯·德斯波特普洛斯（Yannis Despotopoulos）。其他参加活动的人员还有阿尔多·范·埃克（Aldo van Eyck），彼得·史密斯（Peter Smithson），乔治·坎迪利斯（George Kandylis），以及奥里尔·博希加斯（Oriol Bohigas）。活动结束后，他们当中很多人都到我的家中共进了晚餐。1933 年，由于一些官方事务的开展，很多社会关系方面的紧张局势得到了缓和，当时人们对一些关系重大的问题进行了非正式的讨论，而这些讨论时至今日还仍然具有一定的意义。同一些第二次世界大战中期父辈建筑师的交谈，实在是件非常令人着迷的事。在第一天的活动中，我们为外宾安排了一次晚上的郊游。彼得·史密斯没有参加。由于被通知第二天的演讲时间要比原计划缩短一些，于是他决定留在酒店里做调整和准备工作。他将报告进行了缩减，却毫无瑕疵和疏漏，表现出了对听众的极大尊重。

的黎波里（Tripoli），1969 年

一个人永远都不会忘记自己在国外的第一份工作。那是一间相对较小的医院和诊所，服务于石油工业医学会，该学会是一个为在利比亚运营的石油公司提供医疗服务的组织。对我来说，这也是我第一次在国外工作，并与来自于不同国家的同事们交流思想。这样的经历在建筑领域是相当令人兴奋的。同时，这个项目也标志着我同顾问工程师尼科斯·加富兰卡斯（Nicos Cavoulacos）长达四十多年职业关系和友情的开始，我们之间的亲密关系真的是非常令人羡慕的。

马赛马拉（Masai Mara），1994 年

或许，这是我参加过的所有执行局会议中最像"旅游"的一次。每天，在早餐前的两个小时和晚餐前的两个小时，我们都要在肯尼亚高原上进行动物狩猎之旅。一天下午，我们当中的两个人趁着没有人注意，冒险走出了用栅栏围起来的宿舍区，但很快，他们就被一名警卫给"拉了回来"。很显然，如果一头狮子，或是其他什么猛兽觉得他们味道还不错的话，那么国际建协执行局可能就要减少两名成员了。

马赛，1999 年

当初，我的祖父就是在这座城市读书的。几个世纪以来，马赛一直都是地中海地区通往欧洲的主要门户。这是我第一次、也是唯一一次参加在法国科学研究中心（CNRS）举行的会议，旨在建立关于 21 世纪建筑文化遗产的数据库。这个项目能够得以实施，离不开法国文化部长期以来的鼎力支持。

雅典，1941 年

在我童年的记忆中，印象最鲜明的一次是去我父亲的建筑事务所参观，

后来随着战争的进行，雅典被占领了，同年，父亲的事务所也关门了。我至今都还记得事务所里墨汁的味道、纸张的触感，还有那巨大的垂直倾斜的画板，上面固定着几盏台灯。我总是很好奇，想知道他们正在做些什么。于是他们把我抱到椅子上，这样我就能看得更清楚了：线条，许许多多的线条，彩色铅笔，天鹅绒的盒子，里面装着奇奇怪怪、闪闪发光的仪器，用钉子钉在墙上的图纸，房子的照片，还有很多我看不懂的东西。在办公室的屋顶平台上，我惊奇地看到他们在阳光下晒图。在我的想象中，所有这一切奇特的事物都混杂在一起，让我既钦佩又迷恋。我好想去摆弄那些建筑模型，去摸一摸那些小纸片、小硬纸板和木箱。

巴黎，2002 年

当我开始参与国际建筑师协会的事务时，皮埃尔·巴戈（Pierre Vago）已经不再工作了。尽管如此，我们还是有过几次交集。二月里一个寒冷的早晨，我作为国际建筑师协会的代表，在他的葬礼上说了几句话。一个时代结束了，建筑师协会的那一部分历史也随之结束了。自从协会于 1948 年创立以来，它的发展一直都与皮埃尔·巴戈有着密不可分的关系。

巴西利亚（Brasilia），2001 年

在奥斯卡·尼迈耶（Oscar Niemeyer）和卢西奥·科斯塔（Lucio Costa）工作生活的巴西利亚出席国际建协执行局会议可不是什么轻松的经历。实地考察证明我们的预期是正确的。那一年晚些时候，我又去了阿斯塔纳（Astana），这是一个仍在建设中的首都城市。我们一行人——格奥尔基·斯托伊洛夫（Georgi Stoilov），尤里·格内多夫斯基（Yuri Gnedovski），阿卡默尔扎（Akmourza Roustembekov），还有我——受到了哈萨克斯坦当时的总统努尔苏丹·纳扎尔巴耶夫（Nursultan Nazarbayev）的接待，他向我们详细描述了一些对未来的规划。从零开始创造一座首都城市，这是个非常有趣的课题，很值得深入研究。想一想那些造就了像阿布贾（Abuja，尼日利亚首都）、比勒陀利亚（Pretoria，南非行政首都）和堪培拉（Canberra，澳大利亚首都）等城市的规划决策吧。

雅典，2011 年

希腊建筑师协会的全国大会是一次极为多样化和令人满意的大会。从协会的会长埃万耶洛斯（Evangelos Lyroudias）先生，一直到我们国家六所建筑院校的学生，注册人数超过了 2300 人。在会上，安排发言的代表不少于 158 名，他们分别对自己的论文进行了摘要汇报。作为一名希腊建筑师，我真的感到非常自豪。会上我们还组织了一个很令人感动的仪式，大家默哀一分钟，以纪念日本地震与海啸中的受难者，通过这样的一个事件提醒我们一定要铭记，我们，还有我们的建筑，是决不能忽视自然与环境的。这次会议召开的地点是在扎皮翁宫（Zappeion Palace），而这个地方对我而言是有着特殊意义的。因为在 28 年前，为庆祝希腊加入欧共体（EEC）而举办的扎皮翁宫全面整修设计竞赛，当时的获奖团体就是我们的事务所。

亚历山大港（Alexandria），2002 年

2002 年建筑与遗产大会在亚历山大港的图书馆举行，我有幸在该馆名誉主席伊斯梅尔·塞拉盖尔丁（Ismail Serageldin）先生的带领下，对这座图书馆进行了参观。伊斯梅尔·塞拉盖尔丁先生在与发展中国家需求有关的问题上做出了很大的贡献，在国际享有盛名。这座图书馆曾是国际建筑师协会组织的设计竞赛中获奖的作品，每当我参观这一类项目的时候，总是感到由衷的欣慰。特别是项目真正建成之后，更加验证了当时评委会的决定是正确的。这一类设计竞赛还产生了一个有趣的"附带效应"，那就是它们还常常标志着建筑师杰出的国际职业生涯的开始，就像斯内赫塔（Snøhetta）建筑事务所的掌舵人谢蒂尔·索尔森（Kjetil Thorsen）和格·戴克思（Craig Dykers），就是这样的例子。

北京，2013 年

很多在国际机构任职的建筑师都有自己重要的代表作。但是，我们却很少有机会参观到这些作品。会议期间的日程安排非常紧凑，加上距离遥远，都是造成我们无法目睹这些优秀作品的障碍。但是偶尔，如果这样的机会出现了，你可以将一位同仁连同他的建筑创意，以及真实的建筑作品都联系在一起，那种经历是非常令人欣喜的。就像我这次的北京之行中，亲眼看到了庄惟敏先生在清华大学科技园设计的建筑作品，还有几年前我参观

了尤里·格内多夫斯基（Yuri Gnedovski）在莫斯科国际音乐学院（Moscow International House of Music）设计的建筑作品，杰米·勒纳（Jaime Lerner）在库里蒂巴（Curitiba）的作品，以及最近崔愷在北京的作品。

孟买，2000 年

主题为"为穷人提供住房"的国际会议计划共有六期，本次会议是其中的第二期。值得注意的是，本次大会是在印度孟买这个拥有两百万贫困人口的大型城市中举行的。本次大会是国际建筑师协会与亚洲建筑师协会（ARCASIA）联合举办的，其成功在很大程度上要归功于希沙姆·阿尔巴克利（Hisham Albakri）的热情参与。

伊斯坦布尔，2000 年

国际建筑师协会同土耳其建筑师协会的协议是在培拉皇宫酒店（Pera）签订的，我们当晚也下榻于该酒店。在新艺术主义的背景之下，酒店大堂中新古典主义和东方风格的装饰元素是阿加莎·克里斯蒂（Agatha Christie）和东方快车。[1] 在我住的那间客房中写着"吉斯卡尔·德斯坦"（Giscard d'Estaing，法国前总统）的名字。而我认为，这间土耳其酒店主人最让人感到不解的，是我隔壁房间却写着"玛塔·哈里"（Mata Hari，荷兰舞女，历史上最富传奇色彩的女间谍——译者注）的名字。

韦尔（Vale），2002 年

兰迪·沃斯波克（Randy Vosbeck），是我在旅途中遇到的第一位美国建筑师，同时他也是一位真正的国际知名建筑师。在国际建筑师协会这座全世界建筑师的大熔炉里，他与很多建筑师相识，同时他的名字也被很多人所熟知。后来,我陆续又有机会同很多著名建筑师合作——比如吉姆·舍勒（Jim Scheeler），他一丝不苟地关注着其他人所关心的议题；唐·哈克（Don Hackl），最令人印象深刻的就是他坚强的意志；还有最近结识的托马斯·沃尼埃（Thomas Vonier），他的工作方法一直都是以结果为导向的。我坚信，成为自己国家的一名优秀的大使，是在国际舞台上做出卓越贡献的坚实起点。

沃洛斯，2008 年

今年，沃洛斯又迎来了另一场国际建筑师协会举办的活动——主题为"中级城市"（Intermediate Cities）。沃洛斯坐落在珀利翁山（Pelion）下，是传说中半人马的发源地，也是我母亲的故乡。多年来，这座港口城市建立了举办国际活动的传统。沃洛斯距离我位于珀利翁山的隐居小屋很近，那栋建筑坐落在一片橄榄树林坡地上，面前只有阳光与大海，看不到其他建筑物。它很简陋，完全与世隔绝，在那里，我学会了在夜晚的嘈杂声中放松心灵，每次我去那里都会有新的发现。那种感觉正如现代诗人伊利奥特（T.S. Eliot）所写的[2]，我又一次"第一次知道了这个地方"。2003 年，由索尔利·多西奥斯（Thouly Dosios）导演的获奖影片《橄榄树之家》（House of the Olive Trees）[3]就是在那个地方拍摄的。

芝加哥，1993 年

即将离任的会长费米（Femi Majekodunmi），穿着尼日利亚长袍在芝加哥街头游走，有谁会忘记这一幕吗？

首尔，2000 年

当我去首尔的时候是有些担忧的。为了解决在国际建协中的代表问题，我们计划要将韩国的两个建筑师学会——韩国建筑师协会（KIA）和韩国注册建筑师协会（KIRA）——整合在一起，这项任务是非常重要的。如果通过谈判，证明这种想法不具有可行性，那么国际建筑师协会就必须要在这两个组织中间选出一家来建立合作关系，而这样的做法既不符合韩国建筑师的最大利益，也不符合国际建筑师协会的最大利益。经过磋商，我们终于达成共识并签署了协议，韩国成员学会现在的名字命名为韩国建筑师联合会（FIKA），其中包含了韩国建筑学会（AIK）。那天，我对于取得这样的成果感到非常满意。这次首尔之行也让我有机会对韩国建筑师 Suk-Won Kang 有了更进一步的了解。Suk-Won 是世界上很多建筑师的缩影，他们虽然没有直接参与协会的活动，但却一直都是协会的朋友，无私地为协会提供帮助。在这次旅行中，我还参观了我所见过的最壮观的景象之一——韩国蔚山（Ulsan）造船厂。近距离观看，巨大的油轮和舰艇停泊在干船坞中，这样的景象看起来很有超现实主义的感觉。

巴塞罗那，1996 年

第一场专题演讲定于某天上午九点，在兰布拉斯大道（Las Ramblas）的一家剧院开始。那个时候，我还在担任国际建筑师协会的秘书长，我认为八点四十五分到那里是完全来得及的。但是，当我走进那间剧院的时候，我简直不敢相信自己的眼睛。竟然有那么多人挤在一起，现场一片混乱，最后甚至不得不出动皇家骑警来疏散人群。而这样的场面，也致使其他场次的专题演讲改到其他地方举行。他们后来是在篮球场举行的。可是，篮球场没有足够的翻译设备，所以他们只能从国外空运过来。仅仅过了 24 个多小时，这些设备就安装到位了。这是一场真正的组织胜利。

雅典，1934 年

在我的家族中，继我父亲科斯塔斯（Kostas）之后，第三位建筑师斯古塔斯（Sgoutas）诞生了。我父亲是一位非常著名的建筑师，曾在巴黎接受专业教育，并创作了很多知名的建筑作品。而在我父亲之前，是我祖父的哥哥卢卡斯（Loucas），他曾在英国的格拉斯哥（Glasgow）接受专业教育，是一名建筑师和城市规划师。至于我自己，我的大半生都没有离开过雅典卫城周围方圆两公里的地方，我一直在那里生活和工作，"我已经习惯了她的容貌"，就像电影"窈窕淑女"（My Fair Lady）[4] 中亨利·希金斯（Henry Higgins）说的那样。毫不夸张地说，从我卧室的窗户看出去，就可以俯瞰到著名的帕提农神庙（Parthenon），从我一出生起就一直在欣赏着伊克提努斯（Ictinus）和菲迪亚斯（Phidias）的旷世杰作。

伊斯坦布尔，1997 年

每个认识我的人都知道我不会唱歌。但还是有两次，在协会的工作结束之后，大家晚上出去玩，我没能逃脱这种折磨。那两次都一样，我们每个人被一个接一个地请上台去演唱民族歌曲。在伊斯坦布尔的加拉塔（Galata Tower）最高一层，那次我轻松脱险。有一位专业歌手陪我一起合唱我所选的希腊民歌，于是，这场二重唱就在我比手画脚与装聋作哑中结束了。但是第二次，在首尔举办的亚洲建筑师协会（ARCASIA）之夜，我就没有上次那么幸运了。于是，我请求增援。萨拉·托普森（Sara Topelson）帮我救了场。她帮我一起演唱了一首希腊民歌，是非常有名的梅利纳·梅库里的"比雷埃夫斯的孩子"（Children of Piraeus）。幸运的是，当我在她身边跟着轻声吟唱的时候，现场每个人的目光都集中在萨拉的身上，没人注意到我。

长江，1995 年

一次理事会会议"漂"过了长江三峡。会议的最后一天恰好是我的生日，我们是在船上庆祝的。看着滚滚长江水从这个伟大的国度穿流而过，这是个完全不同的生日。生日只是一个固定的时间点，而河流是奔腾不息的。

布加勒斯特（Bucharest），2000 年

由于我的家族同罗马尼亚有着很深的渊源，所以故地重游总是会带给人很特别的感觉，就如同我和罗马尼亚的阿莱库·贝尔迪曼（Alecou Beldiman）同在国际建协秘书处共事，几年后，又增加了另一位来自罗马尼亚的同事塞班·蒂加纳斯（Serban Tiganas）。在布加勒斯特（Bucharest）举办的二区工作会议同一次国际专题讨论会是同时召开的，那次专题讨论会的主题——"地方精神"（Genius loci）——与这个充满着变化的地区有着很密切的关联。我的老朋友阿莱库也出席了那次会议。正如我们之前所预期的，关于如何使区域特性与全球化共存的问题还是没有得到解决。但是，与会人员富有开创性的思考至少为我们带来了一些希望。

圣保罗，2003 年

在米格尔·佩雷拉（Miguel Pereira）家的阳台上，我第一次见到了德米特雷·阿纳斯塔萨基斯（Demetre Anastassakis）先生，当时，他是巴西建筑师协会（IAB）里约热内卢（Rio de Janeiro）分会的主席。在我的职业生涯中，我还遇到过很多其他希腊裔建筑师，他们都在不同的国家担任公职。其中包括美国建筑师协会（AIA）的主席西尔维斯特·达米亚诺斯（Sylvester Damianos）和特德·帕帕斯（Ted Pappas），瑞士建筑师协会的雷金娜·戈蒂埃（Regina Gonthier），澳大利亚建筑师协会的主席亚历克·赞内斯（Alec Tzannes），还有早些时候来自西班牙的拉斐尔·德·拉·霍兹（Rafael de La Hoz），他总是用自己高雅的魅力提醒我，他的一位祖先名叫安东诺普洛斯（Antonopoulos）——这是个典型的希腊名字。

布达佩斯，1977 年

这不仅是我第一次访问匈牙利，同时也是我第一次离开希腊参加国际建筑师协会的活动。迪米特里斯·康斯特斯（Dimitris Konstas）在最后一刻才决定无法参加关于工商业空间工作计划的会议，于是由我接替了他的位置。因此，对我来说，布达佩斯这座城市就标志着我加入国际建筑师协会的开始，对于这个组织，我非常珍惜与信任。正是在这座城市，我遇到了亚诺斯·波霍尼（Janos Bohonyey），他是位多才多艺的建筑师、马术师以及神射手。我对他充满了感激之情。

内罗比，1995 年

在非洲建筑师联盟大会上，乌干达部长穆特比·马尔瓦尼拉（Mutebi Mulwanira）的讲话无疑是一大亮点。他本人是一名建筑师，而这一事实则向我证实了，我们建筑师这个职业并非不能担任政务要职。特别是在那些社会关系极不平等的国家，这一点尤为重要。就像是这里，我所在的这个大厅令人印象深刻，而这里距离巨大的基贝拉（Kibera）贫民窟只有几公里远。在这次内罗比大会上，一位来自塞内加尔的代表发言是令人难忘的，他以其独特的幽默口吻说，"我实在是厌倦了这些关于非洲国家到底是应该讲英语还是讲法语的争吵，他还补充说，或者，我们应该去吹萨克斯风"。

阿勒波（Aleppo），2001 年

灯火通明的阿勒波城堡内举办的"阿卡汗（Aga Khan）建筑奖"颁奖典礼，是一项建筑界最负盛名的重要仪式。国际建筑师协会的荣誉勋章是经我的手交给阿卡汗殿下的。在我任职期间，联合国教科文组织（UNESCO）人类和社会科学副主任弗朗辛·福涅尔（Francine Fournier）也曾获此殊荣。回首当年那个辉煌的十一月的夜晚，如今再面对阿勒波城被彻底摧毁的惨状，人们不禁为这种愚蠢的行为而感到绝望——我们面对的是建筑、遗迹的摧毁，还有更重要的，是无穷无尽的生命的流逝。

柏林，2002 年

当选举结果公布之后，杰米·勒纳（Jaime Lerner）脱下他的外套，开

始在头顶挥舞旋转。顿时，紧张的气氛被打破了。

基奥斯岛（Chios），2013 年

能够将我们建筑师聚集在一起的东西，远比可以把我们分开的东西要多得多。我们总是可以找到彼此之间那些弥足珍贵的共同之处。比如说大卫·法拉（David Falla）的故乡在格恩西岛（Guernsey），而我自己祖先的发源地是在基奥斯岛（Chios）。这是两个完全不相干的岛屿，有着完全不同的文化和建筑，但却同处于一片海域当中。这才是最重要的——这同一片海域就是将我们不同的起源与不同的个性结合在一起的黏着剂。在我们建筑师当中存在着团结的情感，每当我们面临灾难的时候，无论是自然灾害还是战乱，这种团结的情感就会清晰地显露出来。菲律宾遭受"海燕台风"侵袭之后，全世界建筑师前仆后继的提供协助就是一个很好的例子。经过类似的灾难，无论是天灾还是人祸，我们一定要认识到并且铭记在心，对任何一个国家来说，为什么社会与政党具有专业敏感性是如此的重要。内乱也是如此。我曾在自己的国家目睹过这一切，那个时候，我才刚刚进入青春期。米歇尔·巴尔马基（Michel Barmaki）在黎巴嫩也经历过类似的战争。这样的例子不胜枚举。经过战争与灾难的破坏，建筑物的品质也不可避免会受到影响，而我们面对这样的状况只能携手站在一起，相互支持相互鼓励。当我们的船在一个阳光明媚的日子驶进基奥斯岛港口的时候，我脑海中突然产生了以上这些想法。为什么会突然想到这些呢？我永远也不会知道。但有一点是可以肯定的，那就是我再一次深切地认识到，尽管我们几个国家的命运多舛、历经兴衰，但太阳还是会照常升起，我们的大自然和建筑环境还是会沐浴在灿烂的阳光之下——只要我们愿意。

约翰尼斯堡（Johannesburg），2010 年

无论从哪个方面来说，2010年度 AZA 大会都可以称得上是一场盛会——形式多样，充满活力。我们所有人都看到了一个新兴国家的崛起，它就是彩虹之国。该国拥有十一种官方语言和多民族的结构，而在建筑领域正在寻求一种能够建立起自己新特色的方式，使其社会元素成为建筑的关键组成部分。可以预期，南非的"彩虹建筑"很快就能真正开花结果。届时，它可能会成为引领整个非洲建筑发展的灯塔。

雅典，2001 年

应作者邀请，为一本书撰写序言，这总是一件很荣幸的事情。特别是能够为海伦·费萨斯·埃玛努伊（Helen Fessas-Emmanouil）关于"新希腊建筑"[5]的论文集撰写序言就更是如此，因为这部作品通过历史的与批判性的分析，描绘了希腊建筑发展的"故事"。

敖德萨（Odessa），1991 年

我的俄罗斯同事，以尤里·普拉托诺夫（Yuri Platonov）和尤里·格涅多夫斯基（Yuri Gnedovski）为首，邀请我参加他们的讨论会，讨论他们的国家在国际建筑师协会中的身份，到底应该是联邦共和国（实际上就是苏联）的成员，还是俄罗斯建筑师协会。现在我们都知道，大多数人都支持第二个选项。他们进行了激烈的政治讨论。这是新俄罗斯建筑师协会诞生的日子。直到今天，我仍然将这次邀约视为我所获得过的最高荣誉之一——以这样一种方式被信任，作为一名同事被信任，作为一个朋友被信任。

都灵，2008 年

都灵（Torino）大会几乎所有的活动都是在一幢超大型的建筑物里举行的——灵格托（Lingotto）。展览区在这里，我们下榻的酒店也在这里。这样的安排使运作变得非常简单又快捷。而且，我们在同一天的上午或下午，就可以从一个会议厅或研讨会转战到另一个会议厅，而这样"奢华"的安排在其他大会是不可能做到的。但是，有一些活动安排在距离上还是比较远的。其中之一就是国际建筑师协会的颁奖典礼。当我们到达典礼现场的时候，等待我们的是一个惊喜。大厅的门都已经关上了。所以我们花了相当长的时间挤在一个相对较小的门廊里。这段时间是个进行非正式会谈的好机会，也是世界大会中一个非常重要的组成部分。最后，门开了，"表演"继续。一般来说，颁奖典礼都会是个洋溢着欢乐氛围的夜晚。后来，随着穆罕默德·尤努斯（Muhammad Yunus）的出现，会议的热烈氛围达到了高潮，当时他作为孟加拉乡村银行（Grameen Bank）的创始人，是备受尊敬的。

巴黎，1994 年

我已经开始启动了很多项国际建筑师协会的工作计划，并且非常清楚，

如果出现了什么问题，那么协会其他的成员部门将完全有能力接管这些工作。1994年3月，我给美国建筑师协会（AIA）的主席总裁威廉·查宾先生（William Chapin）写了一封信，要求对方负责职业实践委员会（Professional Practice Commission）的工作，因为我认为美国建筑师协会具有独特的组织结构，应该能够胜任这项要求非常严苛的任务。幸运的是，美国建筑师协会接受了我的邀请，剩下的就交给历史评判吧。

路易港（Port Louis），2002年

毛里求斯（Mauritius）位于印度洋的中部，介于非洲、澳大利亚、亚洲和南极洲之间的某个地方，将一些没有得到足够关注的话题——学生交换计划、设计 - 施工竞赛、反垄断法等——拿到这个地方来进行单独讨论是再合适不过的了。这次召开会议的小岛是国际建筑师协会主席加埃唐·休（Gaetan Siew）的故乡，而我们在这次会议中也有机会见到了毛里求斯共和国的总统。一个国家的最高领导人，能够不辞辛苦地同我们这些国际专业组织打交道，这实在是不多见的。

科希策（Kosice），1998年

在科希策举行的土木工程年会（Annual Conference on Civil Engineering and Engineering，简称ACCEE）结束之后，我们迎来了一个惊喜——文化之夜。一般来说，我们都认为文化之夜并不是个令人兴奋的消磨时间的好方式，特别是经过长时间围坐在会议桌旁之后。但这次的活动却是个例外。我们去露天剧场听帕瓦罗蒂的音乐会。我们的座位位置并不好，事实上，是位于舞台的正后方。音乐会进行了一段时间后，天空开始飘雨。而这对我们三个人来说却是因祸得福，因为现场有一半以上的座椅都空了。我们蹦蹦跳跳地跑到第一排，在不到十米远的地方欣赏了一场精湛绝伦的表演——伟大的歌唱家在雨棚下演唱。尽管剧场里变得空空荡荡，但帕瓦罗蒂还是毫无懈怠，拿着一条白手帕，并在观众的要求下加唱了七首歌。他真是位最专业的演唱家。离开科西策的时候，马丁·德拉霍夫斯基（Martin Drahovsky）送给我一件小亚麻布饰，上面有非常精致的刺绣。这个时候，我想到了人们有的时候所收到的礼物，虽然这些礼物是表达感激与友谊的象征，这一点毋庸置疑，但在旅途中却常常会使人陷入尴尬。比如说，一本非常厚重的书，或

是一瓶当地最好的葡萄酒，特别是当一个人在回家之前，还必须要去其他地方或是需要转机的时候。

都灵，2008 年

国际建筑师协会副主席吉安卡洛·尤斯（Giancarlo Ius）的英年早逝震惊了所有人。他就在我们中间，在这个协会忙里忙外，那么活跃与外向，然后突然间就不在了！他的告别式是在一个小教堂里举行的，我们所有人，朋友、同事都来送他最后一程，非常令人感动。告别式上，新当选的协会主席路易斯·考克斯（Louise Cox）讲述了有关吉安卡洛的生平，那段感人至深的讲话令人始终无法忘怀。她的讲话概括了我们所有人对尤斯的情感。

新加坡，2004 年

一向对举办国际活动持开放态度的新加坡，主办了首届国际建筑师协会区域论坛，对可持续性、流动性和特性等议题进行了讨论。这次论坛的特别之处在于，它是在生物科技园（Biopolis）内举行的。生物科技园是一个包含有研究机构和生物技术公司的综合体，在环保性能和可持续发展领域内都是引领创新的先锋。再加上这栋大型建筑群在建筑风格上也相当的前卫，而这就是将讨论主题同举办地完美结合的秘诀。

纽约，2000 年

工作之余的休闲是必需的。我一直都很后悔，没有为自己多保留一些的时间，去悠闲地参观那些令人兴奋的建筑，这些优秀的建筑作品遍及全世界。然而，这一次，我来到纽约是纯粹的"私人"建筑之旅。可以看的东西实在是太多了，它们都是那么的新鲜与令人兴奋。我还为我的公寓购置了一些东西。我买了一把克诺尔（Knoll）手工制造的黑檀木弗兰克·盖里（Frank Gehry）椅。它几乎就像是一件艺术品。但是回家之后，我只在这张椅子上坐了一小会儿就将它搁置起来了，又换回到之前更舒适的传统扶手椅上，我不明白为什么对于需要长时间久坐的职业来说，有名的椅子却往往不是最好的选择。

伊瓜苏市，2009 年

这可能只是一次例行的理事会会议，但是可以借此机会参观伊瓜苏瀑布真是太棒了。那景象并不只是视觉上的震撼。我或多或少知道一些自己所期待的是什么。但是，我却想不出任何适合的语言，可以描述出从几乎垂直的巨大悬崖上倾泻而下的水声为我带来的巨大震撼。这就是大自然最令人敬畏的力量。在这样的"视听奇观"面前，一个人会感到自己是如此的渺小。瀑布就位于巴西（Brazil）、阿根廷（Argentina）和巴拉圭（Paraguay）三国的交界处，距离每个国家都不足三十分钟的路程。

雅典，2010 年

雅典一个夏日的夜晚，在希罗多德·阿迪克斯（Herodus Atticus）剧院举行的活动一直都是很特别的。但是在那个特殊的夜晚，表演者以及他们精湛的演出令我们完全着了迷。他们是来自加拉加斯（Caracas）的西蒙·玻利瓦尔（Simon Bolivar）管弦乐队。他们在演奏古典音乐时所表现出来的热情与神韵是我以前从未感受过的。表演者们都很年轻，从 14 岁到 26 岁，穿着黑色无尾礼服，打着领结，他们都是来自委内瑞拉贫民窟的孩子。这个乐团的创立，是何塞·安东尼奥·阿布（Jose Antonio Abreu）在 1975 年发起的一个计划中的一部分。它不仅为生活在月球另一边的人们带来了希望，也给那些被命运之神遗忘了的人们带来了新的生命。那天晚上，我将所看到的表演，同我们建筑师同仁们为改善世界各地贫民窟生活条件所做的工作联系在了一起。

德班，2014 年

国际建筑师协会的世界大会都是各不相同的，每一次大会都留下了自己的印记。迄今为止，我们一共举办了 25 届世界大会，反映出在过去的 66 年间，我们所设定的优先事项一直都是在变化的。德班大会具有特殊的意义，因为这届大会所讨论的问题主要集中在现实生活中的建筑创作与规划，特别是在发展中国家。针对这些议题，著名建筑师拉胡尔·迈赫罗特拉（Rahul Mehrotra）和弗朗西斯·凯雷（Francis Kéré）都进行了出色的演讲。拥挤的大厅，以及周围几个场馆中同样热烈的气氛，充分证明了这种新方法的成功。本届大会的确是非常富有生气与活力的。

巴塞罗那，1996 年

"陪同人员"的把戏。曾经有一个国家，实际只支付了不到十个人的正式登记费用，但竟然安排了超过 600 名的随行人员，这真是令人难以置信！在另一次大会上，还出现了另外一种伎俩，一名代表将已经入场同事的胸卡再带出场外，交给其他等待入场的人员使用。在当时那个时代，胸卡上面都没有附照片，所以这样鱼目混珠的做法是可能蒙混过关的。

普列文（Pleven），1979 年

COPISEE 关于城市绿色空间的专题讨论会在主题上是多种多样的，与会者众多。一天早上，在一场会议中，我突然发现自己将一份需要用到的文件忘在房间里了。我走出会议室来到楼层大堂，却出乎意料地在这里碰到了一位与会者和另外两名女士。见到我，他顿时显得很尴尬，没说一句话，就赶忙连同那两位女士一起进入了他的房间。对于这一幕，后来我才得到了解释。原来在那个时代，对大多数东欧人来说，牛仔裤是很罕见而且不容易买到的。于是他就带了几条裤子来这里出售，有意购买的人必须要先试穿。

马尼拉，1998 年

菲律宾建筑师协会组织的全国代表大会是件大事。围坐在圆桌旁出席会议的代表超过了一千名。我着实花了些时间才搞清楚这个会议大厅究竟有多大。会议从上午一直持续到接近傍晚时分，大家的午餐就是在会议桌上进行的，而且在午餐的时候，演讲也并没有中断。大会的开幕式上，主办人员向来自世界各地的宾客表达了安全抵达的祝福，这既庄严又不失温馨的氛围实在令人难忘。菲律宾的建筑师在待人接物方面有自己独特的方式，而我之前从未经历过这样的招待。在热情好客的尤兰达·雷耶斯（Yolanda Reyes）的家中，我和赛义德·扎厄姆·贾夫里（Syed Zaigham Jaffery）一起打了会儿篮球，这些都是我之前从未经历过的。被建筑师邀请到自己家中做客总是很特别的，因为这有助于让我们了解每个人不同的个性背后的东西。三年前，在一次执行局会议结束后，我来到摩西·扎伊（Moshe Zarhy）和维拉·罗内恩（Vera Ronnen）位于耶路撒冷的家中共进晚餐。在他们的家里，很显然，艺术是室内设计的一个主要的元素。同样，多年后，当我来到贝鲁特（Beirut）的时候，当地建筑师阿萨姆·萨拉姆（Assem Salam）也邀请我到他的家中

做客，而他的家就像一间博物馆一样。

波恩（Bonn），1990 年

我一直对音乐厅与舞台非常迷恋，幸运的是在现实生活中，我为这种迷恋找到了实现的出路。参与音乐厅的建筑设计，甚至还包括后期的施工监理，这就意味着你将有机会去探索后台那神奇的世界，甚至还有机会观看彩排。还有会堂和舞台上方与下方那些近乎怪诞的神秘空间。当雅典音乐厅在进行管风琴设计的时候，我来到德国的波恩参观，并拜访了当地著名的管风琴制造家约翰内斯·克拉斯（Johannes Klais）。这次访问也是一个绝佳的机会，可以参观到两个完全不同的音乐厅，一个是拥有 2000 个观众席的贝多芬音乐厅，而另一个则是托马斯·范·登·瓦伦廷（Thomas van den Valentyn）的贝多芬故居，它只设置了 199 个座位，是一所非常精致小巧的室内音乐厅，后方有一面大型的落地窗，透过这个落地窗可以俯瞰贝多芬的私人花园。我向主人问了一个平淡无奇的问题："为什么是 199 个座位，而不是 200 个座位呢？"主人告诉我，虽然在空间上确实可以容纳多一些的座位，但却会因此而将音乐厅提高一个消防法规的等级。所以，建筑实际上需要考虑的问题总是比第一眼看到的要复杂得多。贝多芬故居音乐厅也是如此。后来，有人提议应该将这栋建筑拆除，用一栋由扎哈·哈迪德设计的新音乐厅取而代之，但这个计划后来被搁置了，主要是因为公众舆论的压力。民众要求保留这座兴建于 1959 年的音乐厅，它是由建筑大师汉斯·夏隆（Scharoun）的门生齐格弗里德·沃尔斯克（Siegfried Wolske）设计的，其建成时间甚至比他另一项作品柏林爱乐厅（Berliner Philharmonie）更早，具有重要的历史意义。

埃里温（Yerevan），2007 年

作为希腊技术协会的代表，我负责陪同希腊总统卡洛洛斯·帕普利亚斯（Karolos Papoulias）对亚美尼亚（Armenia）进行国事访问。一天早上，我来到了埃里温。站在城市的外围放眼望去，我突然想到其实在这个世界上，很多边界都是人为设立的。高加索地区的情况也是如此。

雅典，2011 年

东京大会结束之后，为了纪念彼得罗斯·帕佩约阿鲁（Petros Papaioannou）

的建筑设计,以及技术杂志《Ktirio》[6] 创刊 25 周年,我们举办了一次庆祝活动。在主持这项活动的时候,我在袖子里藏了一个惊喜——日本著名建筑师安藤忠雄亲笔书写的对周年纪念日的祝福,还有一幅签名草图——这份礼物被投影在大屏幕上。

安卡拉（Ankara）, 2010 年

就在一年前,我们来到这里,P·K·达斯（P. K. Das）、莱安德·罗安东（Leandro Anton）和我,一起协助策划 2010 年的建筑大众论坛相关事宜。现在,这个计划真的在进行了。我们是从几个方面共同着手进行的。它不同于我以往经历过的类似活动,其原因就在于民众的参与。民众参与表现在很多方面,比如说街头活动、对研习班的资助等等。组织者在这些民众参与的基础上策划了这次论坛,实在是非常英明的。

都灵, 2008 年

我走出电梯,来到酒店的大堂,看到有一小群人坐在一起,詹妮弗·泰勒（Jennifer Taylor）和路易斯·诺埃尔（Louise Noelle）——他们一位是届米奖（Jean Tschumi Prize）的获奖者,另一位是届米奖的未来得主。和他们在一起的还有保罗·波洛斯（Paul Pholeros）。我立刻就认出了他,因为他是首位获得以我的名字命名的国际建筑师协会建筑奖的获奖者,在获奖之后,曾经给我寄来过他的照片。保罗·波洛斯为澳大利亚土著居民所做的工作特别有意义,而且在很多方面,都反映出了这个奖项最为提倡的价值。获奖者罗德尼·哈伯（Rodney Harber）和哈尼·哈桑·埃尔·米纳维（Hani Hassan El Miniawy）也都出席了大会。从都灵大会开始,我有幸陆续见到了很多位其他的获奖者。对我来说,他们都是我的榜样。

瓦哈卡州（Oaxaca）, 1992 年

当我们的"任务"完成之后,我们一群人,包括洛伦佐·阿尔达纳（Lorenzo Aldana）和亚历杭德罗·索科洛夫（Alejandro Sokoloff）在内,被带到哥伦布发现美洲大陆之前阿尔班山（Albán）考古遗址的高地。那个夜晚是满月。你可以感觉到米斯特克（Mixtec）诸神都距离我们很近。当初我登上奥林匹斯山的时候,也体验过这种与众神亲近的感觉。几年前,我登上了奥林匹斯

山第二高的山峰，它只比最高的主峰低了 70 米，但登山的路径却容易得多，突然间，我感受到诸神完整的、具有人性的一面，甚至包含他们的小缺点和恶习，我同他们一起直冲云霄。一个新年前夜，在巴西的波涅特（Bonete）海滩上，我感受到了一种完全不同的、与超自然间的交流。我们都穿着白色的衣服来纪念耶曼佳（Yemanja），她是水的精灵，是海的女神。有的时候，能够飞到其他地方去走一走，也是一种对心灵的抚慰。至少，我们可以暂时把会议和讨论放在一边。

德班，2014 年

在我们国际建筑师协会这个大家庭中，学生和年轻建筑师越来越多。最近，我们组建了一个青年建筑师委员会。它的成员之一，来自南非的锡昆布佐（Sikhumbuzo Mtembu），是由尼娜·桑德斯（Nina Saunders）向我引荐的。尼娜·桑德斯本身也是一名建筑师，她对我们这个行业的一切都真诚地抱持着开放的态度。当我与锡昆布佐就一些议题交换意见的时候，我再一次明确地感受到，这名年轻的建筑师在看待事情的时候总是有不同的角度，特别是在建筑方面。

平壤，2001 年

协会秘书长让 - 克洛德·里盖特（Jean-Claude Riguet）和我都收到了朝鲜建筑师协会的邀请。这是国际建筑师协会的官员第一次被正式邀请访问这个国家，而且，在这之后，可能也没有其他的协会官员再去过那里。无论从哪个方面来说，这都是一次令人难忘的经历。这一切都始于我对朝鲜建筑师协会新年祝福的例行回复。我在信中写道："希望将来有一天，我们有机会可以访问贵国，与我们的朝鲜同仁会面。"之后，邀请函就真的来了。为期三天的行程相当紧凑，他们安排我们参观了金日成的陵墓、金正日的雕像，以及建筑学院，除此之外，实在是没有多余的时间可以随便逛逛了。令人难忘的是在雨中的匆匆一瞥，我们看到了一个住宅单元的样板房，还有露天体育馆里欢天喜地的夜晚，大型团体舞蹈的演员们穿着五颜六色的服装，那绚烂的色彩以一种有组织的形式一直延伸到看台上。唯一欠缺的就是空闲的时间——可以自己去看、去了解的空闲时间。这次访问的一切都是不同寻常的，甚至包括往返北京的旅程。我们乘坐的是高丽航空公司陈旧的安东诺波夫飞机，不过在那架飞机的中央，设置了一个大小适中的休息区。

洛桑市，1993 年

旧的人事任用制度规定每三年为一个任期，所以直到新的理事会召开第一次会议的时候，国际建筑师协会遴选出的官员才开始接管工作。因此，虽然詹姆·杜洛（Jaime Duró）、恩里科·米隆（Enrico Milone）和我都是于 1993 年 6 月在芝加哥当选的，但是直到同年 11 月在洛桑市召开理事会会议，由国际奥林匹克委员会（IOC）主席胡安·安东尼奥·萨马兰奇（Juan Antonio Samaranch）正式"加持"之后，我们才开始履行自己的职责。但即使是这样，我们正式上任的时间还是比原计划晚了一些，因为国际奥委会主席迟到，他让整个委员会等了一个多小时。想想看，这就发生在他自己的地盘上。

利马（Lima），2015 年

抵达利马后，进入酒店大堂的时候，我看到张百平先生站在接待处附近，我感到非常惊喜。多年以来，他的名字已经变成了中国建筑学会的代名词，无论何时，只要我们有需要，他都会鼎力相助，成为他的国家与我们所有人之间联系的纽带。世界各地都有很多这样的建筑师，他们不辞劳苦，不以个人的理想与抱负为中心，多年来为我们共同的事业无私奉献，帮助其他同仁在国际的"舞台"上站稳脚跟。他们的付出是值得感谢的。

雅典，1970 年

在我职业生涯的早期，葡萄牙语发挥了决定性的作用。跨国化工与制药公司辉瑞（Pfizer）就希腊的一个建设项目为我安排了一次面试，主持面试的工程师吉姆·阿什本（Jim Ashburn）一开始就问我是否懂葡萄牙语。我回答说不懂。然后他对我说："我们来看看这些图纸和文件，然后我会问你几个问题。"这些资料都是他们在里斯本（Lisbon）附近新建工厂的设计资料——全部都是葡萄牙文。图纸的部分我完全看得懂。可是对于葡萄牙语的注释以及技术说明，我就完全不知道该如何处理了。大约一个小时后，他看了看表，说我们就到这里吧。面试结束了。想象一下，几个星期之后，当我接到他的电话，问我对这份工作是否还有兴趣的时候，我有多么的惊讶。这些年我们负责过好几个制药厂的设计工作，而这个项目是其中的第一家，也是一次与国外业主合作的严峻考验。

伊斯坦布尔，2005 年

我特别珍视同建筑大师安藤忠雄的会面，他是一位极富天赋的建筑师。在伊斯坦布尔会议期间，一天早上，在我们酒店的休息室里，安藤忠雄被授予国际建筑师协会金质奖章。这是我第一次见到他。他彬彬有礼的低调作风给我留下了很深的印象。就像几年前在一次晚宴上，我见到了日本现代主义建筑大师槇文彦（Fumihiko Maki）一样。

布达佩斯，2000 年

匈牙利建筑师协会曾经向国际建筑师协会请求援助，帮助他们抵制国家文化基金会拒绝将建筑同文学、戏剧、图书馆、博物馆和应用艺术一起纳入其文化基金的做法。我们的讨论是在协会总部办公楼进行的，这栋精美的建筑由安塔尔·戈特盖博（Antal Gottgeb）设计，始建于 1877 年。它给人的感觉就是建筑师的家。在很多其他的国家，建筑师协会都拥有属于自己的建筑，比如说俄罗斯、新加坡、波兰、保加利亚，以及美国建筑师协会（AIA）和英国皇家建筑师协会（RIBA）。同样，我们自己国家的建筑师协会被安置在一栋距离雅典卫城等考古遗迹很近的建筑物内，而这栋建筑物本身也被评选为物质文化遗产。毋庸置疑，使用这种高辨识度的建筑，对于为我们这个行业树立公众形象是有好处的。

雅典，1982 年

我对景观设计强烈的爱好来自于我对各种植物的喜爱，而且我认为，建筑师是最适合亲自设计，或至少由他们指导自己作品的景观设计。很幸运，我有好几次自己负责景观设计的经验。汽巴嘉基公司（Ciba-Geigy）在雅典新建的办公楼和制造厂综合体，是我特别珍视的一个景观规划项目，这个项目建成之后，我又很多次故地重游，看着它成长，就像是看着自己的孩子从牙牙学语逐渐走向成熟。1958 年伊拉克革命期间，我意外开始涉足景观设计领域。当时，在道萨迪亚斯（Doxiadis）事务所工作的美国景观建筑师鲁迪·普拉兹克（Rudy Platzek）被新政权遣返回国，而他未完成的工作就落在了我的头上。整整四个月，我除了埋头在公共空间的景观设计以外，其他的什么都没做。这项新工作深深地触动了我的心弦。我非常喜爱植物，我们位于开普敦的房子就在康斯坦博西国家植物园（Kirstenbosch）的旁边，那里有各种美丽的南非植物，而我在学校学的拉丁语在辨识植物名称方面也给了我很大的帮助。

马斯特里赫特（Maastricht），1993 年

同其他任何国家相比，荷兰这个国家让我更深刻地了解到什么是残疾，以及和残疾人一起生活意味着什么，无论残疾的程度严重与否。我参加了在乌得勒支（Utrecht）、努斯佩特（Nunspeet）、多恩（Doorn）和伦肯（Renkum）召开的专题讨论会，以及在马斯特里赫特（Maastricht）召开的欧共体大会，事实上，这就相当于完成了一整套的教育流程。但是，与残疾人相关的事业是一种终生教育，它势必会对一个人对建筑的认识产生很深远的影响。在这个领域，建筑师威克利夫·诺布尔（C. Wycliffe Noble）是我的导师。之后，又有很多建筑师都在跟进这项事业，让我感到非常欣慰的是在国际建筑师协会内部，负责这项事业的成员一直都是非常可靠的，克日什托夫·全华伯格（Krzysztof Chwalibog）、约瑟夫·关（Joseph Kwan）和菲奥诺拉·罗杰森（Fionnuala Rogerson），代代传承。我曾经接触过很多残疾人的案例，其中印象最深刻的是一位年轻的姑娘，她没有手也没有胳膊，但却自力更生不依赖他人的帮助——只靠着自己的腿、脚趾和嘴巴——在马斯特里赫特一家银行一米高的柜台上服务。这是独立生活意志的胜利。

阿拉木图（Almaty），1991 年

我从莫斯科出发，经由科克舍套（Kokshetau）短暂停留之后，抵达了阿拉木图。科克舍套是一座位于大草原中的城市。早上六点半，天还没亮，就已经有两个人在等我了。其中之一是一位年轻的姑娘，来自当地的建筑师协会，她手中拿着一大束鲜花。在她旁边还站着一位中年男子，我从没见过他。他是当地的一位希腊面包师。由于听说有一位希腊的建筑师来到了阿拉木图，所以他也一道过来了。当时，我比以往任何时候都更深刻地意识到，在全世界每一个地方都有希腊人生活在那里，他们在情感上与自己的祖国都是骨肉相连的。

哥本哈根，1995 年

我以国际建筑师协会秘书长的身份出席了有关社会发展问题的世界首脑会议。事实上，我到哥本哈根的本来目的是为了要参加一个非政府组织的论坛，它恰好与首脑会议是同时举行的。参加论坛的有很多非政府组织，大家都有足够的时间和空间来表述自己的信仰，以及对世界更美好未来的愿景。我们也是如此。但是，在会议快要结束的时候，我却感到非常沮丧。因为我意识到我们有点像二等公民，聚集在这里只是发发牢骚，而我们所说的话根本就没有引起任何人的注意，这才是最重要的。无论我们说什么，做什么，我们在决策层没有人。所有这一切都是在非政府组织内部进行的。可悲的是，世界大会通常也都是这样的。但是，在 2010 年坎昆召开的关于气候变化的世界大会上，路易丝·考克斯（Louise Cox）以她自己独特的、直接的方式，强迫他们准许她进入到神圣的峰会会场，尽管只是做了一个简短的访谈。想想之前类似会议的情况，这确实可以说是向前迈出的一大步。或者，说得更准确一点，这总比什么都不做要好一些。

开罗，1985 年

1981 年在华沙（Warsaw）召开的大会，是我第二次参加国际建筑师协会组织的世界大会。开罗大会，尽管筹备期非常局促，困难重重，但却是一次真正成功的、欢乐的大会。在短短三十年间，非洲又一次举办了国际规模的大会，这真是令人难以置信。

库里蒂巴（Curitiba），2002 年

我将永远记得由著名巴西建筑师奥斯卡·尼迈耶（Oscar Niemeyer）设计的新博物馆的落成典礼。典礼上，官方致辞一共进行了四十多分钟，在这么长的时间里，这位伟大的建筑师——当时已经将近九十五岁——一直都笔直地站立着倾听，好几次其他人劝他坐下，他都没有。我真的是非常钦佩他。更重要的是，直到 104 岁去世之前，他一直都保持着相当的积极性与创造性。这座博物馆在 2003 年更名并重新开幕，它现在的名字叫作奥斯卡·尼迈耶博物馆，以建筑师的名字命名，没有比这更合适的了。

雅典，2016 年

没有什么比不断地探寻新的视域更令人感到快乐的了，这是毋庸置疑的。现在，闲暇时间稍微多了一点，我可能也会忍不住想，我终于"安定下来"了。但是，正如我的同学杰里米·劳伦斯（Jeremy Lawrence）曾经说过的那样，"安定下来"这个常见的说法有可能会让人不安地想到泰坦尼克号（RMS Titanic）最后那戏剧性的时刻。所以，探寻新的视域总是比安定下来要好。

布宜诺斯艾利斯，2001 年

我们都有过晚餐吃得很晚的经历，但我之前还从来没有吃过那么晚的晚餐。那天晚上，贝拉斯·阿尔特博物馆（Bellas Artes Museum）的馆长乔治·格鲁斯堡（Jorge Glusberg）带我们去雷科莱塔区（Recoleta）的一家餐厅吃饭。当时，第九届国际双年建筑大会的一场会议刚刚结束。我们出发去吃晚餐的时候已经是凌晨 12 点 15 分了。而刚刚，我还曾和彼得·库克（Peter Cook）在同一场会议上发言。他的发言可不仅仅是一次演讲，那简直就是一场精湛的表演，他一边演讲，一边在舞台上来回踱步。

斯坦福（Stanford），1998 年

我的大儿子科斯塔斯（Kostas）当时正在斯坦福攻读他的第四个学位，在这之前，他分别在伦敦帝国理工学院（Imperial College）获得一个、在麻省理工学院（MIT）获得了两个学位。在斯坦福大学校园里，我只在莱戈雷塔（Legorreta）设计的施瓦布（Schwab）住宅中心住过一晚，但就是这短短的二十四小时，足以让我体会到了什么叫作高品质的设计。我儿子现在居住在好莱坞（Hollywood）山上。幸运的是，他的住所距离很多著名的地标式建筑都很近，只有几英里之遥。正是这些地标式的建筑，使洛杉矶地区成为美国，乃至全世界的建筑潮流中心。当我去看望儿子的时候，我也很幸运地见到了很多著名的建筑师，例如鲁道夫·辛德勒（Rudolph Schindler）、理查德·诺依特拉（Richard Neutra）、约翰·劳特纳（John Lautner）、理查德·迈耶（Richard Meier），还看到了查尔斯·伊姆斯（Charles Eames）的住宅。查尔斯·伊姆斯住宅曾获得美国建筑师协会"25 年"奖，同其他获奖项目相比具有很明显的特殊性，因为他的设计师并不是一位有资质的建筑师。

东京，2011 年

大使馆招待会已经变成了国际建筑师协会世界大会的一部分。这些招待会是为了他们各自的候选人而组织的庆祝活动，通常，人们会疯狂地坐着出租车赶往大使馆所在地，而这些大使馆一般都在很偏远的地方，而且，他们竟然还能挤出时间再赶往另一场招待会。我们几乎可以将这种状况称为大使馆间的"跳跃"。但我很怀疑，这样的活动真的有必要吗？如果各国大使馆能够以候选人的名义向国际建筑师协会捐款，将他们打算花在招待会的钱都捐给协会，那不是更有意义吗？有了这些资金，我们就可以为那些最贫穷的国家代缴三年一期的会费，从而有利于将协会的工作贯彻到每一个国家。假设我是一名候选人，而我的大使馆愿意以我的名义向协会捐款，我一定会感到非常荣幸。

华盛顿，2001 年

今年，出任杜邦本尼迪克特斯奖（Du Pont Benedictus Award）评审委员会的成员是亨利·科布（Henry Cobb）、奥迪尔·德克（Odile Decq）和我。在那之后，我又在另一个场合遇到了奥迪尔·德克。那是在 2012 年的雅典，当时，她正在以自己一贯的外向风格进行一场演讲。对于人们经常传颂的希腊之光，她的描述是非常生动的："迎着蔚蓝的天空看到了原始的光亮，被强烈的梅尔特米季风扫过"。

洛桑市，1964 年

这是我第一次与外国建筑师合作。他就是罗伯特·冯·德·穆尔（H. Robert Von der Mühll）。该项目由瑞士的社团资助，是位于帕特莫斯岛（Patmos）上的一家小医院。

旧金山，1985 年

正是在这个通往美国的西部门户城市旧金山，我开始在国际建筑师协会的正式会议上学习相关的程序和"语言"。虽然协会的章程上面写得很清楚，有哪些地方需要使用官方语言——英语和法语，又有哪些地方需要使用另外两种官方语言——西班牙语和俄语，而且这些规定都是具有强制性的。但事实上很明显，除了英语之外，这些年来另外三种官方语言的使用率已经大幅减少到了惊人的程度，比如说大会的相关活动和文件，都完全不符合法定条文的规定。这样的做法并不利于协会工作的普及型。很明显，预算限制是根本的原因，但就法语的使用而言，还存在另外一个原因。那就是来自法国、讲法语的代表和与会人员，他们现在对于英语的接受程度很高，本身英语也说得很好，这样的现状就间接导致了对规章执行的松懈，以及对法语的忽视。这是特别令人感到悲哀的，先抛开法语区的问题不说，但巴黎的总部和法国的文化一直以来都是国际建筑师协会创立与发展至今的根源。希望将来有一天，这样的情况可以逆转，我们能够再一次做到"语言的公平"。

比尔泽特（Birzeit），2007 年

面对纷然而至的各种会议与活动邀请，一个人不能全然接受。它们在时间安排上很多都是重叠的。就像我收到了来自沙迪·加德班（Shadi Ghadban）的邀请，参加在比尔泽特大学举行的关于冲突地区景观保护与管理的国际会议。确切地说，对这个议题的讨论本身就安排在一个存在着冲突的地区——巴勒斯坦。尽管这一次未能应邀出席，但是，比尔泽特仍然在我的"未来"名单上，就像其他很多"差一点"就要抵达的目的地一样。

北京，1999 年

在我当选出任国际建筑师协会主席的那个晚上，我被一些建筑师朋友们邀约共进晚餐。尽管我真的很想去，但还是婉拒了，我决定陪我的两个儿子科斯塔斯（Kostas）和迪米特里斯（Dimitris）一起出去走走。就只有我们三个。那些都是我将永远珍视的时光。虽然多年以来，我对于协会的事务已经非常熟悉了，但就在我正式上任的第二天，理事会会议巨大的挑战与责任还是将我压得喘不过气来。在会议结束时，我们举办了一个简单的典礼仪式。在刚刚结束的这次非常成功的大会上，中国建筑学会的会长叶如棠先生讲了几句话。我就站在他的旁边。我感受到了他激动的情绪，而这也让我相当感动。我甚至清楚地看到他眼眶中饱含泪水。

夏洛特（Charlotte），2002 年

美国建筑师协会举办了很多非常有意义的活动，要选择参加哪些活动实在是一件很困难的事，特别是对一个非美国人来说。正是在这里，在夏洛特，

我"开始"认识到职业继续教育的重要性——法比亚（Fabian Llisterri）在国际建协负责这项工作多年。

达尔文（Darwin），1998 年

我不知道，达尔文这座城市算是澳大利亚的前门还是后门。但可以肯定的是，要进入这个幅员辽阔的国家，达尔文并不是人们最常走的门户。然而，就是在这里，我迈出了我自己的第一步。之后，我又来到凯恩斯港（Cairns）参加由格雷厄姆·汉弗莱斯（Graham Humphries）主持的澳大利亚皇家建筑师协会会议。格雷厄姆·汉弗莱斯也曾到过我的国家访问，这证明了大堡礁（Great Barrier Reef）和米科诺斯岛（Mykonos）之间的联系，并不仅仅是共享一片广阔的水域而已。

德班，2013 年

在理事会成员的故乡举行的会议，总是会有些特别之处。而如果是在现任主席的家乡举行，那就更加特殊了，就像去年我们在斯特拉斯堡（Strasbourg）举行会议时，就受到了阿尔伯特·杜伯乐（Albert Dubler）的热情招待。德班这座城市也很特别，它是现任国际建协副主席崔西·埃米特（Trish Emmett）的故乡，而这一次德班会议也承载着协会对未来一年的期待。很多大人物都出席了这次会议，南非建筑师协会（SAIA）的主席辛迪莱·恩贡雅玛（Sindile Ngonyama），大会主席哈桑·阿斯马尔（Hassan Asmal）和其他政府官员，还有很多幕后默默无闻的工作人员，我们一定要不负众望。同所有重要的活动一样，大家都会感到惴惴不安，但这些情绪也都是游戏的一部分。至于我，我同南非有着相当深的渊源，在这里我感觉很自在，就像真正回到了自己的家乡。从很多方面来讲，2014 年的德班大会于我而言也像是一次家乡的盛会。

雅典，2004 年

那一年是奥运年。兴办奥运为雅典带来了很多好的变化，但同时也造成了一场金融灾难，其巨大的影响甚至一直延续至今。虽然有些建筑确实给人们留下了深刻的印象，但是由于前期对奥运会结束后的使用以及部件的拆卸（例如看台）等问题考虑不周，所以无法削减未来的维护成本，这同我

在 2000 年悉尼奥运会前两个月所看到的状况是一样的。至于奥运会的赛事，我绝不会错过观看马拉松，这场比赛就安排在原来的马拉松 - 雅典赛道上。次外，我还特意观看了曲棍球比赛，因为当我在大学期间，冬季每个星期六，我都会参加曲棍球乙级联赛，我是打右翼的位置，而自从大学毕业之后，我一直忙得连一场球赛都没看过。在残奥会期间，我第一次看到了盲人项目和团体项目。作为一名旁观者，你一定会对眼前所见感到极度的震撼。这完全就是对意志力和人类精神的颂扬。

巴格达，1958 年

没有什么事情比冗长而又乏味的演讲更令人沮丧的了，特别是你完全能知道，或是能猜到演讲者接下来要说些什么。但也有例外，在众多冗长而又乏味的演讲中的例外。我能记起的最"精简"的演讲是在英国驻伊拉克大使馆的招待会上，那天恰逢女王的生日。英国大使迈克尔·赖特爵士（Michael Wright）站起身来只说了这么一句话："女士们，先生们，今天有一个人在我们的心中是至高无上的，那就是我们的女王殿下"。

悉尼，2000 年

众所周知，著名的丹麦建筑师伍重（JornUtzon）为悉尼歌剧院（Sydney Opera House）设计的参赛作品曾被丢在了废纸篓里，直到后来，迟到的评审委员埃罗·萨里宁（Eero Saarinen）想要看一看那些已经被丢弃了的设计，并且说："我们再看看这个作品"。这一切都有记载。当第一次走近这座宏伟的地标性建筑时，我禁不住在想，评委会做出明智的选择实在是太重要了，一位富有远见的评审委员能够带来如此天壤之别的结果，就像我眼前的整栋建筑。我在悉尼歌剧院作了一场简短的即兴演讲。那天，我感觉不太舒服。晚上，当我回到酒店房间的时候发现了一张便条，内容是关于歌剧院活动的，而这张便条是保罗·海特（Paul Hyett）从门缝塞进我房间的。顿时，它让我忘记了身体的不适。

蒙特利尔（Montreal），1990 年

米格尔·佩雷拉（Miguel Pereira）在协会的一次例行会议上突然情绪大爆发，发表了一些激昂的言论，并暗含对政治的影射。或许不太合乎礼仪，

但是这种即兴演说无异于是一种调味料，能够让人们清楚地记住那次会议。就在这同一次大会上，当一位已经按照安排发过言的代表请求再次发言的时候，会议的主持人罗德·哈克尼（Rod Hackney）反驳说："你可以有墙有顶棚，但不能再要地板了"。

东京，2011 年

从我第一次看到会议计划的时候就很清楚，不丹（Bhutan）总理吉格梅·廷里（Jigme Thinley）的主题报告，将会是大会的一大亮点。我决不能错过这个机会。我甚至希望能有机会亲自见到这位卓越不凡的伟人。事实上我真的做到了，但却是在完全没有准备的情况下。我去参加日本明仁天皇和日本美智子皇后举行的招待会，而他们在早些时候出席了开幕仪式。当我赶往接待大厅的时候，差点在电梯里跟总理吉格梅·廷里先生撞在一起。只有短短几句话的交流，但很明显，他是个很特别的人。两天后，在招待会的大礼堂，他进行了精彩卓绝的演讲，丝毫没有辜负之前媒体对他的大力宣传。

格但斯克（Gdansk），1998 年

这是一场富有成效的执行局会议。但除此之外，还有一些别的东西。当我看到这座城市经过重建之后崭新的面貌时，脑海中一直萦绕着这样的想法。战后重建，这是一个长期以来一直悬而未决的问题，自华沙（Warsaw）之后，针对这个问题的公众舆论一直存在着巨大的分歧，格但斯克的战后重建也是如此。这座城市在战争中几乎被夷为平地，它的重建工作是从图纸和照片开始的。如此大规模的复制重建是我之前从未见过的，我想以后应该也不会再有了。这很值得钦佩，但在很多方面也让人感到很可怕。最后，我认为这种建造"欧洲博物馆"的做法太过危险，正如尼娜·内德里科夫（Nina Nedelykov）所言，"危险太大，不容忽视"。毕竟，我们真的已经做好了准备要抛弃我们的职业，认为它无法为我们的过去创造未来吗？

伊斯坦布尔，1993 年

这伟大的一天终于到来了。1993 年 11 月 23 日，市长努雷丁·索恩（Nurettin Sozen）先生在阿雅帕夏（Ayas Pasha）广场的一个露台上按下

按钮，拆除掉已经建成的帕克酒店（Park Hotel），这是一栋混凝土建筑，最高层数限制为 12 层，可实际上它却盖到了 24 层。看着模拟拆除场景中浓厚的黄烟滚滚而来——真正的拆除工作是在第二天开始的——人们不禁感慨，一座城市为了保护自己的城市景观，能够做出如此激烈的行为实属罕见。在那个露台上，在现场两千多名民众的面前，市长以及奥克泰·埃金奇（Oktay Ekinci）、比尔丁·托克（Biltin Toker）和我都发表了演讲。这是很令人敬畏的。国际建筑师协会能够有机会出席这次活动，在很大程度上要得益于秘书长尼尔斯·卡尔森（Nils Carlson）的努力，他从一开始就认识到这次行动是非常重要的。

卡尔加里（Calgary），2015 年

关于民族建筑的讨论会并不是孤立的事件。这样的活动之前就曾举办过，今后也还会继续举办。建筑的演变如今变得越来越明显，而这也是为什么这些会议与我们建筑师息息相关的另一个原因。在今年充满活力的卡尔加里建筑节上，在展示加拿大本土建筑的同时也具有国际性。国际建筑师协会现任主席埃萨·穆罕默德（Esa Mohamed）除了依照惯例送上了一封支持信函以外，还亲自出席并参加了相关的活动，这样的举动传递出一个信息，那就是国际建筑师协会对于加拿大的事务是非常重视的。此外，美国建筑师协会前任主席海伦·康姆斯·德雷尔宁（Helene Combs Dreiling）也出席了会议，强调了在本国研究部门服务的杰出建筑师继续在国际层面传播自己的影响是非常重要的。美国建筑师协会的另一位前任主席凯特·施温森（Kate Schwennsen），目前也在从事教育相关的工作。还有兰吉特·达尔（Ranjit Dhar）和查尔斯·马略罗（Charles Majoroh），也都在卡尔加里会议上发表了演说，强调了我们建筑师使命的普遍概念，他们都曾在本国与国际机构担任过要职。归根结底，世界上所有的国家和所有的建筑都是相互连通的。同样，世界上所有的建筑师之间应该是彼此相连的。

圣保罗，2003 年

抵达巴西，这已经是我第六次访问这个国家了，我不禁感慨自己是多么的幸运，能够有机会更好地了解这个幅员辽阔又充满着变化的国家。这个国家存在着令人惊讶的两极化矛盾，一方面存在着极度的贫穷，但同时又拥有

耀眼的富硕。同样幸运的是，来到这里，我可以有机会遇到越来越多来自于各行各业的人们，特别是建筑师，年轻的建筑师和年老的建筑师，但他们都对于不同的未来有着自己的梦想。有机会多次访问很多不同的国家，这是建筑学与人际交往不断发展的必不可少的一课。随着一次又一次的访问，你会发现不同国家之间的相似性变得越来越多，甚至开始超越差异性，这使世界变得越来越小，但同时，又变得越来越广阔，越来越有意义。

莫斯科，1992 年

一天傍晚，俄罗斯建筑师协会（UAR）的主席尤里·格涅德夫斯基（Yuri Gnedovski）带我去参观了一栋莫斯科很具特色的建筑，并向我展示了一间非正式的工作室——"起点"（Start）学校——在那里，一群莫斯科年轻的孩子们正在绘制建筑主题的画作。看到这一幕，我很受感动。这次的访问，正是日后国际建筑师协会开展的"建筑与儿童"活动的根源。我们最初的构想是通过展示孩子们的作品，去突显儿童对于建筑的热爱。但后来我意识到，其实最重要的事情是让孩子们熟悉建筑，这里说的孩子包含所有的孩子，可能的话年龄越小越好，而我们的长期目标是要创建一种未来的民意，提高民众对于高品质建筑的接受程度，从而对于我们建筑师有利于城市发展的构想给予更大的支持。我的这些想法，在很大程度上是受到了一本书的影响，它是爱尔兰皇家建筑师协会（RIAI）教育部门的主管安·麦克尼克尔斯（Ann McNicholl）送给我的一本关于在学校教授建筑学知识的书籍。多年以后，由埃娃·斯特伊斯卡（Ewa Struzynska）和汉斯·胡布里希（Hannes Hubrich）发起的金立方奖（Golden Cubes），向我们展示了当初的构想已经取得了多么傲人的进展。

索菲亚（Sofia），2000 年

在第九届世界建筑巡回展（每隔三年举办一次）上，一名来自参展国家的建筑师向我提出了一个问题，而这个问题在这之前与在这之后，都有很多人问过我："我能加入国际建筑师协会吗？"很多建筑师一直以来都忽略了一个事实，那就是协会的各项活动对所有成员国的建筑师都是完全开放的。你能想到比这更民主的吗？

雅典，2004 年

中国建筑学会理事长宋春华先生正在访问雅典，透过他的眼睛，使我重新燃起了对城市公共雕像的热爱。宋春华先生对于城市空间的雕像抱有极大的热情，这使我再一次审视这些自己身边的瑰宝。几年后，我听说他为位于长春的世界雕塑公园的成功兴建做出了决定性的贡献。这都是意料当中的事情。

巴库（Baku），2015 年

今年，巴库国际奖的评审委员会成员也同样来自世界各地。评委会负责人由托马斯·沃尼尔（Thomas Vonier）担任，成员包括米歇尔·巴尔马克（Michel Barmaki）、海德尔·阿里（Hayder Ali）、当地建筑师协会会长艾尔贝·卡西姆扎达（Elbay Gasimzada）和我。我们几个人分别来自四个大洲。重要的是，评审委员会的成员来自五湖四海，如此会提高竞赛或奖项的国际性，同时也间接地强调了这样一个事实，那就是在全世界任何地方，大家对于获奖作品都是接受与喜爱的。

德班，2014 年

我们几个人有幸参观了位于德班郊外的派裳河（Piesang）居住区，并对社区社会运动所取得的成就感到非常震惊。这些房屋都是由志愿者和半熟练的工人建造的，我们所看到的只是其中的一部分。同样为我们留下深刻印象的是当地居民的热情——特别是当地的妇女们。这次参观，是在国际建筑师协会德班世界大会召开的前夕进行的，从很多方面都体现了本次大会以人为本的精髓，它是我们这个行业的指针，意味着我们完全有可能创造出以社会现实生活为焦点的建筑。它还强调了城市中的贫困人口如果在有识之士的指导下，能够凭借自己的能力取得什么样的成就，比如说我们这次会议的主办者罗斯·莫洛可恩（Rose Molokoane），他就是当地城市贫困联盟（Federation of the Urban Poor，简称 FEDUP）组织的领导人。对我来说，这次经历就像是我 2010 年在约翰内斯堡参加 AZA 大会的第二场会议，那是最充实、最有意义的一场会议。我就是在那次会议上偶然遇到了城市贫困联盟。那些穿着橘色衣服的激进分子给我留下了很深的印象，他们对于政府将他们安置在非人道的几何形住宅中提出了激烈的抗议。通过与他们交谈，我意识到这些人最想要的其实是拥有带着他们个人印记的居所和公共空间，邻里间的住宅都集中在一起，大家可以协同劳作，这样才能创造出真正快乐的社区生活。这样的构想，难道不正是规划一种低成本大规模住宅的指针吗？

纽约，1968 年

1968 年，大家都认为雅典新音乐厅的建筑设计会由著名的美国建筑师菲利普·约翰逊（Philip Johnson）负责，我应邀去拜访他，希望能够成为他在雅典工作期间的拍档。我们在一些原则性的问题上达成了共识，但实际上，后来这个项目交给了一个德国的设计团队。由于资金不足，该项目只进行到结构体就停工了。二十年后，由于某种奇怪的命运转折，我们公司在这个项目的设计—施工竞赛中成为获胜团队中的一员，负责两个礼堂的设计，这两个礼堂分别有 2000 和 500 个座位。对于自己当初第一次访问这座令人惊叹的城市——纽约——的经历，我仍然记忆犹新。那是我第一次亲眼看到并参观了古根海姆博物馆（Guggenheim Museum），它是我所见过的最鼓舞人心的建筑之一。假如约瑟夫·帕克斯顿（Joseph Paxton）设计的水晶宫（Crystal Palace）还依然矗立的话，应该可以与之媲美。

雅典，1999 年

这是我担任协会主席之后组织的第一次执行局会议。这次会议就在我的祖国举行，由科斯塔斯·利亚斯卡斯（Kostas Liaskas）会长领导的希腊技术协会（Technical Chamber of Greece）负责主办。这是一次令人难忘的经历。除了会议以外，我们还参观了阿尔戈利斯（Argolis，希腊东南部的州——译者注）考古遗址。时至今日，我仍然清楚记得，我们一行人慢慢走上迈锡尼（Mycenae）古城堡的陡坡，并穿过它的大门——狮子门。我们感受到自己仿佛被历史吞没了。

达喀尔（Dakar），1994 年

达喀尔会议的目标是要建立一个框架，将奥林匹克精神同发展中国家的体育设施建设联系在一起。我们代表团一行人参观了索蒙（Somone）奥林匹克非洲体育中心，在当时，该项目的设计非常新颖，极具挑战性。在我的达喀尔之行中，最令人难忘的是戈雷（Gorée）岛。这里过去是奴隶买卖的

登船点，当你真正踏足在这个小岛上时，不由自主地，你就会为人类曾经所遭受的苦难而感到战栗。那些奴隶被强制带往一些国家，现在，他们的后代在这些国家已经享有了平等的公民权利，而事实上，尽管已经过去了很多年，但在某些情况下，他们仍然没得到真正的社会平等与接纳。所以，我们还有相当长的一段路要走。

伊斯坦布尔，2005 年

随着大会的闭幕，我作为协会卸任主席的任期也宣告终结，事实上，我已经结束了在国际建筑师协会的所有公职，艾丹·艾里姆（Aydan Erim）从与会者当中站起身来，公开地向我表示了感谢。作为一名坚定的协会拥护者，这对我来说意义重大。

突尼斯（Tunis），2003 年

在国际建筑师协会任职期间，我尽可能地避免承接海外的建设项目，即使来找我的是过去希腊的业主，他们打算在乌克兰兴建两栋建筑。我之所以这样做，是因为我认为，个人的专业活动不应该同公职人员的事务混为一谈，或是看起来像是混为一谈。然而，在我的协会任期结束后不久，这种"国际业务荒"也就结束了。凯洛斯·吉尔吉斯（Kyros Kyrtsis）成为我重新开张后的第一个客户，他的项目在突尼斯，这是一个我一直以来都很关注的国家。这个项目包含两栋建筑物，位置毗邻迦太基（Carthage）的考古遗址。

雅典，2006 年

希腊议会基金会安排了一场关于 1922 年后小亚细亚地区难民生活的展览，吸引了众多参观者。展览会展出的住宅项目当年是由难民安置委员会负责的，其中的设计与建造部门由我的父亲领导，在八个地点建造了大约两万所安置住宅。那个时候，他一定想象不到，大约八十年后，他的孙媳妇、博物馆学家安娜·埃内皮基杜（Anna Enepekidou），竟然会成为这次展览的策展人。

伯拉第斯拉瓦（Bratislava），1991 年

作为联合国住房、建筑和规划委员会会议的举办地，伯拉第斯拉瓦以实

实在在的景象向我们揭示了什么是冷战。我是以国际建协二区副主席的身份参加这次会议的。斯特凡·斯拉赫塔（Stefan Slachta），当时任斯洛伐克（Slovak）建筑师协会主席，后来成为国会议员，邀请我和马丁·德拉霍夫斯基（Martin Drahovsky）、亚历山大·朱里克（Alexander Gjuric）一起，到他的家中做客。从他的住所向外眺望，可以俯瞰到著名的多瑙河，而这里距离隔离用的铁幕只有几米远。斯特凡送给我一片带刺的铁丝网作为留念，对我来说，这份纪念品不断地提醒我，在这个世界上的很多地方，仍然存在着人为的障碍和政治的分界线。旧的障碍被拆除，新的障碍又出现，或者是被强行制造出来。我们想知道，这种分裂到底有没有尽头。

雅典，2010 年

从很多方面来讲，我们建筑师都是很幸运的。我们有幸能够参观自己的建筑作品，还可以故地重游，看到它们一直"活生生"地矗立在那里，看到外立面和室内慢慢长出铜锈。对一名建筑师来说，最伟大的成就可能莫过于感受到自己创造的建筑作品验证了劳伦斯·格林（Lawrence Green）的那句话——"越老越可爱"——是正确的，这些建筑作品会永远活在人们的记忆中。同样，一个人自己设计的建筑物的落成典礼也是令人难忘的。迈克尔·科杨尼斯（Michael Cacoyannis）设计的文化中心，包含两个剧院、一个电影院、一个多功能厅，里面配有两套放映设备，一套从舞台地板上伸出，另一套从天花板上垂下来。同很多其他建筑的落成典礼相比，这次的典礼有一个特别之处，那就是建筑师没有被遗忘。在这个场合，希腊总统和塞浦路斯共和国总统（著名的电影制片人卡科亚尼斯（Cacoyannis），曾拍摄过《希腊人佐巴》（Zorba the Greek）[7]等影片），教育部长和我都进行了发言。对于我们这个行业来说，过去曾经有过一段很好的时光，在那个时候，一些重要的建筑都是与建筑师的名字联系在一起的，比如说，原来的巴黎歌剧院，时至今日，它还是被称作"加尼叶宫"（Palais Garnier）——就是以其建筑师查尔斯·加尼叶（Charles Garnier）的名字命名的，他当时还非常年轻，就赢得了这个项目的设计竞赛。同过去的那段好时光相比，我们今天还有很大的差距。毕竟，如今，有谁会管巴士底歌剧院（Bastille Opera）叫卡洛斯·奥特（Carlos Ott）歌剧院呢？

哈瓦那，2002 年

当古巴建筑师 / 工程师协会的主席诺玛·迪亚兹·拉米雷斯（Norma Diaz Ramirez）来到机场迎接我的时候，我对于接下来的安排还几乎一无所知。我刚被邀请参加了美国建筑院校联合会的建筑教育国际会议。但事情远不止于此。一开始，我花了相当长的时间才沉浸到这里与外界巨大的反差之中——社会安宁同时又被外面的世界所排斥。毫无疑问，这里的传统建筑非常有价值，但其中有一些已经相当破败了，尽管如此，它们还是没有被拆除掉。哈瓦那的街头随处可见老式的别克和雪佛兰轿车。在这里，时间仿佛静止了。我在一幢巴蒂斯塔（Batista）时期的两层楼高的别墅受到了接待，汽车有专门的司机驾驶，门廊上有侍者端来的饮料，侍者身穿白色无尾礼服，这里的景象让我想起了海明威的时代。我与古巴的同事们进行了认真的讨论，总而言之，所有这一切让我自然而然地得出了一个结论：这是一次不同寻常的经历。

柏林，2002 年

我对橄榄球的热爱早已经不是秘密了。想象一下，当约翰·辛克莱（John Sinclair）和新西兰建筑师协会代表将一件"全黑队"（All Blacks）的球衣送到我面前的时候，我有多么的惊讶。这件球衣非常大，大到就连坐在前排的橄榄球前锋都能穿得下，而他的体格相当于两个我那么大。我一直都珍藏这这件球衣，并希望能再度访问这个国家，该国的建筑师不断地创作出优秀的建筑作品，值得全世界的肯定与赞誉。

曼谷，2001 年

从越南回来之后，我在曼谷停留了几个小时，与泰国建筑师协会讨论了一些事情。在这里，我受到了非常热情的招待，并参观了一些很有趣的当地建筑。与很多城市一样，往返机场的车程极其缓慢，令人心神不安，一路上不停地塞车。不知何故，在当代大城市的迷宫中，我们的城市规划出了问题，我们失去了所有的平衡感，特别是人类与自然之间的平衡感。不由自主的，我的思绪飞向了我那与世隔绝的海边小屋，那里没有围墙，汽车也无法到达。

塞萨洛尼基（Thessaloniki），2004 年

花些时间来到大学里，和建筑系的学生们在一起聊一聊，这样的机会总是会有收获的——特别是在那些有条件进行公开讨论与意见交流的场合，比如塞萨洛尼基（Thessaloniki）的亚里士多德大学（Aristotle University）三年级学生的作品汇报，主题是"极端条件下的建筑"。回首过去的这些年，我在各所大学中的所见所闻使我受益匪浅——例如在莫斯科的莫斯科建筑学院，在布加勒斯特（Bucharest）的 Ion Mincu 大学，还有在北京的清华大学。我一直认为，让学生参与国际建筑师协会的活动是非常重要的。因此，1996年，我们首次举办了同时面对职业建筑师和建筑系学生开放的设计竞赛，竞赛的主题是相同的，而评选工作则是分开进行的。这些设计竞赛，以及后续的其他活动，都代表了协会对学生和大学所秉持的开放态度。有些人认为，国际建筑师协会就是一个老建筑师的"俱乐部"，这样的日子已经一去不复返了。很显然，我们不是。

开罗，2016 年

位于吉萨（Giza）的埃及大博物馆计划在两年后开放，它是一栋非常优秀的建筑作品，证明当初国际建筑师协会同联合国教科文组织一起组织设计竞赛，评选出获奖作品这样的做法是正确的。当时，参加那次设计竞赛的总人数超过了 1700 人，这真是个令人难以置信的数字。这个计划开始于 2000 年，当时，我与埃及的文化部长法鲁克·胡斯尼（Farouk Hosni）共同讨论过这场竞赛。正式的竞赛是在两年后举办的。

柏林，2002 年

由于投票选举的程序非常复杂，所以大会的最后一天已经拖到很晚了。根据法定要求，选举需要重复投票。虽然在合同上注明了主办方要准备电子投票设备，但事实上他们并没有提供，所以我们只能以人工唱票的方式来进行这项工作。下午晚些时候，我在主持会议的时候接到一份通知，说同声翻译设备也不能使用了——可会议还在进行中。于是我决定，接下来只用一种语言继续会议。这一天对于所有与会人员、特别是对我来说，真是难熬的一天。

蒙特利尔，1990 年

随着我在协会所担任的职务越来越重要，旅行已经成了家常便饭。我一直都在尝试着找到方法，可以使旅途尽可能地平稳顺利，不要对我整体的时间安排造成影响。所以，在飞往蒙特利尔的途中，我为自己制订了两条黄金守则，我一般都会照章执行，很少违背。在去的路上，我喝了一点酒，彻底抛开了头脑中有关雅典的活动。我将腿尽量伸展、放松，这种感觉真的令我很享受。但回程的旅途就完全不一样了。我专心致志地将刚刚参加过的会议和活动都记录下来，以便回到雅典以后立刻就可以开始处理我办公室的事务。这个"系统"通常都运作得很好。有的时候，我在回程的路上也会小酌一杯，但那只是飞行快要结束时对自己的奖励。

利马，2015 年

在一次理事会的例行会议上，我得知韩钟律（Jong-Ruhl Hahn）被任命为国际建筑师协会 2017 年首尔大会的主席。要想举办一届成功的大会，就必须要对世界各国的工作方法和心态都有同等的认识。当建筑师们有了"国际的接触"，沟通和结果通常都会变得更有效率。很明显，这种沟通并不仅仅局限于语言知识的范畴，如果没有对其他的国家、其他国家的建筑以及其他国家的人生观更深入地领悟，单单说语言是没有什么意义的。韩和我所见到过的其他韩国建筑师都很相像——比如康徐元（Suk-Won Kang）、金钟松（Jong Soung Kimm）、李祥林（Sang-Leem Lee）和赵诚重（Sungjung Chough），仅举四例。

巴拿马城（Panama City），2002 年

这是我第一次参加泛美洲建筑师联盟（FPAA）执行委员会的会议，亲身感受到了这个组织所面临的严峻挑战，以及"两个"美洲大陆多元化所提供的巨大机遇。我的巴拿马之行是在异常忙乱中进行的。我从机场匆匆忙忙地赶到会议大厅进行演讲，那里召开的是巴拿马第九届全国建筑师代表大会，会议的主题为"未知的路"。从经过海关开始计时，20 分钟后，我已经站在讲台上了。在这次访问中，有两件事情是我将永远铭记于心的——一是与当地的大学生们进行了非常生动而有益的讨论，二是无所不在的豪尔赫·泰勒（Jorge Taylor）。

雅典，2010 年

我一直都对缺乏规划的城市生活和工作问题感到很困惑，围绕着这个难题，我徘徊了很久，直到有一天在 YouTube 上观看了拉胡尔·梅罗特拉（Rahul Mehrotra）在伦敦政治经济学院（LSE）做的一场演讲，主题为"活力城市"，他为我开启了一片新的视野，使我茅塞顿开。演讲的主题围绕着非正式化的设计进行，而我们很多人都认为这个主题同世界上的大多数城市都有着密切的关联，特别是大型城市。最近，我很高兴地获悉拉胡尔·梅罗特拉一直都在针对"随意增长状况下的设计"问题进行深入的研究，并总结了从城市中的非正式规划区域能够学到哪些经验教训。

比什凯克（Bishkek，又名伏龙芝），1991 年

这次访问没能实现。因为一项紧急的任务，我在最后一刻只得取消了原计划的访问安排。遗憾的是，我的东道主本来已经为我在吉尔吉斯斯坦（Kirgyzstan）的逗留安排了一个非常有趣又多样化的建筑之旅，其中甚至还包括伊塞克湖（Lake Issyk-kul）和天山（Tien Shan）——吉尔吉斯斯坦与中国和哈萨克斯坦三国"交汇"处的圣山。按照真正的柯尔基兹（Kirgyz）习俗，他们原计划当我踏入他们的国家时，就要在机场的停机坪上宰杀一头羊来表示欢迎。我取消了行程，至少那头羊活了下来，又多过了几天好日子。

奥廖尔（Orel），2011 年

俄罗斯建筑与建筑科学学院的学术报告的广度和深度一直都令我感到赞叹。在奥廖尔，我们几名外国成员与俄罗斯建筑与建筑科学学院的主席亚历山大·库德里亚夫采夫（Alexander Kudryavtsev）先生，以及俄罗斯同事们一起参加了他们的年度大会。奥廖尔位于俄罗斯中部，是一个历史悠久的省城，第二次世界大战时期著名的奥廖尔战役就发生在这里。这里还是著名作家屠格涅夫（19 世纪俄国批判现实主义艺术大师）生活与写作的地方。来到屠格涅夫隐秘幽静的庄园，重温他的著作，这样的经历就像是一次奇妙的时光之旅，带我们回到了 19 世纪俄罗斯的灵魂深处。

开罗，1985 年

开罗大会一共计划安排了三位主要的发言人——查尔斯·科雷亚

（Charles Correa）、利昂·克里尔（Léon Krier）和理查德·迈耶（Richard Meier）。每天的活动安排都是围绕着他们当天的演讲内容进行的。在临近会议召开的最后一刻，迈耶发来电报说他不能来了。所有的与会人员，超过五千名的建筑师代表都感到相当失望。

巴黎，2009 年

一个雨夜，弗朗辛·特鲁庇隆（Francine Troupillon）的送别会是在里沃利（Rivoli）街的一幢大楼里举办的。路易斯·考克斯（Louise Cox）、罗德·哈克尼（Rod Hackney）、前任主席费米（Femi Majekodunmi），以及国际建筑师协会巴黎分部的所有员工和很多朋友都参加了这次晚会。1981 年，当我在华沙第一次参加国际建筑师协会会议的时候遇到的那位年轻的女士，现在已经要退休了。同样，凯瑟琳·海沃德（Catherine Hayward）、葆拉·利博拉托（Paula Liberato），还有其他很多兢兢业业的员工也都将如此，不可避免地告别这个他们长期辛苦服务的组织。就如同艾琳·奎因（Eileen Quinn）的经历一样，2013 年底，随着她的卸任，一个篇章结束了。而在此之前的很多年，她的名字几乎就是竞赛的代名词。艾米丽·波宁（Emily Bonin）的到来揭开了新的一页。但还是同样的一本书。

斯特拉斯堡，2012 年

在一次理事会会议结束的时候，我们大家一起应邀参加了一项非常特别的活动，"建筑 24 小时"——确切地说，这 24 小时指的是从中午 12 点开始，到第二天中午 12 点结束，大家在这段时间一起讨论有关建筑的事情。走进第一间会议厅，想象一下，当我看到我的侄女米尔托·韦塔特（Myrto Vitart）正站在讲台上演讲的时候，我有多么的惊讶。当时，她的演讲刚好结束，内容是关于 Mediatèque 项目的，该项目由她和吉恩 - 马克·伊博斯（Jean–Marc Ibos）共同设计。看到我的家人（她是法国人）就这样出乎意料地出现在我的面前，这个世界真的是很小。

柏林，2002 年

出席大会开幕典礼的总人数超过了六千人。在官方介绍结束之后，会议安排了两场各二十分钟的主要演讲——发言人分别是总理格哈德·施罗德尔

（Gerhard Schroeder）和我。我们两个人的座位被安排在一起，都在前排。当他的演讲结束后，主持人通知该我上台了，这时我注意到他的助理就坐在他的身后，示意他可以先行离开。我至今仍然记得他对助理耳语时脸上的表情，大概意思是说他要等到我的演讲结束后才能离开会场。他的所作所为，他的谦逊有礼，是我永远都不会忘怀的。这种谦逊的态度，同很多位阶比较低的官员们的行为相比，完全是天壤之别，那些人一旦完成了他们自己的"任务"之后就立刻离开了，而他们的任务并不包含给予组织应有的尊重，尽管在表面上他们假装表现出了尊重的态度。

苏黎世，2004 年

结束了巴黎的行程，我在苏黎世机场转机，坐上瑞士航空公司的航班返回雅典。飞机起飞后出现了一些故障，部分起落架不能收回，所以我们在空中盘旋了两个多小时后，最终决定用正常的几个轮子紧急着陆。那是一次完美的着陆，但是出现了这样的状况，我们还是为最坏的结果做好了准备。我还经历过其他几次发生了状况的飞行，比如说有一次，飞机的引擎竟然起火了。虽然经历了这些险象环生，但我也很幸运地看到了一些令人叹为观止的风景奇观，或许没有什么比乌拉尔山（Urals）的景象更令人惊叹的了，整座大山就像一片尖刀一样，从山脉两旁的平原上拔地而起。作为一名飞行爱好者，坐在驾驶舱，戴着耳机，看着飞行员驾驶着大型喷气式客机从马尼拉起飞，到肯尼迪机场降落，真是件惊心动魄的事。但是最刺激的一次是乘坐肯尼亚航空公司（Air Kenya）的八人座派珀飞机（Piper Navajo），我的座位就在飞行员的旁边。这架飞机从内罗毕起飞，途经动物王国，飞往我们的会议地点马赛马拉。

东京，2003 年

在日本建筑师协会会长大仓义明（Yoshiaki Ogura）的家中。在黑色的玄关台上，摆放着一个黑色的花瓶，里面只插了一支红色的花。整栋房子的装修堪称简约的典范。最低限的装饰，就像光与影的相互作用，是日本建筑中的重要元素。此外，阴影也可以独立地成为一个元素，在日本唯美派文学大师谷崎润一郎（Jun' ichirō Tanizaki）广为流传的著作"阴翳礼赞"（In praise of shadows）[8]中，就对影子进行了特别的描写。关于阴影，波斯诗人莪默·伽亚谟(Omar Khayyam)曾在他的诗句中这样写道:"在深深的黑暗中,她的眼睛异常明亮"。

西姆拉(Shimla),1997 年

昌迪加尔(Chandigarh)的理事会会议结束之后,我们被带到一个山区的度假胜地西姆拉(Shimla)。突然天降大雪,我们所有成员都被困在了山上。最后,我们终于决定要勇敢地面对,开着一辆轮胎已经被磨损得没了花纹的小货车冒雪下山。詹姆·杜洛(Jaime Duró)评价说这些轮胎真的非常闪亮,你甚至可以把它们当作剃须镜来使用。

伊斯坦布尔,1991 年

关于历史城区——埃米诺努(Eminonu)、弗纳(Fener)和加拉塔(Galata)——旧区更新的研讨会引起了很多人的关注,与会者众多。由于研讨会的参与者们在户外进行了很多写生,所以这座城市本身也变成了主角。在非正式会议期间,建筑师兼建筑活动家梅特·古克托格(Mete Göktug)带我进入了塔拉巴什(Tarlabashi)地区探险。尽管土耳其的建筑师已经尽了自己的最大努力,但宽阔的塔拉巴什大道上还是破坏了建筑景观,把贝约格鲁(Beyoglu)这个建筑历史悠久的地区同其他部分割裂开来。事实上塔拉巴什是一个被列为世界文化遗产并需要被保护的地区,可这对于政客们来说毫无意义。尽管这样违背法律的破坏在世界上很多国家都存在,但可以肯定的是,名录,特别是联合国教科文组织(UNESCO)和欧洲文化遗产保护组织(Europa Nostra)的名录,在过去还是保护了很多宝贵的公共遗产免遭破坏。

开普敦,1957 年

毕业的那天,你难免会想到未来。但你也不愿意就此切断与过往的联系。学生时代,有很多事情是应该要记住的。你做过哪些事,你看到过哪些事,你同他人分享过哪些事。最重要的是你的老师和同学们。我由衷地感谢我的教授桑顿·怀特(Thornton White)、普赖斯·刘易斯(Pryce Lewis),特别是艾伦·莫里斯(Alan Morris),他对我的设计方法产生了决定性的影响。还有我的同学汉内斯·梅林(Hannes Meiring),他后来成为一名优秀的

建筑师和艺术家。在比我们高三届的学长中，有两位日后取得了非常出众的成就——一位是鲁洛夫·维滕堡加德（Roelof Uytenbogaardt），我至今都还记得他的素描作品；另一位是杰克·戴蒙德（Jack Diamond），他后来移民去了加拿大。

北京，2013 年

一些曾担任区域性建筑师协会主席的人后来也成为国际建筑师协会理事会会的成员，就像现在伊莎·穆罕默德（Esa Mohamed）和尤兰达·雷耶斯（Yolanda Reyes）的情况一样，他们虽然转换了阵地，但还是服务于相同的理念。这对我们这个行业是有好处的，因为在处理区域性问题的时候便于采用更可行的方法。

基辅，2001 年

基辅的建筑日庆典是个很重要的活动。该活动由乌克兰建筑师协会及其主席伊戈尔·哈贝拉（Igor Shpara）操办，活动强调了展示型建筑的重要性，特别是在一些国家，媒体对于高品质的建筑还没有特别的关注。离开基辅之后，我在《建筑与名声》（Architecture and Prestige）[9] 杂志上读到了奥莱纳·奥利尼克（Olena Oliynik）撰写的一篇评论，开头是这样写的："去年仲夏，发生了很多重要的事情。6 月 3 日，最后一个炎热的日子里，也就是建筑日的前夕，所有的事情都赶在了一起：罗马教皇访问乌克兰，第二届室内设计大赛，建筑工程展，以及国际建筑师协会主席的来访。这两位拥有伟大道德权威的杰出人士同时访问我国，这绝不会是偶然的，他们的到来，是为了给我们的民族上一堂有关勇气、谦卑、力量和民族自豪感的课。"读了这段文字，对我来说是一个很大的教训，我的所作所为代表的并不是我个人，而是代表着唯一一个世界性的建筑师组织，我意识到，我们往往低估了这个组织所拥有的巨大潜力。在基辅，以及两个月后在河内，我都产生了相同的想法，那就是我意识到对某些国家来说，国际建筑师协会有多么的重要。我们在审视自己的责任与使命时，绝对不能"势利的"只看到那些处于巅峰的发达国家。

底特律，1968 年

那个时候，我还是国际产业规划协会（Internationales Institut für Industrieplannung）的成员，这个组织的总部设立在维也纳，与国际建筑师协会完全没有关系。我不太记得当初为什么会同其他国际产业规划协会认识的建筑师一起，比如说著名的荷兰建筑师欧内斯提纳斯·格鲁斯曼（Ernestinus Groosman），参加了由美国建筑师协会（AIA）主办的国际建筑师协会工业建筑研讨会的。事实上，这是我第一次接触到国际建筑师协会，我将永远珍爱我的协会徽章，以及当时美国建筑师协会会长给我的感谢信。那次经历，还有很多方面也同样令人难忘。我听了美国著名建筑师巴克敏斯特·富勒（R. Buckminster Fuller）一场精彩的演讲，那个时候他已经上了年纪，而我竟然有幸同他讲了几句话——在当时，这对我来说是件很了不起的事。第二天没有什么特别的行程安排，于是我去了芝加哥，并且立刻就被这里的美景迷住了，特别是在晚上。我应邀参加了一个聚会，那个聚会是在玛丽娜大厦（Marina Towers）的顶层举办的——我至今仍然无法相信——我竟然成功地说服了约翰·汉考克中心（John Hancock Center）建筑工地上的一位工作人员，让他带我对这个施工中的项目进行了参观。我们乘坐工人用的电梯爬上最后的 30 层，透过这座光秃秃的钢结构建筑，站在 329 米高的100 层顶楼，一个 4 米见方的平台上。我平时没有头晕的毛病，但是那天早上我真的感到害怕了。在这精彩的一天结束的时候，我得到了两份不可思议的手绘图和手工注释的 SOM 蓝图——一份是局部的立面图，另一份是细部详图。我将这两份图纸保留了下来，当作那个已经逝去了的时代的"博物馆珍藏"，那个时候，建筑师可以运用的方法还比较有限，但他们却可以创造出如此伟大的、鼓舞人心的建筑作品。

地拉那（Tirana），1980 年

格里戈里·达玛托普拉斯（Grigoris Diamantopoulos）、尼科斯·阿格里托尼斯（Nikos Agriantonis）和我，是第一次被邀请访问这个由恩维尔·霍查（Enver Hoxha）统治了这么多年的国家（阿尔巴尼亚）的希腊建筑师。由恩维尔·霍查的女儿普兰维拉（Pranvera）和教务主任贝西姆·达哈（Besim Daja）安排，我们来到地拉那大学进行了演讲。阿尔巴尼亚是一个刚刚获得独立的国家，也是一个被时间遗忘了的国家。低矮的圆顶军事掩

体，这就是这个国家最主要的建筑特色。不管你走到哪里，这种建筑都随处可见。再加上中国的卡车和数不清的牛拉车，画面就更加完整了。我们从 200 米外的南斯拉夫界标出发，手里提着行李徒步跨越边境线，总而言之，这真是一次令人着迷的经历。然而，来到这个国家，我目睹了人们对于学习与进步的热切渴望，特别是在大学里，这让我倍感欣慰。我们已经可以开始看到他们的进步了。

巴格达，1958 年

从开普敦到雅典的途中，我在巴格达"停留"了两年的时间。那是我第一次的工作经历，同时也是个多事之秋。巴格达发生了政变。新的国王和总理立刻走马上任，毫无疑问，是为了过上更好的生活。于是，我在巴格达的最后 12 个月就是在革命政权的统治下度过的。我喜欢和当地的民众打成一片，即使是去观看叛国罪的审判，我真的去观看过几次这样的审判。太阳将我晒得黝黑，看上去就像个阿拉伯人，这对我很有帮助。在伊拉克，我学到了很多东西。我了解了逊尼派、什叶派和库尔德人。我同他们一起工作，由此了解到种族之间的紧张关系已经得到了遏制。当伊拉克入侵发生的时候，我清楚地意识到宗教间的对抗和国内冲突注定一发而不可收。然而令我惊讶的是，很多政治人物，乃至军方，都大大低估了这个问题的严重性。在办公室，萨杜恩·卡萨布（Saadoon Al-Kassab）——一位伊拉克工程师，也是我的朋友——总是在桌边放着一杯拉班（laban），有一天他问我会不会打网球。我说是的，因为我在南非的时候经常打网球。两局下来，他都以大比分完胜我，将我打得丢盔卸甲，6 比 0，之后还是 6 比 0。然后，他手上端着一杯拉班微笑着告诉我，他曾是伊拉克的网球冠军。从那以后，我再也不觉得自己会打网球了。

洛桑市，2048 年

一百年前，在这里诞生了一个国际性的建筑师联盟，时至今日，这还重要吗？在我们的内心深处，我们知道萨拉兹（La Sarraz）、努阿德（Rue Raynouard）和蒙帕纳斯（Tour Montparnasse）是一条连续不断的索链，它引导着我们朝着一个不断变化的未来前进（萨拉兹等三个地名是国际建协总部曾设在瑞士、法国的办公地址——译者注）。所以，这确实是很重要的。

巴黎，1993 年

为了纪念当初非洲人在塞内加尔这个岛屿的港口被贩卖为美洲的奴隶，我们开始筹备戈雷纪念馆（Gorée Memorial）国际设计竞赛，但巴西著名建筑师奥斯卡·尼迈耶提出，他愿意亲自负责这个纪念馆的设计，而且是免费的。很显然，由知名建筑师负责该项目的设计，这种做法是不妥的，因为它既不符合我们组织的原则，也违背了我们一直以来坚定的信念，即设计竞赛代表着我们这个开放的建筑行业最民主的做法，特别是对年轻的建筑师们来说。显然，当时的协会主席费米（Femi Majekodunmi）陷入了进退两难的困境，于是他请我帮忙起草一封信。大家可以想象一下，如果我们将纪念碑和纪念性建筑的设计任务都交给明星建筑师来负责，只是因为他们愿意免费承接，那么这样的做法会对我们这个行业产生怎样的影响。

雅典，1973 年

又一位叫斯古塔斯（Sgoutas）的建筑师诞生了。这一次是一位未来的合作伙伴。我的小儿子迪米特里斯（Dimitris）是在苏格兰和英国 AA 建筑联盟学院接受专业教育的。

莫斯科，2011 年

从奥廖尔（Orel）回来的途中，我在莫斯科度过了空闲的一天。我认为这是个绝佳的机会，可以以个人的名义去拜访亚历山大·库普佐夫（Alexander Kuptsov）——2011 年国际建协斯古塔斯奖得主之一。于是，我就在他的办公室里，同他、他的搭档谢尔盖·吉卡洛（Sergey Gikalo），还有其他同事一起聊了将近两个小时。对我来说，这真是一个充实的下午。能够亲身感受到他们的获奖作品背后对弱势群体事业的承诺，这是很有启迪作用的。

河内，2001 年

大家都了解，国际建筑师协会的会长是不可能接受所有活动与会议邀请的。因为他没有足够的时间。然而，在越南，情况就不同了。"建筑与水"

设计竞赛在突尼斯（Tunis）评选出了获奖作品，而我决定亲赴越南，因为我想要亲手将获奖证书颁发给越南的建筑师和学生们。四名来自河内大学（Hanoi University）的学生作品获得了学生组的特等奖，还有三个建筑师团队获得了专业组的提名。对于我不辞劳苦地远道而来，我的东道主不止一次地向我表达了感谢，他们的热情甚至让我感到有些尴尬。颁奖典礼是在大学举行的，并由越南建筑师协会的主席阮楚安（Nguyen Truc Luyen）主持，当我被邀请上台发言的时候，我感到非常激动，在那一瞬间，甚至忍不住流下了眼泪。总之，这次经历是我永远都不会忘记的。一年后，在柏林大会期间，还组织了一场关于国际建筑师协会设计竞赛的公开会议。到了"建筑与水"竞赛的汇报时间，一位越南建筑师上台演讲。他的英语很不好。事实上，他从头到尾都磕磕巴巴的，大家完全听不懂他在说些什么。尽管如此，听众们还是惊呆了。他们感受到那一刻，具有某些更深层次的意义。

基奥斯岛，2005 年

基奥斯岛是一座美丽的岛屿，有着悠久的历史，还有很多著名的遗迹与建筑，尤其是大量的热那亚时期（Genoese-period）私人宅邸。我在当地的文化中心进行了一次关于色彩和建筑的演讲。开始的 15 分钟，一切都很顺利，但是后来却出现了大混乱。透过敞开的窗户，徐徐的微风突然被扩音器里播放的一场重要足球赛高分贝的解说所取代，还有楼下咖啡馆里球迷们的欢呼与尖叫。我敢保证，对于那些毫无防备的观众们来说，我的演讲本来一定会是非常精彩的——却突然间几乎听不到了。

贝鲁特，2011 年

我们原计划在理事会会议的最后一天，去拜访该国（黎巴嫩）的总理萨阿德·哈里里（Saad Hariri）先生。但是一夕之间，他的政府突然被反对派推翻了，他变成了临时的代理总理暂管事务，直到新的政府组建起来。显然，处于这样的状况下，他一定有很多事情需要考虑，有很多问题亟待解决。他完全有理由取消同我们的会面，但他并没有那么做。事实上，总理并没有给我留下什么深刻的印象。他花了超过一个半小时的时间，亲自与我们每个人进行了交谈。这是文明礼仪与民族精神的典范。

麦克莱斯菲尔德（Macclesfield），1998 年

在脑海中搜寻对麦克莱斯菲尔德的记忆，就像是在回顾未来。当时，政策委员会会议是在罗德·哈克尼（Rod Hackney）的家里进行的，大家一起讨论了国际建筑师协会未来的发展问题。当年所说的大部分内容现在都得到了证实。所以，那是一次很成功的会议。然而遗憾的是，工作起来从不知疲倦的比尔·里德（Bill Reed）这么早就离开了我们。我永远都不会忘记，大家在麦克莱斯菲尔德为候鸟修建的小型人工水塘。对我来说，这传达了一种信息，那就是我们每一个人，都可以在环境问题上略尽自己绵薄的一份心力。

圣地亚哥，1993 年

这个充斥着反差的国家，有条不紊地主办了我们的理事会会议。所有的日程都依计划按部就班地进行，除了一件事。就在这里，中国建筑学会提交了主办 1999 年北京大会的申请。几年后，当我再次翻阅他们当时的申请资料时，第三段内容引起了我的兴趣，这一部分非常精准地描述了会议的主题和目标。文件中的描述，同北京这些年来实际发生的状况是多么的相似啊！有的时候，回首过去也是很令人着迷的。我们还参观了风景秀美的瓦尔帕莱索（Valparaiso），那里古老的自动扶梯在绝壁上穿梭，铸铁面板上还刻着来自英格兰中部和苏格兰制造商的名字。

桑坦德（Santander），2001 年

毫无疑问，一个人在演讲的时候总是会遇到一些令人尴尬的时刻，但是，可能没有什么比在桑坦德大教堂面对将近 200 名观众时发生状况更糟糕的了。我在演讲的时候无法控制的一直干咳，还有比这更糟的吗？在会议开始的时候，由于一名口译员没有来，所以我被要求用法语，而不是英语发言，相比起来，这算是那天下午最轻松的事情了。

东京，2011 年

正源于此，在 2017 年首尔建筑师大会的一次活动中，我被引荐给老挝建筑师协会的主席（桑克汉姆·菲尼特）先生。这是我第一次见到来自老挝的建筑师，所以对我来说，这次会面有着真正具体的意义，意味着我们全世

界建筑师之间的兄弟情义又得到了进一步的拓展。欢迎这个新的国家加入我们的大家庭。

纽约，1996 年

三个月后将在伊斯坦布尔举行"欢乐空间"（Convivial Spaces）设计竞赛的评审，其中的两位评委会成员将会接任联合国人居署（United Nations Human Settlements Programme，简称 UNCHS）的重要职务。他们接受了评委会的邀请，但是在评选进行之前，当我在纽约的联合国讨论会上遇到其中的一位时，他却告诉我他不会来参加评审活动，事实上，他从未打算过要来参加。我们问他既然不打算参加，那为什么一开始要接受这份邀请，他竟然回答我说："为了要增加评委会的分量"。我简直不敢相信自己的耳朵。有趣的是，真正进行评选的时候，这两位都没有出席。回首这些年来，我认为，在世界各地很多国际组织中的官员，都没有对那些我们所面临的重大问题给予足够的关注，至少没有达到民众的期待。尽管如此，但还是无法抹杀这样一个事实，那就是在这些组织中，也存在着一些有识之士，他们一直都在努力地推动着我们的进程。

那不勒斯（Napoli），1996 年

主题为"西方城市问题"的第二届人居大会预备会议，得到了相当多的关注。最后一天，夜幕降临，我想要去圣卡洛（San Carlo）——最伟大的歌剧院圣地——观看歌剧《弄臣》（Rigoletto）[10]，但却一直买不到门票。我和另外两名同事守在歌剧院门口，想碰碰运气看是否有人退票。最后，还有五分钟就开演了，我们终于拿到了门票，尽管座位不是很好，在第四层，我们只能看到大约 70% 的舞台。但没关系。这是一次令人难忘的经历，特别是在演出中途，著名的男中音和女高音歌手表演了二重唱。有关西方城市的问题已经离我很遥远了。

蒙特利尔，1990 年

当我穿梭于两个会议场馆的时候，三位来自哈萨克斯坦的年轻建筑师走上前来，面带羞涩地递给我一张只有身份证大小的证件。上面写着，我被哈萨克斯坦建筑师协会授予荣誉会员称号。这是我第一次得到的国际认可，它

深深地打动了我。当我在国际建筑师协会任职期间，又陆续被很多国家授予了荣誉，在我看来，这些荣誉表明了他们的态度，代表协会以及协会所做的一切努力对他们来说都是非常重要的。在我协会主席的任期结束之后，一些组织邀请我继续担任他们的荣誉会员或会员，例如日本建筑师协会、南非、墨西哥和加拿大，我将这些邀请视为一种认同，即如果一个人将协会的使命视为自己的信仰，那么前进的旅程就永远也不会终结。

伯明翰（Birmingham），2002 年

一直以来，英国皇家建筑师协会会议都是一件很重要的事情。这次也不例外。在主席保罗·海特（Paul Hyett）的带领下，英国皇家建筑师协会传播了很多富有创新精神的理念。在会议期间，我有幸出席了有关专业问题的公开讨论。这次讨论是在一个相对较小的会议室里举行的，小房间所营造出来的亲密感有助于思想的交流，这是一次民主的脑力激荡。

雅典，2014 年

5 月 15 日，我正在办公室的时候，秘书拿了一个包裹给我，它是由中国建筑学会寄来的。这是一份精美的贺礼，庆贺我八十岁的生日。同时，它也是全世界建筑师之间团结一心的证明。

韦拉克鲁斯（Veracruz），2001 年

本次会议为期五天，主题是关于墨西哥、拉丁美洲和加勒比地区的教育空间，会上的讨论出现了很多的亮点。会议由联合国教科文组织与墨西哥韦拉克鲁斯州（Veracruz）共同主办，邀请了多位国际知名人士演讲，并组织了生动的讨论，吸引了众多观众的关注。会议期间，还特别为建筑师卡洛斯·拉佐（Carlos Lazo）安排了一个小时的悼念活动，这位建筑师生前一直负责著名的墨西哥大学城（Ciudad Universitaria）项目建设，现在该项目已经被列为世界遗产。对我来说，真正重要的是我们，整个行业，都会永远铭记他的贡献。对于那些引导一般民众去欣赏建筑的建筑师们，我们尤其不会忘怀。联合国教科文组织的教育专家鲁道夫·阿尔梅达（Rodolfo Almeida）也出席了大部分的会议。他是通过扬尼斯·米歇尔（Yannis Michail）的工作项目而进入国际建筑师协会这个大家庭的。扬尼

斯从小学开始就一直与我是同学，尼寇斯·菲尼达克斯（Nikos Fintikakis）和婴奈尔·米迪松（YannaMitsou），多年来一直负责领导协会的工作组工作，突显了我们国家（希腊）对于协会工作的贡献，并一直对希腊技术协会的事务和活动鼎力相助。

加拉加斯（Caracas），2001 年

在一次 Sirchal / Copred / 国际建筑师协会研讨会当中的间隙时间，我们安排了两次很有意思的参观活动。第一个是吉奥·庞帝（Gio Ponti）的郊外别墅，这是一个通过现代主义原则将艺术与建筑融合在一起的著名案例。另一个参观项目是加拉加斯的大学城，它是卡洛斯·劳尔·维拉努瓦（Carlos Raul Villanueva）的旷世杰作，已经被联合国教科文组织列为世界文化遗产。令人惊讶的是，在联合国教科文组织的 900 多个世界遗产中，有大约 700 个属于文化遗产，但其中 20 世纪的建筑遗产却只有区区 14 个。巴西利亚（Brasilia）、包豪斯（Bauhaus）、悉尼歌剧院（Sydney Opera House）、巴拉根（Barragán）和里特维尔德（Rietveld）的作品都榜上有名，但建筑大师弗兰克·劳埃德·赖特（Frank Lloyd Wright）的作品却没有一个入选。这真令人难以置信。

比勒陀利亚（Pretoria），2007 年

能够成为泛非洲建筑师协会设计竞赛评委会中唯一的一名非非裔成员，我感到十分荣幸。但是协会的主席费米曾在公开场合评价说，在我的内心深处，其实是个真正的非洲人。我怎能忘记呢？评委会的成员还包括当时担任南非外交部部长的恩科萨扎纳·德拉米尼 - 祖马（Nkosazana Dlamini-Zuma）女士。她谦逊的态度给我留下了深刻的印象。在评审会议过程中，她不断地询问一些有关建筑的问题，鼓励建筑师们帮助她了解我们的观点。自始至终，她从未试图将自己的观点强加于人——与很多时候参加评委会的高级官员的态度截然不同。评审会议结束后，她在给我的信中写道："我很高兴有机会同您，以及其他建筑师们一起工作，我发现参加评审会议的讨论是非常有趣的，也使我了解了很多有价值的信息。现在，对于应该如何看待与解释规划设计，我有了更深的理解。"

安曼（Amman），1993 年

这次访问安曼并没有受到什么人的邀约。是我自己决定到那里去看看我的约旦同事们，因为我感觉他们从没有表现出对国际建筑师协会有任何的兴趣，这一点令我很奇怪。他们欣然接受了我的来访，并专门组织了一次建筑师的聚会，大约有 50 人参加。这次访问建立起了一座友谊的桥梁，除此之外，也没有获得其他什么实质性的收获。但这就很重要了。

开普敦，2057 年

一百年后在我的母校。将学位证书再次握在手中，我第二次踏上征程。这一次，我应该把关注的焦点放在哪里？高知名度、备受瞩目的建筑吗？贫民窟和无家可归者依然存在吗？到了那个时候，世界有没有变得比较理智呢？

洛桑市，1998 年

国际建筑师协会五十周年的纪念活动，包含了人们所有的期待——庆祝、追忆，还有对未来的期许。通过这次纪念活动，让我们回想起了协会创办的先驱者们，还有我们的各位前辈在过去这些年中所取得的成就。此外，这次洛桑市的聚会也是一个让我们与很多同事、朋友见面的好机会，他们都来自世界各地。就是在这样一次比较私人的聚会上，卡洛斯·法耶特（Carlos Fayet）送给我一本关于埃拉迪奥·迪亚斯特（Eladio Dieste）的书，这位乌拉圭的结构大师用红砖建造出穹顶、曲面，将这种最简单的材料转变为最高水平的艺术作品。正如卡洛斯在给我的赠言中所写，迪亚斯特是一位"拥有建筑师灵魂的工程师"。在他之前，类似的例子还有很多——奈尔维（Nervi）和马亚尔（Maillart）只是其中的两位。不过，约瑟夫·帕克斯顿（Joseph Paxton，水晶宫的设计者——译者注）和巴拉甘（Barragán，20 世纪最重要的墨西哥建筑师之一，1980 年第二届普利兹克奖得主——译者注）也都没有建筑师资质。这样的例子很多，但归根结底，在我们的心中已经将他们视为了真正的建筑师，这才是最重要的。由此说明，只要你拥有某种才华，那么它就一定会显现出来。而建筑，也会由此变得越加丰富。

芝加哥，1993 年

与著名建筑大师丹下健三和贝聿铭共进晚餐，并一起讨论建筑，这是一次令人难忘的经历——同时也是芝加哥大会为我带来的额外福利。这两位建筑大师在个性上是截然不同的，他们都在二十世纪的建筑史上留下了自己不可磨灭的印记。

北京，1999 年

在中国最重要的建筑——人民大会堂，我主持了一次全体大会，并由里卡多·莱格列塔（Ricardo Legorreta）担任主要发言人。有人递给我一张纸条，上面写着"毛先生"希望在会议结束后和我聊一聊。看着这张纸条，我不禁打了一个寒战。当然了，"毛"这个姓氏在中国是很普遍的。我当初应该将这张小纸条保留下来当作纪念的。

开普敦，2002 年

在开普敦大学，我的母校。它对我来说有特殊的意义。突然间，我的学生时代不再只是些遥远的回忆了。

参考文献

1 Paris to Constantinople train inaugurated in 1883.

2 Eliot, Thomas Streans: *Little Gidding* (from *Four Quartets*). New York 1943.

3 Dosios, Thouly: *House of the Olive Trees*. Film produced in USA/Greece 2007.

4 Loewe, Frederick: *My Fair Lady*. Musical based on Bernard Shaw's *Pygmalion*. New York 1956.

5 Fessas-Emmanouil, Helen: *Essays on Neohellenic Architecture*. Athens 2001.

6 Ktirio, monthly magazine published in Thessaloniki.

7 Cacoyannis, Michael: *Zorba the Greek*, film based on Nikos Kazantzakis's *Life and Times of Alexis Zorbas*. Film produced in Uk/Greece 1964.

8 Tanizaki, Jun'ichiro: *In praise of shadows*. Chicago 1977.

9 Architecture and Prestige magazine, Issue No.2. Kiev 2001.

10 Verdi, Giuseppe: *Rigoletto* – opera based on Victor Hugo's Le Roi s'amuse. Venice 1851.

关于作者

　　瓦西利斯·斯古塔斯（Vassilis Sgoutas），1934 年生于雅典。在雅典大学（Athens College）接受早期专业教育后，全家迁居南非。在南非，他又在主教大学（Bishops）和开普敦大学（University of Cape Town）继续深造，并于当地获得了海伦加德纳旅游奖（Helen Gardner Travel Prize）。

　　斯古塔斯的职业生涯是从伊拉克的陶克西亚迪斯事务所（Doxiadis Associates）开始的，他在该事务所担任设计师和规划师。1961 年，他在雅典成立了自己的事务所，并在希腊、中东和北非等地区承接了很多重要的项目。他曾多次在竞赛中获奖：两次获得公共工程部颁发的最佳建筑奖，以及环境部颁发的创意住宅奖。

　　斯古塔斯的作品包含很多项公共建筑，特别是礼堂、商业建筑、制药厂、医院、住宅、历史建筑的整修与再利用，以及景观设计。其中，有为汽巴嘉基公司（Ciba-Geigy）和瑞士诺华制药公司（Novartis）设计的办公建筑；为辉瑞制药公司（Pfizer）、温斯洛普制药公司（Winthrop）、普强药厂（Upjohn）、联合碳化物公司（Union Carbide）和勃林格殷格翰制药公司设计的工厂；还有雅典管理与会议中心、亚历山大·弗莱明（Alexander Fleming）基础生物研究中心、克里克大学（University of Crete）医学院、利比亚（Libya）的黎波里（Tripoli）的石油工业医学会附属医院、迈克尔·卡科亚尼斯（Michael Cacoyannis）文化中心、欧共体（EEC）扎皮翁宫（Zappeion Palace）的改建、2001 年法兰克福书展上的希腊展馆、迦太基礼堂设计和突尼斯（Tunisia）的土地开发项目，另外还有西门子办公楼、雅典音乐厅和塞

萨洛尼基（Thessaloniki）音乐厅等合作项目。

1999-2002 年间，斯古塔斯担任了国际建筑师协会的主席，而在此之前，曾担任过协会的秘书长。他还曾在希腊建筑师协会和希腊技术协会任职，并作为协会代表参加国际活动。

澳大利亚、阿塞拜疆、加拿大、中国、日本、哈萨克斯坦、韩国、墨西哥、巴拿马、菲律宾、俄罗斯、南非和美国建筑师协会，都聘请斯古塔斯担任荣誉会员。此外，他还被授予西班牙建筑师高级委员会会员称号，同时也是俄罗斯国家建筑学院的外籍成员，并因"终身服务于建筑事业"而被授予希腊技术协会马格尼西亚（Magnesia）分会荣誉勋章。

斯古塔斯曾发表过很多演讲和著述，内容涉及美学、环境、残疾人和贫穷等众多领域。他还曾经在欧洲残疾人委员会，以及负责起草欧洲残疾人手册的专家委员会任职。2007 年，国际建筑师协会设立了以他的名字命名的"瓦西利斯·斯古塔斯奖"（Vassilis Sgoutas Prize，简称 VS 奖），每隔三年评选一次，特别奖励那些为改善贫困地区生活条件做出卓越贡献的建筑师们。

著作权合同登记图字：01-2019-3691号

图书在版编目（CIP）数据

跟着建筑师看世界/（希）瓦西利斯·斯古塔斯著;杨芸译.—北京：
中国建筑工业出版社，2020.2
书名原文：A Journey with the Architects of the World
ISBN 978-7-112-24611-3

Ⅰ.①跟…　Ⅱ.①瓦…②杨…　Ⅲ.①建筑学—文集　Ⅳ.①TU-53

中国版本图书馆CIP数据核字（2020）第015217号

责任编辑：段　宁　董苏华
责任校对：赵听雨

跟着建筑师看世界

[希腊]瓦西利斯·斯古塔斯　著

杨　芸　译

王晓京　校

＊

中国建筑工业出版社出版、发行（北京海淀三里河路9号）
各地新华书店、建筑书店经销
北京点击世代文化传媒有限公司制版
北京京华铭诚工贸有限公司印刷

＊

开本：880×1230毫米　1/32　印张：13　字数：438千字
2020年5月第一版　2020年5月第一次印刷
定价：56.00元

ISBN 978-7-112-24611-3
　　（35197）

版权所有　翻印必究

如有印装质量问题，可寄本社退换

（邮政编码 100037）